高职高专“十三五”建筑及工程管理类专业系列规划教材

建筑施工技术

Construction Project

主　编　刘　将

副主编　陈　鹏　解立波

国家一级出版社
全国百佳图书出版单位

内容简介

本书按照高等职业教育土建类专业的教学要求，以国家现行建设工程标准、规范和规程为依据，根据编者多年工作经验和教学实践编纂而成。本书建立了全媒体资源库，在每章前均附有本章的资源总码，在书的内页中，特意设计了多媒体资源的属性标识，通过扫描二维码，读者可以免费在手机、平板等多个终端获取各类视频、课件、习题、案例等云端的全媒体资源。全书突出理念的创新性、时代性，内容的实用性、实践性，资源的立体性、全面性。

本书的主要内容包括：土石方工程，地基处理与边坡支护工程，基础工程，砌筑工程，混凝土结构工程，装配式工程施工，防水与保温工程，装饰装修工程，绿色施工、BIM技术与相关软件。

本书可作为高职高专院校、成人教育以及继续教育学院土建类专业教材，也可作为相关专业人员的岗位培训教材，也可供现场施工技术人员参考学习。

图书在版编目(CIP)数据

建筑施工技术/刘将主编. —西安：西安交通大学出版社，2019.8
ISBN 978-7-5693-1290-4

Ⅰ.①建… Ⅱ.①刘… Ⅲ.①建筑施工-施工技术-教材 Ⅳ.①TU74

中国版本图书馆CIP数据核字(2019)第179521号

书　　名 建筑施工技术
主　　编 刘　将
责任编辑 祝翠华

出版发行 西安交通大学出版社
（西安市兴庆南路1号　邮政编码710048）
网　　址 http://www.xjtupress.com
电　　话 (029)82668357　82667874(发行中心)
(029)82668315(总编办)
传　　真 (029)82668280
印　　刷 西安日报社印务中心

开　　本 787mm×1092mm　1/16　**印张** 19　**字数** 474千字
版次印次 2019年8月第1版　2019年8月第1次印刷
书　　号 ISBN 978-7-5693-1290-4
定　　价 49.80元

如发现印装质量问题，请与本社发行中心联系、调换。
订购热线：(029)82665248　(029)82665249
投稿热线：(029)82664840
读者信箱：xj_rwjg@126.com

前言

“建筑施工技术”是建筑工程技术及相关专业的核心课程，该课程知识体系庞杂、课程关联性强、工程实用性强、标准要求众多。

随着建筑工程技术专业教学改革的深入，建筑施工技术专业教学标准公布实施，部分国家规范、行业标准的修订更新，对建筑施工技术课程提出了新的教学要求，为了更好地贯彻实施标准，提高教学质量和水平，为培养社会急需的高素质技术技能型人才，必须打造一本适合高职高专土建类专业学生职业能力培养的精品教材。

为了适应教学改革和行业发展需要，本教材对建筑施工技术涉及的140余部国家、行业相关标准进行了梳理、归纳，将其对应到了建筑工程施工技术的各环节之中，使教材内容能最大限度地体现出知识体系的标准性、实用性和时效性。

本教材建立了全媒体资源库，通过扫描二维码，读者可以免费在手机、平板等多个终端获取各类视频、课件、习题、案例等云端的全媒体资源，实现随时随地直观学习，以此极大地有效辅助师生课前、课中和课后的教学过程，真正实现助教、助学、助练、助考的理念。在教材的每章前均附有本章的资源总码，在教材内页中，特意设计了以下多媒体资源的属性标识，以方便读者更加清晰地了解资源类型。其中：

▶为施工现场视频；

Ⓣ为本章课后习题和在线测评；

为知识链接；

为例题练习和案例应用。

本教材由青岛理工大学刘将担任主编，青岛理工大学陈鹏、解立波任担任副主编，具体分工如下：第一、二、三章由刘将编写，第四、五章由陈鹏编写，第六章由青岛理工大学荣华编写，第七章由解立波编写，第八章由青岛理工大学苑田芳编写，第九章由杭州品茗安控信息技术股份有限公司宋昂、青岛理工大学尚福鲁编写。

此外，天元建设集团有限公司、山东华通置业有限公司、山东齐联建筑工业化有限公司在工程实景、资料采集中给予了诸多帮助；青岛理工大学李明东老师提出了许多宝贵建议；在此，编者表示衷心感谢。在编写过程中参考了有关文献资料，未在书中一一注明出处，在此对有关文献的作者表示感谢。

由于编者水平有限，编写时间仓促，书中难免存在缺点或不足之处，欢迎广大读者批评指正。

编　者

2019 年 5 月

目录

第 1 章 土石方工程

学习目标

熟悉土的工程性质、分类

了解土方工程施工的主要内容、土方施工准备工作的内容

掌握场地平整、土方工程量的设计与计算方法

掌握基坑(槽)开挖、回填的工艺流程、施工要点及质量检验标准

熟悉常用土方施工机械的特点、性能、适用范围及提高生产率的方法

相关标准

《土方与爆破工程施工及验收规范》(GB 50201—2012)

《土的工程分类标准》(GB/T 50145—2007)

《土工试验方法标准》(GB/T 50123—1999)

《工程测量规范》(GB 50026—2007)

《建筑地基基础设计规范》(GB 50007—2011)

《工程地质手册(第五版)》

《岩土工程勘察规范》(GB 50021—2001)

1.1 概述

1.1.1 土石方工程施工特点及土的分类

1.施工特点

土石方工程主要包括场地平整、土方开挖(沟槽、基坑、单独土石方)、土方回填三项工作。该部分工作具有以下特点:①工程量大,机械多,工期长,劳动强度大;②受气候限制多,露天作业多,可能存在降水、支护等并行工作;③受场地限制多,土方开挖中可能遇到岩石,而岩石开挖中可能需要实施爆破工作;另外,城市内施工时多数场地狭窄,周围建筑物、各种管线较多,施工条件复杂。

2.土的分类

土的分类方法有很多,在施工过程中通常根据土体开挖的难易程度将土和岩石进行分类,可参考《房屋建筑与装饰工程工程量计算规范》(GB 50854—2013)表 A.1-1 和A.2-1,具体见表 1-1 和表 1-2。

表1-1 土的工程分类

土壤分类		土壤名称	开挖方法
普通土	一、二类土	粉土、砂土(粉砂、细砂、中砂、粗砂、砾砂)、粉质黏土、弱中盐渍土、软土(淤泥质土、泥炭、泥炭质土)、软塑红黏土、冲填土	用锹,少许用镐、条锄开挖。机械能全部直接铲挖满载者
坚土	三类土	黏土、碎石土(圆砾、角砾)混合土、可塑红黏土、硬塑红黏土、强盐渍土、素填土、压实填土	主要用镐、条锄,少许用锹开挖。机械需部分刨松方能铲挖满载者或可直接铲挖但不能满载者
	四类土	碎石土(卵石、碎石、漂石、块石)、坚硬红黏土、超盐渍土、杂填土	全部用镐、条锄挖掘,少许用撬棍挖掘。机械须普遍刨松方能铲挖满载者

注:本表土的名称及其含义按国家标准《岩土工程勘察规范》(GB 50021—2001)(2009年版)和《地下铁道、轻轨交通岩石工程勘察规范》(GB 50307—1999)定义。

表1-2 岩石的工程分类

岩石分类		代表性岩石	开挖方法
极软岩		1.全风化的各种岩石 2.各种半成岩	部分用手凿工具,部分用爆破法开挖
软质岩	软岩	1.强风化的坚硬岩或较硬岩 2.中等风化-强风化的较软岩 3.未风化-微风化的页岩、泥岩、泥质砂岩等	用风镐和爆破法开挖
	较软岩	1.中等风化-强风化的坚硬岩或较硬岩 2.未风化-微风化的凝灰岩、千枚岩、泥灰岩、砂质泥岩等	用爆破法开挖
硬质岩	较硬岩	1.微风化的坚硬岩; 2.未风化-微风化的大理岩、板岩、石灰岩、白云岩、钙质砂岩等	用爆破法开挖
	坚硬岩	未风化-微风化的花岗岩、闪长岩、辉绿岩、玄武岩、安山岩、片麻岩、石英岩、石英砂岩、硅质砾岩、硅质石灰岩等	用爆破法开挖

注:本表依据国家标准《工程岩体分级标准》(GB/T 50218—94)和《岩土工程勘察规范》(GB 50021—2001)(2009年版)整理。

1.1.2 土的工程性质

1.土的组成

土是由固体颗粒、水和气体三部分组成的,通常称为土的三相组成。随着三相物质的质量和体积的比例不同,土的性质也将不同。

固相部分即土粒,由矿物颗粒和有机质组成,构成土的骨架。骨架之间有许多孔隙,而孔隙可以被液体、气体共同填充。

土的液相是指存在于土孔隙中的水。根据水与土相互作用程度的强弱,可将土中的水分为结合水和自由水两大类。结合水是指处于土颗粒表面水膜中的水,它因受到表面引力的控制而不服从静水力学规律,其冰点低于零度。自由水包括毛细水和一般自由水。毛细水不仅受到重力的作用,还受到表面张力的支配,能沿着土的细孔隙从潜水面上升到一定的高度；而一般自由水仅受到重力作用。

土的气相是指充填在土的孔隙中的气体，包括与大气连通的气体和与大气不连通的气体两类。与大气连通的气体对土的工程性质影响不大，它的成分与空气相似，当土受到外力作用时，这种气体很快从孔隙中挤出。然而，与大气不连通的气体即密闭的气体对土的工程性质有很大的影响，密闭气体的成分可能是空气、水汽或天然气。在压力作用下这种气体可被压缩或溶解于水中，而当压力减小时，气泡会恢复原状或重新游离出来。

2. 土的含水性

土的含水量一般用含水率指标进行表征，具体是指土中水的质量与固体颗粒质量之比，是反映土湿度的一个重要物理指标，对挖土的难易、施工时的放坡、回填土的夯实等均有影响。

土的含水率的算式如下：

$$w_0=\left(\frac{m_0}{m_d}-1\right)\times 100$$

式中：m_d——干土质量(g)；

m_0——湿土质量(g)。

在一定含水量(率)的条件下，用同样的夯实工具，可使回填土达到最大密实度，此含水量称为最佳含水量(率)。常见的几种土的最佳含水量(率)为：砂土，8%～12%；粉土，16%～22%；粉质黏土，12%～15%；黏土，19%～23%。

3. 土的密度

土的质量密度可以分为天然密度(简称密度)和干密度。

(1)天然密度(ρ)是指土体在天然状态下单位体积的质量。它与土的密实度、含水量有关，可由试验直接测定。

(2)干密度(ρ_d)是指土的固体颗粒质量与土地总体积的比值。干密度越大，表示土越密实。该指标是评定土体密实程度的标准，土方填筑时，常以该指标控制填土工程质量。

4. 土的可松性

土的可松性是指自然状态的土，经开挖后因松散而体积增大，虽经回填夯实，仍不能恢复到原体积的性质；一般用最初可松性系数和最终可松性系数表示。

$$K_s=V_2/V_1$$

$$K_s'=V_3/V_1$$

式中：K_s——最初可松性系数，一、二类土为1.08～1.17，三类土为1.14～1.24，四类土为1.24～1.30；

K_s'——最终可松性系数，一、二类土为1.01～1.03，三类土为1.02～1.05，四类土为1.04～1.07；

V_1——自然状态下体积；

V_2——开挖后松散体积；

V_3——回填夯实后体积。

5. 土的渗透性

土的渗透性是指土体被水透过的性能，用渗透系数 K(单位：m/d)表示，它表示单位时间内水穿透土体的能力，由试验确定。土的渗透性与土地颗粒级配、密实度有关，是施工中人工降低地下水位的主要参数。土的渗透系数根据《工程地质手册(第五版)》的内容，可参考表1-3取值。

表1-3 黄淮海平原地区渗透系数经验数值

岩性	渗透系数(m/d)	岩性	渗透系数(m/d)
砂卵石	80	粉细砂	5～8
砂砾石	45～50	粉 砂	2～3
粗 砂	20～30	砂质粉土	0.2
中粗砂	22	砂质粉土—粉质黏土	0.1
中 砂	20	粉质黏土	0.02
中细砂	17	黏 土	0.001
细 砂	6～8		

注：此表系根据冀、豫、苏北、淮北、北京等省市平原地区部分野外试验资料综合。

1.2 场地平整

1.2.1 场地平整的施工程序及一般要求

1. 施工程序

场地平整的施工程序可细分为：现场勘察，标定平整范围→清除地面障碍物→设置水准基点，测量标高→设计平整标高，计算控制点挖填高度及工程量→平整土方→场地碾压→验收。

(1)施工人员首先应到现场进行勘察，了解场地地形、地貌和周围环境，根据建筑总平面图及规划了解并确定现场平整场地的大致范围。

(2)将场地平整范围内的障碍物如树木、电线、电杆、管道、房屋、坟墓等清理干净，并根据总平面图要求的标高，从水准基点引入作为确定土方量计算的基点。

(3)通过测量抄平，计算出该场地的场地平整标高和各控制点的挖填高度及挖土和回填的工程量，做好土方平衡调配，减少重复挖运，以节约运费。

具体场地平整施工时，大面积平整土方宜采用机械进行，如用推土机、铲运机进行推运平整土方，挖土机进行土方开挖，压路机进行交错压实；完成后进行验收。

2. 一般要求

(1)平整场地应做好地面排水。平整场地的表面坡度应符合设计要求，如设计无要求时，一般应向排水沟方向做成不小于0.2%的坡度。

(2)场地平整应测量和校核其平面位置、水平标高和边坡坡度是否符合设计要求。平面控制桩和水准控制点应采取可靠措施加以保护，定期复测和检查；土方不应堆放在边坡边缘。

1.2.2 场地平整的方案设计

场地平整的方案设计内容主要有：①确定平整后场地标高；②明确各控制点(方格网角点)施工(开挖或回填)高度；③明确开挖、回填的场地区域范围以及开挖、回填的工程量。

场地平整的设计原则可概括为：利用地形、挖填平衡。一般可通过方格网法进行设计，具体步骤包括：①划定方格网，进行标高测量；②场地标高设计；③计算各控制点施工高度；④计算零点、绘制零线，计算挖填方量。

需要说明的是场地平整方案设计是基于现场测量结果进行的，因此测量的精细程度直接影响平整方案的准确程度。

1. 划定方格网，现场测量

(1)可根据精度要求划分为长10～40m的方格网；

(2)根据《建筑施工测量标准》(JGJ/T 408—2017)的精度要求，进行方格网上各控制点的标高测量。

2. 场地标高设计

(1)初步确定场地平整标高。在场地平整过程中一般要求是使场地内的土方在平整前和平整后相等，即达到挖方量和填方量平衡。假设达到挖填平衡的场地平整标高为H_0，则由挖填平衡条件，H_0值可由下式求得：

$$H_0=\frac{\sum H_1+2\sum H_2+3\sum H_3+4\sum H_4}{4n}$$

式中：n——方格网数(个)；

H_1——一个方格共有的角点标高(m)；

H_2——两个方格共有的角点标高(m)；

H_3——三个方格共有的角点标高(m)；

H_4——四个方格共有的角点标高(m)。

(2)标高调整。上式计算的H_0为理论数值，实际工作中尚需进行调整，具体调整需考虑以下因素。

①土的可松性影响。依此可将H_0调整为H_0'，具体调整方法为：

$$H_0'=H_0+\Delta h$$

其中：

$$\Delta h=\frac{V_W(K_S'-1)}{F_T+F_W K_S'}$$

式中：Δh——因土体可松性影响调整的标高值；

V_W——按照初步设计标高(H_0')计算得出的总挖方体积；

K_S'——土体的最终可松性系数；

F_T——按照初步设计标高(H_0')计算得出的填方面积；

F_W——按照初步设计标高(H_0')计算得出的挖方面积。

如根据经验或计算后调整意义不大(Δh很小可忽略)，可不进行此调整。

②取土或弃土的影响。依此可将H_0'调整为H_0''，具体调整方法为：

$$H_0''=H_0'\pm\frac{Q}{S}$$

式中：Q——取土或弃土的土方量；

S——平整场地总面积。

式中，取土(向场地内加运土方)时用“+”，弃土(向场外运出土方)时用“－”。如不存在向内运土或向外弃土则不进行此调整。

③泄水坡度的影响。依此可将H_0''调整为H_{ij}。

按照①、②两项调整后，整个场地将处于同一水平面，但在实际施工中由于排水的要求，场地表面均需有一定的泄水坡度，该坡度一般取不小于2‰的坡度。

根据场地泄水坡度情况，可分为单项泄水、双向泄水两种。具体调整方法为：

$$H_{ij}=H_0''\pm L_x i_x\pm L_y i_y$$

式中：L_x——该点距离 Y 轴的距离；

L_y——该点距离 X 轴的距离；

i_x，i_y——场地在 X 轴、Y 轴的泄水坡度，其中一项为0时则为单项泄水。

其中，若该点比 H_0'' 高取“+”，反之取“−”。

3. 计算各控制点施工高度

施工高度等于各控制点（通过上述计算得到）设计标高减去自然地面标高（通过现场测量得到）。其中：“+”号表示填方；“−”号表示挖方。

4. 计算零点、绘制零线，计算挖填方量

观察方格网相邻角点施工高度，如果相邻角点施工高度为一正一负，对应的这条方格网边上就存在零点，其到方格网角点的距离可用插值法进行计算，然后将其标注到对应的方格网边上，把相邻零点连接起来形成的折线就是零线，以零线为界，一侧为挖方区，一侧为填方区。按照区域逐个方格进行挖填方量计算，共有四种情况（如表1-4所示），分别将挖方区（或填方区）所有方格土方量汇总，即得该场地挖方和填方的总土方量。

表1-4　土方工程量计算

项目	图式	计算公式
一点填方或挖方（三角形）		$V=\frac{1}{2}bc\frac{\sum h}{3}=\frac{bch_3}{6}$ 当 $b=a=c$ 时，$V=\frac{a^2h_3}{6}$
两点填方或挖方（梯形）		$V_+=\frac{b+c}{2}a\frac{\sum h}{4}=\frac{a}{8}(b+c)(h_1+h_3)$ $V_-=\frac{d+e}{2}a\frac{\sum h}{4}=\frac{a}{8}(d+e)(h_2+h_4)$
三点填方或挖方（五角形）		$V=(a^2-\frac{bc}{2})\frac{\sum h}{5}$ $=(a^2-\frac{bc}{2})\frac{h_1+h_2+h_3}{5}$
四点填方或挖方（正角形）		$V=\frac{a^2}{4}\sum h=\frac{a^2}{4}(h_1+h_2+h_3+h_4)$

1.3 土方开挖

土方开挖是指在场地平整后对基坑、沟槽和一般土方的开挖。

1.3.1 土方开挖的施工程序及要求

土方工程在进行开挖时应遵循“开槽支撑、先撑后挖、分层开挖、严禁超挖”的施工原则。其施工程序主要为:开挖准备→测量放线→机械或人工开挖→边坡支护(根据方案可能存在)→验收。

1.开挖准备

开挖准备工作主要包括编制施工方案、做好排水设施、修建临时道路、准备施工机具等。

2.测量放线

测量放线主要包括:控制点的引测、主要轴线的测设、开挖边线的测设、控制标高的跟踪测量。该部分测量工作需要满足《工程测量规范》(GB 50026—2007)和《建筑施工测量标准》(JGJ/T 408—2017)的要求。一般可按以下方式开展:

(1)根据给定的国家永久性控制坐标和水准点,按建筑物总平面要求引测到现场,并在工程施工区域设置测量控制网,并做好测量控制网点的保护,避免施工中被车辆等破坏。控制网要避开建筑物、构筑物、土方机械操作及运输线路;控制网点可做成10m×10m或20m×20m方格网,在各方格点上做控制桩,并测出各标桩处的自然地形、标高,作为计算挖填土方量和施工控制的依据。

(2)对土方工程进行测量定位放线,放出基坑(槽)挖土灰线、上部边线、底部边线和水准标志,进行复核无误后,方可进行场地平整和基坑开挖。

3.机械开挖

根据开挖要求选择好机械的型号、台套数后,就可以进行开挖工作了。在开挖过程中需要注意以下事项:

(1)开挖前必须做好地面排水和降低地下水的工作,地下水位应该降至基坑底以下0.5～1m后方可开挖,降水工作应持续到回填完毕。

(2)挖出的土体根据回填要求进行留存,多余的土体根据施工方案进行外运,不得在场地内随意堆放。

(3)开挖过程中如挖到与勘察情况不一致的土体时需上报监理或建设单位,并重新确定开挖及加固方式。如挖到墓穴、文物、炸弹等除上报监理和建设单位外,还应报至当地建设主管部门或公安机关进行处理。

(4)机械开挖至设计标高上150～300mm时,为避免对地基土的扰动,精确控制开挖深度,剩余部分土体应进行人工开挖。如个别位置处存在超挖,则应立即用原土回填并夯实。

(5)雨季施工时,宜提前制订专项方案,注意在基坑(槽)两侧做好防水措施和坑内的排水措施,避免雨水灌入基坑槽,同时对坑内雨水及时排出;基坑槽应分段开挖,挖好一段浇筑一段,做好成品保护;加强坑壁的沉降和变形观测,避免塌方事故。

1.3.2 基坑开挖工程量计算

扫描本章前面的二维码即可进行例题练习。

1.3.3 土方调配的原则

土方调配的原则是：总运输量最小或土方总运输成本最小。具体需要考虑以下几点：

(1)应力求达到挖填平衡和运距最短，使挖填土方量与运距的乘积之和尽可能为最小，即土方运输量或运费最小。

(2)应考虑近期施工与后期利用相结合及分区与全场相结合，以避免重复挖运和场地混乱。当工程分期分批施工时，先期工程的土方余额应结合后期工程的需要而考虑其利用数量与堆放位置，为后期工程创造良好的工作面和施工条件，力求避免重复挖运。

(3)土方调配应尽可能与大型地下建筑物的施工相结合。当大型建筑物位于填土区而其基坑开挖的土方量又较大时，为了避免土方的重复挖填和运输，该填土区暂时不予填土，待地下建筑物施工之后再进行填土。

(4)合理布置挖方、填方分区线，选择恰当的调配方向、运输线路，以充分发挥挖方机械和运输车辆的性能。

总之，进行土方调配必须根据现场的具体情况、有关技术资料、工期要求、土方机械与施工方法，结合上述原则予以综合考虑，从而设计出经济合理的调配方案。

1.4 地基验槽

《建筑地基基础设计规范》(GB 50007—2011)10.2.1条作为强制条文要求："基槽(坑)开挖到底后，应进行基槽(坑)检验。当发现地质条件与勘察报告和设计文件不一致或遇到异常情况时，应结合地质条件提出处理意见。"基槽(坑)检验工作主要包括以下内容：

(1)基槽(坑)检验前应做好验槽(坑)准备工作，熟悉勘察报告，了解拟建建筑物的类型和特点，研究基础设计图纸及环境监测资料。当遇到下列情况时，应列为验槽(坑)的重点：①当持力土层的顶板标高有较大的起伏变化时；②基础范围内存在两种以上不同成因类型的地层时；③基础范围内存在局部异常土质或坑穴、古井、老地基或古迹遗址时；④基础范围内遇有断层破碎带、软弱岩脉以及湮废河、湖、沟、坑等不良地质条件时；⑤在雨季或冬季等不良气候条件下施工、基底土质可能受到影响时。

(2)验槽(坑)应首先核对基槽(坑)的施工位置。平面尺寸和槽(坑)底标高的容许误差，可视具体的工程情况和基础类型确定。一般情况下，槽(坑)底标高的偏差应控制在0～50mm范围内；平面尺寸由设计中心线向两边量测，长、宽尺寸不应小于设计要求。

(3)验槽(坑)方法宜采用轻型动力触探或袖珍贯入仪等简便易行的方法，当持力层下埋藏有下卧砂层而承压水头高于基底时，则不宜进行钎探，以免造成涌砂。当施工揭露的岩土条件与勘察报告有较大差别或者验槽(坑)人员认为必要时，可有针对性地进行补充勘察测试工作。

(4)基槽(坑)检验报告是岩土工程的重要技术档案，应做到资料齐全，及时归档。在验槽的具体要求上，根据《建筑地基基础工程施工质量验收标准》(GB 50202—2018)附录A，主要有以下要求：

①天然地基验槽前应在基坑或基槽底普遍进行轻型动力触探检验，检验数据作为验

槽依据。轻型动力触探应检查下列内容：地基持力层的强度和均匀性；浅埋软弱下卧层或浅埋突出硬层；浅埋的会影响地基承载力或基础稳定性的古井、墓穴和空洞等。轻型动力触探宜采用机械自动化实施，检验完毕后，触探孔位处应灌砂填实。

②采用轻型动力触探进行基槽检验时，检验深度及间距应按表1-5执行。

表1-5 轻型动力触探检验深度及间距

排列方式	基坑或基槽宽度/m	检验深度/m	检验间距
中心一排	<0.8	1.2	一般1.0～1.5m，出现明显异常时，需加密至足够掌握异常边界
两排错开	0.8～2.0	1.5	
梅花型	>2.0	2.1	

注：对于设置有抗拔桩或抗拔锚杆的天然地基，轻型动力触探布点间距可根据抗拔桩或抗拔锚杆的布置进行适当调整：在土层分布均匀部位可只在抗拔桩或抗拔锚杆间距中心布点，对土层不太均匀部位以掌握土层不均匀情况为目的，参照上表间距布点。

③遇下列情况之一时，可不进行轻型动力触探：承压水头可能高于基坑底面标高，触探可造成冒水涌砂时；基础持力层为砾石层或卵石层，且基底以下砾石层或卵石层厚度大于1m时；基础持力层为均匀、密实砂层，且基底以下厚度大于1.5m时。

1.5 回填压实

土方回填是指当基坑槽开挖后，对基础部分进行施工，在施工完成后对开挖的基坑进行回填、压实的工作。根据回填对象不同，土方回填可分为场地回填、室内回填和基础回填三种情况。

1.5.1 回填料的选用

根据《土方与爆破工程施工及验收规范》(GB 50201—2012)第4.5.3条的规定，填料应符合设计要求，不同填料不应混填；设计无要求时，应符合以下规定：

(1)不同土类应分别经过击实试验测定填料的最大干密度和最佳含水量，填料含水量与最佳含水量的偏差控制在±2%范围内。

(2)草皮土和有机质含量大于8%的土，不应用于有压实要求的回填区域。

(3)淤泥和淤泥质土不宜作为填料，在软土或沼泽地区，经过处理且符合压实要求后，可用于回填次要部位或无压实要求的区域。

(4)碎石类土或爆破石渣，可用于表层以下回填，可采用碾压法或强夯法施工。采用分层碾压法时，厚度应根据压实机具通过试验确定，一般不宜超过500mm，其最大粒径不得超过每层厚度的3/4；采用强夯法施工时，填筑厚度和最大粒径应根据强夯击能量大小和施工条件通过试验确定，为了保证填料的均匀性，粒径一般不宜大于1m，大块填料不应集中，且不宜填在分段接头处或回填与山坡连接处。

(5)两种透水性不同的填料分层填筑时，上层宜填透水性较小的填料。

(6)填料为黏性土时，回填前应检验其含水量是否在控制范围内，当含水量偏高，可采用翻松晾晒或均匀掺入干土或生石灰等措施；当含水量偏低，可采用预先洒水湿润。

1.5.2　回填方法及要求

土方回填应分层进行，常用的回填压实方法有平碾、振动压实、柴油打夯、蛙式打夯机、人工打夯等，如图 1-1 至图 1-4 所示。

图 1-1　平碾

图 1-2　柴油打夯机

图 1-3　振动压实机（平板夯机）

图 1-4　蛙式打夯机

每层的铺土厚度、压实遍数等应根据土质情况、施工机械通过试验确定，无试验依据时，应符合《建筑地基基础工程施工质量验收标准》(GB 50202—2018)第 9.5.2 条规定，如表 1-6 所示。

表 1-6　填土施工时的分层厚度及压实遍数

压买机具	分层厚度(mm)	每层压实遍数
平碾	250～300	6～8
振动压实机	250～350	3～4
柴油打夯机	200～250	3～4
人工打夯	＜200	3～4

填方施工完成后，应根据该填方位置及用途分别按照《建筑地基基础工程施工质量验收标准》(GB 50202—2018)第 9.5.4 条的规定，如表 1-7、表 1-8 所示。

表 1-7　柱基、基坑、基槽、管沟、地(路)面基础填方工程质量检验标准

项　目	序　号	项　目	允许值或允许偏差		检查方法
			单位	数值	
主控项目	1	标高	mm	0～50	水准测量
	2	分层压实系数	不小于设计值		环刀法、灌水法、灌砂法
一般项目	1	回填土料	设计要求		取样检查或直接鉴别
	2	分层厚度	设计值		水准测量及抽样检查
	3	含水量	最优含水量±2%		烘干法
	4	表面平整度	mm	±20	用 2m 靠尺
	5	有机质含量	≤5%		灼烧减量法
	6	辗迹重叠长度	mm	500～1000	用钢尺量

表1-8 场地平整填方工程质量检验标准

项目	序号	项目	允许值或允许偏差			检查方法
			单位	数值		
主控项目	1	标高	mm	人工	±30	水准测量
				机械	±50	
	2	分层压实系数	不小于设计值			环刀法、灌水法、灌砂法
一般项目	1	回填土料	设计要求			取样检查或直接鉴别
	2	分层厚度	设计值			水准测量及抽样检查
	3	含水量	最优含水量±4%			烘干法
	4	表面平整度	mm	人工	±30	用2m靠尺
				机械	±30	
	5	有机质含量	≤5%			灼烧减量法
	6	辗迹重叠长度	mm	500～1000		用钢尺量

其中分层压实系数需满足设计要求，当设计无要求时需满足《建筑地基基础设计规范》(GB 50007—2011)中第6.3.7条的规定，如表1-9所示。

表1-9 压实填土地基压实系数控制值

结构类型	填土部位	压实系数(λ_c)	控制含水量(%)
砌体承重及框架结构	在地基主要受力层范围内	≥0.97	$w_{op}\pm 2$
	在地基主要受力层范围以下	≥0.95	
排架结构	在地基主要受力层范围内	≥0.96	
	在地基主要受力层范围以下	≥0.94	

注：1. 压实系数(λ_c)为填土的实际干密(ρ_d)与最大干密度(ρ_{dmax})之比；w_{op}为最优含水量。

2. 地坪垫层以下及基础底面标高以上的压实填土，压实系数不应小于0.94。

在回填压实过程中，需要注意影响填土压实质量的主要因素有土料种类、分层厚度、含水量、压实功。

压实系数是指土的实际干密度与最大干密度的比值。其中，土的实际干密度可以通过环刀法、灌砂法、灌水法测定，最大干密度可以通过击实试验测定。

1.6 施工机械

土方施工的主要机械有推土机、铲运机、挖土机(包括正铲、反铲、拉铲、抓铲等)、装载机、压路机、打夯机等(如图1-5至图1-14所示)。

(1)推土机。推土机是土石方工程施工中的主要机械之一，该机械前方装有大型的金属推土刀，使用时放下推土刀向前铲削并推送泥沙及石块等。按其行走方式推土机可分为履带式和轮胎式两种。履带式推土机附着牵引力大，爬坡能力强，但行驶速度低；轮胎式推土机行驶速度高，机动灵活，作业循环时间短，运输转移方便，但牵引力小。

(2)铲运机。铲运机主要用于铲装土壤、砂石、石灰、煤炭等散状物料，也可对矿石、硬土等做轻度铲挖作业；可分为拖式铲运机和自行式铲运机。拖式铲运机需要拖挂在其他拖拉机或其他运载机械上使用；自行式铲运机可自行铲运。

(3)挖掘机。挖掘机是大型基坑开挖中最常用的一种土方机械，由工作装置、转台和行走装置等组成。

(4)装载机。装载机是广泛用于公路、铁路、建筑、水电、港口、矿山等建设工程的土石方施工机械，它主要用于铲装土壤、砂石、石灰、煤炭等散状物料，也可对矿石、硬土等做轻度铲挖作业；换装不同的辅助工作装置还可进行推土、起重和其他物料如木材的装卸作业。

(5)压路机。压路机是利用碾轮的碾压作用使土壤、路基垫层和路面铺砌层密实的自行式压实机械，广泛用于筑路、筑堤和筑坝等工程的填方压实作业，可以碾压沙性、半黏性及黏性土壤、路基稳定土及沥青混凝土路面层。

(6)打夯机。打夯机是利用冲击和冲击振动作用分层夯实回填土的压实机械，广泛用于公路、市政、建筑、水利等领域，可见本章前文。

图 1-5　履带式推土机

图 1-6　轮胎式推土机

图 1-7　自行式铲运机

图 1-8　拖式铲运机

图 1-9　反铲式挖掘机

图 1-10　抓铲式挖掘机

图 1-11　拉铲式挖掘机

图 1-12　正铲式挖掘机

图 1-13　装载机

图 1-14　压路机

第2章 地基处理与边坡支护工程

学习目标

掌握不同地基加固处理的概念及适用范围、工艺流程
掌握不同降水方法的概念和适用范围、工艺流程
熟悉不同类型基坑支护、边坡支护方法的概念及适用范围、工艺流程

相关标准

《建筑地基基础工程施工规范》(GB 51004—2015)
《建筑地基处理技术规范》(JGJ 79—2012)
《建筑基坑支护技术规程》(JGJ 120—2012)
《建筑与市政工程地下水控制技术规范》(JGJ 111—2016)
《建筑深基坑工程施工安全技术规范》(JGJ 311—2013)
《建筑边坡工程技术规范》(GB 50330—2013)
《既有建筑地基基础加固技术规范》(JGJ 123—2012)
《工程地质手册(第五版)》
国家建筑设计标准图集:《挡土墙(重力式、衡重式、悬臂式)》(17J008)
中南地区图集:《衡重式、悬臂式、扶壁式挡土墙》(12Z902)

2.1 概述

本章内容主要分为地基处理、地下水控制(降水排水)、支护工程三部分,其相应的基本概念如下:

(1)地基是指承受建筑物荷载,应力与应变不能忽略的土层,见图2-1。该土层有一定深度和范围,可分为持力层和下卧层。其中,持力层是指直接支撑建筑物基础的土层;下卧层是指持力层下部的土层。另外,地基按照设计和施工情况可分为天然地基和人工地基。

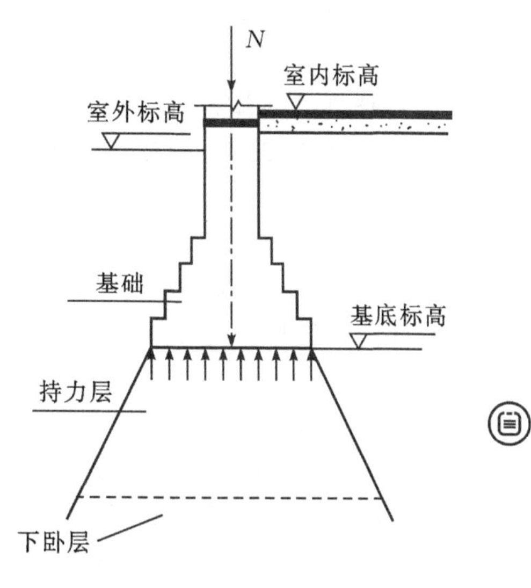

图2-1 基础、地基示意图

(2)天然地基是指不需要处理而直接使用的地基。

(3)人工地基是指由于地基承载能力不足而通过换填、预压、夯实、复合地基桩、注浆、微型桩等地基处理，对天然地基进行加固而形成的地基。

(4)地基处理是指为提高地基强度，或改善其变形性质或渗透性质而采取的工程措施，主要有换填、预压、夯实、复合地基桩、注浆、微型桩等形式。

(5)排水降水是指为降低地下水在施工过程中对基坑底、基坑壁以及边坡的不良影响而采取的降低对应区域范围地下水位的各种施工方法。

(6)基坑是指为进行建(构)筑物地下部分的施工由地面向下开挖出的空间。

(7)边坡是指在建筑场地及其周边，由于建筑工程和市政工程开挖或填筑施工所形成的人工边坡和对建(构)筑物安全或稳定有不利影响的自然斜坡。

2.2 地基处理

在进行地基处理前需先选择相应的处理方案，而在选择地基处理方案之前应先完成下列工作：

(1)搜集详细的岩土工程勘察资料、上部结构及基础设计资料等。

(2)根据工程要求和天然地基存在的主要问题，确定地基处理的目的、处理范围和处理后要求达到的各项指标等。

(3)结合工程情况，了解当地地基处理的经验和施工条件，对于有特殊要求的工程，还应了解其他地区相似工程的地基处理经验和使用情况等。

(4)调查邻近建筑、地下管线、周边环境等情况。

在选择地基处理方案时，应考虑上部结构、基础和地基的共同作用，并经过技术经济比较，选用处理地基或加强上部结构和处理地基相结合的方案。

地基处理的方案较多，根据《建筑地基处理技术规范》(JGJ 79—2012)要求，主要有换填、预压、夯实、复合地基桩、注浆、微型桩等地基处理形式。

2.2.1 换填垫层法

换填垫层法是指将基础地面下一定范围内的软弱土层或不均匀土层挖除，回填其他性能稳定、无侵蚀性、强度较高的材料，并夯压密实形成新垫层的方法。换填深度一般以0.5～3m为宜。

1.换填材料要求

根据《建筑地基处理技术规范》(JGJ 79—2012)第4.2.1条，换填垫层材料的选用应符合下列要求：

(1)砂石。砂石宜选用碎石、卵石、角砾、圆砾、砾砂、粗砂、中砂或石屑，并应级配良好，不含植物残体、垃圾等杂质。当使用粉细砂或石粉时，应掺入不少于总重量30%的碎石或卵石。砂石的最大粒径不宜大于50mm。对湿陷性黄土或膨胀土地基，不得选用砂石等透水性材料。

(2)粉质黏土。粉质黏土的土料中有机含量不得超过5%，且不得含有冻土或膨胀土。当含有碎石时，其最大粒径不宜大于50mm。用于湿陷性黄土或膨胀土地基的粉质黏土垫层，土料中不得夹有砖、瓦或石块等。

(3)灰土。灰土体积配合比为2∶8或3∶7。石灰宜选用新鲜的消石灰，其最大粒径不得大于5mm。土料宜选用粉质黏土，不宜使用块状黏土，且不得含有松软杂质，土料应过筛且最大粒径不得大于15mm。

(4)粉煤灰。选用的粉煤灰应满足相关标准对腐蚀性和放射性的要求。粉煤灰垫层上宜覆土0.3～0.5m。

(5)矿渣。矿渣宜选用分级矿渣、混合矿渣及原状矿渣等高炉重矿渣。矿渣的松散重度不应小于11kN/m^3,有机质及含泥总量不得超过5%。

(6)此外根据设计,还可以采用其他工业废渣、土工合成材料等进行换填。

2.换填施工要点

根据《建筑地基处理技术规范》(JGJ 79—2012)第4.3节的要求,换填施工要点如下。

(1)压实机械应根据换填材料选用,具体可参考表2-1。

表2-1 压实机械的选择

垫层换填材料	施工机械
粉质黏土、灰土垫层	平碾、振动碾、羊足碾、蛙式夯、柴油夯
砂石垫层	振动碾
粉煤灰垫层	平碾、振动碾、平板振动器、蛙式夯
矿渣垫层	平板振动器、平碾、振动碾

(2)垫层施工方法、分层铺填厚度、每层压实遍数宜通过现场试验确定。除接触下卧软土层的垫层底部应根据施工机械设备及下卧层土质条件确定厚度外,其他垫层的分层铺填厚度宜为200～300mm。

(3)粉质黏土和灰土垫层的土料的施工含水量宜控制在w_{op}±2%的范围;粉煤灰垫层施工含水量宜控制在w_{op}±4%的范围内。最优含水量w_{op}可通过击实试验确定,也可按照当地经验选取。

(4)粉质黏土、灰土垫层、粉煤灰垫层施工应符合如下规定:

①粉质黏土、灰土垫层分段施工时,不得在柱基、墙角及承重窗间墙下接缝;

②垫层上下两层的缝距不得小于500mm,且接缝处应夯压密实;

③灰土拌和均匀后,应当日铺填压实;灰土夯压密实后,3天内不得受水浸泡;

④粉煤灰垫层铺填后,宜当日压实,每层验收后应及时铺填上层或封层,并应禁止车辆碾压通行;

⑤垫层施工竣工验收合格后,应及时进行基础施工与基坑回填。

3.质量验收

根据《建筑地基处理技术规范》(JGJ 79—2012)第4.2.4条和第4.4节内容,换填垫层的施工质量应满足如下要求:

(1)换填垫层的施工质量检验应分层进行,并应在每层的压实系数符合设计要求后铺填上层。压实系数可采用灌砂法、灌水法或其他方法进行检验。采用环刀法检验垫层的施工质量时,取样点应选择位于每层垫层厚度的2/3处。检验点数量,条形基础下垫层每10～20m不应少于1个点;独立柱基、单个基础下垫层不少于1个点;其他基础下垫层每50～100m^{2}不应少于1个点。

(2)换填垫层的压实标准可按照表2-2选用,矿渣垫层的压实系数可根据满足承载力设计要求的试验结果,按照最后两遍压实的压陷差确定。

表 2-2 各种垫层的压实标准

施工方法	换填材料类别	压实系数 λ_c
碾压振密或夯实	碎石、卵石	≥0.97
	砂夹石(其中碎石、卵石占全重的 30%～50%)	
	土夹石(其中碎石、卵石占全重的 30%～50%)	
	中砂、粗砂、砾砂、角砾、圆砾、石屑	
	粉质黏土	≥0.97
	灰土	≥0.95
	粉煤灰	≥0.95

注:1.压实系数 λ_c 为土的控制干密度 ρ_d 与最大干密度 ρ_{dmax} 的比值;土的最大干密度宜采用击实试验确定;碎石或卵石的最大干密度可取 $2.1t/m^3$～$2.2t/m^3$;

2.表中压实系数 λ_c 系使用轻型击实试验测定土的最大干密度 ρ_{dmax} 时给出的压实控制标准,采用重型击实试验时,对粉质黏土、灰土、粉煤灰及其他材料压实标准应为压实系数 $\lambda_c \geq 0.94$。

(3)除压实系数外,现场还可通过动力触探、标准贯入试验进行质量检测。首先应在压实系数合格的区域进行动力触探、标准贯入并记录相应击数和贯入深度,然后以此作为检验标准检验其他区域,此时每分层平面上检验点的间距不应大于 4m。

(4)换填垫层质量不论是通过上述哪一种方法检验,施工竣工验收应采用静载荷试验检验垫层承载力,且每个单体不少于 3 个点。

2.2.2 预压法

1.基本概念

预压法是指在建筑物建造前在场地上先行加载预压,通过在土体内布置竖向排水井(砂井或塑料排水带等),使土体中的孔隙水排出,孔隙比减小,地基发生固结变形,地基发生沉降,地基土的强度逐渐增长的方法。加速土体固结最有效的办法就是在天然土层中增加排水途径,缩短排水距离,设置竖向排水井(砂井或塑料排水带)。

预压法按照工艺可分为堆载预压、真空预压和真空堆载联合预压。预压法主要适用于处理淤泥质土、淤泥、充填土等饱和黏土。

(1)堆载预压是指在地基上堆加荷载使地基土固结压密的地基处理方式,见图 2-2。

(2)真空预压是指通过对覆盖于竖井地基表面的封闭薄膜内抽真空排水使地基土固结压密的地基处理方法,见图 2-3。

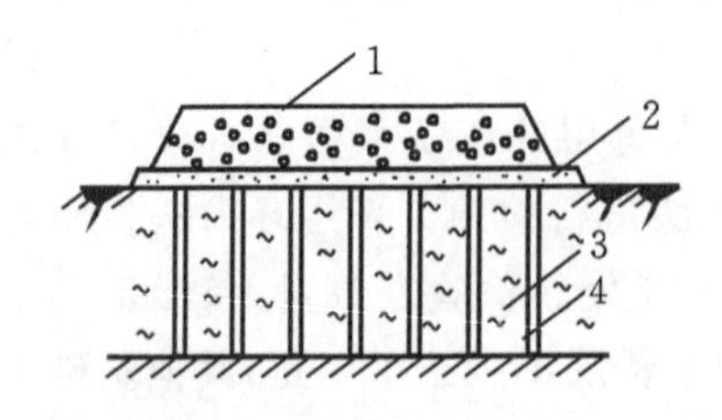

1—堆料;2—砂垫层;3—淤泥;4—砂井。

图 2-2 堆载预压

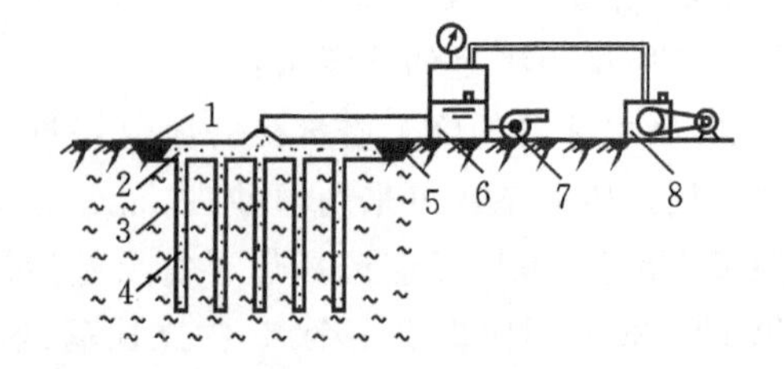

1—橡皮带;2—砂垫层;3—淤泥;4—砂井;5—黏土;6—集水罐;7—抽水泵;8—真空泵。

图 2-3 真空预压

(3)真空堆载联合预压是指在真空预压的基础上，再施加堆土荷载，以增加总体预压荷载，提高压实速率，增加压实效果的预压方法。

2. 施工要点

根据《建筑地基处理技术规范》(JGJ 79—2012)第5章的要求，施工过程应注意以下要点：

(1)堆载预压法。

①塑料排水带的性能指标必须符合设计要求。塑料排水带在现场应妥善保护，防止阳光照射、破损或污染。破损或污染的塑料排水带不得在工程中使用。

②砂井的灌砂量应按井孔的体积和砂在中密状态时的干密度计算，实际灌砂量不得小于计算值的95%。灌入砂袋中的砂宜用干砂，并应灌制密实。

③塑料排水带和袋装砂井施工时，宜配置深度检测设备。

④对堆载预压工程，在加载过程中应进行竖向变形、边桩水平位移及孔隙水压力等项目的监测，且根据监测资料控制加载速率。加载速率应满足如下要求：竖井地基，最大竖向变形量每天不应超过15mm；天然地基，最大竖向变形量每天不应超过10mm；堆载预压边缘处水平位移每天不应超过5mm；根据上述观察资料综合分析、判断地基的承载力和稳定性。

(2)真空预压法。

①真空预压的抽气设备宜采用射流真空泵，空抽时必须达到95kPa以上的真空吸力。

②真空管路的连接应严格密封，在真空管路中应设置止回阀和截门。

③密封膜应采用抗老化性能好、韧性好、抗穿刺性能强的不透气材料。密封膜热合时，宜采用双热合缝的平搭接，搭接宽度应大于15mm。密封膜宜铺设三层，膜周边可采用挖沟埋膜、平铺并用黏土覆盖压边、围埝沟内及膜上覆水等方法进行密封。

④真空预压的膜下真空度应符合设计要求，预压时间不低于90天。

⑤采用真空堆载联合预压时，先进行抽真空，当真空压力达到设计要求并稳定后，再进行堆载，并继续抽真空。堆载前，应在膜上铺设编织布或无纺布等土工编织布保护层。

(3)注意事项。

①对预压工程应进行地基竖向变形、侧向位移和孔隙水压力等项目的监测。

②真空预压、真空和堆载联合预压工程，除应进行地基变形、孔隙水压力的监测外，尚应进行膜下真空度和地下水位的监测。

③对堆载预压工程，预压荷载应分级逐渐施加，确保每级荷载下地基的稳定性，而对真空预压工程可一次连续抽真空至最大压力。

④排水竖井处理深度范围内和竖井底面以下受压土层，经预压所完成的竖向变形和平均固结度应满足设计要求。

⑤应对预压的地基土进行原位十字板剪切试验和室内土工试验。必要时，还应进行现场载荷试验确定处理后的地基承载力，试验数量为每个处理分区不应少于3点。

2.2.3 强夯法

1. 基本概念

强夯法是指反复将夯锤提到高处使其自由落下，给地基以冲击和振动能量，将地基土夯实的地基处理方法。强夯置换法是指将重锤提到高处使其自由落下形成夯坑，并不断夯击坑内回填的砂石、钢渣等硬粒料,使其形成密实墩体的地基处理方法。强夯施工如图 2-4 所示。

(1)起吊夯锤

(2)夯压效果

图 2-4 强夯施工图

2. 一般规定

根据《建筑地基处理技术规范》(JGJ 79—2012)第 6 章的要求,强夯施工应符合以下规定:

(1)强夯法适用于处理碎石土、砂土、低饱和度的粉土与黏性土、湿陷性黄土、素填土和杂填土等地基。强夯置换法适用于高饱和度的粉土与软塑-流塑状的黏性土等地基上对变形控制要求不严的工程。

(2)强夯置换法在设计前必须通过现场试验确定其适用性和处理效果。

(3)强夯和强夯置换施工前,应在施工现场有代表性的场地上选取一个或几个试验区,进行试夯或试验性施工,试验区数量应根据建筑场地的复杂程度、建筑规模及建筑类型确定。

(4)当场地表土软弱或地下水位较高,夯坑底积水影响施工时,宜采用人工降低地下水位或铺填一定厚度的松散性材料,使地下水位低于坑底面以下 2m。坑内或场地积水应及时排除。

(5)施工前应查明场地范围内的地下构筑物和各种地下管线的位置及标高等,并采取必要的措施,以免因施工而造成损坏。

(6)强夯法的有效加固深度应根据现场试夯情况或地区经验确定。缺少相应经验时,可按表 2-3 进行预估。

表 2-3 强夯的有效加固深度

单击夯击能 E(kN·m)	碎石土、砂土等粗颗粒土	粉土、粉质黏土、湿陷性黄土等细颗粒土
1000	4.0～5.0	3.0～4.0
2000	5.0～6.0	4.0～5.0
3000	6.0～7.0	5.0～6.0
4000	7.0～8.0	6.0～7.0
5000	8.0～8.5	7.0～7.5
6000	8.5～9.5	7.5～8.0
8000	9.0～9.5	8.0～8.5
10000	9.5～10.0	8.5～9.0
12000	10.0～11.0	9.0～10.0

注:强夯法的有效加固深度应从最初起夯面算起,单击夯击能 E 大于 12000kN·m 时,强夯的有效加固深度应通过试验确定。

3.施工要点

(1)强夯锤质量宜为10～60t,其底面形式宜采用圆形,锤底面积宜按土的性质确定,锤底静接地压力值宜取25～80kPa,单击夯击能高时,取高值;单击夯击能低时,取低值,对于细颗粒土宜取低值。锤的底面宜对称设置若干个与其顶面贯通的排气孔,孔径宜为300～400mm。

(2)施工机械宜采用带有自动脱钩装置的履带式起重机或其他专用设备。

(3)当强夯施工所产生的振动对邻近建筑物或设备会产生有害影响时,应设置监测点,并采取挖隔振沟等隔振或防振措施。

(4)夯击遍数应根据地基土的性质确定,可采用点夯(2～4)遍,对于渗透性较差的细粒土,应适当增加夯击遍数;最后以低能量满夯两遍,满夯可采用轻锤或低落距锤多次夯击,锤印搭接。

(5)两遍夯击之间,应有一定的时间间隔,对渗透性较差的黏性土地基,间隔时间不少于(2～3)周;对渗透性好的地基可连续夯击。

(6)夯点的夯击次数应根据试夯结果和夯沉量关系曲线确定,并同时满足如下条件:最后两击的平均夯沉量宜满足表2-4要求;夯坑周围不应发生过大的隆起;不因夯坑过深而发生提锤困难。

表2-4 强夯法最后两击平均夯沉量

单击夯击能 E(kN·m)	最后两击平均夯沉量不大于(mn)
$E<4000$	50
$4000 \leqslant E<6000$	100
$6000 \leqslant E<8000$	150
$8000 \leqslant E<12000$	200

(7)夯击点位置可根据基础底面形状,采用等边三角形、等腰三角形或正方形布置。第一遍夯击点间距可取夯锤直径的(2.5～3.5)倍,第二遍的夯击点应位于第一遍夯击点之间。以后各遍夯击点间距可适当减小。

(8)强夯处理范围应大于建筑物基础范围,每边超出基础外缘的宽度宜为基底下设计处理深度的1/2～2/3,且不应小于3m;对可液化地基,基础边缘的处理宽度,不应小于5m。

(9)强夯置换墩体材料可采用级配良好的块石、碎石、矿渣、工业废渣、建筑垃圾等坚硬粗粒材料,且粒径大于300mm的颗粒含量不宜超过30%。

4.强夯施工步骤

(1)清理并平整施工场地;

(2)标出第一遍夯点位置,并测量场地高程;

(3)起重机就位,夯锤置于夯点位置;

(4)测量夯前锤顶高程;

(5)将夯锤起吊到预定高度,开启脱钩装置,待夯锤脱钩自由下落后,放下吊钩,测量锤顶高程;若发现因坑底倾斜而造成夯锤歪斜时,应及时将坑底整平;

(6)重复步骤(5),按设计规定的夯击次数及控制标准,完成一个夯点的夯击;

(7)换夯点，重复步骤(3)至(6)，完成第一遍全部夯点的夯击；

(8)用推土机将夯坑填平，并测量场地高程；

(9)在规定的间隔时间后，按上述步骤逐次完成全部夯击遍数，最后采用低能量满夯将场地表层松土夯实，并测量夯后场地高程。

5.强夯置换施工步骤

(1)清理并平整施工场地，当表土松软时可铺设一层厚度为1.0～2.0m的砂石施工垫层；

(2)标出夯点位置，并测量场地高程；

(3)起重机就位，夯锤置于夯点位置；

(4)测量夯前锤顶高程；

(5)夯击并逐击记录夯坑深度；当夯坑过深而发生起锤困难时停夯，向夯坑内填料直至与坑顶齐平，记录填料数量；如此重复，直至满足规定的夯击次数及控制标准，完成一个墩体的夯击；当夯点周围软土挤出影响施工时，可随时清理并宜在夯点周围铺垫碎石，继续施工；

(6)按“由内至外、隔行跳打”原则完成全部夯点的施工；

(7)推平场地，采用低能量满夯将场地表层松土夯实，并测量夯后场地高程；

(8)铺设垫层，并分层碾压密实。

6.施工监测

施工过程中需要对全过程进行监测，具体监测内容如下：

(1)开夯前应检查夯锤质量和落距，以确保单击夯击能量符合设计要求；

(2)在每一遍夯击前，应对夯点放线进行复核，夯完后检查夯坑位置，发现偏差或漏夯应及时纠正；

(3)按设计要求检查每个夯点的夯击次数和每击的夯沉量，对强夯置换尚应检查置换深度；

(4)施工过程中应对各项参数及情况进行详细记录。

7.质量检查与验收

(1)检查施工过程中的各项测试数据和施工记录，不符合设计要求时应补夯或采取其他有效措施。强夯置换施工中可采用超重型或重型圆锥动力触探检查置换墩着底情况。

(2)强夯处理后的地基承载力检验，应在施工结束后间隔一定时间进行，对于碎石土和砂土地基，其间隔时间可取(7～14)d；粉土和黏性土地基可取(14～28)d。强夯置换地基间隔时间可取28d。

(3)强夯处理后的地基均匀性检验，可采用动力触探试验、标准贯入试验、静力触探试验等原位测试，以及室内土工试验。检验点的数量可根据场地复杂程度和建筑物的重要性确定，对于简单场地上的一般建筑物，按每400m^{2}不少于1个检测点，且不少于3点；对于复杂场地或重要建筑地基，每300m^{2}不少于1个检验点，且不少于3点。强夯置换地基，可采用超重型或重型动力触探试验等方法，检查置换墩着底情况及承载力与密度随深度的变化，检验数量不应少于墩点数的3%，且不少于3点。

(4)竣工验收承载力检验的数量，应根据场地复杂程度和建筑物的重要性确定，对于简单场地上的一般建筑物，每个建筑地基的载荷试验检验点不应少于3点；对于复杂场地或重要建筑地基应增加检验点数。强夯置换地基单墩荷载试验同一条件下数量均不应少于墩点数的1%，且不少于3点。

2.2.4 复合地基桩

复合地基桩的整体形态是先在土层中成孔，孔中加入用以加强土体强度的材料（如砂、石、水泥等），从而提高土层的承载能力。其具体形式有很多，根据《建筑地基处理技术规范》(JGJ 79—2012)第7章的内容，具体要求有：(振冲、沉管)碎(砂)石桩、水泥土搅拌桩、旋喷桩、土(灰土)挤密桩、夯实水泥土桩、水泥粉煤灰碎石桩、柱锤冲扩桩等，内容较多，本节着重讲解其中的水泥粉煤灰碎石桩。

水泥粉煤灰碎石桩简称CFG桩(cement fly-ash gravel)，是由碎石、石屑、粉煤灰组成混合料，掺入适量水进行拌和，采用各种成桩机械形成的桩体。通过调整水泥的用量及配比，可使桩体强度等级在C5～C20变化，最高可达C25，相当于刚性桩。由于桩体刚度很大，区别于一般柔性桩和水泥土类桩，因此，常在桩顶与基础之间铺设一层150～300mm厚的中砂、粗砂、级配砂石或碎石(称其为褥垫层)，以利于桩间土发挥承载力，与桩组成复合地基。

1. 一般规定

(1)水泥粉煤灰碎石桩(CFG桩)法适用于处理黏性土、粉土、砂土和自重固结已完成的素填土等地基。对淤泥质土应按地区经验或通过现场试验确定其适用性。

(2)水泥粉煤灰碎石桩应选择承载力相对较高的土层作为桩端持力层。

(3)水泥粉煤灰碎石桩复合地基设计时应进行地基变形验算。

2. 施工要点

(1)水泥粉煤灰碎石桩的施工，应根据现场条件选用下列施工工艺：

①长螺旋钻孔灌注成桩，适用于地下水位以上的黏性土、粉土、素填土、中等密实以上的砂土；

②长螺旋钻孔、管内泵压混合料灌注成桩，适用于黏性土、粉土、砂土以及对噪声或泥浆污染要求严格的场地；

③振动沉管灌注成桩，适用于粉土、黏性土及素填土地基。

(2)长螺旋钻孔、管内泵压混合料灌注成桩施工和振动沉管灌注成桩施工除应执行国家现行有关规定外，还应符合下列要求：

①施工前应按设计要求由实验室进行配合比试验，施工时按配合比配制混合料。长螺旋钻孔、管内泵压混合料成桩施工的坍落度宜为160～200mm，振动沉管灌注成桩施工的坍落度宜为30～50mm，振动沉管灌注成桩后桩顶浮浆厚度不宜超过200mm。

②长螺旋钻孔、管内泵压混合料成桩施工在钻至设计深度后，应准确掌握提拔钻杆时间，混合料泵送量应与拔管速度相配合，遇到饱和砂土或饱和粉土层不得停泵待料；沉管灌注成桩施工拔管速度应按匀速控制，拔管速度应控制在1.2～1.5m/min，如遇淤泥或淤泥质土，拔管速度应适当放慢。

③施工桩顶标高宜高出设计桩顶标高不少于0.5m。

④成桩过程中，应抽样做混合料试块，每台机械一天应做一组(3块)试块(边长为150mm的立方体)，标准养护，测定其立方体抗压强度。

(3)冬期施工时混合料入孔温度不得低于5℃,对桩头和桩间土应采取保温措施。

(4)清土和截桩时,不得造成桩顶标高以下桩身断裂和扰动桩间土。

(5)褥垫层铺设宜采用静力压实法,当基础底面下桩间土的含水量较小时,也可采用动力夯实法,夯填度(夯实后的褥垫层厚度与虚铺厚度的比值)不得大于0.9。

(6)施工垂直度偏差不应大于1%;对满堂布桩基础,桩位偏差不应大于0.4倍桩径;对条形基础,桩位偏差不应大于0.25倍桩径;对单排布桩桩位偏差不应大于60mm。

3.质量检验

(1)施工质量检验主要应检查施工记录、混合料坍落度、桩数、桩位偏差、褥垫层厚度、夯填度和桩体试块抗压强度等。

(2)水泥粉煤灰碎石桩地基竣工验收时,承载力检验应采用复合地基载荷试验。

(3)水泥粉煤灰碎石桩地基检验应在桩身强度满足试验荷载条件时,并宜在施工结束28d后进行。试验数量宜为总桩数的0.5%~1%,且每个单体工程的试验数量不应少于3点。

(4)应抽取不少于总桩数10%的桩进行低应变动力试验,检测桩身完整性。

4.其他成孔方式与复合地基桩

(1)六种常见的成孔方法。

①振冲成孔,又称振动水冲法,是以起重机吊起振冲器,启动潜水电机带动偏心块,使振动器产生高频振动;同时启动水泵,通过喷嘴喷射高压水流,在边振边冲的共同作用下,将振动器沉到土中的预定深度进行成孔的方法,如图2-5所示。

图2-5 振冲器

②沉管成孔是指利用锤击、振动等方式将钢管(套管)在端部套上桩尖后沉入土中进行成孔的方法,如图2-6所示。

(1)管套

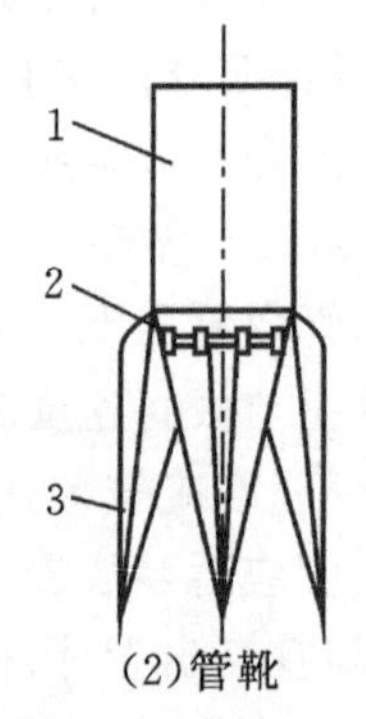

(2)管靴

1—管体;2—连接体;3—活瓣。

图2-6 沉管成孔

③冲击成孔是指利用冲击成孔设备(冲击式钻机或卷扬机悬吊冲击钻头),在桩位上下往复冲击,将坚硬土或岩层破碎成孔,部分碎渣和泥浆挤入孔壁,使其大部分成为泥渣用掏渣筒掏出成孔的方法,如图2-7所示。

(1)桩架

(2)桩锤

图2-7 冲击成孔(冲锤)

④螺旋钻孔是指利用螺旋钻孔设备,进行成孔的方法,如图2-8所示。

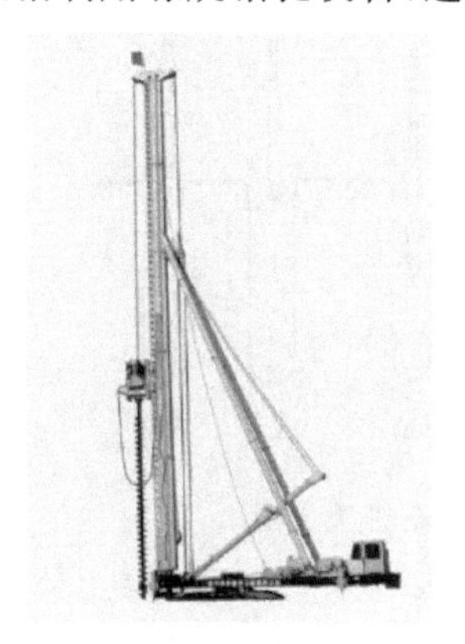
(1)桩架

(2)钻头

图2-8 螺旋钻机

⑤旋挖成孔是指依靠旋挖钻头旋转把土体装进连着钻头料斗内,装满后提出,反复进行,用以成孔,如图2-9所示。

(1)桩架

(2)钻头

图2-9 旋挖机(钻头)

⑥柱锤冲扩成孔是指反复将直径300～500mm、长度2～6m、重2～10t的柱状重锤提到高处使其自由落下冲击成孔的方法,如图2-10所示。

(1)桩架

(2)钻锤

图 2-10　柱锤冲扩成孔(柱锤)

(2)五种常见的地基桩。

①碎(砂)石桩:将碎石、砂石等材料挤压入孔中,形成密实的砂石竖向增强体,以提高地基承载能力。振冲法碎石桩施工如图 2-11 所示。

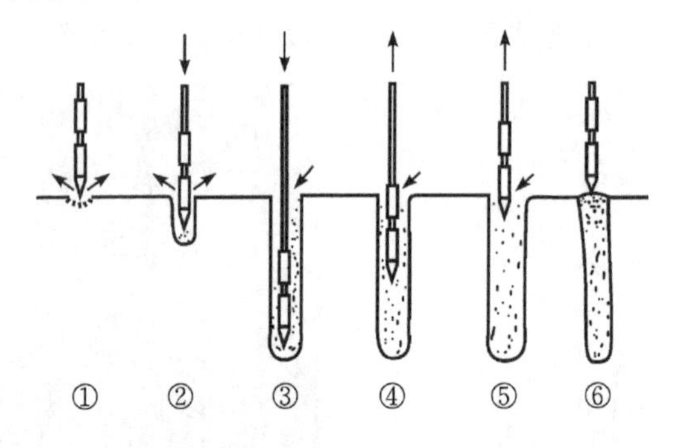

图 2-11　振冲碎石桩施工图

②水泥土搅拌桩:以水泥作为固化剂的主要材料,利用深层土体搅拌机械将固化剂和地基土进行强制搅拌形成竖向增强体。根据水泥形态,不同该桩的制作分为水泥浆液搅拌法和水泥干粉搅拌法两种,可采用单轴、双轴、多轴搅拌。如图 2-12 所示。

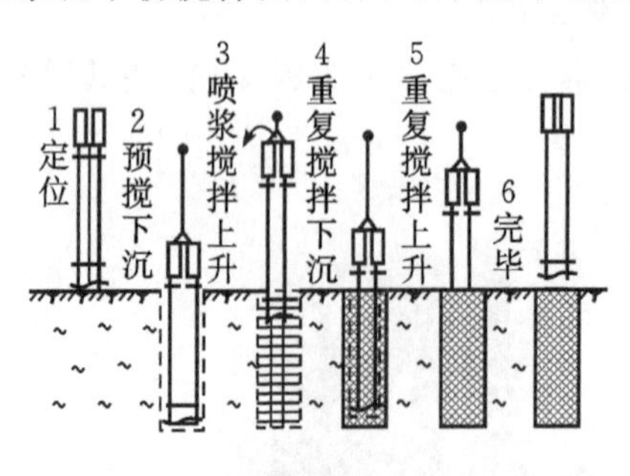

(1)施工顺序示意图

(2)钻头

图 2-12　三轴水泥土搅拌机(钻头)

③旋喷桩:通过钻杆的旋转、提升,高压水泥浆由水平方向的喷嘴喷出,形成喷射流,以此切割土体并与土拌和形成水泥土竖向增强体。根据设备不同,该桩的制作分为单管法、双管法、三管法(见图 2-13);加固体可分为柱状、壁状、条状、块状。

(1)旋喷桩机外观

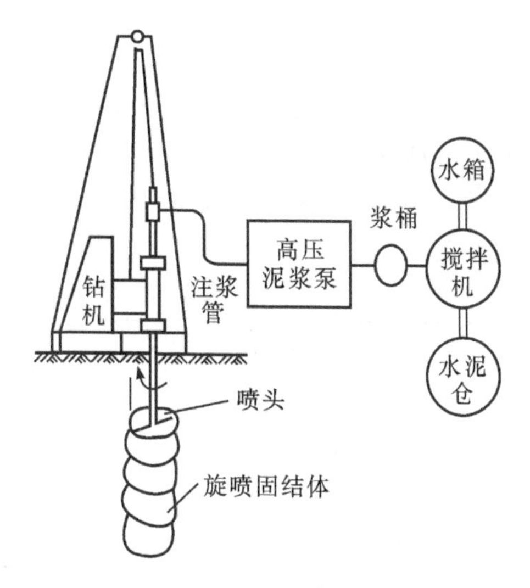

(2)单管法

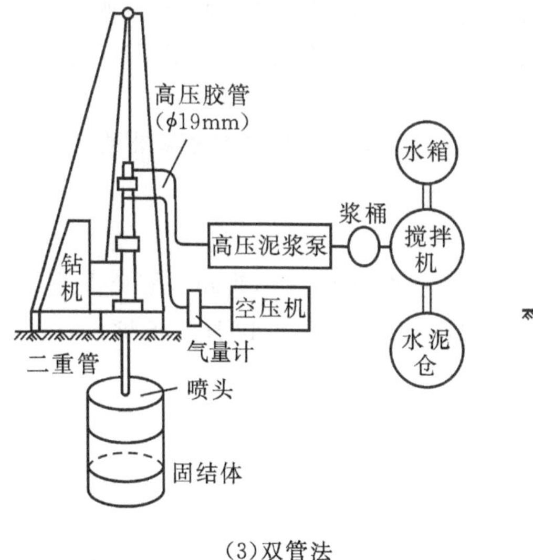

(3)双管法

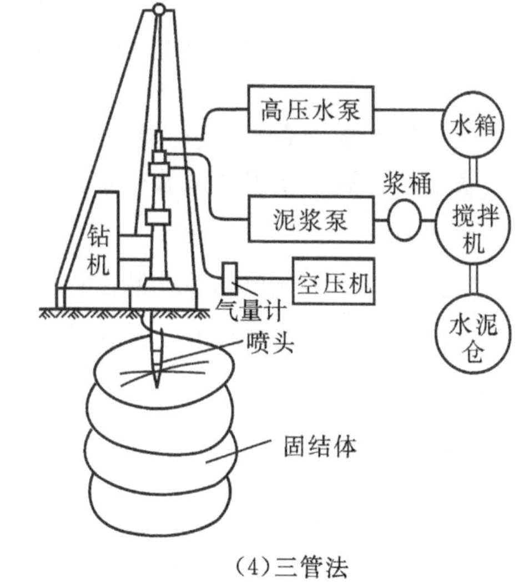

(4)三管法

图2-13 旋喷桩机

单管法,又称单层喷射管,仅喷射水泥浆,形成桩体。

二重管法,又称浆液气体喷射法,是用二重注浆管同时将高压水泥浆和空气两种介质喷射流横向喷射出,冲击破坏土体,形成较大的固结体。

三重管法,是一种浆液、水、气喷射法,使用分别输送水、气、浆液三种介质的三重注浆管,在以高压水流喷射流和气流同轴喷射冲切土体,形成较大的空隙,再由泥浆泵将水泥浆以较低压力注入被切割、破碎的地基中,使水泥浆与土混合,其加固体直径可达2m。

④灰土(土)挤密桩:用灰土或土填入孔内分层夯实形成竖向增强体。

⑤夯实水泥土桩:将水泥和土按设计比例拌匀,在孔内分层夯实形成竖向增强体。灰土桩、夯实水泥土桩的方法工艺与碎石桩相近,但填料为灰土或水泥土。

2.2.5 其他地基处理方法

1. 压实填土

大面积地基强度不足时，在地基表面堆填强度良好、性能稳定的填料（粉质黏土、灰土、砂土、粉煤灰、碎石等），通过分层振动或碾压密实，可提高地基承载能力。

具体分层厚度、压实遍数需根据现场机械、填料情况通过试验确定，初步设计时可参考表 2－5。

表 2－5 填土每层铺填厚度及压实遍数

施工设备	每层铺填厚度（mm）	每层压实遍数
平碾（8t～12t）	200～300	6～8
羊足碾（5t～16t）	200～350	8～16
振动碾（8t～15t）	500～1200	6～8
冲击碾压（冲击势能 15kJ～12kJ）	600～1500	20～40

2. 注浆加固

注浆加固法是将某些能固化的浆液注入岩土地基的裂缝或孔隙中，以改善其物理力学性质的方法。注浆的目的是防渗、堵漏、加固和纠正建筑物偏斜，适用于地基的局部加固。

加固用浆液主要有水泥浆、硅化浆液、碱液等，具体采用何种浆液需根据土体成分进行室内浆液配比试验和现场试验确定。

3. 树根桩

树根桩是一种小直径的钻孔灌注桩，其直径通常为 150～300mm，桩长不超过 30m，树根桩可以是垂直的或倾斜的；也可以是单根的或成排的；可以是端承桩，也可以是摩擦桩。

2.3 地下水控制

2.3.1 地下水总述

地下水可分为包气带水、潜水和承压水三种，如图 2－14 所示。具体概念如下：

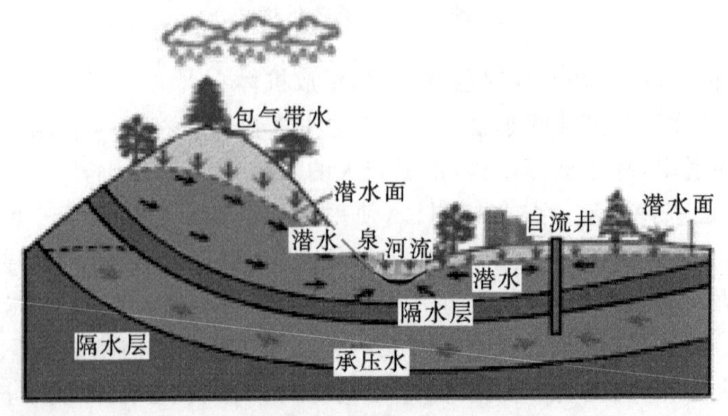

图 2－14 地下水

(1)包气带水是指存在于包气带中以各种形式出现的水，它是一种局部的、暂时性的地下水。其中既包括分子水、结合水、毛细水等非重力水，也包括属于下渗的水流和存在于包气带中局部隔水层上的重力水（又称上层滞水）。其特征是：完全依靠大气降水或地表水流直接下渗补给，因而多位于距地表不深的地方，以蒸发或逐渐下渗的形式排泄；分布范围有限；补给区与分布区一致；水量随季节变化，雨季出现，旱季消失，极不稳定。

（2）潜水是指地表以下第一个稳定隔水层以上的具有自由水面的地下水，水压等于水头，也称无压力水。

（3）承压水是指充满在两个稳定隔水层（是指由透水性很低的土质形成的土层，如淤泥质黏土）中间含水层中的地下水，承受土层之间一定的静水压力。

其中，工程基础施工中遇到的需要进行降水的情况主要是潜水和承压水。

2.3.2　流砂和管涌的防治

基坑开挖时，当地下水压力过大时，可能会导致地基土产生破坏，破坏形式主要有流砂、管涌两种。

土体颗粒在向上的渗流力作用下，粒间有效应力为零时，颗粒群发生悬浮、移动的现象称为流砂现象。

在渗透水流作用下，土中的细颗粒在粗颗粒形成的孔隙中移动，以至流失，随着土的孔隙不断扩大，渗透速度不断增加，较粗的颗粒也相继被水流逐渐带走，最终导致土体内形成贯通的渗流管道，造成土体塌陷，这种现象称为管涌。

因此，在基坑开挖中，防治流砂、管涌的原则为“必先治水”。其主要途径有减少或平衡动水压力、设法使动水压力方向向下、截断地下水流。其具体措施有以下几种：

（1）枯水期施工法。枯水期地下水位较低，基坑内外水位差小，动水压力小，就不易产生流砂。

（2）抛大石块法。分段抢挖土方，使挖土速度超过冒砂速度，在挖至标高后立即铺上竹子、芦席，并抛上大石块，以平衡动水压力，将流砂压住。此法适用于治理局部的或轻微的流砂。

（3）设止水帷幕法。将连续的止水支护结构（如连续板桩、深层搅拌桩、密排灌注桩等）打入基坑底面以下一定深度，形成封闭的止水帷幕，从而使地下水只能从支护结构下端向基坑渗流，增加地下水从坑外流入基坑内的渗流路径，减小水力坡度，从而减小动水压力，防止流砂产生。

（4）人工降低地下水位法。该方法是采用井点降水法（如轻型井点、喷射井点、管井井点等），使地下水位降低至基坑底面以下，地下水的渗流向下，则动水压力的方向也向下，从而水不能渗流入基坑内，可有效防止流砂的发生。因此，此法应用广泛且较可靠。

此外，采用地下连续墙、压密注浆法、土壤冻结法等，在不同条件下也可有效阻止地下水流入基坑，防止流砂、管涌的发生。

2.3.3　降水施工

常见的降水方法有集水坑降水、井点降水等。

1.集水坑降水

集水坑降水，又称集水明排（见图2-15），是指在基坑底部周边距离坑壁0.4m以上布置0.2～0.5m宽的排水沟，沿排水沟20～40m布置深1m左右的集水坑（井），可使地下水通过排水沟汇到集水坑内，然后利用水泵（一般为离心泵或潜水泵）将水排出的方法。

该方法适用范围如下：不宜产生流砂、管涌的黏性土、砂土、碎石土；地下水位标高超出基础底面不大于 2m。

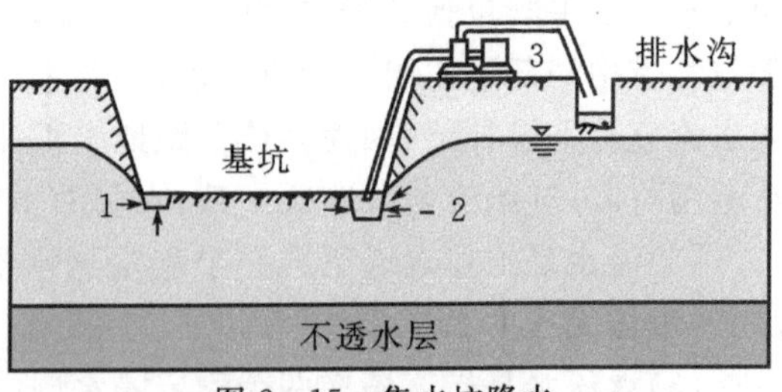

图 2－15　集水坑降水

2. 井点降水

井点降水是指基坑开挖前，在周围埋设一定数量的降水井，在井中不断抽出地下水，使基坑范围的地下水位下降到基坑底以下，从而消除上述不利工程现象。同时，降水还能使地基土层因土颗粒自重压缩而更加密实，增加地基土的承载能力。井点降水一般要基础工程完成后才能结束。

井点降水根据竖向布置情况可分为单级井点、多级井点；根据水平布置情况可分为一字形井点、L 形井点、U 形井点、环形井点；根据工艺不同分为真空井点（轻型井点）、喷射井点、电渗井点、管井井点等。不同降水方法的具体适用范围可见表 2－6 所示。

表 2－6　不同降水方法的适用范围

<table>
<tr><th colspan="2">方法名称</th><th>土类</th><th>渗透系数
(cm/s)</th><th>降水深度(m)</th><th>水文地质特征</th></tr>
<tr><td colspan="2">集水明排</td><td rowspan="5">填土、粉土、
黏性土、砂土</td><td rowspan="2">$1\times10^{-7}\sim2\times10^{-4}$</td><td>≤3</td><td rowspan="5">上层滞水或潜水</td></tr>
<tr><td rowspan="5">降水</td><td>轻型井点
多级轻型井点</td><td>≤6
6～10</td></tr>
<tr><td>喷射井点</td><td>$1\times10^{-7}\sim2\times10^{-4}$</td><td>8～20</td></tr>
<tr><td>电渗井点</td><td>$<1\times10^{-7}$</td><td>6～10</td></tr>
<tr><td>真空降水管井</td><td>$>1\times10^{-6}$</td><td>>6</td></tr>
<tr><td>降水管井</td><td>粉土、砂土、
碎石土、破碎带</td><td>$>1\times10^{-5}$</td><td>>6</td><td>含水丰富的潜水、
承压水和裂隙水</td></tr>
</table>

(1)真空井点，又称轻型井点，是沿基坑周围以一定的间距埋入井点管（下端为滤管），在地面上用水平铺设的集水总管将各井点管连接起来，在一定位置设置离心泵和水力喷射器，离心泵驱动工作水形成局部真空，地下水在真空吸力的作用下经滤管进入井管，然后经集水总管排出，从而降低水位。

①设备。井点系统由井点管、连接管、集水总管及抽水设备等组成，如图 2－16 所示。

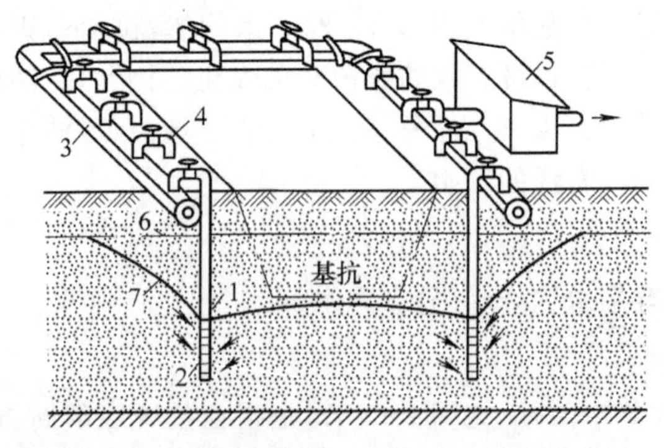

1—井点管；2—滤管；3—总管；4—弯联管；5—水泵；6—原地下水水位；7—降水后水位。

图 2－16　轻型井点降低地下水位全貌示意图

②一般要求如下：井点管直径宜为38～55mm，水平间距一般为1～2.5m；成孔直径不宜小于300mm，成孔深度应大于滤管底端0.5m；滤料应回填密实，滤料顶面与地面之间高差不宜小于1m，该范围内须采用黏土封填密实，以防漏气；填砾过滤器周围的滤料应为磨圆度好、粒径均匀、含泥量小于3%的砂料，其粒径应按下式确定：

$$D_{50}=(8-12)d_{50}$$

式中：D_{50}——滤料过筛50%时的粒径(mm)；

d_{50}——含水层砂样过筛50%时的粒径(mm)。

当井点呈环形布置时，总管应在抽汲设备对面处断开；采用多套井点设备时，各套设备之间宜装设阀门隔开。

一台机组携带的总管最大长度：真空泵不宜超过100m；射流泵不宜超过80m；隔膜泵不宜超过60m，立管长度一般为6～9m。

③布置。轻型井点系统的布置应根据基坑平面形状及尺寸、基坑的深度、土质、地下水位及流向、降水深度等因素确定。设计时主要考虑平面布置和高程布置两个方面。

A. 平面布置。当基坑或沟槽宽度较小(一般在6m以内时)，降水深度不超过6m时，可采用单排井点(见图2-17)，将井点管布置在地下水流的上游一侧；反之，则应采用双排井点；当基坑面积较大时，则应采用环形井点(见图2-18)。井点管距离开挖上口边线不应小于1m。

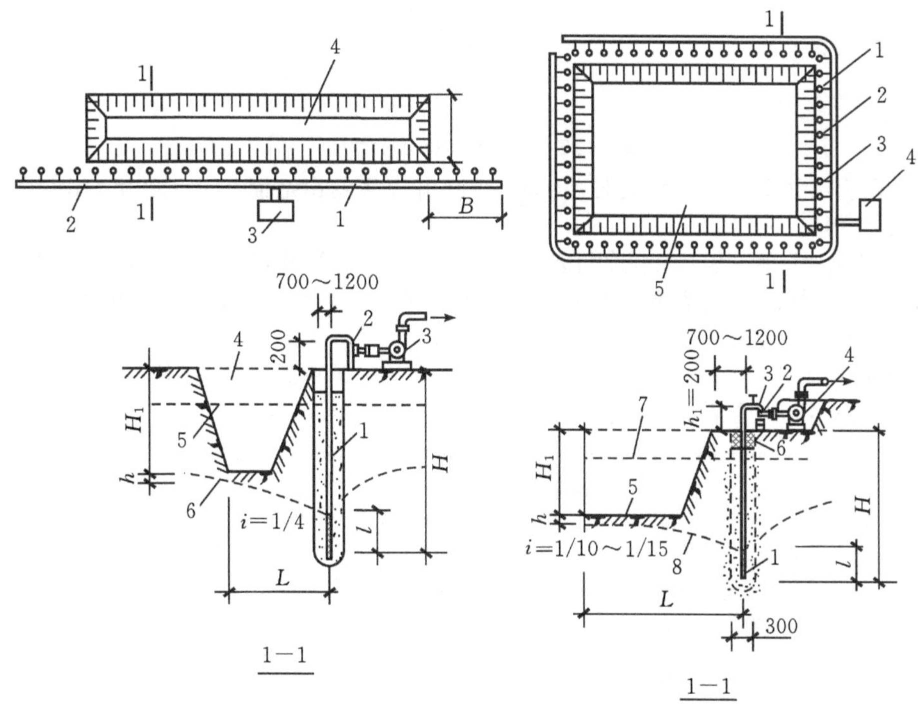

1—井点管；2—集水总管；3—抽水设备；4—基坑；5—原地下水位线；6—降低后地下水位。

图2-17 单排井点布置图

1—井点；2—集水总管；3—弯联管；4—抽水设备；5—基坑；6—填黏土；7—原地下水位线；8—降低后地下水位线。

图2-18 环形井点布置图

B. 高程布置。轻型井点的降水深度从理论上讲可达10m左右，但由于抽水设备的水头损失，实际降水深度一般不大于6m。井点管的埋设深度H(不包括滤管)可按下式计算：

$$H\geqslant H_1+h+iL \tag{2-1}$$

式中：H_1——井点管埋设面到基坑底面的距离，m；

h——基坑底面至降低后的地下水位线的距离，一般取 0.5～1.0m（人工开挖取下限，机械开挖取上限）；

i——降水曲线坡度，可取实测值或按经验，单排井点取 1/4，环形井点取 1/15～1/10；

L——井点管中心至基坑中心的水平距离，m。

如 H 值小于降水深度 6m 时，可用一级井点；H 值大于 6m 时，可采用二级井点或多级井点，即先挖去第一级井点所疏干的土，然后在其底部埋设第二级井点（见图 2-19），两级井点的高差宜取 4～5m。

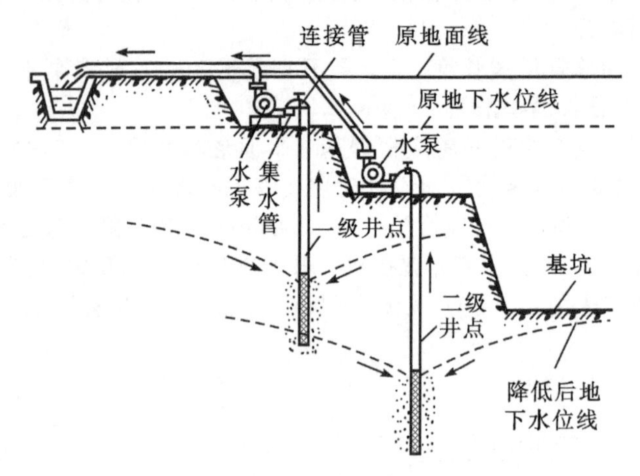

图 2-19　二级井点降水示意

此外，在确定井点管埋置深度时，还需要考虑井点管露出地面 0.2～0.3m，滤管必须埋在透水层内等。

④轻型井点的计算。轻型井点的计算主要包括涌水量计算，井点管数量与间距的确定。

A. 涌水量计算。井点系统涌水量受诸多不易确定的因素影响，计算比较复杂，难以得出精确值，目前一般是按水井理论进行近似计算。

水井根据地下水有无压力，分为无压井和承压井；根据井深是否达到不透水层，分为完整井和非完整井；组合后共有四种形式，如图 2-20 所示。

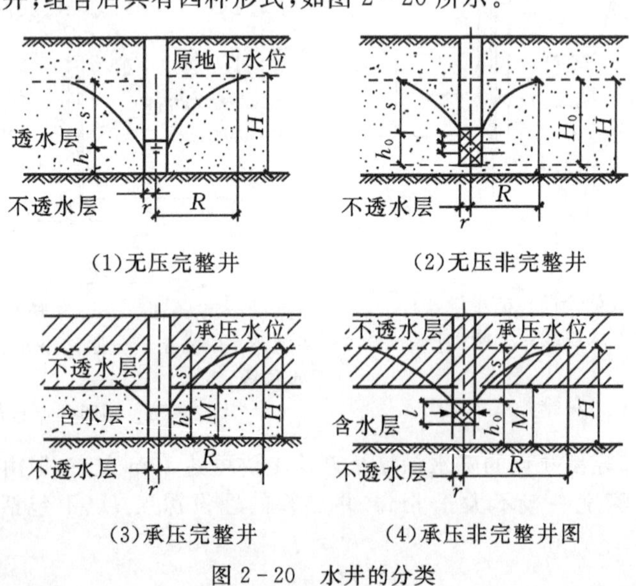

图 2-20　水井的分类

无压完整井的环形井点系统，见图2－20(1)，群井涌水量计算公式为：

$$Q=1.366K\frac{(2H-s)s}{\lg R-\lg x_0} \tag{2-2}$$

式中：Q——井点系统的涌水量，m^3/d；

K——土的渗透系数，m/d；

H——含水层厚度，m；

s——水位降低值，m；

R——抽水影响半径，m；

x_0——环状井点系统的假想半径，m。

按上式(2－2)计算涌水量时，需先确定R，x_0，K值。对于矩形基坑，其长度与宽度之比不大于5时，R，x_0值可分别按下式计算：

$$R=1.95s\sqrt{HK} \tag{2-3}$$

$$x_0=\sqrt{\frac{F}{\pi}} \tag{2-4}$$

式中：F——环状井点系统包围的面积，m^2。

渗透系数K值的正确与否将直接影响降水效果，一般可根据地质勘探报告提供的数据或通过现场抽水试验确定。

在实际工程中往往会遇到无压非完整井的环形井点系统，见图2－20(2)，这时地下水不仅从井的侧面流入，还从井底渗入。为了简化计算仍用公式(2－2)，此时式中H换成有效深度H_0，H_0可查表2－7，当算得H_0大于实际含水层厚度时，仍取H值。

表2－7 抽水影响深度H_0 单位：m

$S'/(S'+l)$	0.2	0.3	0.5	0.8
H_0	$1.3(S'+l)$	$1.5(S'+l)$	$1.7(S'+l)$	$1.85(S'+l)$

注：S'为井点管中水位降落值；l为滤管长度。

承压完整井的环状井点系统的涌水量计算公式为：

$$Q=2.73K\frac{Ms}{\lg R-\lg x_0} \tag{2-5}$$

承压非完整井的环状井点系统的涌水量计算公式为：

$$Q=2.73K\frac{Ms}{\lg R-\lg x_0}\cdot\sqrt{\frac{M}{l+0.5r}}\cdot\sqrt{\frac{2M-l}{M}} \tag{2-6}$$

式中：M——承压含水层的厚度，m；

K，s，R，r_0——与式(2－2)相同；

r——井点管半径，m；

l——滤管长度，m。

B.确定井点管数量及井距。确定井管数量需要先确定单根井管的出水量，其最大出水量按下式计算：

$$q=65\pi dl\cdot\sqrt[3]{K} \tag{2-7}$$

式中：d——滤管直径，m；

l——滤管长度，m；

K——渗透系数，m/d。

井点管数量按下式确定：

$$n=1.1\frac{Q}{q} \quad (2-8)$$

式中：1.1——井点管备用系数。

井点管最大间距为：

$$D=\frac{L}{n} \quad (2-9)$$

式中：L——总管长度，m。

实际采用的井点管间距应大于15d，不能过小，以免彼此干扰，影响出水量，并且还应与总管接头的间距(0.8m，1.2m，1.6m)相吻合。最后根据实际采用的井点管间距，确定井点管根数。

⑤轻型井点的计算案例。某厂房设备的基础施工，基坑底宽8m，长12m，基坑深4.5m，挖土边坡1∶0.5，基坑平、剖面如图2-21所示。经地质勘探，天然地面以下1m为亚黏土，其下有8m厚细砂层，渗透系数K=8m/d，细砂层以下为不透水的黏土层。地下水位标高为-1.5m。采用轻型井点法降低地下水位，试进行轻型井点系统设计。

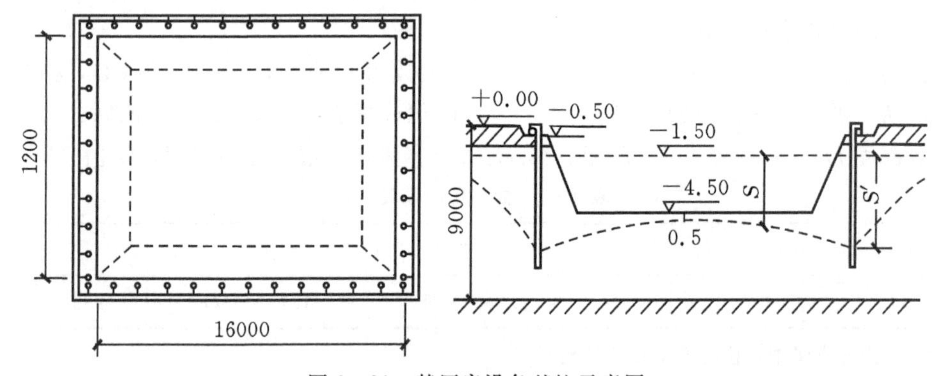

图2-21 某厂房设备基坑示意图

A.井点系统的布置。根据工程地质情况和平面形状，轻型井点选用环形布置。为使总管接近地下水位，表层土挖去0.5m，则基坑上口平面尺寸为12m×16m，布置环形井点。总管距基坑边缘1m，总管长度L为：

$$L=[(12+2)+(16+2)]\text{m}\times2=64\text{m}$$

水位降低值：$s=(4.5-1.5+0.5)\text{m}=3.5\text{m}$

采用一级轻型井点，井点管的埋设深度(总管平台面至井点管下口，不包括滤管)：

$$H_A\geqslant H_1+h+iL=4.0\text{m}+0.5\text{m}+(1/10)\times(14/2)\text{m}=5.2\text{m}$$

采用6m长的井点管，直径50mm，滤管长1.0m。井点管外露地面0.2m，埋入土中5.8m(不包括滤管)大于5.2m，符合埋深要求。

井点管及滤管长为(6+1)m=7m，滤管底部距不透水层的距离为(1+8)m-(1.5+4.8+1)m=1.7m，基坑长宽比小于5，可按无压非完整井环形井点系统计算。

B.基坑涌水量计算。按无压非完整井环形井点系统涌水量计算公式进行计算。

$$Q=1.366K\frac{(2H-s)s}{\lg R-\lg x_0}$$

先求出 H_0，K，R，x_0值。

H_0：按表2-7求出。$S'=(6-0.2-1.0)\text{m}=4.8\text{m}$。根据 $S'/(S'+1)=4.8/5.8=0.827$，查表2-7得 H_0。

$$H_0=1.85(S'+1)=1.85\times(4.8+1.0)\text{m}=10.73\text{m}$$

由于 $H_0>H$[含水层厚度 $H=(1+8-1.5)\text{m}=7.5\text{m}$]，取 $H_0=H=7.5\text{m}$。

K：经实测 $K=8\text{m/d}$。

$$R:R=1.95s\sqrt{HK}=1.95\times3.5\times\sqrt{7.5}\times8\text{m}=52.87\text{m}$$

$$x_0:x_0=\sqrt{\frac{F}{\pi}}=\sqrt{\frac{14\times18}{\pi}}\text{m}=8.96\text{m}$$

将以上数值代入下式，得基坑涌水量 Q：

$$Q=1.366K\frac{(2H-s)s}{\lg R-\lg x_0}=1.366\times8\times\frac{(2\times7.5-3.5)\times3.5}{\lg52.87-\lg8.96}\text{m}^3/\text{d}=570.6\text{m}^3/\text{d}$$

C. 计算井点管数量及间距单根井点管出水量。

$$q=65\pi dl\cdot\sqrt[3]{K}=65\times3.14\times0.05\times1.0\times\sqrt[3]{3}\text{m}^3/\text{d}=20.41\text{m}^3/\text{d}$$

则井点管数量为：1.1×570.6/20.41=31(根)。

井距：$D=D=\frac{L}{n}=\frac{64}{31}\text{m}\approx2.1\text{m}$。

取井距为2m，则井点管实际总根数为64÷2=32(根)。

D. 抽水设备选用。干式真空泵的型号常用的有 W_5 和 W_6 型泵，采用 W_5 型泵时，总管长度一般不大于100m；采用 W_6 型泵时，总管长度一般不大于120m。因抽水设备所带动的总管长度为64m，故选用 W_5 型干式真空泵。真空泵所需的最低真空度按下式求出：$h_k=10(h+\Delta h)$，Δh 为水头损失，可近似取1.0～1.5。

$$h_k=10\times(6+1.0)\text{kPa}=70\text{kPa}$$

所需水泵流量：$Q_1=1.1Q=1.1\times570.6\text{m}^3/\text{d}=628\text{m}^3/\text{d}=26\text{m}^3/\text{h}$

所需水泵的吸水扬程：$H_s\geqslant(6+1.0)\text{m}=7\text{m}$

根据 Q_1，H_s 查表2-8得知可选用2B31型离心泵。

表2-8　常用离心泵技术性能

型号	流量/($\text{m}^3\cdot\text{h}^{-1}$)	总扬程/m	最大吸水扬程/m	电动机功率/kW
$1\frac{1}{2}$B17	6～14	20.3～14	6.6～6.0	1.7
2B19	11～15	21～16	8.0～6.0	2.8
2B31	10～30	34.5～24	8.7～5.7	4.5
3B19	32.4～52.2	21.5～15.6	6.5～5.0	4.5
3B33	30～55	35.5～28.8	7.0～3.0	7.0
4B20	65～110	22.6～17.1	5	10.0

注：2B19表示进水口直径为50.8mm(英寸)，总扬程为19m(最佳工作时)的单级离心泵；B为改进型。

⑥工艺流程。定位放线→铺设总管→冲孔→安装井点管→填砂砾滤料，黏土封口→用弯联管接通井点管与总管→安装抽水设备并与总管接通→安装集水箱和排水管→真

空泵排气→离心水泵抽水→测量观测井中地下水位变化。

⑦施工要点。

A. 准备工作。根据工程情况与地质条件，确定降水方案，进行轻型井点的设计计算。根据设计准备所需的井点设备、动力装置、井点管、滤管、集水总管及必要的材料。施工现场准备工作包括排水沟的开挖、泵站处的处理、设置监测标点，做好防止沉降的措施。

B. 井点管的埋设。井点管的埋设一般用水冲法进行，并分为冲孔与埋管填料两个过程，见图2-22。冲孔时先用起重设备将冲管吊起，并插在井点埋设位置上，然后开动高压水泵(一般压力为0.6～1.2MPa)，将土冲松，边冲边沉，冲孔直径一般为250～300mm，冲孔深度宜比滤管底深0.5～1.0m。

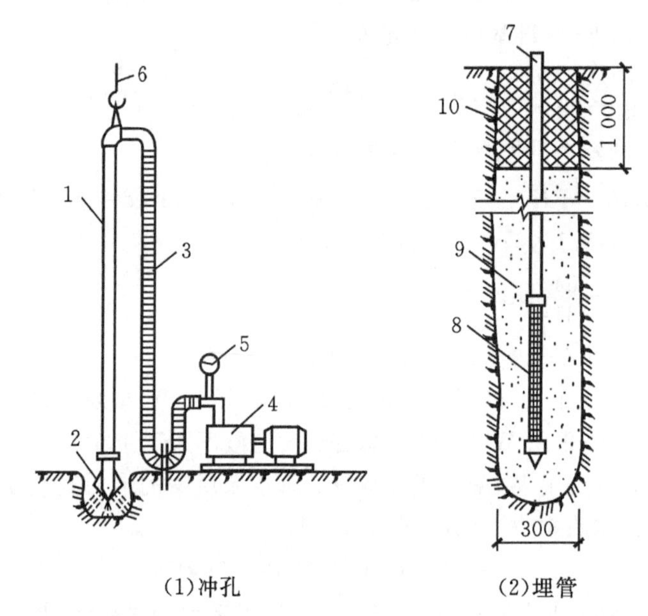

1—冲管；2—冲嘴；3—胶管；4—高压水泵；5—压力表；6—起重机吊钩；
7—井点管；8—滤管；9—填砂；10—黏土封口。

图2-22 水冲法井点管

井孔冲成后，应立即拔出冲管，插入井点管，并在井点管与孔壁之间迅速填灌砂滤层，以防孔壁塌土。砂滤层一般选用干净粗砂，填灌均匀，并填至滤管顶上部1.0～1.5m，以保证水流通畅。井点填好砂滤料后，须用黏土封好井点管与孔壁间的上部空间，以防漏气。

C. 连接与试抽。将井点管、集水总管与水泵连接起来，形成完整的井点系统。安装完毕，需进行试抽，以检查是否有漏气现象。开始正式抽水后，一般不宜停抽，时抽时止，滤网易堵塞，也易抽出土颗粒，使水混浊，并使附近建筑物由于土颗粒流失而沉降开裂。正常的降水是细水长流、出水澄清。

D. 井点运转与监测。

a. 井点运转管理。井点运行后要连续工作，真空度一般应不低于65kPa。如果真空度不够，通常是由于管路漏气，应及时修复；如果通过检查发现淤塞的井点管太多，严重影响降水效果时，应逐个用高压水反复冲洗或拔出重新埋设。

b. 井点监测。井点监测包括流量观测、地下水位观测、沉降观测三方面。

(2)喷射井点。当基坑开挖所需降水深度超过 8m 时，单级轻型井点就难以收到预期的降水效果，这时如果场地许可，可以采用二级甚至多级轻型井点增加降水深度，达到设计要求。但是这样会增加基坑土方施工工程量，增加降水设备用量并延长工期，也扩大了井点降水的影响范围而对环境保护不利。因此，当降水深度超过 8m 时，宜采用喷射井点。

①喷射井点设备。根据工作流体的不同，喷射井点可分为喷水井点和喷气井点两种。两者的工作原理是相同的。喷射井点系统主要由喷射井点管、高压水泵（或空气压缩机）和管路系统组成，如图 2－23、图 2－24 所示。

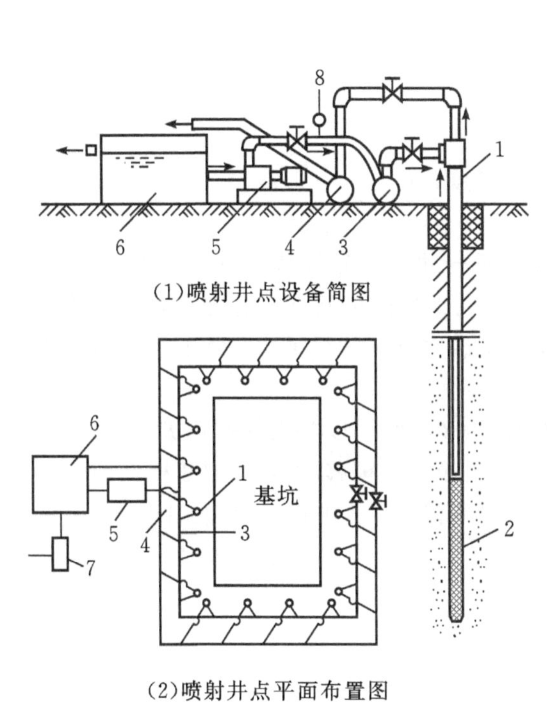

(1)喷射井点设备简图

(2)喷射井点平面布置图

1—喷射井管；2—滤管；3—供水总管；4—排水总管；5—高压离心水泵；6—水箱；7—排水泵；8—压力表。

图 2－23　喷射井点布置图

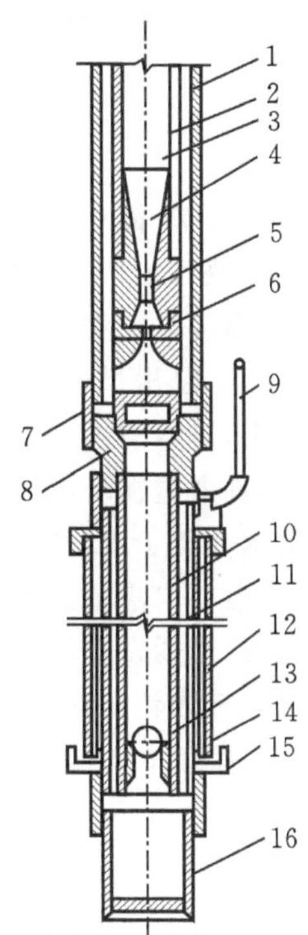

1—外管；2—内管；3—喷射器；4—扩散管；5—混合管；6—喷嘴；7—缩节；8—连接座；9—真空测定管；10—滤管芯管；11—滤管有孔套管；12—滤管外缠滤网及保护网；13—逆止球阀；14—逆止阀座；15—护套；16—沉泥管。

图 2－24　喷射井点管构造

A. 喷射井点管。喷射井点管由内管和外管组成。在内管的下端装有喷射扬水器与滤管相连，当喷射井点工作时，由地面处的高压离心水泵供应的高压工作水经过内外管之间的环形空间直达底端，在此处工作流体由特制内管的两侧进入水孔至喷嘴喷出，在喷嘴处由于断面突然收缩变小，使工作流体具有极高的流速，在喷口附近造成负压，将地下水经过滤管吸入，吸入的地下水在混合室与工作水混合，然后进入扩散室，水流在强大压力的作用下把地下水同工作水一同扬升出地面，经排水管道系统排至集水池或水箱，一部分用低压泵排走，另一部分供高压水泵压入井管外管内作为工作水流。如此循环作业，将地下水不断从井点管中抽走，使地下水逐渐下降，达到设计要求的降水深度。

B. 高压水泵。高压水泵一般可采用流量为 $50\sim80m^3/h$、压力为 $0.7\sim0.8MPa$ 的多级高压水泵，每套能带动 20～30 根井管。

C. 管路系统。管路系统包括进水、排水总管（直径 150mm，每套长度 60m）、接头、阀门、水表、溢流管、调压管等管件、零件及仪表。

②喷射井点的设计与计算。喷射井点在设计时其管路布置和剖面布置与轻型井点基本相同。基坑面积较大时，采用环形布置；基坑宽度小于 10m 时，采用单排线形布置；大于 10m 时做双排布置。喷射井管间距一般为 3～6m。当采用环形布置时，进出口（道路）处的井点间距可扩大为5～7m。每套井点的总管数应控制在 30 根左右。喷射井点的涌水量计算及确定井点管数量与间距、抽水设备等均与轻型井点相同。水泵工作水需用压力按下式计算：

$$P=\frac{P_0}{\alpha} \tag{2-10}$$

式中：P——水泵工作水头压力，m；

P_0——扬水高度，即水箱至井管底部的总高度，m；

α——扬水高度与喷嘴前面工作水头之比。

③施工工艺。泵房设置→安装进、排水总管→水冲或钻孔成井→安装喷射井点管，填滤管→接通进、排水总管，并与高压水泵或空气压缩机接通→将各井点管的外管管口与排水管接通，并通过循环水箱→启动高压水泵或空气压缩机抽水→离心水泵排除循环水箱中多余的水→测量观测井中地下水位变化。

(3)电渗井点。电渗井点排水的原理如图 2-25 所示，以井点管作负极，以打入的钢筋或钢管作正极，当通以直流电后，土颗粒即自负极向正极移动，水则自正极向负极移动而被集中排出。土颗粒的移动称为电泳现象，水的移动称为电渗现象，故名电渗井点。

在渗透系数小于 0.1m/d 的黏土或淤泥中降低地下水位时，比较有效的方法是电渗井点排水。

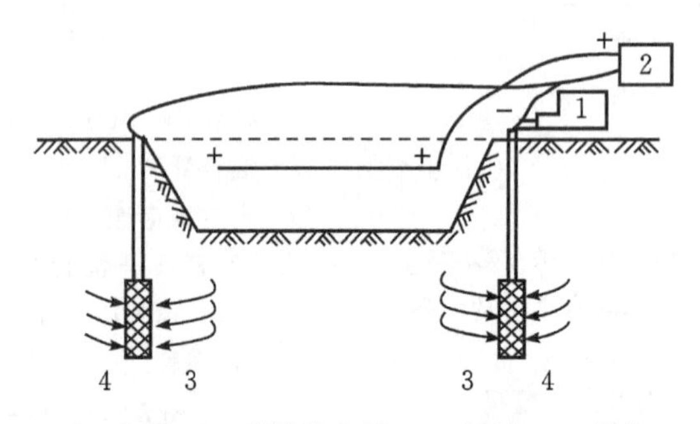

1—水泵；2—直流发电机；3—钢管；4—井点。

图 2-25 电渗井点排水示意图

(4)管井井点。管井井点是利用深井进行重力集水，在井内用长轴深井泵或井内用潜水泵进行排水，以达到降水或降低承压水压力的目的。它适用于渗透系数较大（$K\geq 200m/d$）、涌水量大、降水较深（可达 50m）的砂土、砂质粉土，以及用其他井点降水不易解决的深层降水。见图 2-26。

管井井点的降水深度不受吸程限制，由水泵扬程决定，在要求水位降低 5m 以上，或要求降低承压水压力时，排水效果好；井距大，对施工平面布置干扰小。

①井点设备。管井井点系统由深井、井管和深井泵(或潜水泵)组成,如图 2-27 所示。

②点布置。采用坑外降水的方法,管井井点的布置根据基坑的平面形状及所需降水深度,沿基坑四周呈环形或直线形布置,井点一般沿工程基坑周围离开边坡上缘 0.5～1.5m,井距一般为 30m 左右。

当采用坑内降水时,同样可按图所示呈棋盘形点状方式布置,并根据单井涌水量、降水深度及影响半径等确定井距,一般井距为 10～30m。井点宜深入透水层 6～9m,通常还应该比所应降水深度深 6～8m。

③施工程序及要点。

A. 井位放样、定位。

B. 做井口,安放护筒。井管直径应大于深井泵最大外径 50mm 以上,钻孔孔径应大于井管直径 300mm 以上。安放护筒以防孔口塌方,并为钻孔起到导向作用。做好泥浆沟与泥浆坑。

C. 钻机就位,钻孔。深井的成孔方法可采用冲击钻、回转钻、潜水电钻等,用泥浆护壁或清水护壁法成孔,清孔后回填井底砂垫层。

D. 吊放深井管与填滤料。井管应安放垂直,过滤部分应放在含水层范围内。井管与土壁间填充粒径大于滤网孔径的砂滤料。填滤料要一次连续完成,从井底填到井口下 1m 左右,上部采用黏土封口。

E. 洗井。若水较混浊,含有泥沙、杂物会增加泵的磨损,减少寿命或使泵堵塞,可用空压机或旧的深井泵来洗井,待抽出的井水清洁后,再安装新泵。

F. 安装抽水设备及控制电路。安装前应先检查井管内径、垂直度是否符合要求。安放深井泵时,用麻绳吊入滤水层部位,并安放平稳,然后接电动机电缆及控制电路。

G. 试抽水。深井泵在运转前,应用清水预润(清水通入泵座润滑水孔,以保证轴与轴承的预润)。检查电气装置及各种机械装置,测量深井的静、动水位。达到要求后,即可试抽,一切满足要求后,再转入正常抽水。

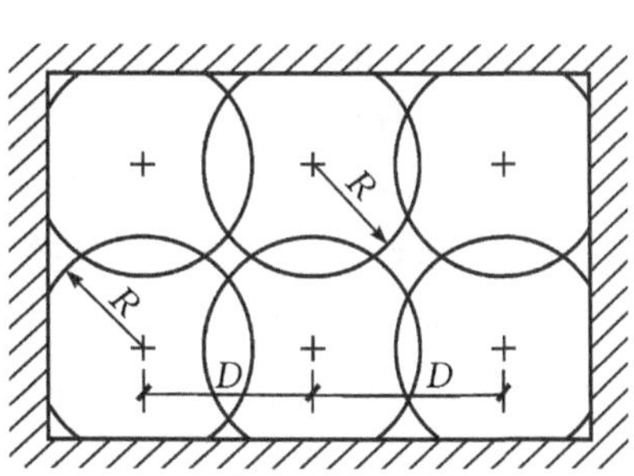

H. 降水完毕拆除水泵,拔井管,封井。降水完毕,即可拆除水泵,用起重设备拔除井管,拔出井管所留的孔洞用砂砾填实。

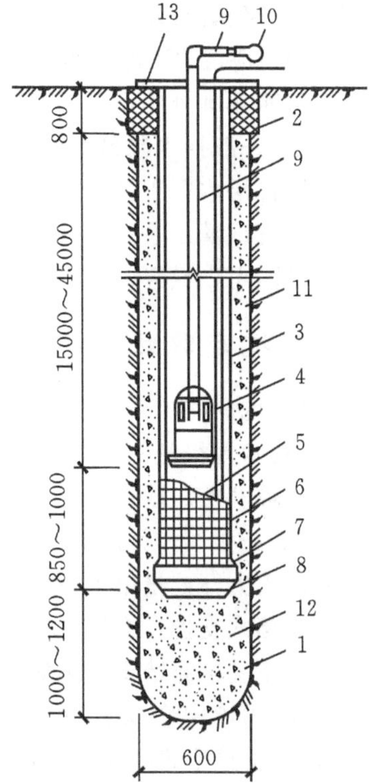

1—井孔；2—井口(黏土封口)；3—镬300 井管；4—潜水泵；5—过滤段(内填碎石)；6—滤网；7—导向段；8—开孔底板(下铺滤网)；9—50mm 出水管；10—50～75mm 出水总管；11—小砾石或中粗砂；12—中粗砂；13—钢板井盖。

图 2-26 管井井点构造示意图

R—抽水影响半径； *D*—井点间距。

图 2-27 坑内降水井示意图点布置

2.3.4 降水对环境的影响及防治措施

在基坑降水开挖中,为了防止邻近建筑物受影响,可采用以下措施:

(1)井点降水时应减缓降水速度,均匀出水,勿使土粒带出。降水时要随时注意抽出的地下水是否有混浊现象。抽出的水中带走细颗粒，不但会增加周围地面的沉降，而且还会使井管堵塞、井点失效。为此，应选用合适的滤网与回填的砂滤料。

(2)井点应连续运转，尽量避免间歇和反复抽水，以减小在降水期间引起的地面沉降量。

(3)降水场地外侧设置一圈挡水帷幕，切断降水漏斗曲线的外侧延伸部分，减小降水影响范围。一般挡水帷幕底面应在降落后的水位线 2m 以下。常用的挡水帷幕可采用地下连续墙、深层水泥土搅拌桩等。

(4)设置回灌水系统，为保护邻近建筑物与地下管线，避免因地下水位下降出现较大变形或沉降，可以设置回灌水系统，具体包括回灌井、回灌沟。

2.4 基坑与边坡支护

建筑基坑的支护方法很多，根据《建筑边坡工程技术规范》(GB 50330—2013)、《建筑基坑支护技术规程(JGJ 120—2012》，基坑与边坡的支护类型总体可分为以下几种：

(1)放坡开挖。放坡开挖是利用土体在一定的坡率状态下可以产生的自身稳定作为支护条件的一种形式。该形式技术要求低、成本低，不需要额外的支护施工，但所需的场地范围大、土方开挖量增大，在场地范围允许时，可以优先采用该方法。

(2)支挡式支护。支挡式支护是指通过某种现浇、预制或其他构件在基坑侧壁上进行支挡，防止基坑侧壁土体坍塌失稳的方法。该方法又可根据支挡形式的不同分为悬臂式、拉锚式、内撑式等，采用的支挡构件常见的有灌注桩排桩、钢桩、钢板桩、地下连续墙等。不同的支挡形式和支挡构件组合后则有很多具体的施工方法，如悬臂式混凝土灌注桩排桩、内撑式钢板桩等。

(3)加固式支护。加固式支护是指通过某种材料或方法直接加固基坑侧壁土体，使之提高土壁抗剪强度，增强基坑稳定性，常见的为土钉墙等。

(4)重力式支护。重力式支护是指通过在基坑侧壁形成一道厚度较大、强度良好支挡结构，该结构主要依靠自身重量提高对侧壁土体的稳定性，如重力式毛石挡土墙、重力式水泥土墙等。

基坑支护虽是一种施工临时性措施结构物，但对保证工程顺利进行、保护邻近地基和已有建(构)筑物的安全影响极大。因此，基坑支护方案的选择应根据基坑周边环境、土层结构、工程地质、水文情况等因素，因地制宜综合确定。

具体选用哪种方法的原则如下：①要求技术先进、结构简单、因地制宜、就地取材、经济合理；②尽可能与工程永久性挡土结构相结合，作为结构的组成部分，或材料能够部分回收、重复使用；③受力可靠，能确保基坑边坡稳定，不给邻近已有建(构)筑物、道路及地下设施带来危害；④保护环境，保证施工期间的安全。

2.4.1 放坡开挖

为了防止坍塌，保证施工安全，当土方开挖超过一定高度时，应考虑放坡或设置临时支撑以保持土壁的稳定。

土方边坡的稳定主要是由于土体的摩擦力和内聚力使其具有一定的抗剪强度，土体的抗剪强度与土质有关。确定土方边坡的大小应根据土质、开挖深度、开挖方法、地下水位、边坡留存时间、边坡上部荷载情况及气候条件等因素确定。根据需要，边坡可以做成直线形边坡、折线形边坡和阶梯形边坡，如图 2-28 所示。

土体的边坡坡度为高度 H 与底宽 B 之比，即：土体的边坡坡度 $=H/B=1:m$，其中，$m=B/H$ 表示边坡系数。如：某边坡坡度为1∶0.3，是指基坑每下挖1m深，则放坡0.3m宽，此时坡度系数为0.3。

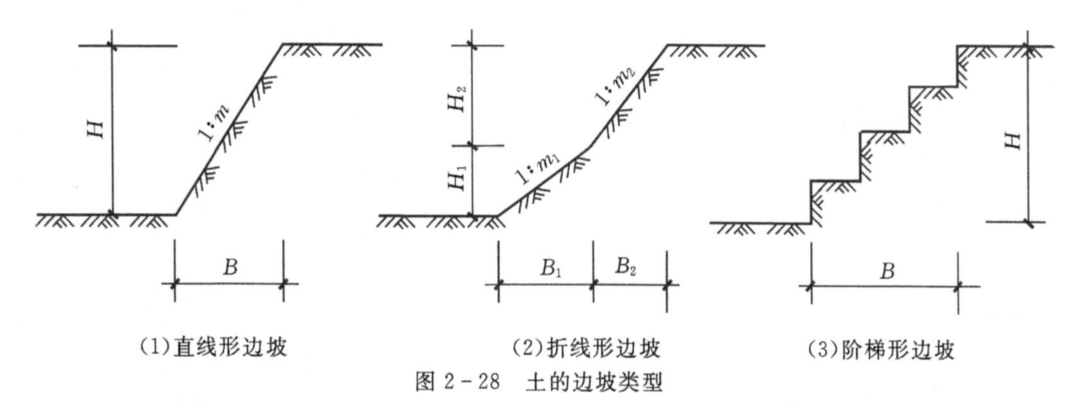

(1)直线形边坡　(2)折线形边坡　(3)阶梯形边坡

图2-28　土的边坡类型

根据《建筑地基基础工程施工规范》(GB 51004—2015)第9.4.3至9.4.4条，土体垂直开挖允许深度和放坡坡度可参考表2-9、表2-10。

表2-9　土的垂直开挖允许深度

土的类别	性状	允许深度(m)
碎石土	中密～密实，充填物为中密～密实状态的砂土	1.00
	中密～密实，充填物为硬塑～坚硬状态的黏性土	1.50
砂土	中密～密实	1.00
粉土	中密～密实、稍湿	1.25
粉质黏土	可塑～硬塑	1.25
黏土	可塑～硬塑	1.50
	坚硬	2.00
黄土	可塑～硬塑	2.00
岩石	强～中等分化	2.00

表2-10　边坡开挖允许坡率值(高宽比)

土的类别	性状	坡高5m以内	坡高5m～10m
杂填土	中密～密实	1∶0.75～1∶1.00	
黏性土	坚硬	1∶0.75～1∶1.00	1∶1.00～1∶1.25
	硬塑	1∶1.00～1∶1.25	1∶1.25～1∶1.50
	可塑	1∶1.25～1∶1.25	1∶1.50～1∶1.75
粉土	中密～密实、稍湿	1∶1.00～1∶1.25	1∶1.25～1∶1.50
黄土	黄土状土(Q_4^1)，可塑～硬塑	1∶0.50～1∶0.75	1∶0.75～1∶1.00
	马兰黄土(Q_3)，可塑～硬塑	1∶0.30～1∶0.50	1∶0.50～1∶0.75
	离石黄土(Q_2)，可塑～硬塑	1∶0.20～1∶0.30	1∶0.30～1∶0.50
	午城黄土(Q_1)，可塑～硬塑	1∶0.10～1∶0.20	1∶0.20～1∶0.30
砂土	—	自然休止角	—

续表 2-10

土的类别	性状		坡高 5m 以内	坡高 5m～10m
碎石土	密实	（充填物为硬塑～坚硬状态的黏性土）	1∶0.35～1∶0.50	1∶0.50～1∶0.75
	中密		1∶0.50～1∶0.75	1∶0.75～1∶1.00
	稍密		1∶0.75～1∶1.00	1∶1.00～1∶1.25
碎石土	密实	（充填物为硬中密～密实状态的砂土）	1∶1.00	—
	中密		1∶1.40	—
	稍密		1∶1.60	—
硬质岩石	微风化		1∶0.10～1∶0.20	1∶0.20～1∶0.35
	中等风化		1∶0.20～1∶0.35	1∶0.35～1∶0.50
	强分化		1∶0.35～1∶0.50	1∶0.50～1∶0.75
	全风化		1∶0.50～1∶0.75	1∶0.75～1∶1.00
软质岩石	微风化		1∶0.35～1∶0.50	1∶0.50～1∶0.75
	中等风化		1∶0.50～1∶0.75	1∶0.75～1∶1.00
	强分化		1∶0.75～1∶1.00	1∶1.00～1∶1.25
	全风化		1∶1.00～1∶1.25	1∶1.25～1∶1.50

注：①使用本表时，要满足场地地下水位低于边坡坡底的设计标高 2m 以上及边坡坡肩以外 1.5 倍的坡高范围内无动、静荷载；②对于混合土，可参照表中相近的土类执行；③本表不适用于岩层层面或主要节理面有顺坡向滑动可能的岩质边坡。

2.4.2 支挡式支护

1. 沟槽支挡

沟槽一般较窄，可采用横撑、枋木（楞木）、挡土板进行支挡，该形式可称为“横撑式挡土板支挡结构”。挡土板可采用钢板、钢模板、木模板或者枋木等材料。根据挡土板的不同，基槽、管沟的支撑方式分为水平支撑和垂直支撑两类，见表 2-11。

表 2-11 基槽、管沟的支撑方法

支撑方式	简图	支撑方法及适用条件
断续式水平支撑	立楞木 横撑 水平挡土板 木楔	挡土板水平放置，中间留出间隔，并在两侧同时对称立竖枋木，然后用工具或木横撑上下顶紧；适用于能保持直立壁的干土或天然温度的黏土、深度在 3 m 以内的沟槽
连续式水平支撑	立楞木 横撑 水平挡土板 木楔	挡土板水平连续放置，不留间隙，在两侧同时对称立竖枋木、上下各顶一根撑木，端头加木楔顶紧；适用于较松散的干土或天然显度的黏土、深度为 3～5 m 的沟槽
垂直支撑	横撑 木楔 垂直挡土板 横楞木	挡土板垂直放置，可连续或留适当间隙，然后每侧上下各水平顶一根枋木，再用横撑顶紧；适用于土质较松散或湿度很高的土，深度不限

采用横撑式支撑时，应随挖随撑，支撑牢固。施工中应经常检查，如有松动、变形等现象时，应及时加固或更换。支撑的拆除应按回填顺序依次进行，多层支撑应自下而上逐层拆除，随拆随填。

2. 板桩围护墙

板桩主要有混凝土预支板桩和钢板桩两种，如图2-29所示。作为一种支护结构，板桩支护既可挡土又可挡水。当开挖的基坑较深，地下水位较高且有出现流砂的危险时，如未采用降低地下水位的方法，则可用板桩打入土中，使地下水在土中渗流的路线延长，降低水力坡度，从而防止流砂现象。其中，钢板桩还可以在临时工程中多次重复使用。

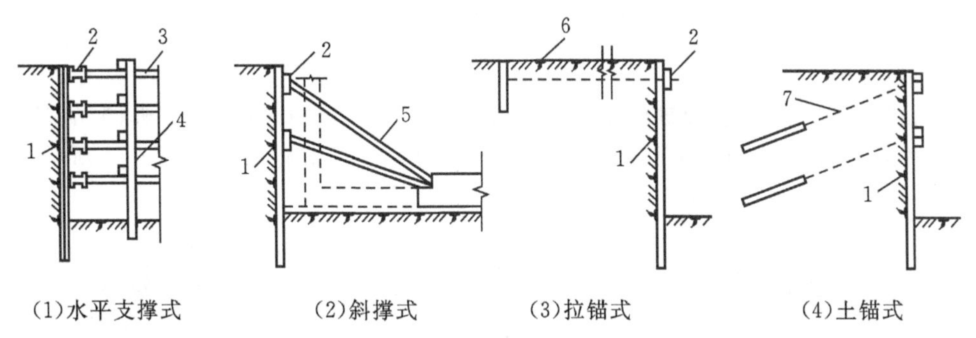

1—板桩墙；2—围檩；3—支撑；4—竖撑；5—斜撑；6—拉锚；7—土锚杆。

图2-29 板式支护结构

(1)板桩分类。混凝土板桩主要有U形板桩、平板桩等形式；钢板桩的常见的有U形板桩、Z形板桩、H形板桩，如图2-30至图2-33所示。其中以U形板桩应用最多，可用于5～10m深的基坑。

图2-30 常用混凝土板桩施工图

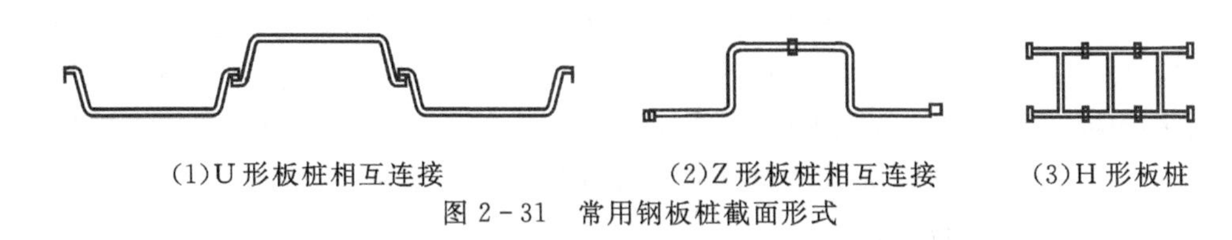

图2-31 常用钢板桩截面形式

图2-32 U形钢板桩实物照

(1)钢管对撑

(2)工字钢边桁架支撑

图 2-33　钢板桩支护效果

(2)板桩施工。

①板桩的施工机具。板桩施工机具主要有锤击式打桩机、静力压桩机、振动打桩机等。其中,振动打桩机既可以打桩又可以拔桩,更适用于板桩施工,如图 2-34 所示。

(1)锤击式

(2)静压式

(3)振动式

图 2-34　打桩机

A. 锤击式打桩:包括桩锤、桩架、动力装置三个部分,即利用各种桩锤(包括落锤、蒸汽锤、柴油锤等)的反复跳动冲击力,克服桩身的侧壁摩阻力和桩端土层的阻力,将桩体沉到设计标高的一种施工方法。在多种桩锤中,又以筒式柴油锤使用最为广泛,它是以轻质柴油为燃料,利用冲击部分的冲击力和燃烧压力为驱动力,引起锤头跳动夯击桩顶。该方法具有施工简单、施工质量易控制、工期短、在相同土层地质条件下单桩承载力最高、造价低,但同时也会出现振动大、噪声高、扰民严重等缺点。

B. 静力压桩:是在均匀软弱土中利用压桩机的自重和配重,通过卷扬机的牵引传到桩顶,将桩逐节压入土中的一种沉桩方法。该方法无振动、无噪音、对环境影响小,适合在城市中尤其是城市中的软土地区施工。

C. 振动打桩:是一种将反铲式挖掘机和振动打桩机配合使用的机械打桩方法。它是利用其高频振动,以高加速度振动桩身,将机械产生的垂直振动传给桩体,导致桩周围的土体结构因振动发生变化,强度降低。桩身周围土体液化,减少桩侧与土体的摩擦阻力,然后以挖机下的压力、振动沉拔锤与桩身的自重将桩沉入土中。拔桩时,在振动的情况下,以挖机上提力将桩拔起。

支护板桩与后文将学习的预制桩基础中的沉桩方法是完全一致的,只是用的桩型不同,起到的作用不同。

②施工要点。根据《建筑地基基础工程施工规范》(GB 51004—2015)第 6.3 节(板桩围护墙)的规定,板桩在施工中需要注意以下要点:

A. 板桩打设前宜沿板桩两侧设置导架。导架应有一定的强度及刚性，不应随板桩打设而下沉或变形，施工时应经常观测导架的位置及标高。

B. 混凝土板桩转角处应设置转角桩，钢板桩在转角处应设置异形板桩。初始桩和转角桩应较其他桩加长 2～3m。初始桩和转角桩的桩尖应制成对称形。

C. 板桩打设宜采用振动锤，采用锤击式时应在桩锤与板桩之间设置桩帽，打设时应重锤低击。

D. 板桩围护墙基坑邻近建（构）筑物及地下管线时，应采用静力压桩法施工，并应采用导孔法或根据环境状况控制压桩施工速率。

E. 板桩宜先将一组桩依次打入土中 1/2～2/3 的深度，再轮流击打桩顶，基本同步沉至设计标高，这种沉桩方法称为屏风式沉桩。该方法能有效消除打桩累积偏差，保证闭合部位桩能打入。

F. 钢板桩施工应符合下列规定：钢板桩的规格、材质及排列方式应符合设计或施工工艺要求，钢板桩堆放场地应平整坚实，组合钢板桩堆高不宜大于 3 层；钢板桩打入前应进行验收，桩体不应弯曲，锁口不应有缺损和变形，钢板桩锁口应通过套锁检查后再施工；桩身接头在同一标高处不应大于 50%，接头焊缝质量不应低于Ⅱ级焊缝要求；钢板桩施工时，应采用减少沉桩时的挤土与振动影响的工艺与方法，并应采用注浆等措施控制钢板桩拔出时由于土体流失造成的邻近设施下沉。

G. 混凝土板桩构件的拆模应在强度达到设计强度 30%后进行，吊运应达到设计强度的 70%，沉桩应达到设计强度的 100%。

H. 混凝土板桩沉桩施工中，凹凸榫应楔紧。

I. 板桩回收应在地下结构与板桩墙之间回填施工完成后进行。钢板桩在拔除前应先用振动锤夹紧并振动，拔除后的桩孔应及时注浆填充。

J. 钢板桩挡墙和混凝土板桩挡墙允许偏差应分别符合表 2－12、表 2－13 的规定。

表 2－12　钢板桩挡墙允许偏差

项目	允许偏差或允许值	检查数量		检验方法
		范围	点数	
轴线位置(mm)	≤100	每 10m(连续)	1	经纬仪及尺量
桩顶标高(mm)	±100	每 20 根	1	水准仪
柱长(mm)	±100	每 20 根	1	尺量
桩垂直度	≤1/100	每 20 根	1	线锤及直尺

表 2－13　混凝土板桩挡墙允许偏差

项目	允许偏差或允许值	检查数量		检验方法
		范围	点数	
轴线位置(mm)	≤100	每 10m(连续)	1	经纬仪及尺量
桩顶标高(mm)	±100	每 20 根	1	水准仪
桩垂直度	≤1/100	每 20 根	1	线锤及直尺
板缝间隙(mm)	≤20	每 10 根(连续)	—	尺量

3.灌注排桩围护墙

排桩是指沿基坑侧壁排列设置的支护桩及冠梁组成的支挡式结构部件或悬臂式支挡结构。上文所述的钢筋混凝土预支板桩和钢板桩也属于排桩的范围。

灌注桩排桩是指以灌注桩的工艺形成的排桩支护结构。排桩可分为单排桩和双排桩。

(1)排桩支护的布置形式。

①柱列式排桩支护。当边坡土质较好、地下水位较低时,可利用土拱作用,以稀疏钻孔灌注桩或挖孔桩支挡土坡,如图2-35(1)所示。

②连续排桩支护。连续排桩支护如图2-35(2)所示。在软土中一般不能形成土拱,支挡桩应该连续密排。密排的钻孔桩可以互相搭接,或在桩身混凝土强度尚未形成时,在相邻桩之间做一根素混凝土树根桩把钻孔桩排连起来,如图2-35(3)所示;也可以采用钢板桩、钢筋混凝土板桩,如图2-35(4)、(5)所示。

③组合式排桩支护。在地下水位较高的软土地区,可采用钻孔灌注桩排桩与水泥土桩防渗墙组合的形式,如图2-35(6)所示。

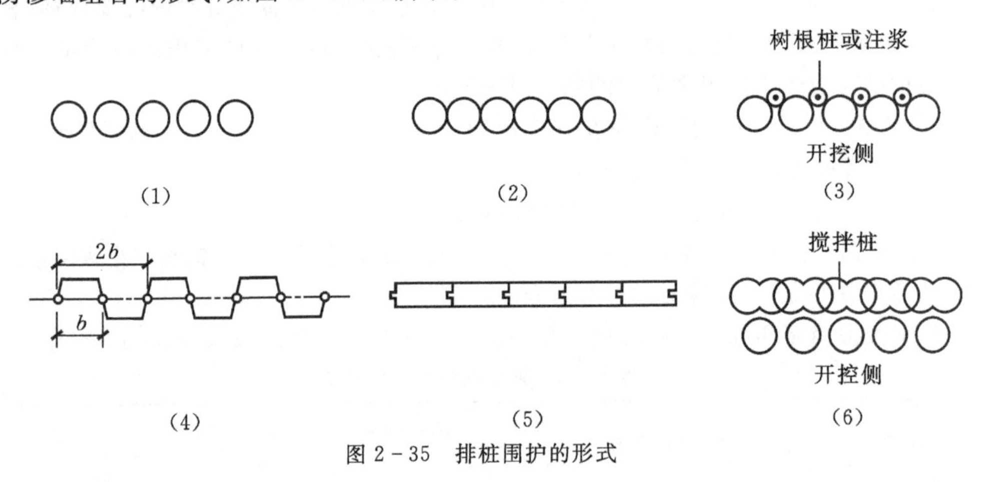

图2-35 排桩围护的形式

(2)质量要求。除特殊要求外,排桩的施工偏差应符合下列规定:①桩位的允许偏差应为50mm;②桩垂直度的允许偏差应为0.5%;③预埋件位置的允许偏差应为20mm;④桩的其他施工允许偏差应符合现行行业标准《建筑桩基技术规范》(JGJ 94—2008)的规定。

4.地下连续墙

地下连续墙是利用特制的成槽机械在泥浆(又称稳定液,如膨润土泥浆)护壁的情况下进行开挖,形成一定槽段长度的沟槽;再将在地面上制作好的钢筋笼放入槽段内;采用导管法进行水下混凝土浇筑,完成一个单元的墙段,各墙段之间的特定的接头方式(如用接头管做成的接头)相互联结,形成一道连续的地下钢筋混凝土墙。

地下连续墙具有防渗、止水、承重、挡土、抗滑等各种功能,适用于深基坑开挖和地下建筑的临时性和永久性的挡土围护结构;用于地下水位以下的截水和防渗;可承受上部建筑的永久性荷载兼有挡土墙和承重基础的作用;由于对邻近地基和建筑物的影响小,所以适合在城市建筑密集、人流集中和管线较多的地方施工。

(1)工程特点。

地下连续墙施工具有以下优点:①地下连续墙的墙体刚度大、整体性好,因而结构和地基变形都较小,既可用于超深围护结构,也可用于主体结构。②对砂卵石地层或要求进入风化岩层时,钢板桩就难以施工,但可以采用合适的成槽机械施工的地下连续墙结构。③可减少工程施工时对环境的影响。施工时振动少,噪声低;对周围相邻的工程结构和地下管线的影响较小,对沉降及变位较易控制。④可进行逆筑法施工,有利于加快施工进度,降低造价。

但是,地下连续墙施工法也有不足之处,主要表现在以下三个方面:①对废泥浆处理,不但会增加工程费用,如泥水分离技术不完善或处理不当,还会造成新的环境污染。②槽壁坍塌问题。如地下水位急剧上升、护壁泥浆液面急剧下降、土层中有软弱疏松的砂性夹层、泥浆的性质不当或已变质、施工管理不善等均可能引起槽壁坍塌,引起邻近地面沉降,危害邻近工程结构和地下管线的安全;同时也可能使墙体混凝土体积超方、墙面粗糙和结构尺寸超出允许界限。③地下连续墙如用作施工期间的临时挡土结构,则造价可能较高,不够经济。

(2)施工步骤。地下连续墙的施工是多个单元槽段的重复作业,主要步骤有:开挖导槽→修筑导墙→配置泥浆→开挖槽段→吊装钢筋笼→浇筑混凝土,详细步骤如图2-36所示。

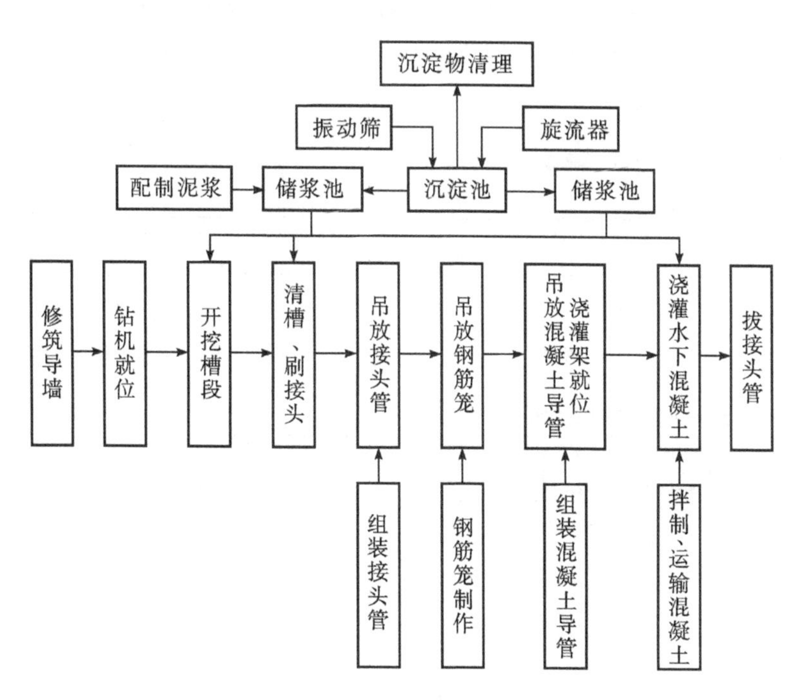

图2-36 地下连续墙施工工艺流程

(3)施工要点。

①筑造导墙。在平整的场地上先开挖不小于1.5m深的导槽,然后敷设钢筋浇筑导墙。导墙宜采用混凝土结构,且混凝土的设计强度等级不宜低于C20。

②泥浆配制。成槽时的护壁泥浆在使用前,应根据泥浆材料及地质条件试配及进行

室内性能试验，配合比应按试验确定。泥浆拌制后应贮放 24h，待泥浆材料充分水化后方可使用。

③槽段开挖。单元槽段宜采用间隔一个或多个槽段的跳幅施工顺序。每个单元槽段，挖槽分段不宜超过 3 个。成槽过程护壁泥浆液面应高于导墙底面 500mm。见图2－37。

(1)挖槽机　(2)导墙施工　(3)开挖

图 2－37　地下连续墙导墙施工与开挖

④槽段接头。接头应满足混凝土浇筑压力对其强度和刚度的要求，满足受力和防渗的要求，应施工简便，质量可靠。常见接头有接头管接头、隔板式接头、预支构件接头等。

a. 接头管接头。接头管接头使用接头管(也称锁口管)形成槽段间的接头，其施工时的情况如图 2－38 所示。

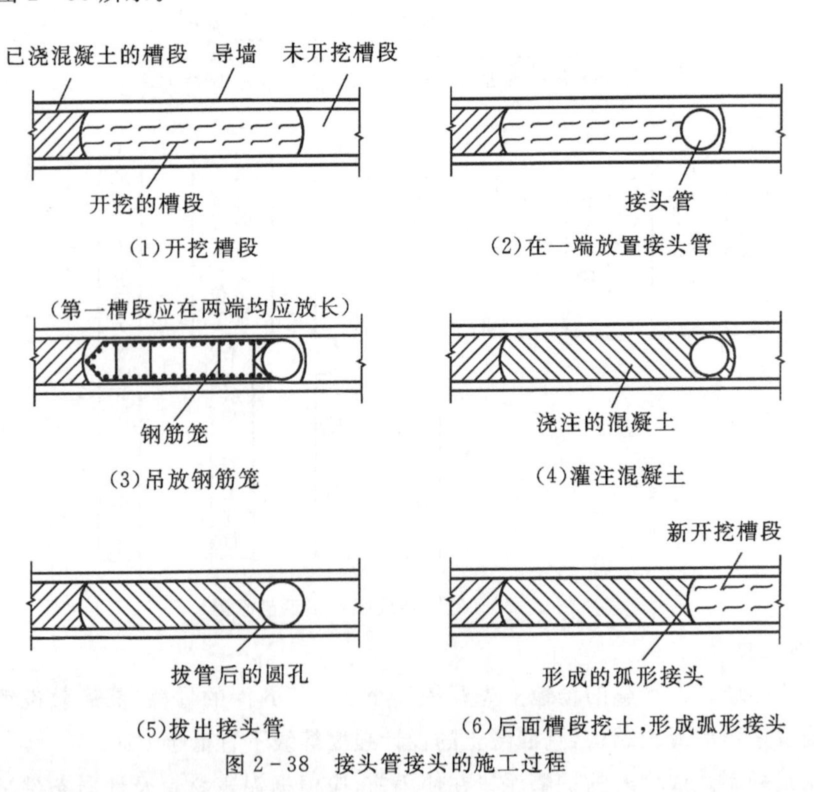

图 2－38　接头管接头的施工过程

槽段的两端用起重设备放入接头管,然后吊放钢筋笼和浇筑混凝土。这时两端的接头管相当于模板的作用,将刚浇筑的混凝土与还未开挖的二期槽段的土体隔开。待新浇混凝土开始初凝时,再用机械将接头管拔起。这时,已施工完成的一期槽段的两端和还未开挖土方的二期槽段之间分别留有一个圆形孔。继续二期槽段施工时,与其两端相邻的一期槽段混凝土已经结硬,只需开挖二期槽段内的土方,并对接头处理后,即可进行二期槽段钢筋笼吊放和混凝土的浇筑。这样,二期槽段外凸的半圆形端头和一期槽段内凹的半圆形端头相互嵌套,形成整体。这种连接法目前最为常用,其优点是用钢量少、造价较低,能满足一般抗渗要求。

b.隔板式接头。隔板式接头按隔板的形状分为平隔板、榫形隔板和V形隔板。由于隔板与槽壁之间难免有缝隙,为防止新浇筑的混凝土渗入,要在钢筋笼的两边铺贴维尼龙等化纤布。吊入钢筋笼时要注意不要损坏化纤布。这种接头适用于不易拔出接头管(箱)的深槽。

c.预制构件的接头。用预制构件作为接头的连接件,按材料可分为钢筋混凝土和钢材。在完成槽段挖土后将其吊放于槽段的一端,浇筑混凝土后这些预制构件不再拔出,利用预制构件的一面作为下一槽段的连接点。这种接头施工造价高,宜在成槽深度较大、起拔接头管有困难的场合应用。

④钢筋制作与安装。单元槽段的钢筋笼宜整体装配和沉放。需要分段装配时,宜采用焊接或机械连接,接头的位置宜选在受力较小处,并应符合现行国家标准《混凝土结构设计规范》(GB 50010—2010)对钢筋连接的有关规定。钢筋笼应设置定位层垫块,垫块在垂直方向上的间距宜取3~5m,水平方向上每层宜设置2~3块。

⑤混凝土浇筑。现浇地下连续墙应采用导管法浇筑混凝土。导管拼接时,其接缝应密闭。混凝土浇筑时,导管内应预先设置隔水栓。当槽段长度不大于6m时,槽段混凝土宜采用两根导管同时浇筑;槽段长度大于6m时,槽段混凝土宜采用三根导管同时浇筑。每根导管分担的浇筑面积应基本均等。钢筋笼就位后应及时浇筑混凝土。混凝土浇筑过程中,导管埋入混凝土面的深度宜在2.0~4.0m,浇筑液面的上升速度不宜小于3m/h。混凝土浇筑面宜高于地下连续墙设计顶面500mm。

(4)质量检测。

①应进行槽壁垂直度检测,检测数量不得小于同条件下总槽段数的20%,且不少于10幅;当地下连续墙作为主体地下结构构件时,应对每个槽段进行槽壁垂直度检测;

②应进行槽底沉渣厚度检测;当地下连续墙作为主体地下结构构件时,应对每个槽段进行槽底沉渣厚度检测;

③应采用声波透射法对墙体混凝土质量进行检测,检测墙段数量不宜少于同条件下总墙段数的20%,且不得少于3幅墙段,每个检测墙段的预埋超声波管数不应少于4个,且应布置在墙身截面的四边中点处;

④当根据声波透射法判定的墙身质量不合格时,应采用钻芯法进行验证;

⑤地下连续墙作为主体地下结构构件时,其质量检测还应符合相关规范的要求;

⑥地下连续墙的质量检验标准见表2-14。

表 2-14　地下连续墙成槽及墙体允许偏差

项目	序号	检查项目		允许偏差或允许值		检查方法
				单位	数值	
主控项目	1	墙体强度		设计要求		28d 试块强度或钻芯法
主控项目	2	槽壁垂直度	临时结构	≤1/200		20%超声波 2 点/幅
			永久结构	≤1/300		100%超声波 2 点/幅
主控项目	3	槽段深度		不小于设计值		测绳 2 点/幅
一般项目	1	导墙尺寸	宽度(设计墙厚+40mm)	mm	±10	用钢尺量
			垂直度	≤1/500		用线锤测
			导墙顶面平整度	mm	±5	用钢尺量
			导墙平面定位	mm	≤10	用钢尺量
			导墙顶标高	mm	±20	水准测量
一般项目	2	槽段宽度	临时结构	不小于设计值		20%超声波 2 点/幅
			永久结构	不小于设计值		100%超声波 2 点/幅
一般项目	3	槽深位	临时结构	mm	≤50	钢尺 1 点/幅
			永久结构	mm	≤30	
一般项目	4	沉渣厚度	临时结构	mm	≤150	100%测绳 2 点/幅
			永久结构	mm	≤100	
一般项目	5	混凝土坍落度		mm	180～220	坍落度仪
一般项目	6	地下连续墙表面平整度	临时结构	mm	±150	用钢尺量
			永久结构	mm	±100	
			预制地下连续墙	mm	±10	
一般项目	7	预制墙顶标高		mm	±10	水准测量
一般项目	8	预制墙中心位移		mm	≤10	用钢尺量
一般项目	9	永久结构的渗漏水		无渗漏、线流，且≤0.1L/(m²·d)		现场检验

地下连续墙作为一种支护结构成本较高，现在很多设计中将地下连续墙与主体结构外墙结合为一个整体，可以更有效地利用地下连续墙，降低综合成本。具体结合的形式主要有三种：单一墙、复合墙和叠合墙，如图 2-39 所示。

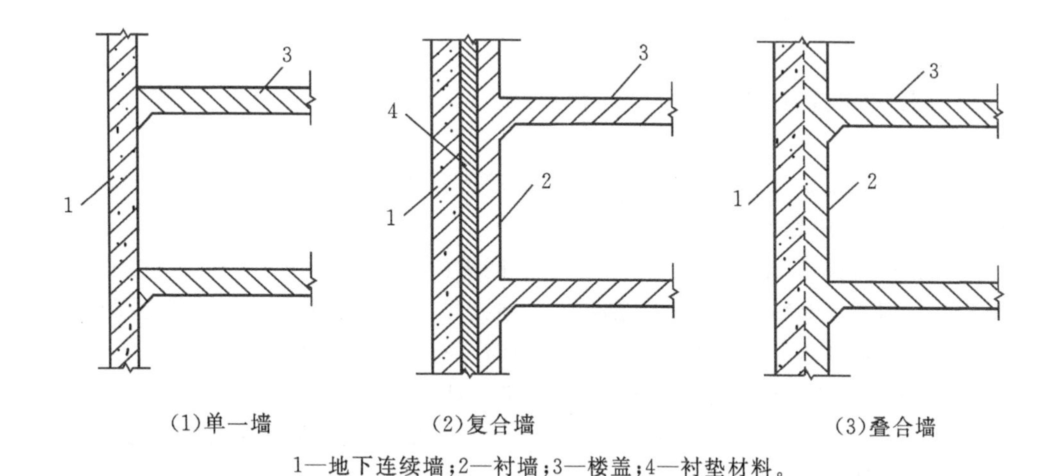

1—地下连续墙;2—衬墙;3—楼盖;4—衬垫材料。

图 2-39 地下连续墙与主体结构外墙结合的形式

5. 内支撑

以上支挡式结构多数情况下都不宜悬臂使用,多采用内支撑或锚杆提高支护能力。内支撑主要有钢支撑和混凝土支撑两种形式,如图 2-40 所示。

(1)钢管+工字钢支撑

(2)钢管对撑

(3)混凝土边桁架支撑

图 2-40 基坑内支撑

根据《建筑基坑支护技术规程》(JGJ 120—2012)第4.10节，内支撑施工和质检的主要要求如下。

(1)内支撑结构的施工与拆除顺序，应与设计工况一致，必须遵循先支撑后开挖的原则。

(2)混凝土腰梁施工前应将排桩、地下连续墙等挡土构件的连接表面清理干净，混凝土腰梁应与挡土构件紧密接触，不得留有缝隙。

(3)钢腰梁与排桩、地下连续墙等挡土构件间隙的宽度宜小于100mm，并应在钢腰梁安装定位后，用强度等级不低于C30的细石混凝土填充密实或采用其他可靠连接措施。

(4)对预加轴向压力的钢支撑，施加预压力时应符合下列要求：

①对支撑施加压力的千斤顶应有可靠、准确的计量装置；

②千斤顶压力的合力点应与支撑轴线重合，千斤顶应在支撑轴线两侧对称、等距放置，且应同步施加压力；

③千斤顶的压力应分级施加，施加每级压力后应保持压力稳定10min后方可施加下一级压力；预压力加至设计规定值后，应在压力稳定10min后，方可按设计预压力值进行锁定；

④支撑施加压力过程中，当出现焊点开裂、局部压曲等异常情况时应卸除压力，在对支撑的薄弱处进行加固后，方可继续施加压力；

⑤当监测的支撑压力出现损失时，应再次施加预压力。

(5)对钢支撑，当夏期施工产生较大温度应力时，应及时对支撑采取降温措施。当冬期施工降温产生的收缩使支撑端头出现空隙时，应及时用铁楔将空隙楔紧或采用其他可靠连接措施。

(6)支撑拆除应在替换支撑的结构构件达到换撑要求的承载力后进行。当主体结构底板和楼板分块浇筑或设置后浇带时，应在分块部位或后浇带处设置可靠的传力构件。支撑的拆除应根据支撑材料、型式、尺寸等具体情况采用人工、机械和爆破等方法。

(7)内支撑的施工偏差应符合下列要求：支撑标高的允许偏差应为30mm；支撑水平位置的允许偏差应为30mm；临时立柱平面位置的允许偏差应为50mm，垂直度的允许偏差应为1/150。

6.锚杆

锚杆分为土层锚杆和岩石锚杆两大类，是由锚头(锚具、承压板、横梁和台座)、拉杆(钢筋、钢绞线)、锚固体(水泥浆或水泥砂浆将拉杆与土体连接成一体的部分)组成的一端与支挡构件连接，另一端锚固在稳定岩土体内的受拉杆件(如图2-41、图2-42所示)。杆体采用钢绞线时，亦可称为锚索。我国目前大都采用预应力锚杆。锚杆的施工分检测根据《建筑基坑支护技术规程》(JGJ 120—2012)第4.8节，主要有以下要求：

(1)杆体的制作安装。

①钢绞线锚杆杆体绑扎时，钢绞线应平行、间距均匀；杆体插入孔内时，应避免钢绞线在孔内弯曲或扭转；

②当锚杆杆体采用HRB335、HRB400级钢筋时，其连接宜采用机械连接、双面搭接焊、双面帮条焊；采用双面焊时，焊缝长度不应小于$5d$(d为杆件钢筋直径)；

③杆体制作和安放时应除锈、除油污、避免杆体弯曲；

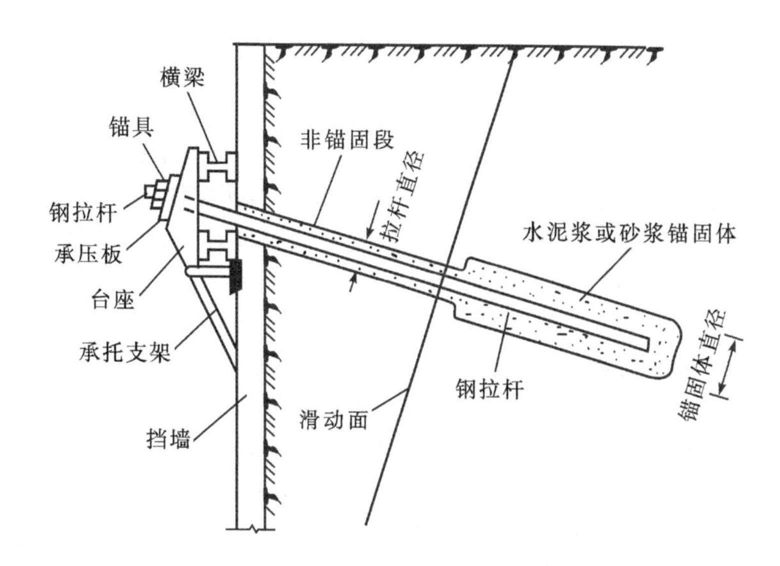

图2-41 锚杆的构造

图2-42 锚杆钻孔设备

④采用套管护壁工艺成孔时，应在拔出套管前将杆体插入孔内；采用非套管护壁成孔时，杆体应匀速推送至孔内；

⑤成孔后应及时插入杆体及注浆。

(2)注浆要求。

①注浆液采用水泥浆时，水灰比宜取0.50～0.55；采用水泥砂浆时，水灰比宜取0.40～0.45，灰砂比宜取0.5～1.0，拌和用砂宜选用中粗砂；

②水泥浆或水泥砂浆内可掺入能提高注浆固结体早期强度或微膨胀的外掺剂，其掺入量宜按室内试验确定；

③注浆管端部至孔底的距离不宜大于200mm；注浆及拔管过程中，注浆管口应始终埋入注浆液面内，应在水泥浆液从孔口溢出后停止注浆；注浆后，当浆液液面下降时，应进行孔口补浆；

④采用二次压力注浆工艺时，二次压力注浆宜采用水灰比0.50～0.55的水泥浆；二次注浆管应牢固绑扎在杆体上，注浆管的出浆口应采取逆止措施；二次压力注浆时，终止注浆的压力不应小于1.5MPa；

⑤采用分段二次劈裂注浆工艺时，注浆宜在固结体强度达到5MPa后进行，注浆管的出浆孔宜沿锚固段全长设置，注浆顺序应由内向外分段依次进行；

⑥基坑采用截水帷幕时，地下水位以下的锚杆注浆应采取孔口封堵措施；

⑦寒冷地区在冬期施工时，应对注浆液采取保温措施，浆液温度应保持在5℃以上。

(3)质量验收。锚杆的施工偏差应符合下列要求：钻孔深度宜大于设计深度0.5m；钻孔孔位的允许偏差应为50mm；钻孔倾角的允许偏差应为3°；杆体长度应大于设计长度；自由段的套管长度允许偏差应为±50mm。

(4)预应力张拉要求。

①当锚杆固结体的强度达到设计强度的75%且不小于15MPa后，方可进行锚杆的张拉锁定；

②拉力型钢绞线锚杆宜采用钢绞线束整体张拉锁定的方法；

③锚杆锁定前，应按表2-15的张拉值进行锚杆预张拉；锚杆张拉应平缓加载，加载速率每分钟不宜大于$0.1N_k$；在张拉值下的锚杆位移和压力表压力应保持稳定当锚头位移不稳定时，应判定此根锚杆不合格。

表2-15 锚杆抗拔承载力检测值

支护结构的安全等级	锚杆抗拔承载力检测值与轴向拉力标准值N_k的比值
一级	1.4
二级	1.3
三级	1.2

2.4.3 加固型支护

加固型支护的方式以土钉墙最为常见。土钉墙是在基坑开挖过程中将较密排列的土钉(细长杆件)置于原位土体中，并在坡面上喷射钢筋网混凝土面层，通过土钉、土体和喷射混凝土面层的共同工作，形成复合土体。

土钉墙支护充分利用土层介质的自承力，形成自稳结构，承担较小的变形压力；土钉承受主要拉力；喷射混凝土面层调节表面应力分布，体现整体作用；同时由于土钉排列较密，通过高压注浆扩散后使土体性能提高。土钉墙支护如图2-43所示。

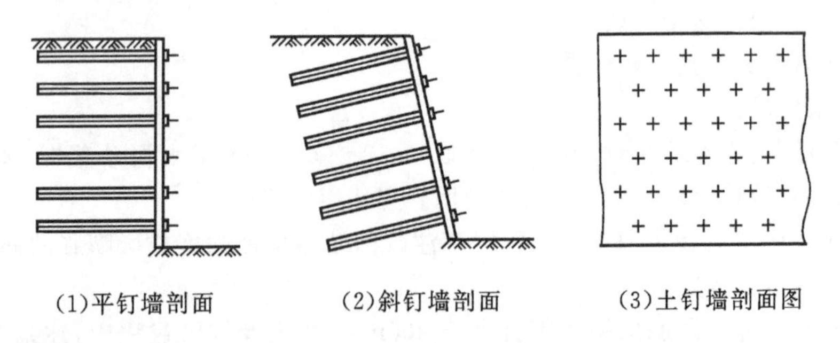

(1)平钉墙剖面　(2)斜钉墙剖面　(3)土钉墙剖面图

图2-43 土钉墙支护简图

1.构造要求

(1)土钉墙、预应力锚杆复合土钉墙的坡度不宜大于1∶0.2。

(2)土钉墙宜采用洛阳铲成孔的钢筋土钉。对易塌孔的松散或稍密的砂土、稍密的粉土、填土，或易缩径的软土宜采用打入式钢管土钉。对洛阳铲成孔或钢管土钉打入困难的土层，宜采用机械成孔的钢筋土钉，如图2-44、图2-45所示。

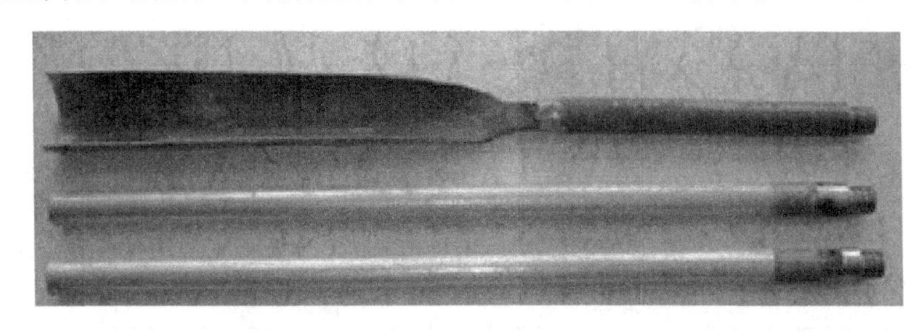

图2-44　洛阳铲

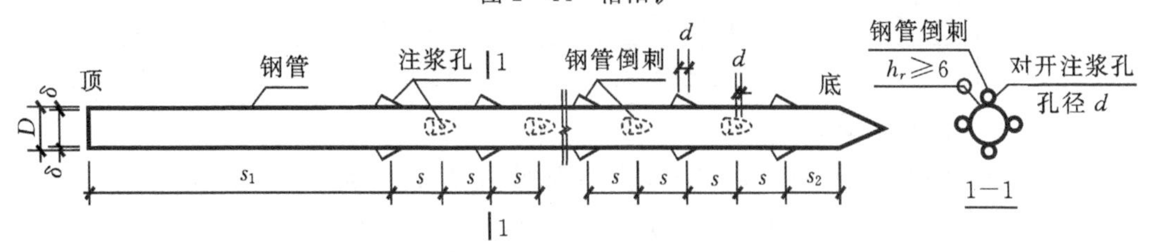

钢管倒刺式钢管土钉注浆孔布置

图2-45　倒刺式钢管土钉

(3)土钉水平间距和竖向间距宜为1～2m；当基坑较深、土的抗剪强度较低时，土钉间距应取小值。土钉倾角宜为5°～20°，其夹角应根据土性和施工条件确定。土钉长度应按各层土钉受力均匀、各土钉拉力与相应土钉极限承载力的比值近于相等的原则确定。

2. 注浆要求

(1)成孔直径宜取70～120mm；

(2)土钉钢筋宜采用HRB400、HRB335级钢筋，钢筋直径应根据土钉抗拔承载力设计要求确定，且宜取16～32mm；

(3)应沿土钉全长设置对中定位支架，其间距宜取1.5～2.5m，土钉钢筋保护层厚度不宜小于20mm；

(4)土钉孔注浆材料可采用水泥浆或水泥砂浆，其强度不宜低于20MPa。

3. 土钉墙高度不大于12m时，喷射混凝土面层要求

(1)喷射混凝土面层厚度宜取80～100mm；

(2)喷射混凝土设计强度等级不宜低于C20；

(3)喷射混凝土面层中应配置钢筋网和通长的加强钢筋，钢筋网宜采用HPB235级钢筋，钢筋直径宜取6～10mm，钢筋网间距宜取150～250mm；钢筋网间的搭接长度应大于300mm；加强钢筋的直径宜取14～20mm；当充分利用土钉杆体的抗拉强度时，加强钢筋的截面面积不应小于土钉杆体截面面积的二分之一。

锚杆及土钉墙支护工程质量检验应符合表2-16的规定。

表2-16　锚杆及土钉墙支护工程质量检验标准

项目	序号	检查项目	允许偏差或允许值	检查方法
主控项目	1	锚杆土钉长度	±30mm	用钢尺量
	2	锚杆锁定力	设计要求	现场实测
一般项目	1	锚杆或土钉位置	±100mm	用钢尺量
	2	钻孔倾斜度	±1°	测钻机倾角
	3	浆体强度	设计要求	试样送检
	4	注浆量	大于理论计算浆量	检查计量数据
	5	土钉墙面厚度	±10mm	用钢尺量
	6	墙体强度	设计要求	试样送检

2.4.4　重力式支护

重力式支护以水泥土重力式围护墙最为常见，它是利用水泥、石灰等材料作为固化剂，通过深层搅拌机械，将软土和固化剂(一般为水泥浆或水泥粉)强制搅拌，使软土硬结成具有整体性、水稳定性和一定强度的围护结构；具有挡土、截水双重功能，施工机具设备相对较简单，成墙速度快，材料单一，造价较低。

水泥土墙宜采用水泥土搅拌桩相互搭接形成的格栅状结构形式，或相互搭接成实体的结构形式，其搭接宽度不宜小于150mm。搅拌桩的施工工艺宜采用喷浆搅拌法，与前文第2.2.4节中讲到的“水泥土搅拌桩”的施工工艺完全一致，但是其构造要求、质检要求、目的与作用均不同。

具体施工步骤如下：搅拌机械就位、调平→预搅下沉至设计加固深度→边喷浆(或粉)，边搅拌提升直至预定的停浆(或灰)面→重复搅拌下沉至设计加固深度→根据设计要求，喷浆(或粉)或仅搅拌提升直至预定的停浆(或灰)面→关闭搅拌机械。

在预(复)搅下沉时，也可采用喷浆(粉)的施工工艺，但必须确保全桩长上下至少再重复搅拌一次。对地基土进行干法咬合加固时，如复搅困难，可采用慢速搅拌，保证搅拌的均匀性。

1.重力式水泥土桩支护的主要构造要求

根据《建筑基坑支护技术规程》(JGJ 120—2012)第6.2节的规定，重力式水泥土桩支护的构造要求主要有以下几个方面：

(1)重力式水泥土墙采用格栅形式时，水泥土格栅的面积置换率(常见构造与布置形式见图2-46、图2-47)，对淤泥质土，不宜小于0.7；对淤泥，不宜小于0.88；对一般黏性土、砂土，不宜小于0.6。格栅内侧的长宽比不宜大于2。

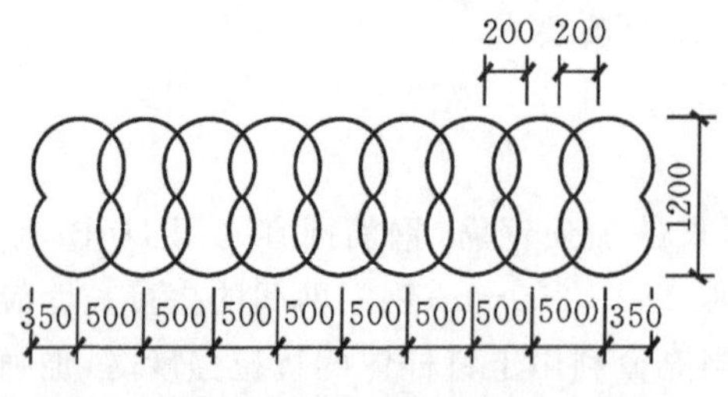

图2-46　水泥土桩挡墙格栅常用构造

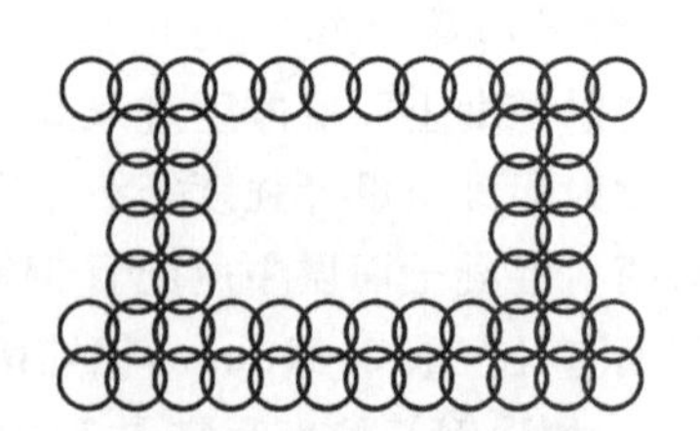

图2-47　水泥土桩挡墙常用布置形式——壁状支护结构

(2)重力式水泥土墙的嵌固深度，对淤泥质土，不宜小于1.2h，对淤泥，不宜小于1.3h；重力式水泥土墙的宽度，对淤泥质土，不宜小于0.7h，对淤泥，不宜小于0.8h(h为基坑深度)。

(3)水泥土墙体的28d无侧限抗压强度不宜小于0.8MPa。当需要增强墙体的抗拉性能时，可在水泥土桩内插入杆筋。杆筋可采用钢筋、钢管或毛竹。杆筋的插入深度宜大于基坑深度。杆筋应锚入面板内。

(4)水泥土墙顶面宜设置混凝土连接面板，面板厚度不宜小于150mm，混凝土强度等级不宜低于C15。

2. 质检要求

根据《建筑基坑支护技术规程》(JGJ 120—2012》第6.3.2条的要求，重力式水泥土墙的质量检测应符合下列规定：①应采用开挖方法检测水泥土搅拌桩的直径、搭接宽度、位置偏差；②应采用钻芯法检测水泥土搅拌桩的单轴抗压强度及完整性、对泥土墙的深度。单轴抗压强度试验的芯样直径不应小于80mm。检测桩数不应少于总桩数的1%，且不应少于6根。

水泥土桩挡墙当作为重力式支护的同时不作为上载水帷幕应用，其施工要求见表2-17。

表2-17 单轴与双轴水泥土搅拦桩截水帷幕质量检验标准

项目	序号	检查项目	允许偏差或允许值		检查方法
			单位	数值	
主控项目	1	水泥用量	不小于设计值		查看流量表
	2	桩长	不小于设计值		测钻杆长度
	3	导向架垂直度	≤1/150		经纬仪测量
	4	桩径	mm	±20	量搅拌叶回转直径
一般项目	1	桩身强度	不小于设计值		28d试块强度或钻芯法
	2	水胶比	设计值		实际用水量与水泥等脱离危险凝材料的重量比
	3	提升速度	设计值		测机头上升距离和时间
	4	下沉速度	设计值		测机头下沉距离和时间
	5	桩位	mm	≤20	全站仪或用钢尺量
	6	桩顶标高	mm	±200	水准测量，最上部500mm浮浆层及劣质桩体不计入
	7	施工间歇	h	≤24	检查施工记录

2.4.5 截水帷幕

截水帷幕是指用以阻隔或减少地下水通过基坑侧壁与坑底流入基坑和控制基坑外地下水位下降的幕墙状竖向截水体。截水帷幕可分为落底式帷幕和悬挂式帷幕两种。

落底式帷幕是指底端穿透含水层并进入下部隔水层一定深度的截水帷幕。悬挂式帷幕是指底端未穿透含水层的截水帷幕。

前面所述的板桩、排桩(咬合式)、地下连续墙、水泥土桩等都可以起到截水帷幕的作用,此外还可以用高压旋喷或摆喷注浆与排桩咬合形成截水帷幕。根据《建筑基坑支护技术规程》(JGJ 120—2012)第7.2节,截水帷幕的主要注意事项有以下几方面:

(1)当坑底以下存在连续分布、埋深较浅的隔水层时,应采用落底式帷幕。当坑底以下含水层厚度大可根据需要采用悬挂式帷幕。

(2)采用水泥土搅拌桩帷幕时,搅拌桩直径宜取450～800mm,搅拌桩的搭接宽度应符合下列规定:①单排搅拌桩帷幕的搭接宽度,当搅拌深度不大于10m时,不应小于150mm;当搅拌深度为10～15m时,不应小于200mm;当搅拌深度大于15m时,不应小于250mm;②对地下水位较高、渗透性较强的地层,宜采用双排搅拌桩截水帷幕;搅拌桩的搭接宽度,当搅拌深度不大于10m时,不应小于100mm;当搅拌深度为10～15m时,不应小于150mm;当搅拌深度大于15m时,不应小于200mm。

(3)搅拌桩水泥浆液的水灰比宜取0.6～0.8。搅拌桩的水泥掺量宜取土的天然质量的15%～20%。

(4)高压喷射注浆帷幕的施工应符合下列要求:

①采用与排桩咬合的高压喷射注浆帷幕时,应先进行排桩施工,后进行高压喷射注浆施工;

②高压喷射注浆的施工作业顺序应采用隔孔分序方式,相邻孔喷射注浆的间隔时间不宜小于24h;

③喷射注浆时,应由下而上均匀喷射,停止喷射的位置宜高于帷幕设计顶面1m;

④可采用复喷工艺增大固结体半径、提高固结体强度;

⑤喷射注浆时,当孔口的返浆量大于注浆量的20%时,可采用提高喷射压力等措施;

⑥当因浆液渗漏而出现孔口不返浆的情况时,应将注浆管停置在不返浆处持续喷射注浆,并宜同时采用从孔口填入中粗砂、注浆液掺入速凝剂等措施,直至出现孔口返浆;

⑦喷射注浆后,当浆液析水、液面下降时,应进行补浆;

⑧当喷射注浆因故中途停喷后,继续注浆时应与停喷前的注浆体搭接,其搭接长度不应小于500mm;

⑨当注浆孔邻近既有建筑物时,宜采用速凝浆液进行喷射注浆。

2.4.6 边坡支护

1.边坡评价

边坡根据设计使用年限是否超过两年,分为永久性边坡和临时性边坡;按照安全等级可以划分为3级,具体划分见表2-18。

表 2-18　边坡工程安全等级

边坡类型		边坡高度 H(m)	破坏后果	安全等级
岩质边坡	岩体类型为Ⅰ或Ⅱ类	$H \leqslant 30$	很严重	一级
			严重	二级
			不严重	三级
	岩体类型为Ⅲ或Ⅳ类	$15 < H \leqslant 30$	很严重	一级
			严重	二级
		$H \leqslant 15$	很严重	一级
			严重	二级
			不严重	三级
土质边坡		$10 < H \leqslant 15$	很严重	一级
			严重	二级
		$H \leqslant 10$	很严重	一级
			严重	二级
			不严重	三级

注：(1)一个边坡工程的各段，可根据实际情况采用不同的安全等级；

(2)对危害性极严重、环境和地质条件复杂的边坡工程，其安全等级应根据工程情况适当提高；

(3)很严重：造成重大人员伤亡或财产损失；严重：可能造成人员伤亡或财产损失；不严重：可能造成财产损失。

2. 重力式与衡重式挡墙

根据《建筑边坡工程技术规范》(GB 50330—2013)挡土墙可以划分为重力式、衡重式、悬臂式、扶壁式挡土墙四种类别，如图 2-48、图 2-49 所示。

其中重力式挡土墙是以挡土墙自身重力来维持挡土墙在土压力作用下的稳定，是我国目前常用的一种挡土墙。

根据墙背倾斜情况，重力式挡墙又可分为俯斜式挡墙、直立式挡墙、仰斜式挡墙，如图 2-50 所示。

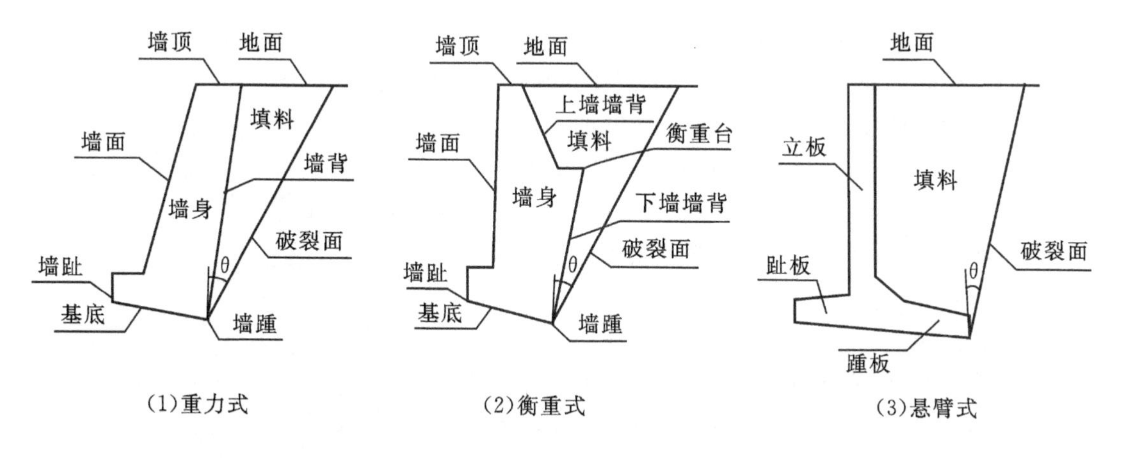

图 2-48　重力式、衡重式、悬臂式挡土墙示意

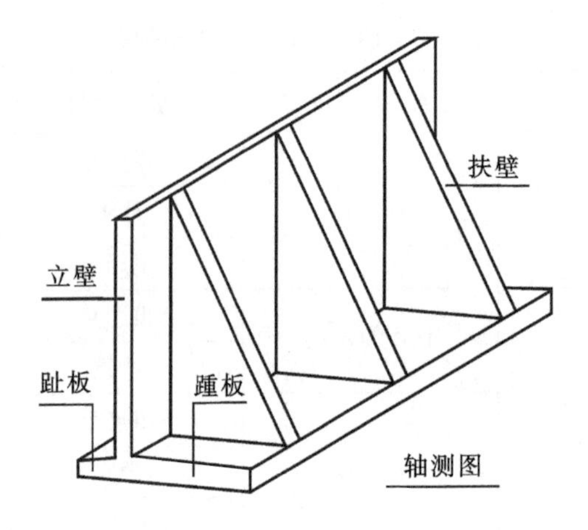

图 2-49　扶壁式挡土墙示意

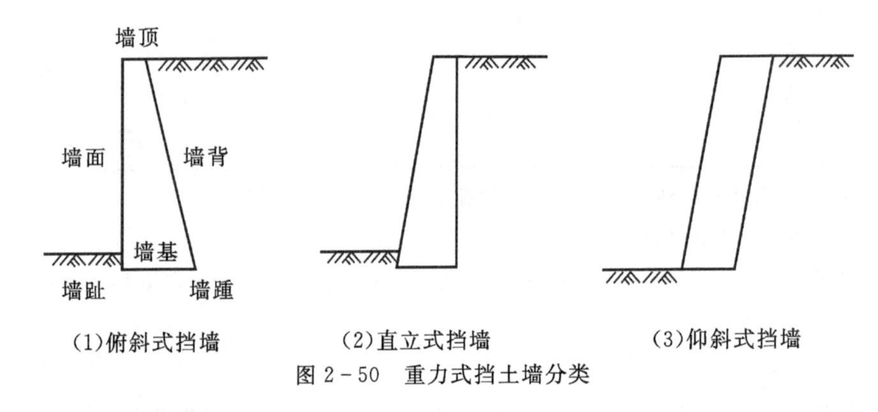

图 2-50　重力式挡土墙分类

(1)重力式及衡重式挡墙构造要求。

①挡墙材料可使用浆砌块石、条石、毛石混凝土或素混凝土。块石、条石的强度等级不应低于 MU30，砂浆强度等级不应低于 M5.0；混凝土强度等级不应低于 C15。

②挡墙基底可做成逆坡，土质地基，逆坡坡度不大于 1∶10，岩质地基不大于 1∶5。

③块石、条石挡墙的墙顶宽度不宜小于 400mm，毛石混凝土、素混凝土的墙顶宽度不宜小于 200mm。

④挡墙的基础埋深应根据地基稳定性、承载力、冻结深度、水流冲刷情况等综合确定，土质地基中，埋深不宜小于 0.5m，岩质地基中埋深不宜小于 0.3m。

⑤挡墙的伸缩缝间距，对条石、块石的挡墙宜为 20～25m，对混凝土的挡墙宜为 10～15m。见图 2-51。

⑥挡墙后面的填土，应优先选择抗剪强度高和透水性较强的填料。

(2)施工要求。

①浆砌块石、条石挡墙的施工所用砂浆宜采用机械拌和。块石、条石表面应清洗干净，砂浆填塞应饱满，严禁干砌。

图 2-51　伸缩缝

②块石、条石挡墙所用石材的上下面应尽可能

平整，块石厚度不应小于200mm，挡墙应分层错缝砌筑，墙体砌筑时不应有垂直通缝，且外露面应用M7.5砂浆勾缝。

③墙后填土应分层夯实，选料及其密实度均应满足设计要求，填料回填应在砌体或混凝土强度达到设计强度的75％以上后进行。

④当填方挡墙墙后地面的横坡坡度大于1∶6时，应进行地面粗糙处理后再填土。

⑤挡墙在施工前应预先设置好排水系统，保持边坡和基坑坡面干燥。基坑开挖后，基坑内不应积水，并应及时进行基础施工。

⑥抗滑挡墙应分段、跳槽施工。

⑦仰斜式泄水孔（见图2-52）其边长或直径不宜小于100mm，外倾坡度不宜小于5％，间距宜为2～3m，并宜按梅花形布置；在地下水较多或有大股水流处，应加密设置。

图2-52　泄水孔

3.悬臂式和扶壁式挡墙

悬臂式挡土墙是由立壁（墙面板）、趾板及踵板三部分构成（见图2-48），主要靠底板上的填土重量来维持稳定的挡土墙，应采用现浇钢筋混凝土结构，适用于地基承载力较低的填方边坡工程。

扶壁式挡墙指的是沿悬臂式挡土墙的立壁，每隔一定距离加一道扶壁，将立壁与踵板连接起来的挡土墙（见图2-49、图2-53）。

图2-53　扶壁式挡墙

悬臂式挡墙和扶壁式挡墙悬臂式挡墙适用高度不宜超过6m，扶壁式挡墙适用高度不宜超过10m。

悬臂式和扶壁式挡墙的构造及施工要点如下：

(1)悬臂式挡墙和扶壁式挡墙的混凝土强度等级应根据结构承载力和所处环境类别确定，且不应低于C25。立板和扶壁的混凝土保护层厚度不应小于35mm，底板的保护层厚度不应小于40mm。受力钢筋直径不应小于12mm，间距不宜大于250mm。

(2)悬臂式挡墙截面尺寸应根据强度和变形计算确定，立板顶宽和底板厚度不应小于200mm。当挡墙高度大于4m时，宜加根部翼。

(3)扶壁式挡墙尺寸应根据强度和变形计算确定，并应符合下列规定：两扶壁之间的距离宜取挡墙高度的1/3～1/2；扶壁的厚度宜取扶壁间距的1/8～1/6，且不宜小于300mm；立板顶端和底板的厚度不应小于200mm；立板在扶壁处的外伸长度，宜根据外伸悬臂固端弯矩与中间跨固端弯矩相等的原则确定，可取两扶壁净距的0.35倍左右。

(4)悬臂式挡墙和扶壁式挡墙纵向伸缩缝间距宜为10～15m；宜在不同结构单元处和地层性状变化处设置沉降缝；且沉降缝与伸缩缝宜合并设置。

(5)施工时应清除填土中的草、树皮和树根等杂物。在墙身混凝土强度达到设计强度的70％后方可填土，填土应分层夯实。

(6)扶壁间回填宜对称实施,施工时应控制填土对扶壁式挡墙的不利影响。

4. 其他边坡支护与坡面防护

(1)锚杆(索)挡墙。锚杆式挡土墙是指由钢筋混凝土立柱、挡土板构成的墙面,与水平或倾斜的钢锚杆(索)联合组成的支护结构,如图 2-54 所示。锚杆(索)的一端与立柱连接,另一端被锚固在山坡深处的岩层或土层中。墙后侧压力由挡土板传给立柱,由锚杆与岩体之间的锚固力,即锚杆的抗拔力,使墙获得稳定。

图 2-54　锚杆式挡土墙

(2)锚喷支护是指由锚杆和喷射(钢筋)混凝土面板形成的支护结构,主要适用于中等稳定和稳定性较差的岩层,如图 2-55 所示。

图 2-55　锚喷支护

(3)桩板式挡墙是指由抗滑桩和桩间挡板构成的支护结构。

(4)坡率法是指通过调整、控制边坡坡率维持边坡整体稳定和采取构造措施保证边坡及坡面稳定的边坡治理方法。

正常情况下,土质边坡、岩质边坡的坡率可以参考表 2-19、表 2-20。

表 2-19　土质边坡坡率允许值

边坡土体类别	状态	坡率允许值(高宽比)	
		坡高小于 5m	坡高 5～10m
碎石土	密实	1∶0.35～1∶0.50	1∶0.50～1∶0.75
	中密	1∶0.50～1∶0.75	1∶0.75～1∶1.00
	稍密	1∶0.75～1∶1.00	1∶1.00～1∶1.25
黏性土	坚硬	1∶0.75～1∶1.00	1∶1.00～1∶1.25
	硬塑	1∶1.00～1∶1.25	1∶1.25～1∶1.50

注:碎石的充填物为坚硬或硬塑状态的黏性土;对于砂土或充填物为砂土的碎石土,其边坡坡率允许值应按砂土或碎石土的自然休止角确定。

表2-20 岩质边坡坡率允许值

边坡岩体类型	风化程度	坡率允许值(高宽比)		
		H<8m	8m≤H≤15	15m≤H<25m
Ⅰ类	未(微)风化	1:0.00～1:0.10	1:0.10～1:0.15	1:0.15～1:0.25
	中等风化	1:0.10～1:0.15	1:0.15～1:0.25	1:0.25～1:0.35
Ⅱ类	未(微)风化	1:0.10～1:0.15	1:0.15～1:0.25	1:0.25～1:0.35
	中等风化	1:0.15～1:0.25	1:0.25～1:0.35	1:0.35～1:0.50
Ⅲ类	未(微)风化	1:0.25～1:0.35	1:0.35～1:0.50	—
	中等风化	1:0.35～1:0.50	1:0.50～1:0.75	—
Ⅳ类	中等风化	1:0.50～1:0.75	1:0.75～1:1.00	—
	强风化	1:0.75～1:1.00	—	—

注:H为边坡高度;Ⅳ类强风化包括各类风化程度的极软岩;全风化岩体可按土质边坡坡率取值。

(5)坡面防护是指在边坡整体结构稳定时,为防止坡面岩石风化、剥落、表层土溜坍等现象,对坡面进行的防护,如图2-56所示。

坡面防护常用的措施有植物防护(种草、铺草皮、植树等)和工程防护(框格防护、干砌片石护坡、浆砌片石护坡、喷射混凝土护坡、抹面、护面墙、土工织物防护、干挂钢丝绳网防护等)。

图2-56 坡面防护(毛石框格+铺草皮)

2.4.7 基坑与边坡监测

基坑工程和边坡工程必须根据工程需要进行监测,监测内容主要有位移(变形)监测、内力监测、水压(水位)监测等内容。

1. 基坑监测

根据《建筑基坑工程监测技术规范》(GB 50497—2009)第3.0.1条(强制条文)的要求,开挖深度大于等于5m或开挖深度小于5m但现场地质情况和周围环境较复杂的基坑工程以及其他需要监测的基坑工程,应实施基坑工程监测。

基坑监测内容和指标需根据基坑等级不同进行选择,具体见表2-21、表2-22。基坑等级根据其安全影响程度分为三级,根据《建筑地基基础工程施工质量验收规范》(GB

50202—2002)第7.1.7条的规定,具体划分如下:

(1)一级基坑须符合下列条件之一:①重要工程或支护结构同时作为主体结构一部分的基坑;②与邻近建筑物、重要设施的距离在开往深度以内的基坑;③基坑影响范围内(不小于2倍的基坑开挖深度)有历史文物、近代优秀建筑、重要管线等需要严加保护的基坑;④开挖深度大于10m的基坑;⑤位于复杂地质条件及软土地区的二层及二层以上地下室的基坑。

(2)基坑开挖深度小于7m,且周围环境无特别要求的基坑属于三级基坑。

(3)除一级基坑和三级基坑外的基坑均属二级基坑。

表2-21 建筑基坑工程仪器监测项目表

监测项目		基坑类别		
		一级	二级	三级
围护墙(边坡)顶部水平位移		应测	应测	应测
围护墙(边坡)顶部竖向位移		应测	应测	应测
深层水平位移		应测	应测	宜测
立柱竖向位移		应测	宜测	宜测
围护墙内力		宜测	可测	可测
支撑内力		应测	宜测	可测
立柱内力		可测	可测	可测
锚杆内力		应测	宜测	可测
土钉内力		宜测	可测	可测
坑底隆起(回弹)		宜测	可测	可测
围护墙侧向土压力		宜测	可测	可测
孔隙水压力		宜测	可测	可测
地下水位		应测	应测	应测
土体分层竖向位移		宜测	可测	可测
周边地表竖向位移		应测	应测	宜测
周边建筑	竖向位移	应测	应测	应测
	倾斜	应测	宜测	可测
	水平位移	应测	宜测	可测
周边建筑、地表裂缝		应测	应测	应测
周边管线变形		应测	应测	应测

注:由于《建筑地基基础工程施工质量验收规范》(GB 50202—2018)中取消了关于基坑等级划分的具体标准,因此基坑等级划分仍采用2002版标准内容。

表2-22 基坑及支护结构监测报警值

序号	监测项目	支护结构类型	基坑类别								
			一级			二级			三级		
			累计值		变化速率(mm/d)	累计值		变化速率(mm/d)	累计值		变化速率(mm/d)
			绝对值(mm)	相对基坑深度(h)控制值		绝对值(mm)	相对基坑深度(h)控制值		绝对值(mm)	相对基坑深度(h)控制值	
1	围护墙(边坡)顶部水平位移	放坡、土钉墙、喷锚支护、水泥土墙	30~35	0.3%~0.4%	5~10	50~60	0.6%~0.8%	10~15	70~80	0.8%~1.0%	15~20
		钢板桩、灌注桩、型钢水泥土墙、地下连续墙	25~30	0.2%~0.3%	2~3	40~50	0.5%~0.7%	4~6	60~70	0.6%~0.8%	8~10
2	围护墙(边坡)顶部竖向位移	放坡、土钉墙、喷锚支护、水泥土墙	20~40	0.3%~0.4%	3~5	50~60	0.6%~0.8%	5~8	70~80	0.8%~1.0%	8~10
		钢板桩、灌注桩、型钢水泥土墙、地下连续墙	10~20	0.1%~0.2%	2~3	25~30	0.3%~0.5%	3~4	35~40	0.5%~0.6%	4~5
3	深层水平位移	水泥土墙	30~35	0.3%~0.4%	5~10	50~60	0.6%~0.8%	10~15	70~80	0.8%~1.0%	15~20
		钢板桩	50~60	0.6%~0.7%	2~3	80~85	0.7%~0.8%	4~6	90~100	0.9%~1.0%	8~10
		型钢水泥土墙	50~55	0.5%~0.6%		75~80	0.7%~0.8%		80~90	0.9%~1.0%	
		灌注桩	45~50	0.4%~0.5%		70~75	0.6%~0.7%		70~80	0.8%~0.9%	
		地下连续墙	40~50	0.4%~0.5%		70~75	0.7%~0.8%		80~90	0.9%~1.0%	
4	立柱竖向位移		25~35	—	2~3	35~35	—	4~6	55~65	—	8~10
5	基坑周边地表竖向位移		25~35	—	2~3	50~60	—	4~6	60~80	—	8~10

续表 2-22

序号	监测项目	支护结构类型	基坑类别								
			一级			二级			三级		
			累计值		变化速率(mm/d)	累计值		变化速率(mm/d)	累计值		变化速率(mm/d)
			绝对值(mm)	相对基坑深度(h)控制值		绝对值(mm)	相对基坑深度(h)控制值		绝对值(mm)	相对基坑深度(h)控制值	
6	坑底隆起(回弹)		25～35	—	2～3	50～60	—	4～6	60～80	—	8～10
7	土压力		$(60\%\sim70\%)f_1$		—	$(70\%\sim80\%)f_1$		—	$(70\%\sim80\%)f_1$		—
8	孔隙水压力										
9	支撑内力		$(60\%\sim70\%)f_2$		—	$(70\%\sim80\%)f_2$		—	$(70\%\sim80\%)f_2$		—
10	围护墙内力										
11	立柱内力										
12	锚杆内力										

注:h 为基坑设计开挖深度,f_1 为荷载设计值,f_2 为构件承载能力设计值;累计值取绝对值和相对基坑深度(h)控制值两者的小值;当监测项目的变化速率达到表中规定值或连续 3d 超过该值的 70%,应报警;嵌岩的灌注桩或地下连续墙位移报警值宜按表中数值的 50%取用。

2. 边坡监测

边坡的监测方法与基坑监测相近,但内容和要求有所不同。根据《建筑边坡工程技术规范》(GB 50330—2013)第 19.1.1 条(强制条文)的规定,当边坡滑塌区有重要建构筑物时,应对边坡施工进行监测,监测内容可按表 2-23 选取。

表 2-23 边坡工程检测项目表

测试项目	测点布置位置	边坡工程安全等级		
		一级	二级	三级
坡顶水平位移和垂直位移	支护结构顶部或预估支护结构变形最大处	应测	应测	应测
地表裂缝	墙顶背后 1.0H(岩质)～1.5H(土质)范围内	应测	应测	选测
坡顶建(构)筑物变形	边坡坡顶建筑物基础、墙面和整体倾斜	应测	应测	选测
降雨、洪水与时间关系	—	应测	应测	选测
锚杆(索)拉力	外锚头或锚杆主筋	应测	选测	可不测
支护结构变形	主要受力构件	应测	选测	可不测
支护结构应力	应力最大处	选测	选测	可不测
地下水、渗水与降雨关系	出水点	应测	选测	可不测

注:在边坡塌滑区内有重要建(构)筑物,破坏后果严重时,应加强对支护结构的应力监测;H 为边坡高度(m)。

具体监测中还需符合如下要求：

(1)坡顶位移观测,应在每一典型边坡段的支护结构顶部设置不少于3个监测点的观测网,观测位移量、移动速度和移动方向；

(2)锚杆拉力和预应力损失监测,应选择有代表性的锚杆(索),测定锚杆(索)应力和预应力损失；

(3)非预应力锚杆的应力监测根数不宜少于锚杆总数的3%,预应力锚索的应力监测根数不宜少于锚索总数的5%,且均不应少于3根；

(4)监测工作可根据设计要求、边坡稳定性、周边环境和施工进程等因素进行动态调整；

(5)边坡工程施工初期,监测宜每天一次,且应根据地质环境复杂程度、周边建(构)筑物、管线对边坡变形敏感程度、气候条件和监测数据调整监测时间及频率;当出现险情时应加强监测；

(6)一级永久性边坡工程竣工后的监测时间不宜少于两年。

监测过程中如存在以下情况,则需及时报警并采取相应应急措施：

(1)有软弱外倾结构面的岩土边坡支护结构坡顶有水平位移迹象或支护结构受力裂缝有发展;无外倾结构面的岩质边坡或支护结构构件的最大裂缝宽度达到国家现行相关标准的允许值;土质边坡支护结构坡顶的最大水平位移已大于边坡开挖深度的1/500或20mm,以及其水平位移速度已连续3d大于2mm/d；

(2)土质边坡坡顶邻近建筑物的累计沉降、不均匀沉降或整体倾斜已大于现行国家标准《建筑地基基础设计规范》(GB 50007—2011)规定允许值的80%,或建筑物的整体倾斜度变化速度已连续3d每天大于0.00008；

(3)坡顶邻近建筑物出现新裂缝或原有裂缝有新发展；

(4)支护结构中有重要构件出现应力骤增、压屈、断裂、松弛或破坏的迹象；

(5)边坡底部或周围岩土体已出现可能导致边坡剪切破坏的迹象或其他可能影响安全的征兆；

(6)根据当地工程经验判断已出现其他必须报警的情况。

Ⓣ

第3章 基础工程

学习目标

掌握基础的分类和适用范围

熟悉浅基础(刚性基础、柔性基础)施工及质检要点内容

熟悉不同类型桩基础施工及质检要点

相关标准

《建筑地基基础工程施工规范》(GB 51004—2015)

《建筑地基基础工程施工质量验收标准》(GB 50202—2018)

《建筑桩基技术规范》(JGJ 94—2008)

《建筑地基基础设计规范》(GB 50007—2011)

《建筑地基基础术语标准》(GB/T 50941—2014)

《岩土工程基本术语标准》(GB/T 50279—2014)

3.1 概述

基础是建筑物的根基,属于地下隐蔽工程,它的设计和施工质量直接关系着建筑物的安危,其重要性是显而易见的。基础的类型较多,分类的方法也非常多。

1.按材料分类

常用的基础材料有砖、毛石、混凝土和钢筋混凝土等。

(1)砖基础。砖砌体具有一定的抗压强度,但抗拉强度和抗剪强度低。砖基础所用的砖,强度等级不低于 MU10,砂浆不低于 M5。在地下水位以下或当地基土潮湿时,应采用水泥砂浆砌筑。砖基础取材容易,应用广泛,一般可用于6层及6层以下的民用建筑和砖墙承重的厂房。

(2)毛石基础。毛石是指未加工的石材。毛石基础采用未风化的硬质岩石,禁用风化毛石,砂浆需在 M5 以上。毛石基础单独应用时整体性较差,目前应用较少。

(3)混凝土基础。混凝土基础的抗压强度、耐久性和抗冻性比较好,其混凝土强度等级一般为 C15 以上。与毛石结合(毛石体积占 25%~30%,石块尺寸不宜超过 300mm),形成毛石混凝土基础,广泛用于多层建筑中。

(4)钢筋混凝土基础。钢筋混凝土除了具有混凝土本身的优点外,还因增加了钢筋而具有较好的承受弯矩和剪力的能力。故在相同的基底面积下可减少基础高度。因此常在荷载较大或地基较差的情况下使用。

上述的四种不同材料基础,除钢筋混凝土基础外,其他都属于无筋基础。无筋基础的抗拉、抗剪强度都不高,为了使基础内产生的拉应力和剪应力不过大,需要限制基础沿柱、墙边挑出的宽度，因而使基础的高度相对增加。因此，这种基础几乎不会发生挠曲变形，习惯上把无筋基础称为刚性基础，钢筋混凝土基础称为柔性基础。

2.按结构形式分类

(1)独立基础。独立基础主要包括现浇柱下基础和预制柱的杯口形基础，如图3-1所示。

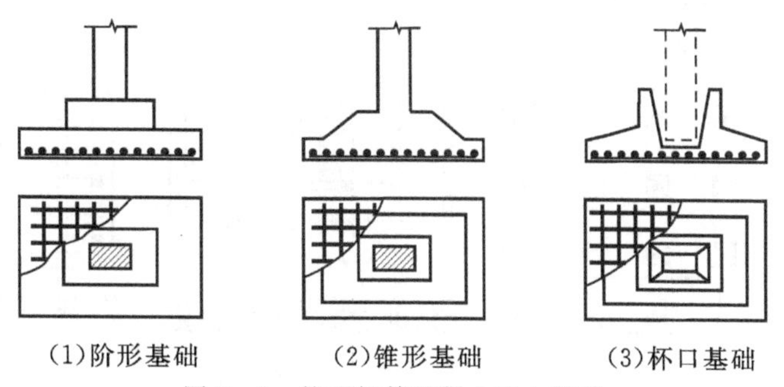

图3-1 柱下钢筋混凝土独立基础

(2)条形基础。条形基础可分为墙下钢筋混凝土条形基础、柱下钢筋混凝土条形基础。墙下钢筋混凝土条形基础根据受力条件可分为不带肋和带肋两种(见图3-2)。柱下条形基础分为单向条形基础(见图3-3)和十字交叉钢筋混凝土条形基础(见图3-4)。

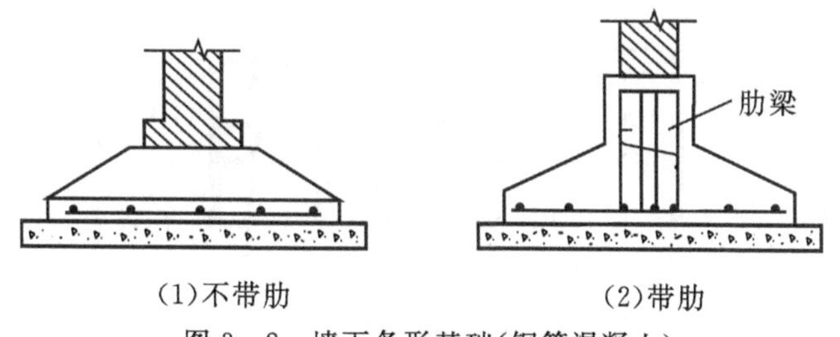

图3-2 墙下条形基础(钢筋混凝土)

上部荷载较大、地基承载力较低时，独立基础底面积不能满足设计要求，可把若干柱子的基础连成一条柱下条形基础，以扩大基底面积，减小地基反力。若把一个方向的单列柱基连在一起，可形成单向条形基础，如图3-3所示；若把纵横柱基础都连在一起，则形成十字交叉条形基础，如图3-4所示。

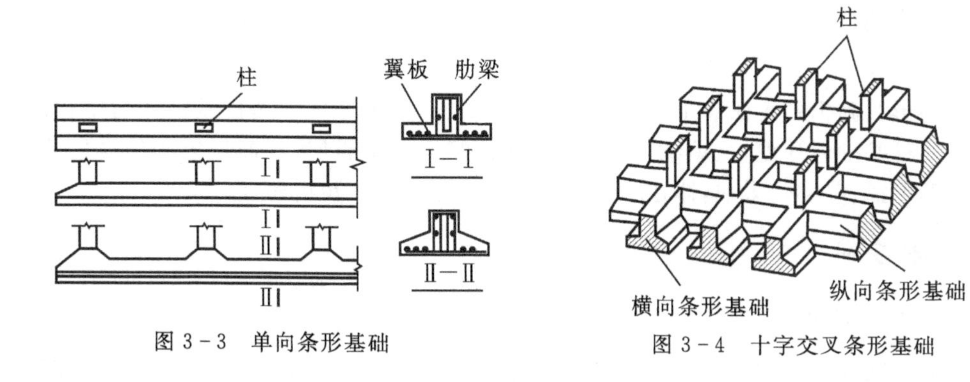

图3-3 单向条形基础

图3-4 十字交叉条形基础

3. **筏板基础(片筏基础)**

筏板基础具有比十字交叉条形基础更大的整体刚度,有利于调整地基的不均匀沉降,能较好地适应上部结构荷载分布的变化,还可满足抗渗要求。

筏板基础分为平板式和梁板式两种类型。平板式筏板基础为等厚度平板,如图 3-5(1)所示;柱荷载较大时,可局部加大柱下板厚或设墩基以防止筏板被冲剪破坏,如图 3-5(2)所示。梁板式筏板基础的柱距较大,柱荷载相差也较大时,沿柱轴纵向、横向设置基础梁,如图 3-5(3)、(4)所示。

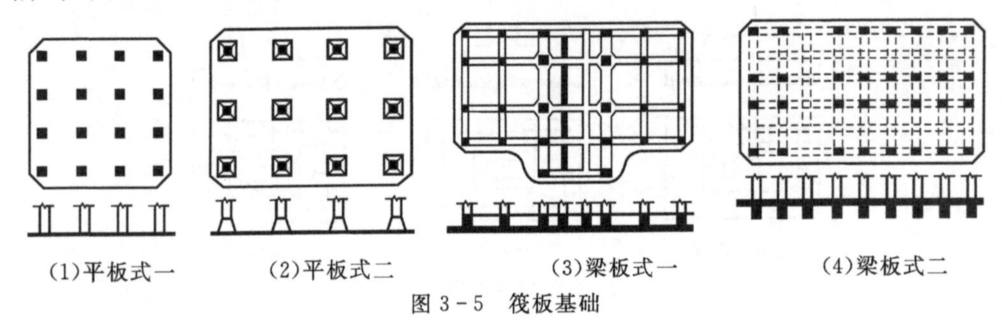

图 3-5　筏板基础

4. **箱形基础**

由现浇的钢筋混凝土底板、顶板和纵横内外隔墙组成,形成一个刚度极大的箱子,故称之为箱形基础,如图 3-6 所示。

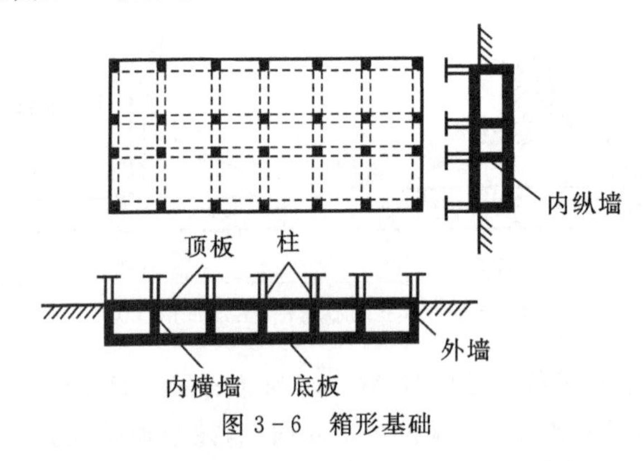

图 3-6　箱形基础

箱形基础具有比筏板基础更大的抗弯刚度,相对弯曲较小,可视作绝对刚性基础。如图 3-6 所示,箱形基础埋深较深,基础空腹,从而卸除了基底处原有地基的自重应力,因此就大大地减少了作用于基础底面的附加应力,减少了建筑物的沉降。

5. **桩基础**

当箱形基础仍然无法满足承载力、沉降等要求时,则考虑使用桩基础作为结构的基础形式。桩基础埋深更大、承载力更强,可以较好地满足高层、超高层结构的基础要求。桩基础的形式、分类较多,具体在本章的后面内容中会进一步讲解。

3.2　浅基础

3.2.1 无筋扩展基础

无筋扩展基础是指由砖、毛石、混凝土或毛石混凝土、灰土、三合土等材料组成的,不需要配置钢筋的墙下条形基础或独立基础。

根据《建筑地基基础工程施工规范》(GB 51004—2015)第5.2节，无筋扩展基础施工时有以下要点。

1. **砖基础施工要点**

(1)砂浆的强度应符合设计要求，砂浆的稠度宜为70～100mm，砖的规格应一致，砖应提前浇水湿润。

(2)砌筑应上下错缝，内外搭砌，竖缝错开不应小于1/4砖长，砖基础水平缝的砂浆饱满度不应低于80%，内外墙基础应同时砌筑，对不能同时砌筑而又必须留置的临时间断处，应砌筑成斜槎，斜槎的水平投影长度不应小于高度的2/3。

(3)深浅不一致的基础，应从低处开始砌筑，并应由高处向低处搭砌，当设计无要求时，搭接长度不应小于基础底的高差，搭接长度范围内下层基础应扩大砌筑，砌体的转角处和交接处应同时砌筑，不能同时砌筑时应留槎、接槎。

(4)宽度大于300mm的洞口，上方应设置过梁。

2. **毛石基础施工要点**

(1)毛石的强度、规格尺寸、表面处理和毛石基础的宽度、阶宽、阶高等应符合设计要求。

(2)粗料毛石砌筑灰缝不宜大于20mm，各层均应铺灰坐浆砌筑，砌好后的内外侧石缝应用砂浆勾嵌。

(3)基础的第一皮及转角处、交接处和洞口处应采用较大的平毛石，并采取大面朝下的方式坐浆砌筑，转角、阴阳角等部位应选用方正平整的毛石互相拉结砌筑，最上面一皮毛石应选用较大的毛石砌筑。

(4)毛石基础应结合牢靠，砌筑应内外搭砌，上下错缝，拉结石、丁砌石交错设置，不应在转角或纵横墙交接处留设接槎，接槎应采用阶梯式，不应留设直槎或斜槎。

3. **混凝土基础施工要点**

(1)混凝土基础台阶应支模浇筑，模板支撑应牢固可靠，模板接缝不应漏浆，常见的有阶形和坡形两种，如图3-7所示。

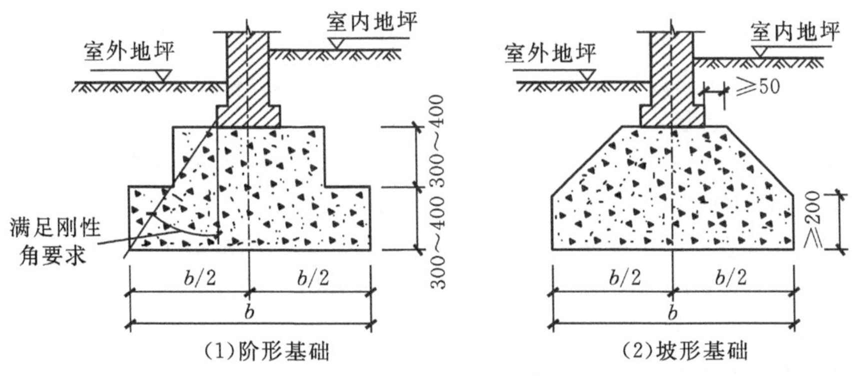

图3-7 混凝土基础(毛石混凝土)基础

(2)台阶式基础宜一次浇筑完成，每层宜先浇边角，后浇中间，坡度较陡的锥形基础可采取支模浇筑的方法。

(3)不同底标高的基础应开挖成阶梯状,混凝土应由低到高浇筑。

(4)混凝土浇筑和振捣应满足均匀性和密实性的要求,浇筑完成后应采取养护措施。

3.2.2 钢筋混凝土基础

1.钢筋混凝土扩展基础

钢筋混凝土扩展基础包括柱下现浇钢筋混凝土独立基础和墙下钢筋混凝土条形基础。根据《建筑地基基础工程施工规范》(GB 51004—2015)第5.3节,钢筋混凝土扩展基础施工中有以下要点。

(1)柱下独基施工。

①混凝土宜按台阶分层连续浇筑完成,对于阶梯形基础,每一台阶作为一个浇捣层,每浇筑完一台阶宜稍停0.5~1.0h,待其初步获得沉实后,再浇筑上层,基础上有插筋埋件时,应固定其位置;

②杯形基础的支模宜采用封底式杯口模板,施工时应将杯口模板压紧,在杯底应预留观测孔或振捣孔,混凝土浇筑应对称均匀下料,杯底混凝土振捣应密实;

③锥形基础模板应随混凝土浇捣分段支设并固定边角处的混凝土应捣实密实。

(2)钢筋混凝土条形基础施工。

①绑扎钢筋时,底部钢筋应绑扎牢固,采用HPB300钢筋时,端部弯钩应朝上,柱的锚固钢筋下端应用90°弯钩与基础钢筋绑扎牢固,按轴线位置校核后上端应固定牢靠;

②混凝土宜分段分层连续浇筑,每层厚度宜为300~500mm,各段各层间应互相衔接,混凝土振捣应密实。

③基础混凝土浇筑完后,外露表面应该在12h内覆盖并保湿养护。

2.筏形与箱形基础

(1)基础混凝土可采用一次连续浇筑,也可留设施工缝分块连续浇筑,施工缝宜留设在结构受力较小且便于施工的位置。

(2)采用分块浇筑的基础混凝土,应根据现场场地条件、基坑开挖流程、基坑施工监测数据等合理确定浇筑的先后顺序。

(3)在浇筑基础混凝土前,应清除模板和钢筋上的杂物,表面干燥的垫层、木模板应浇水湿润。

(4)混凝土浇筑的布料点宜接近浇筑位置,应采取减缓混凝土下料冲击的措施,混凝土自高处倾落的自由高度应根据混凝土的粗骨料粒径确定,粗骨料粒径大于25mm时不应大于3m,粗骨料粒径不大于25mm时不应大于6m。

(5)基础大体积混凝土宜采用斜面分层浇筑方法,混凝土应连续浇筑,分层厚度不应大于500mm,层间间隔时间不应大于混凝土的初凝时间。

(6)基础大体积混凝土裸露表面应采用覆盖养护方式,当混凝土表面以内40~80mm位置的温度与环境温度值小于25℃时,可结束覆盖养护。覆盖养护结束但尚未达到养护时间要求时,可采用洒水养护方式直至养护结束。

(7)筏形与箱形基础后浇带和施工缝的要求:

①地下室柱、墙、反梁的水平施工缝应留设在基础顶面;

②基础垂直施工缝应留设在平行于平板式基础短边的任何位置且不应留设在柱角范围,梁板式基础垂直施工缝应留设在次梁跨度中间的1/3范围内;

③后浇带和施工缝处的钢筋应贯通，侧模应固定牢靠；

④箱形基础的后浇带两侧应限制施工荷载，梁、板应有临时支撑措施；

⑤后浇带和施工缝处浇筑混凝土前，应清除浮浆、疏松石子和软弱混凝土层，浇水湿润；

⑥后浇带混凝土强度等级宜比两侧混凝土提高一级，施工缝处后浇混凝土应待先浇混凝土强度达到1.2MPa后方可进行。

3.3 桩基础

3.3.1 概念、分类及基本要求

1. 基本概念

桩基础的相关概念较多，根据《建筑桩基技术规范》(JGJ 94—2008)、《岩土工程基本术语标准》(GBT 50279—2014)主要有以下几个。

(1)桩基础：是指由设置于岩土中的桩和与桩顶联结的承台共同组成的基础或由柱与桩直接联结的单桩基础，如图3-8所示。

(2)复合桩基：是指基桩和承台下地基土共同承担荷载的桩基础。

(3)基桩：是指桩基础中的单桩。

(4)复合基桩：是指单桩及其对应面积的承台下地基土组成的复合承载基桩。

2. 桩基础的分类

(1)根据承载性状，桩基础可分为摩擦桩和端承桩，见图3-8。

①摩擦桩。

A.摩擦桩：在承载能力极限状态下，桩顶竖向荷载由桩侧阻力承受，桩端阻力小到可忽略不计。

B.端承摩擦桩：在承载能力极限状态下，桩顶竖向荷载主要由桩侧阻力承受。

②端承桩。

A.端承桩：在承载能力极限状态下，桩顶竖向荷载由桩端阻力承受，桩侧阻力小到可忽略不计；

B.摩擦端承桩：在承载能力极限状态下，桩顶竖向荷载主要由桩端阻力承受。

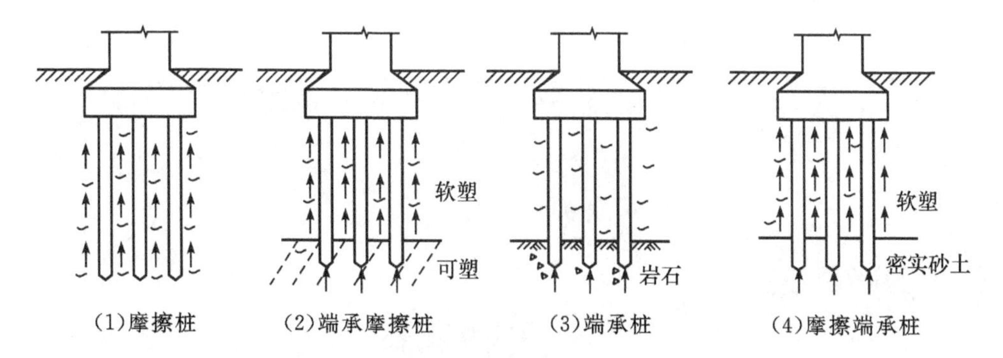

图3-8 桩基础分类示意

(2)根据承载特征,桩基础可分为抗压桩、抗滑桩、抗拔桩。

①抗压桩:是指通过与桩周土的摩擦力或桩端抗力来抵抗竖向压缩荷载的桩。

②抗滑桩:是指穿过滑坡体深入于滑床的桩柱;用以支挡滑体的滑动力,起稳定边坡的作用;适用于浅层和中厚层的滑坡,是一种抗滑处理的主要措施,常用于基坑和边坡支护。

③抗拔桩:是指承受上拔力的桩,当上拔力量为浮力时也叫作抗浮桩,是当地下结构有在低于周边土壤水位的部分时,为了抵消土壤中水对结构产生的上浮力而打的桩。

(3)根据是否产生挤土效应,桩基础可分为非挤土桩、部分挤土桩、挤土桩。

①非挤土桩:是指成桩过程中不存在挤土效应的桩,如干作业法钻(挖)孔灌注桩、泥浆护壁法钻(挖)孔灌注桩、套管护壁法钻(挖)孔灌注桩。

②部分挤土桩:是指成桩过程中存在部分挤土效应的桩,如冲孔灌注桩、钻孔挤扩灌注桩、搅拌劲芯桩、预钻孔打入(静压)预制桩、打入(静压)式敞口钢管桩、敞口预应力混凝土空心桩和 H 形钢桩。

③挤土桩:是指成桩过程中存在明显挤土效应的桩,如沉管灌注桩、沉管夯(挤)扩灌注桩、打入(静压)预制桩、闭口预应力混凝土空心桩和闭口钢管桩。

(4)根据桩体直径,桩基础可分为小直径桩、中等直径桩、大直径桩。

①小直径桩其直径小于等于 250mm;

②中等直径桩其直径大于 250mm 小于 800mm;

③大直径桩其直径大于等于 800mm。

(5)根据承台下基桩数量,桩基础可分为单桩基础和群桩基础。

①单桩基础:是指承台下仅有一根基桩的基础。

②群桩基础:是指承台下有两根或两根以上基桩的基础。

(6)根据施工方式,桩基础可分为灌注桩和预制桩。

①灌注桩:是指通过机械钻孔、钢管挤土或人力挖掘等手段成孔,然后在孔内放置钢筋笼、灌注混凝土形成的桩。根据施工工艺灌注桩可分为钻孔灌注桩、沉管灌注桩等。

②预制桩:是指在工厂或施工现场制作的桩,包括混凝土预制桩、预应力混凝土空心桩(预应力管桩)、钢桩、钢管桩等。

(7)根据桩基的特征,桩基础还可划分为管桩、方桩、扩底桩、嵌岩桩、后注浆灌注桩等,如图 3-9 至图 3-11 所示。

(1)空心管桩

(2)空心方桩

(3)实心方桩

图 3-9 预制桩

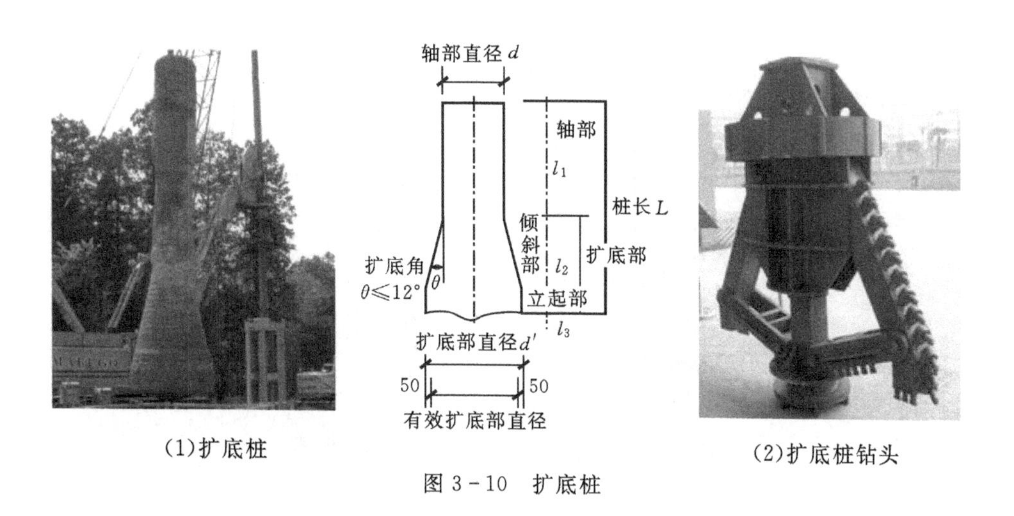

(1)扩底桩　　(2)扩底桩钻头

图 3-10　扩底桩

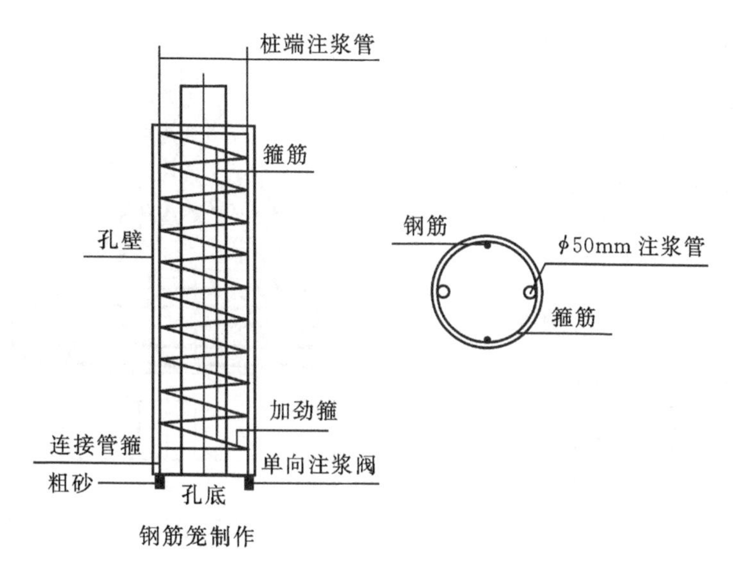

图 3-11　后注浆灌注桩示意

3. 承台的分类

承台按照其特征主要可分为高桩承台、低桩承台、单桩承台、多桩承台(矩形、等边三角形、等腰三角形、六边形、异形)、墙下单(双)桩承台、筏(板)形承台。

(1)高桩承台:是指承台底面高于地面的承台;常用于河流、山地等地面起伏较大的情况,如图 3-12(1)所示。

(2)低桩承台:是指承台底面在地面以下的承台;场地较为平整的区域多采用低桩平台,如图 3-12(2)所示。

(3)单桩承台:是指承台底部仅有一根基桩。

(4)多桩承台:是指承台底部有两根以上的基桩,如图 3-13 所示。

(5)墙下单(双)桩承台:是指将剪力墙下对应位置的筏板或承台梁与基桩连接为整体形成的承台,如图 3-14 所示。

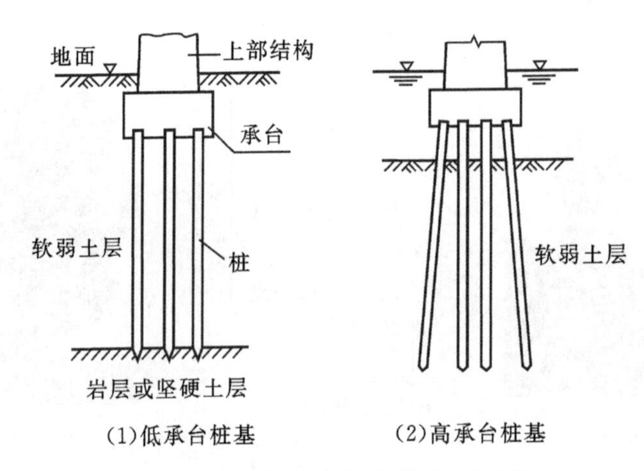

图 3－12　桩基础(高承台、低承台)示意

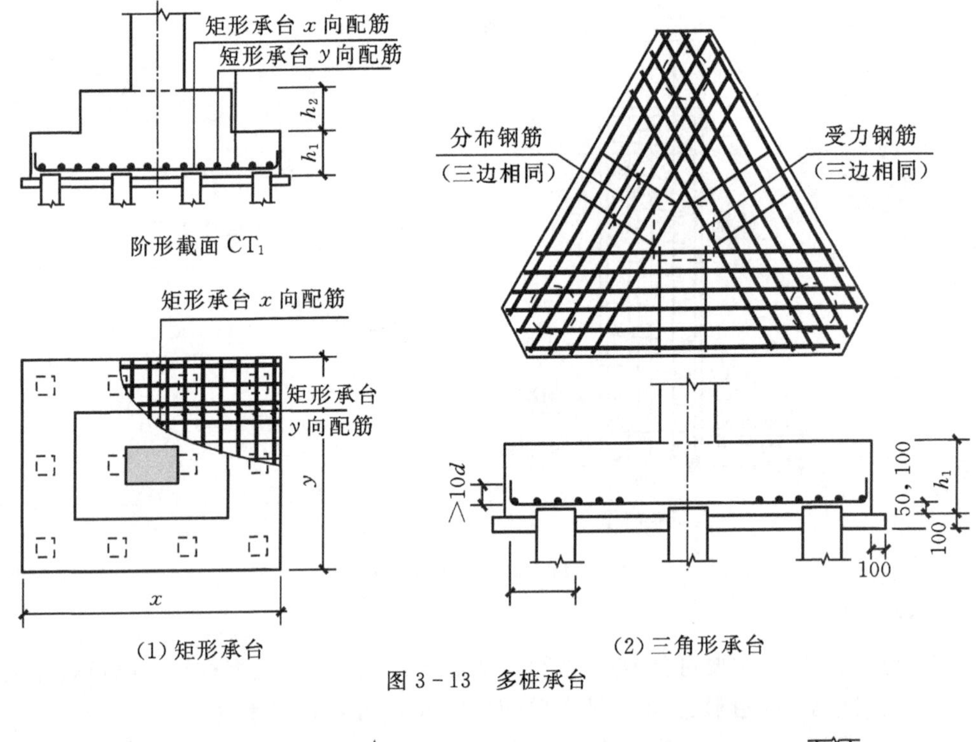

图 3－13　多桩承台

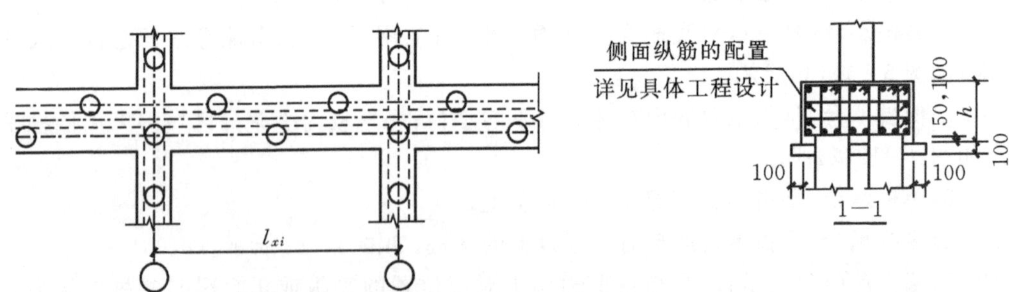

图 3－14　墙下双桩承台

(6)筏(板)形承台：是指将筏板基础与桩基承台结合为一体的基础结构形式，如图3－15所示。

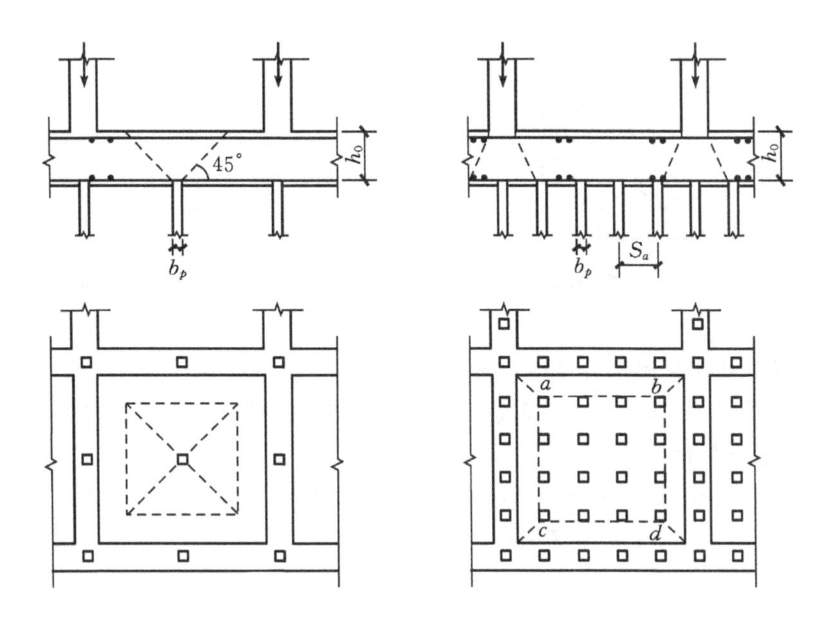

图 3－15　筏板承台

4. **桩基础的基本要求**

(1)摩擦桩的中心距不宜小于桩身直径的 3 倍；扩底灌注桩的中心距不宜小于扩底直径的 1.5 倍，当扩底直径大于 2m 时，桩端净距不宜小于 1m。

(2)扩底灌注桩的扩底直径不应大于桩身直径的 3 倍。

(3)桩底进入持力层的深度，根据地质条件、荷载及施工工艺确定，宜为桩身直径的 1 倍～3 倍。嵌岩灌注桩周边嵌入完整和较完整的未风化、微风化、中风化硬质岩体的最小深度，不宜小于 0.5m。

(4)设计使用年限不少于 50 年时，非腐蚀环境中预制桩的混凝土强度等级不应低于 C30，预应力桩不应低于 C40，灌注桩的混凝土强度等级不应低于 C25；二$_b$ 类环境及三类及四类、五类微腐蚀环境中不应低于 C30；水下灌注混凝土的桩身混凝土强度等级不宜高于 C40。

3.3.2　预制桩

预制钢筋混凝土桩分实心桩(多为方桩)和空心管桩(圆管、方管)两种(如图 3－9 所示)。实心混凝土方桩截面边长通常为 200～550mm，长 7～25m，可在现场预制或在工厂制作成单根桩或多节桩。混凝土空心管桩外径一般为 300～550mm，每节长度为 4～12m，管壁厚为 80～100mm，多为先张法预应力管桩，在工厂内采用离心法制成，与实心桩相比可大大减轻桩的自重。

1. **施工工艺**

预制桩的施工主要包括“工厂制作→起吊→运输→堆放→沉桩→接桩”等环节。

(1)桩的制作。制作预制桩的方法有并列法、间隔法、重叠法和翻模法等，现场多采用间隔重叠法施工，如图 3－16 所示，一般重叠层数不宜超过 4 层。如在工厂制作，为了便于运输，单节长度不宜超过 12m；如在现场预制，长度不宜超过 30m。

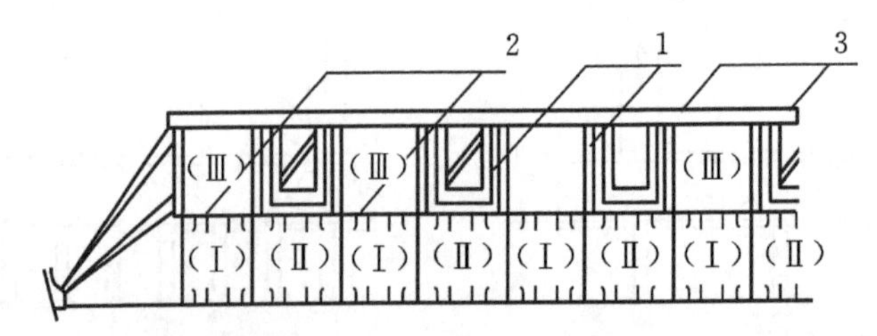

1—侧模板;2—隔离剂或隔离层;3—卡具;Ⅰ,Ⅱ,Ⅲ—第一、二、三批浇筑桩。

图 3-16 间隙重叠法施工

钢筋混凝土桩预制程序为:压实、整平现场制作场地→支模→绑扎钢筋骨架,安设吊环→浇筑桩混凝土→养护至30%强度拆模→上层桩或邻桩浇筑→养护至70%强度起吊→达到100%强度后运输、堆放。

混凝土预制桩的浇筑应由桩顶向桩尖方向连续浇筑,一次完成,浇筑完毕应覆盖、洒水养护不少于7d。其尺寸的允许偏差见表3-1。

表3-1 混凝土预制桩制作允许偏差

桩型	项目	允许偏差/mm
钢筋混凝土实心桩	横截面边长	±5
	桩顶对角线之差	≤5
	保护层厚度	±5
	桩身弯曲矢高	不大于1‰桩长且不大于20
	桩尖偏心	≤10
	桩端面倾斜	≤0.005
	桩节长度	±20
钢筋混凝土管桩	直径	±5
	长度	±0.5%L
	管壁厚度	-5
	保护层厚度	+10,-5
	桩身弯曲(度)矢高	L/100
	桩尖偏心	≤10
	桩头板平整度	≤2
	桩头板偏心	≤2

(2)起吊和运输。起吊位置应严格按设计规定进行绑扎。若无吊环,设计又无规定时,绑扎点的数量和位置按桩长而定,应符合起吊弯矩最小(或正负弯矩相等)的原则,如图3-17所示。钢丝绳捆绑桩时应加衬垫,避免损坏桩身和棱角。

根据《建筑桩基技术规范》(JGJ 94—2008)第7.2节,混凝土实心桩的吊运应符合下列规定:混凝土设计强度达到70%及以上方可起吊,达到100%方可运输;桩起吊时应采取相应措施,保证安全平稳,保护桩身质量;水平运输时,应做到桩身平稳放置,严禁在场地上直接拖拉桩体。

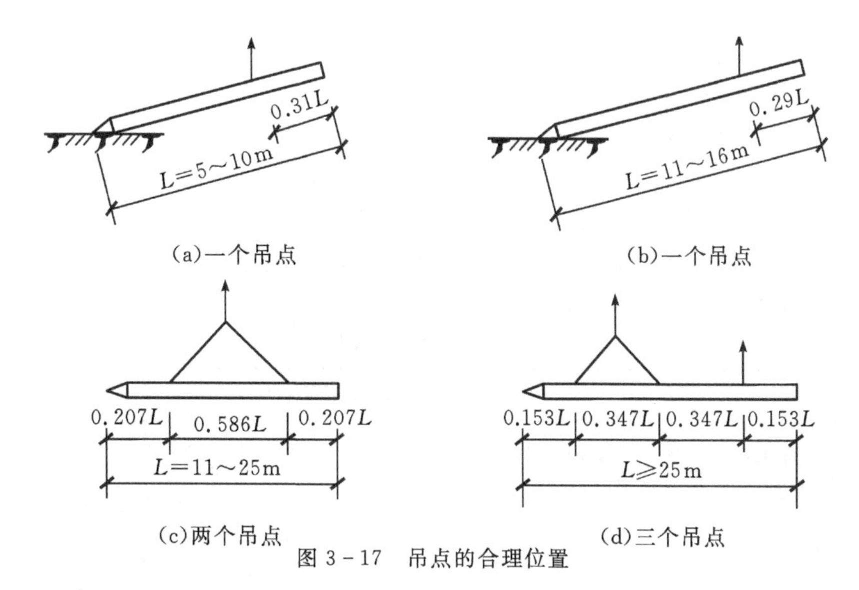

(a)一个吊点　　(b)一个吊点

(c)两个吊点　　(d)三个吊点

图3-17　吊点的合理位置

另外，预应力混凝土空心桩的吊运应符合下列规定：出厂前应作出厂检查，其规格、批号、制作日期应符合所属的验收批号内容；在吊运过程中应轻吊轻放，避免剧烈碰撞；单节桩可采用专用吊钩勾住桩两端内壁直接进行水平起吊；运至施工现场时应进行检查验收，严禁使用质量不合格及在吊运过程中产生裂缝的桩。

在桩的运输方式方面，短桩运输可采用载重汽车，现场运距较近时可直接用吊车吊运，亦可采用轻轨平板车运输；长桩运输可采用平板拖车、平台挂车等。装载时桩支承点应按设计吊点位置设置，并垫实、支撑和绑扎牢固，以防止运输中晃动或滑动。

(3)堆放。堆放桩的场地应平整、坚实、排水良好。桩应按规格、型号、材料分别分层叠置，具体应符合下列规定：

①堆放场地应平整坚实，最下层与地面接触的垫木应有足够的宽度和高度，堆放时桩应稳固，不得滚动；

②应按不同规格、长度及施工流水顺序分别堆放；

③当场地条件许可时，宜单层堆放；当叠层堆放时，外径为500～600mm的桩不宜超过4层，外径为300～400mm的桩不宜超过5层；

④叠层堆放桩时，应在垂直于桩长度方向的地面上设置2道垫木，垫木应分别位于距桩端1/5桩长处；底层最外缘的桩应在垫木处用木楔塞紧；

⑤垫木宜选用耐压的长木枋或枕木，不得使用有棱角的金属构件。

(4)打(沉)桩施工。预制桩的沉桩方法有锤击法、静压法、振动法及水冲法等，其中锤击法和静压法在工程中应用较多。

①锤击法。锤击法也称为打入法，是指利用桩锤落到桩顶上的冲击力来克服土对桩的阻力，使桩沉到预定的深度或达到持力层的一种打桩施工方法。锤击沉桩是混凝土预制桩常见的沉桩方法，其施工速度快、机械化程度高、适用范围广，但施工时噪声大，对地表层有振动，在城市和夜间施工有所限制。

A. 打桩前的准备。

a. 整平压实场地，清除打桩范围内的高空、地面、地下障碍物，架空高压线距打桩架不得小于10m；修筑桩机进出、行走道路，做好排水措施。

b. 测量放线，定出桩基轴线并定出桩位，在不受打桩影响的适当位置设置不少于两个水准点，以便控制桩的入土标高。

c. 接通现场的水、电管线，进行设备架立组装和试打桩。

d. 打桩场地建筑物（或构筑物）有防震要求时，应采取必要的防护措施。

B. 打桩机械设备及选用。打桩所用的机械设备主要由桩锤、桩架及动力装置三部分组成。常用的桩锤有落锤、柴油桩锤、单动汽锤、双动汽锤、振动桩锤、液压桩锤等。桩锤的工作原理、适用范围和特点见表 3-2。

表 3-2　各类桩锤特点及适用范围

桩锤种类	原理	适用范围	特点
落锤	用绳索或钢丝绳通过吊钩由卷扬机沿桩架导杆提升到一定高度，然后自由下落，利用锤的重力夯击桩顶，使桩沉入土中	①适宜于打木桩及细长尺寸的钢筋混凝土预制桩； ②在一般土层、黏土和含有砾石的土层均可使用	①构造简单，使用方便，费用低； ②冲击力大，可调整锤重和落距以简便地改变打击能力； ③锤击速度慢（每分钟 6～20 次），效率低，贯入能力低，桩顶部易打坏
柴油锤	以柴油为燃料，利用冲击部分的冲击力和燃烧压力为驱动力来推动活塞往返运动，引起锤头跳动夯击桩顶进行打桩	①适宜于打各种桩； ②适宜于一般土层中打桩，不适用于在硬土和松软土中打桩	①质量轻，体积小，打击能量大； ②不需外部能量，机动性强，打桩快，桩顶不易打坏，燃料消耗少； ③振动大，噪声高，润滑油飞散，遇硬土或软土不宜使用
单动汽锤	利用外供蒸汽或压缩空气的压力将冲击体托升至一定高度，配气阀释放出蒸汽，使其自由下落锤击打桩	①适宜于打各种桩，包括打斜桩和水中桩； ②尤其适宜于套管法打灌注桩	①结构简单，落距小，精度高，桩头不易损坏； ②打桩速度及冲击力较落锤大，效率较高（每分钟 25～30 次）
双动汽锤	利用蒸汽或压缩空气的压力将锤头上举及下冲，增加夯击能量	①适宜于打各种桩，并可打斜桩和水中打桩； ②适应各种土层； ③可用于拔桩	①冲击力大，工作效率高（每分钟 100～200 次）； ②设备笨重，移动较困难
振动桩锤	利用锤高频振动，带动桩身振动，使桩身周围的土体产生液化，减小桩侧与土体间的摩阻力，将桩沉入或拔出土中	①适宜于施打一定长度的钢管桩、钢板桩、钢筋混凝土预制桩和灌注桩； ②适用于亚黏土、黄土和软土，特别适用于砂性土、粉细砂中沉桩，不宜用于岩石、砾石和密实的黏性土层	①施工速度快，使用方便，施工费用低，施工无公害污染； ②结构简单，维修保养方便； ③不适宜于打斜桩
液压桩锤	单作用液压锤是冲击块通过液压装置提升到预定的高度后快速释放，冲击块以自由落体方式打击桩体；而双作用锤是冲击块通过液压装置提升到预定高度后，以液压驱使下落，冲击块能获得更大加速度、更高的冲击速度与冲击能量来打击桩体，每一击贯入度更大	①适宜于打各种桩； ②适宜于一般土层中打桩	①施工无烟气污染，噪声较低，打击力峰值小，桩顶不易损坏，可用于水下打桩； ②结构复杂，保养与维修工作量大，价格高，冲击频率小，作业效率较柴油锤低

桩架的形式有很多种，常用的是安装在履带底盘上的履带式桩架，见图3－18。

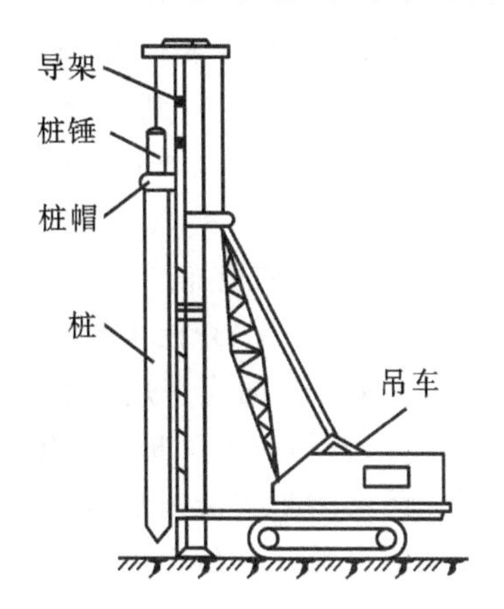

图3－18 履带式桩架

桩架高度必须适应施工要求，一般可按桩长分节接长，桩架高度应满足以下要求：桩架高度＝单节桩长＋桩帽高度＋桩锤高度＋滑轮组高度＋起锤位移高度(1～2m)。

C. 打桩顺序。打桩顺序一般有逐排打、自中央向边缘打、自边缘向中央打和分段打四种，如图3－19所示。

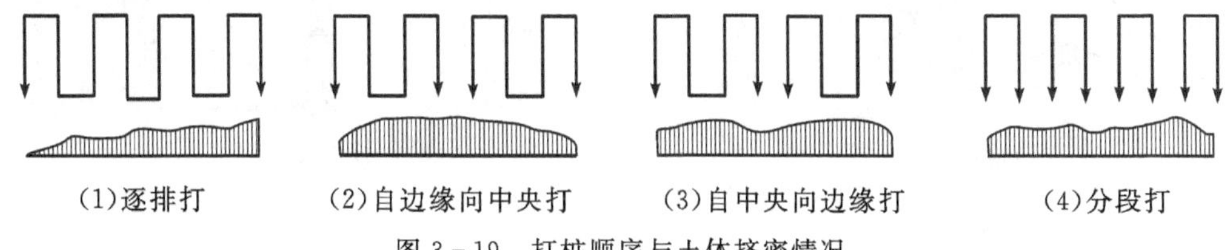

图3－19 打桩顺序与土体挤密情况

根据《建筑桩基技术规范》(JGJ 94—2008)打桩顺序应该符合下列规定：对于密集桩群，自中间向两个方向或四周对称施打；当一侧毗邻建筑物时，由毗邻建筑物处向另一方向施打；根据基础的设计标高，宜先深后浅；根据桩的规格，宜先大后小，先长后短。

D. 沉桩入土。沉桩入土是确保桩基工程质量的重要环节，其主要工艺过程如下。

a. 吊桩就位。吊装就位时需要注意如下事项：桩帽或送桩帽与桩周围的间隙应为5～10mm；锤与桩帽、桩帽与桩之间应加设硬木、麻袋、草垫等弹性衬垫；桩锤、桩帽或送桩帽应和桩身在同一中心线上；桩插入时的垂直度偏差不得超过0.5%。

b. 打桩。打桩开始时，采用短距轻击，一般为0.5～0.8m，以保证桩能正常沉入土中。待桩入土一定深度(1～2m)且桩尖不易产生偏移时，再按要求的落距连续锤击。打桩时宜用重锤低击，这样桩锤对桩头的冲击小，回弹也小，桩头不易损坏。用落锤或单动汽锤打桩时，最大落距不宜大于1m，用柴油锤时应使锤跳动正常。在整个打桩过程中应做好测量和记录工作，遇有贯入度剧变，桩身突然发生倾斜、移位或有严重回弹，桩顶或桩身出现严重裂缝或破碎等异常情况时，应暂停打桩，及时研究处理。

c. 送桩。如桩顶标高低于地面，则借助送桩器将桩顶送入土中的工序称为送桩。送桩时的主要要求如下：送桩深度不宜大于2.0m；当桩顶打至接近地面需要送桩时，应测出桩的垂直度并检查桩顶质量，合格后应及时送桩；送桩的最后贯入度应参考相同条件下不送桩时的最后贯入度并修正；送桩后遗留的桩孔应立即回填或覆盖；当送桩深度超过 2.0m 且不大于 6.0m 时，打桩机应为三点支撑履带自行式或步履式柴油打桩机；桩帽和桩锤之间应用竖纹硬木或盘四层叠的钢丝绳作锤垫，其厚度宜取 150～200mm。

E. 接桩。钢筋混凝土预制长桩受运输条件和桩架高度限制，一般分成若干节预制，分节打入，在现场进行接桩。常用接桩方法有焊接法、法兰接法和机械快速连接法等，如图 3－20 所示。

a. 焊接法接桩。焊接法接桩目前应用最多，其节点构造如图 3－20(1)、(2)所示。施焊时，应注意以下事项：钢板宜采用低碳钢，焊条宜采用 E43；接头宜采用探伤检测，同一工程检测量不得少于 3 个接头。桩对接前，上下端板表面应采用铁刷子清刷干净，坡口处应刷至露出金属光泽。焊接宜在桩四周对称地进行，待上下桩节固定后拆除导向箍再分层施焊；焊接层数不得少于 2 层，第一层焊完后必须把焊渣清理干净，方可进行第二层(的)施焊，焊缝应连续、饱满。焊好后的桩接头应自然冷却后方可继续锤击，自然冷却时间不宜少于 8min；严禁采用水冷却或焊好即施打。

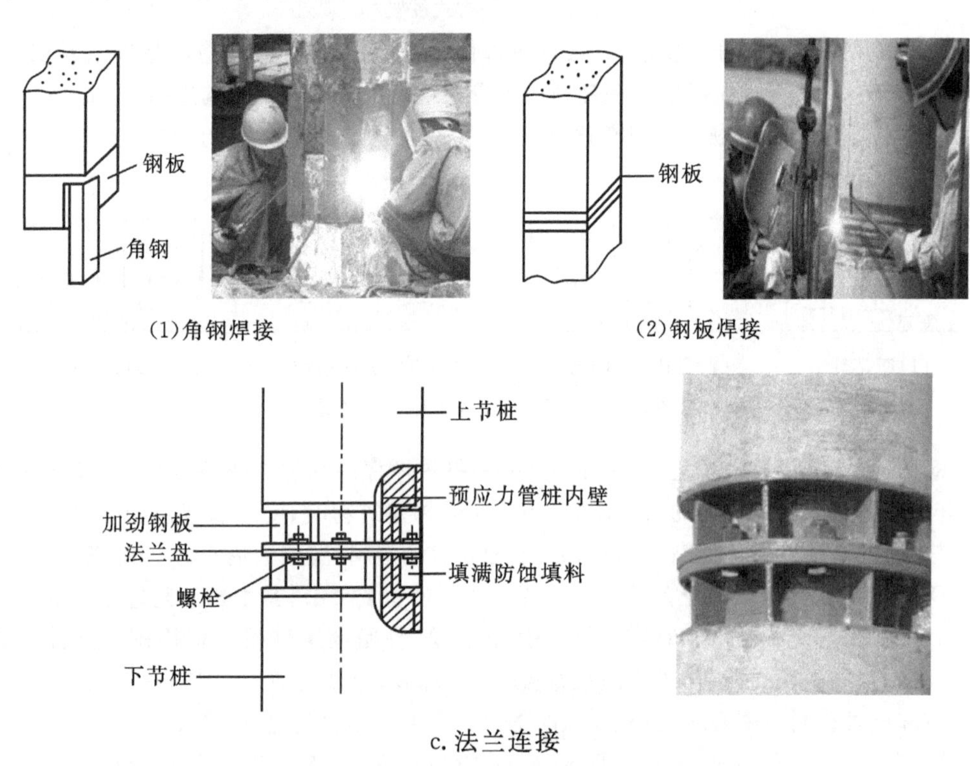

(1)角钢焊接　　(2)钢板焊接

c. 法兰连接

图 3－20　桩的接头形式

b. 法兰接桩法。法兰接桩法节点构造如图 3－20(3)所示。它是用法兰盘和螺栓连接，其接桩速度快，但耗钢量大，多用于预应力混凝土管桩。

c. 机械快速连接。机械快速连接是将加工好的机械连接接头(带孔端板、带槽端板)预先浇筑在混凝土管桩两头，然后在施工现场用螺纹(专用的连接销，一端为圆形，一端为方形)连接的一种新型管桩连接工艺，如图 3－21 所示。

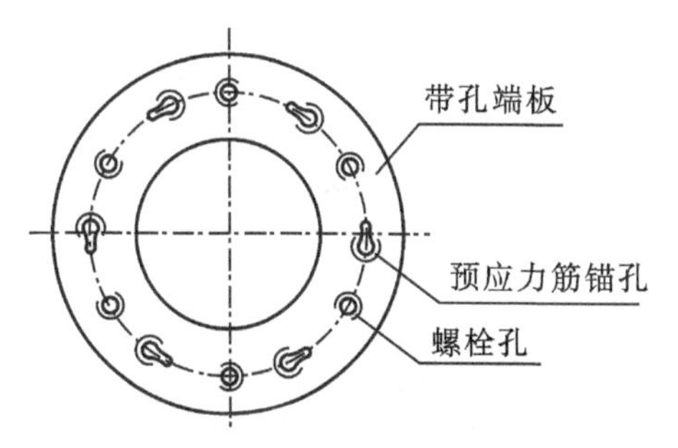

(1)带孔端板示意

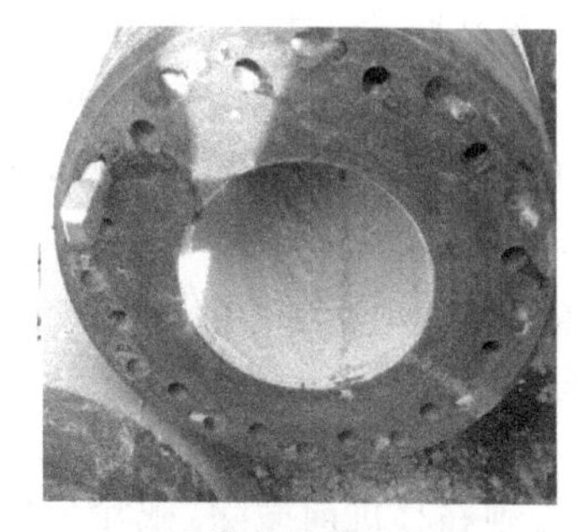

(2)带孔端板实物照

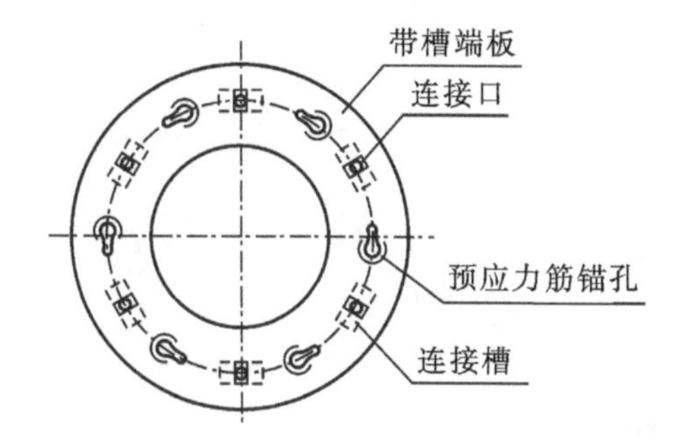

(3)带槽端板示意

(4)带槽端板实物照

(5)连接销实物照

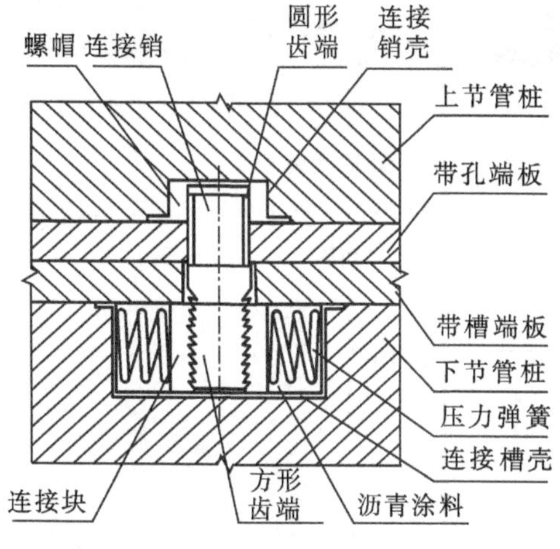

(6)连接示意图

连接销安装一

(4)连接销安装二

(5)连接销安装三

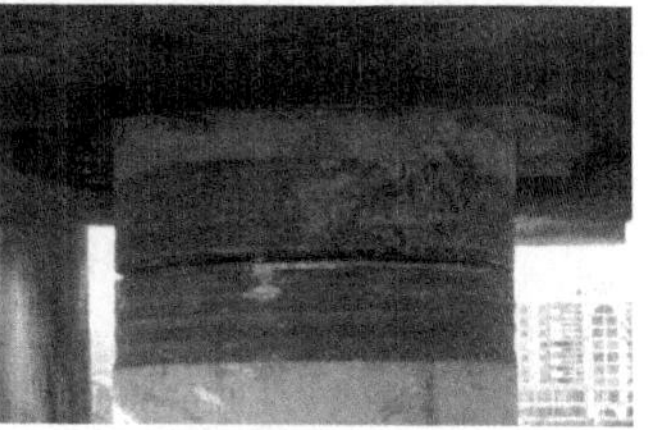

(6)安装完成

图 3－21　机械快速连接

F. 打桩停锤的控制原则。为保证打桩质量，应遵循以下停打控制原则：摩擦桩以控制桩端设计标高为主，其贯入度可作参考；端承桩以控制贯入度为主，其桩端标高可作参考；贯入度已达到而桩端标高未达到时，应继续锤击3阵，按每阵10击的平均贯入度不大于设计规定的数值加以确认，必要时施工控制贯入度应通过试验与相关单位会商确定。此处的贯入度是指桩最后10击的平均入土深度。

G. 截桩头、连接承台。

a. 预制管桩。管桩的标高若刚好符合设计要求则不需要截桩头，若标高超出设计要求，超出的部分则必须在移机前截除，截除采用锯桩机截割（见图3-22），严禁利用压桩机行走的推力强行将桩扳断或用锥形物体压入管桩顶部内孔进行破碎桩头的做法。桩头截除后应采用水准仪等仪器测出其桩顶标高，待全部工程桩施压完毕，再复测一次。

（1）管桩截桩机　　（2）管桩截桩头后实物照

图3-22　管桩截桩头

管桩与承台的连接是在管桩的空芯处放置一个4～5mm厚焊有钢筋的托板，钢筋外伸至承台内，同时向管桩内浇筑填芯混凝土。如图3-23所示。

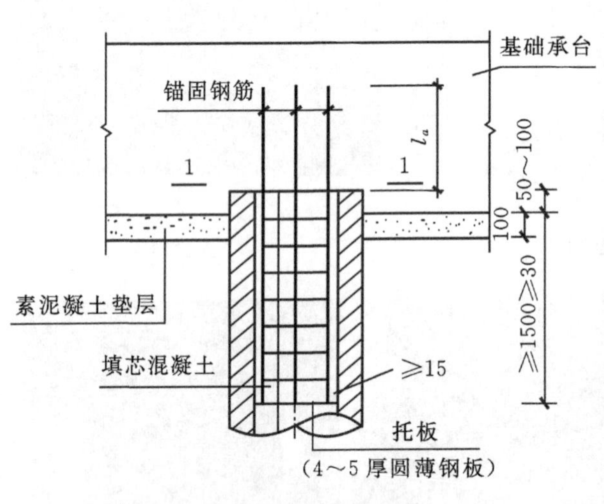

（1）连接构造示意

（2）连接实物照

图3-23　管桩与承台的连接

若未超过设计要求，则不需要截桩头，其连接方式与截桩头后的总体一致。

b.预制实心桩。实心桩宜采用手工凿子截除，若标高超过设计要求则凿除桩头，露出主筋，利用主筋与承台连接。若标高刚好与设计一致甚至低于设计要求则仍需要剔除桩外侧的部分混凝土使钢筋露出，并绑扎锚固钢筋，利用锚固钢筋与承台连接，具体需按照设计要求执行。

H.可能出现的问题。打桩过程中可能存在多种问题，具体问题及处理方法见表3-3。

表3-3 打桩存在的问题及处理方法

问题	产生的主要原因	防治措施
桩顶击碎	①混凝土强度设计等级偏低 ②混凝土施工质量不良 ③桩锤选择不当，桩锤锤重过小或过大，造成混凝土破碎 ④桩顶与桩帽接触不平，桩帽变形倾斜或桩沉入土中不垂直，造成桩顶局部应力集中而将桩头打坏	①合理设计桩头，保证有足够的强度 ②严格控制桩的制作质量，支模正确、严密，使制作偏差符合规范要求 ③根据桩、土质情况，合理选择桩锤 ④经常检查桩帽与桩的接触面处及桩帽垫木是否平整，如不平整应进行处理后方能施打，并应及时更换缓冲垫
沉桩达不到设计控制要求（桩未达到设计标高或最后沉入度控制指标要求）	①桩锤选择不当，桩锤太小或太大，使桩沉不到或超过设计要求的控制标高 ②地质勘察不充分，持力层起伏标高不明，致使设计桩尖标高与实际不符；沉桩遇地下障碍物，如大块石、坚硬土夹层、砂夹层或旧埋置物 ③桩距过密或打桩顺序不当；打桩间歇时间过长，阻力增大	①根据地质情况，合理选择施工机械、桩锤大小 ②详细探明工程地质情况，必要时应做补勘，探明地下障碍物，并进行清除或钻透处理 ③确定合理的打桩顺序；打桩应连续打入，不宜间歇时间过长
桩倾斜、偏移	①桩制作时桩身弯曲超过规定；桩顶不平，致使沉入时发生倾斜 ②施工场地不平、地表松软，导致沉桩设备及导杆倾斜，引起桩身倾斜；稳桩时桩不垂直，桩帽、桩锤及桩不在同一直线上 ③接桩位置不正，相接的两节桩不在同一轴线上，造成歪斜 ④桩入土后，遇到大块孤石或坚硬障碍物，使桩向一侧偏斜 ⑤桩距太近，邻桩打桩时产生土体抗压	①沉桩前，检查桩身弯曲，超过规范允许偏差的不宜使用 ②安设桩架的场地应平整、坚实，打桩机底盘应保持水平；随时检查、调正桩机及导杆的垂直度，并保证桩锤、桩帽与桩身在同一直线上 ③接桩时，严格按操作要求接桩，保证上下节桩在同一轴线上 ④施工前用钎或洛阳铲探明地下障碍物，较浅的挖除，深的用钻机钻透 ⑤合理确定打桩顺序 ⑥若偏移过大，应拔出，移位再打；若偏移不大，可顶正后再慢锤打入
桩身断裂（沉桩时，桩身突然倾斜错位，贯入度突然增大，同时当桩锤跳起后，桩身随之出现回弹）	①桩身有较大弯曲，打桩过程中，在反复集中荷载作用下，当桩身承受的抗弯强度起过混凝土抗弯强度时，即产生断裂 ②桩身局部混凝土强度不足或不密实，在反复施打时导致断裂；桩在堆放、起吊、运输过程中操作不当，产生裂纹或断裂 ③沉桩遇地下障碍物，如大块石、坚硬土夹层、砂夹层或旧埋置物	①检查桩外形尺寸，发现弯曲超过规定或桩尖不在桩纵轴线上时，不得使用 ②桩制作时，应保证混凝土配合比正确，振捣密实，强度均匀；桩在堆放、起吊、运输过程，应严格按操作规程，发现桩超过有关验收规定不得使用 ③施工前查清地下障碍物并清除 ④断桩可采取一旁补桩的办法处理

Ⅰ.大面积密集桩的影响控制。大面积的密集桩相互挤压导致桩位偏移，产生浮桩，则会影响整个工程质量。为避免或减小沉桩挤土效应和对邻近建筑物、地下管线等的影响，施打大面积密集桩群时，可采取下列辅助措施：

a.对于预钻孔沉桩，其预钻孔孔径可比桩径（或方桩对角线）小 50～100mm，深度可根据桩距和土的密实度、渗透性确定，宜为桩长的 1/3～1/2；施工时应随钻随打；桩架宜具备钻孔锤击双重性能；

b.应设置袋装砂井或塑料排水板，袋装砂井直径宜为 70～80mm，间距宜为 1.0～1.5m，深度宜为 10～12m；塑料排水板的深度、间距与袋装砂井相同；

c.应设置隔离板桩或地下连续墙；

d.可开挖地面防震沟，并可与其他措施结合使用；防震沟沟宽可取 0.5～0.8m，深度按土质情况决定；

e.应限制打桩速率；

f.沉桩结束后，宜普遍实施一次复打；

g.沉桩过程中应加强邻近建筑物、地下管线等的观测、监护。

②静力压桩法。该方法是采用静力压桩机（如图3-24所示），将预制桩压入地基中，最适宜于均质软土地基。静力压桩施工程序为：测量定位→压桩机就位→吊桩→桩身对中调直→静压沉桩→接桩→再静压沉桩→送桩→终止压桩→切割桩头。

图 3-24　静力压桩机

A.静力压桩施工的质量控制应符合下列规定：第一节桩下压时垂直度偏差不应大于 0.5%；宜将每根桩一次性连续压到底，且最后一节有效桩长不宜小于 5m；抱压力不应大于桩身允许侧向压力的 1.1 倍；对于大面积桩群，应控制日压桩量。

B.终压条件应符合下列规定：应根据现场试压桩的试验结果确定终压力标准；终压连续复压次数应根据桩长及地质条件等因素确定，对于入土深度大于或等于 8m 的桩，复压次数可为 2～3 次；对于入土深度小于 8m 的桩，复压次数可为 3～5 次；稳压压桩力不得小于终压力，稳定压桩的时间宜为 5～10s。

C.压桩顺序宜根据场地工程地质条件确定，并应符合下列规定：对于场地地层中局部含砂、碎石、卵石时，宜先对该区域进行压桩；当持力层埋深或桩的入土深度差别较大时，宜先施压长桩后施压短桩；压桩过程中应测量桩身的垂直度，当桩身垂直度偏差大于1%时，应找出原因并设法纠正；当桩尖进入较硬土层后，严禁用移动机架等方法强行纠偏。

D.出现下列情况之一时，应暂停压桩作业，并分析原因，采取相应措施：压力表读数显示情况与勘察报告中的土层性质明显不符；桩难以穿越具有软弱下卧层的硬夹层；实际桩长与设计桩长相差较大；出现异常响声，压桩机械工作状态出现异常；桩身出现纵向裂缝和桩头混凝土出现剥落等异常现象；夹持机构打滑；压桩机下陷。

③振动沉桩法。振动沉桩机见图3-25。

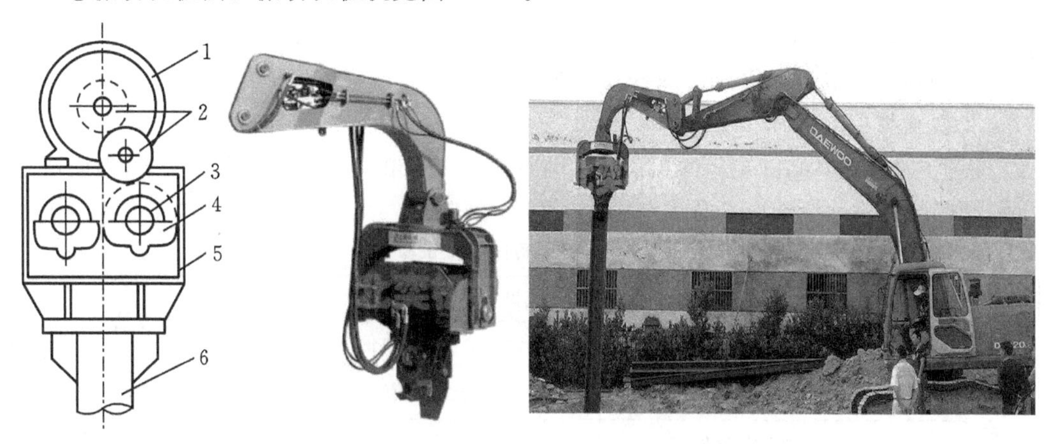

(1)振动沉桩机示意　　(2)沉桩机实物　　(3)沉桩机安装在反铲挖掘机的实物

1—电动机;2—传动齿轮;3—轴;4—偏心块;5—箱壳;6—桩。

图3-25　振动沉桩机

振动沉桩法与锤击沉桩法的原理基本相同,不同之处是将桩与振动锤连接在一起,利用振动锤产生高频振动,激振桩身并振动土体,使土的内摩擦角减小、强度降低而将桩沉入土中。

振动沉桩法施工速度快、使用维修方便、费用低,但其耗电量大、噪声大;主要适用于砂石、黄土、软土和亚黏土,在含水砂层中的效果更为显著;但在沙砾层中采用此方法时,还需配以水冲法;沉桩工作应连续进行,以防间歇过久难以沉下。

④射水法沉桩。射水法沉桩又称水冲法沉桩,一般配以锤击或振动相辅使用。它是利用附在桩身上或空心桩内部的射水管,用高压水流束将桩尖附近的土体冲松液化,桩借自重(或稍加外力)沉入土中,如图3-26所示。

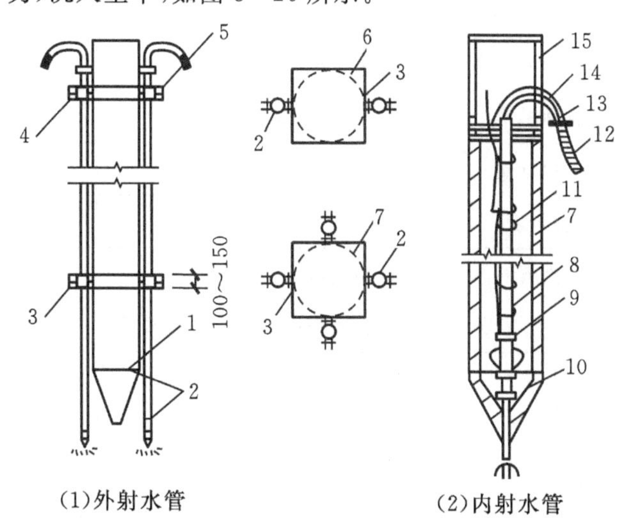

(1)外射水管　　(2)内射水管

1—预制实心桩;2—外射水管;3—夹箍;4—木楔打紧;5—胶管;6—两侧外射水管夹箍;7—管桩;8—射水管;9—导向环;10—挡砂板;11—保险钢丝绳;12—弯管;13—胶管;14—电焊加强圆钢;15—钢进桩。

图3-26　射水法沉桩装置

在坚实的砂土中沉桩，桩难以打下时，使用射水法可防止将桩打断、打坏桩头，比锤击法可提高工效2～4倍，但需一套冲水装置。射水法沉桩适用于砂土和碎石土层中桩的施工，沉桩在最后1～2m时，应停止射水。

2. 质量控制与验收

根据《建筑地基基础工程施工质量验收标准》(GB 50202—2018)第5.5节，钢筋混凝土预制桩质量检验标准应符合表3-4、表3-5要求。

表3-4 锤击预制桩质量检验标准

项目	序号	检查项目	允许值或允许偏差		检查方法
			单位	数值	
主控项目	1	承载力	不小于设计值		静载试验、高应变法等
	2	桩身完整性	—		低应变法
一般项目	1	成品桩质量	表面平整，颜色均匀，掉角深度小于10mm，蜂窝面积小于总面积的0.5%		查产品合格证
	2	桩位	见《建筑地基基础工程施工质量验收标准》(GB 50202—2018)表5.1.2		全站仪或用钢尺量
	3	电焊条质量	设计要求		查产品合格证
	4	接桩：焊缝质量	见《建筑地基基础工程施工质量验收标准》(GB 50202—2018)表5.10.4		见《建筑地基基础工程施工质量验收标准》(GB 50202—2018)表5.10.4
		电焊结束后停歇时间	min	≥8(3)	用表计时
		上下节平面偏差	mm	≤10	用钢尺量
		节点弯曲矢高	同桩体弯曲要求		用钢尺量
	5	收锤标准	设计要求		用钢尺量或查沉桩记录
	6	桩顶标高	mm	±50	水准测量
	7	垂直度	≤1/100		经纬仪测量

注：括号中为采用二氧化碳气体保护焊时的数值。

表3-5 静压预制桩质量检验标准

项目	序号	检查项目	允许值或允许偏差		检查方法
			单位	数值	
主控项目	1	承载力	不小于设计值		静载试验、高应变法等
	2	桩身完整性	—		低应变法

续表 3－5

项目	序号	检查项目	允许值或允许偏差		检查方法
			单位	数值	
一般项目	1	成品桩质量	见《建筑地基基础工程施工质量验收标准》(GB 50202—2018)表 5.5.4－1		查产品合格证
	2	桩位	见《建筑地基基础工程施工质量验收标准》(GB 50202—2018)表 5.1.2		全站仪或用钢尺量
	3	电焊条质量	设计要求		查产品合格证
	4	接桩:焊缝质量	见《建筑地基基础工程施工质量验收标准》(GB 50202—2018)表 5.10.4		见《建筑地基基础工程施工质量验收标准》(GB 50202—2018)表 5.10.4
		电焊结束后停歇时间	min	≥6(3)	用表计时
		上下节平面偏差	mm	≤10	用钢尺量
		节点弯曲矢高	同桩体弯曲要求		用钢尺量
	5	终压标准	设计要求		现场实测或查沉桩记录
	6	桩顶标高	mm	±50	水准测量
	7	垂直度	≤1/100		经纬仪测量
	8	混凝土灌芯	设计要求		查灌注量

注:电焊结束后停歇时间项括号中为采用二氧化碳气体保护焊时的数值。

3.3.3 灌注桩

1. 灌注桩的特点及适用范围

灌注桩是直接在施工现场的桩位上先成孔,然后在孔内安放钢筋笼灌注混凝土而成。

(1)灌注桩特点。

①单桩承载力高,可以做成大直径桩,既能承受较大的垂直荷载,也能承受较大的水平荷载,抗震性能也较好,同时沉降也小,能防止不均匀沉降。

②灌注桩施工不存在沉桩挤土问题,振动和噪声均很小,对邻近建筑物、构筑物及地下管线、道路等的危害极小。

③灌注桩的成桩工艺较复杂,尤其是湿作业成孔时;成桩速度也较预制打入桩慢,且其成桩质量与施工好坏密切相关,成桩质量难以直观地进行检查。

(2)常见的灌注桩及适用。根据成孔方法的不同,灌注桩可分为泥浆护壁成孔灌注桩、干作业成孔灌注桩、套管成孔灌注桩等。我国常用的灌注桩的使用范围如表 3－6 所示。

表 3-6　常用的灌注桩的使用范围

桩名	适用范围
泥浆护壁钻孔灌注桩	宜用于地下水位以下的黏性土、粉土、砂土、填土、碎石土及风化岩层
旋挖成孔灌注桩	宜用于黏性土、粉土、砂土、填土、碎石土及风化岩层
冲孔灌注桩	除宜用于上述地质情况外,还能穿透旧基础、建筑垃圾填土或大孤石等障碍物;在岩溶发育地区应慎重使用,采用时应适当加密勘察钻孔
长螺旋钻孔压灌桩（后插钢筋笼）	宜用于黏性土、粉土、砂土、填土、非密实的碎石类土、强风化岩
干作业钻、挖孔灌注桩	宜用于地下水位以上的黏性土、粉土、填土、中等密实以上的砂土、风化岩层
沉管灌注桩	宜用于黏性土、粉土和砂土;夯扩桩宜用于桩端持力层为埋深不超过 20m 的中、低压缩性黏性土、粉土、砂土和碎石类土
人工挖孔灌注桩	不得用于地下水位较高,有承压水的砂土层、滞水层、厚度较大的流塑状淤泥、淤泥质土层中

(3)灌注桩成孔深度。灌注桩成孔的控制深度与预制桩相近,应符合下列要求。

①摩擦桩:摩擦桩应以设计桩长控制成孔深度;端承摩擦桩必须保证设计桩长及桩端进入持力层深度。当采用锤击沉管法成孔时,桩管入土深度控制应以标高为主,以贯入度控制为辅。

②端承桩:当采用钻(冲)、挖掘成孔时,必须保证桩端进入持力层的设计深度;当采用锤击沉管法成孔时,桩管入土深度控制以贯入度为主,以控制标高为辅。

2.泥浆护壁钻（冲）孔灌注桩

泥浆护壁钻孔灌注桩是利用原土自然造浆或人工造浆浆液进行护壁,通过循环泥浆出孔在孔,然后安放绑扎好的钢筋笼,水下灌注混凝土成桩。泥浆在此的其作用有“护壁、排渣、冷却、润滑”。

(1)施工工艺。施工工艺流程为:测量放线定好桩位→埋设护筒→钻孔机就位、调平、拌制泥浆→成孔→第一次清孔→质量检测→吊放钢筋笼→放导管→第二次清孔→灌注水下混凝土→成桩。

(2)埋设护筒。护筒的作用是固定桩孔位置,防止地面水流入,保护孔口,增加桩孔内水压力,防止塌孔和成孔时引导钻头方向。主要要求如下:

①护筒埋设应准确、稳定,护筒中心与桩位中心的偏差不得大于 50mm。

②护筒可用 4～8mm 厚钢板制作,其内径应大于钻头直径 100mm,上部宜开设 1～2 个溢浆孔。

③护筒的埋设深度,在黏性土中不宜小于 1.0m;砂土中不宜小于 1.5m。护筒下端外侧应采用黏土填实;其高度还应满足孔内泥浆面高度的要求。

④受水位涨落影响或水下施工的钻孔灌注桩,护筒应加高加深,必要时应打入不透水层。

(3)制备泥浆。在黏性土中成孔时可在孔中注入清水,钻机旋转时,切削土屑与水旋拌,用原土造浆,泥浆比重应控制在 1.1～1.2;在其他土中成孔时,泥浆制备应选用高塑性黏土或膨润土。在砂土和较厚的夹砂层中成孔时,泥浆比重应控制在 1.3～1.5。施工中应经常测定泥浆比重,并定期测定黏度、含砂率和胶体率等指标,应根据土质条件确定。对施工中废弃的泥浆、渣应按环境保护的有关规定处理。

(4)成孔。泥浆护壁成孔灌注桩的成孔方法按成孔机械分类,有回转钻机成孔、冲击钻机成孔、冲抓锥成孔等。

①回转钻机成孔。回转钻机是由动力装置带动钻机回转装置转动,再由其带动装配有钻头的钻杆移动,由钻头切削土层成孔。回转钻机适用于地下水位较高的软、硬土层,如淤泥、黏性土、砂土、软质岩层。

回转钻机钻孔方式根据泥浆循环方式的不同,分为正循环回转钻机成孔和反循环回转钻机成孔。

正循环回转钻机成孔的工艺如图3-27所示。由空心钻杆内部通入泥浆或高压水,从钻杆底部喷出,携带钻下的土渣沿孔壁向上流动,由孔口将土渣带出流入泥浆池。

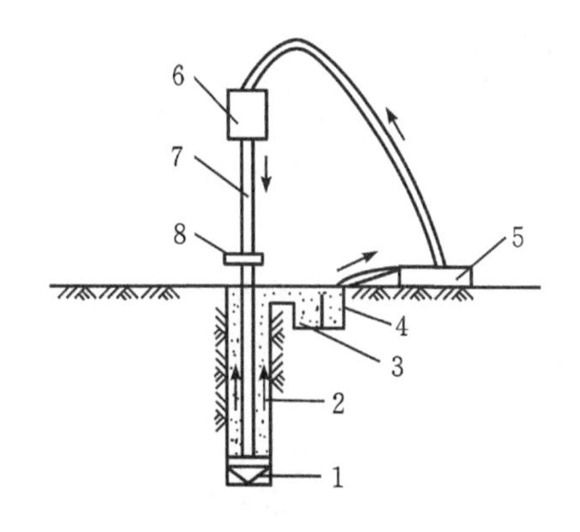

1—钻头;2—泥浆循环方向;3—沉淀池;4—泥浆池;5—循环泵;6—水龙头;7—钻杆;8—钻机回转装置。

图3-27 正循环回转钻机成孔工艺原理

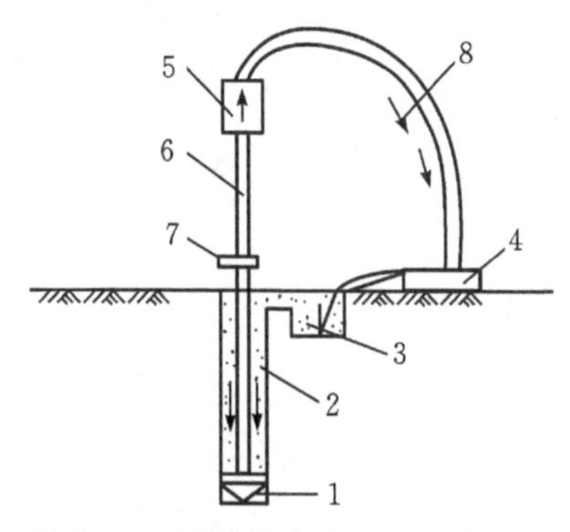

1—钻头;2—新泥浆流向;3—沉淀池;4—砂石泵;5—水龙头;6—钻杆;7—钻杆回转装置;8—混合液流向。

图3-28 反循环回转钻机成孔工艺原理

反循环回转钻机成孔的工艺如图3-28所示。泥浆带渣流动的方向与正循环回转钻机成孔的情形相反。反循环工艺的泥浆上流的速度较高,能携带较大的土渣。

②冲击钻成孔。冲击钻机通过机架、卷扬机把带刃的重钻头(冲击锤)提高到一定高度,靠自由下落的冲击力切削破碎岩层或冲击土层,然后排除碎块成孔。部分碎渣和泥浆挤压进孔壁,大部分碎渣用掏渣筒掏出。冲击成孔操作要点见表3-7。

表3-7 冲击成孔操作要点

项目	操作要点
在护筒刃脚以下2m范围内	小冲程1m左右,泥浆比重1.2~1.5,软弱土层投入黏土块夹小片石
黏性土层	中、小冲程1~2m,泵入清水或稀泥浆,经常清除钻头上的泥块
粉砂或中粗砂层	中冲程2~3m,泥浆比重1.2~1.5,投入黏土块,勤冲、勤掏渣
砂卵石层	中、高冲程3~4m,泥浆比重(密度)1.3左右,勤掏渣
软弱土层或塌孔回填重钻	小冲程反复冲击,加黏土块夹小片石,泥浆比重1.3~1.5。

注:土层不好时提高泥浆比重或加黏土块;防黏钻可投入碎砖石。

冲击钻头形式有十字形、工字形、人字形等，一般常用十字形冲击钻头（见图 3－29）。在钻头锥顶与提升钢丝绳间设有自动转向装置，冲击锤每冲击一次转动一个角度，从而保证桩孔冲成圆孔。

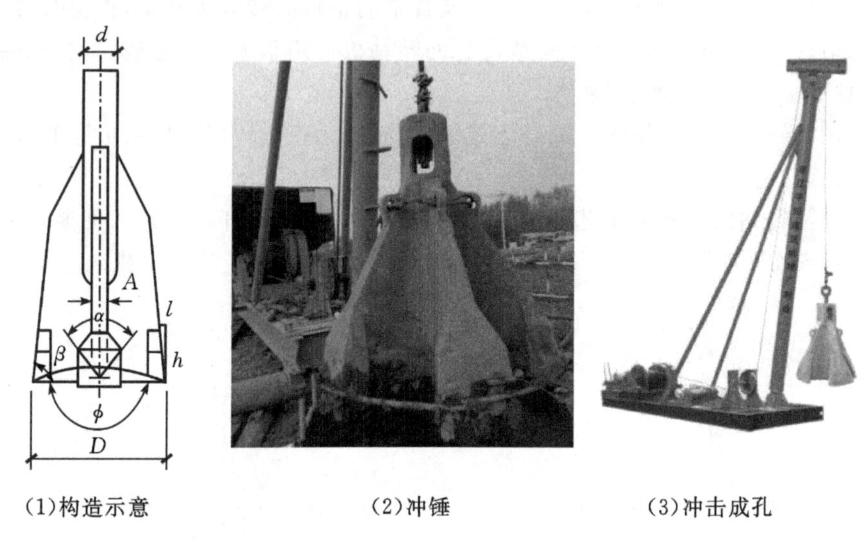

（1）构造示意　　（2）冲锤　　（3）冲击成孔

图 3－29　十字形冲头示意图

（5）清孔。成孔后，必须保证桩孔进入设计持力层深度。当孔达到设计要求后，即进行验孔和清孔。验孔是用探测器检查桩位、直径、深度和孔道情况；清孔即清除孔底沉渣、淤泥浮土，以减少桩基的沉降量，提高承载能力。

泥浆护壁成孔清孔时，对于土质较好不易坍塌的桩孔，可用吸泥机清孔。吸泥机管内形成强大高压气流向上涌，同时不断地补足清水，被搅动的泥渣随气流上涌从喷口排出，直至喷出清水为止。对于稳定性较差的孔壁，应采用泥浆循环法清孔或抽筒排渣。

清孔后孔底沉渣厚度指标应符合下列规定：对端承型桩，不应大于 50mm；对摩擦型桩，不应大于 100mm；对抗拔、抗水平力桩，不应大于 200mm。

满足要求后，应立即安放钢筋笼浇筑混凝土。

（6）水下浇筑混凝土。泥浆护壁成孔灌注混凝土的浇筑是在水中或泥浆中进行的，所以称为水下浇筑混凝土。钢筋骨架固定之后，在 4h 之内必须浇筑混凝土。混凝土灌注常采用导管法。

①水下浇筑的混凝土应符合如下要求：水下灌注混凝土必须具备良好的和易性，配合比应通过试验确定；坍落度宜为 180～220mm；水泥用量不应少于 360kg/m³（当掺入粉煤灰时水泥用量可不受此限）；水下灌注混凝土的含砂率宜为 40％～50％，并宜选用中粗砂；粗骨料的最大粒径应小于 40mm；水下灌注混凝土宜掺外加剂。

②水下混凝土的浇筑应符合以下要求：

A. 开始灌注混凝土时，导管底部至孔底的距离宜为 300～500mm；

B. 应有足够的混凝土储备量，导管一次埋入混凝土灌注面以下不应少于 0.8m；

C. 导管埋入混凝土深度宜为 2～6m；严禁将导管提出混凝土灌注面，并应控制提拔导管速度，应有专人测量导管埋深及管内外混凝土灌注面的高差，填写水下混凝土灌注记录；

D.灌注水下混凝土必须连续施工，每根桩的灌注时间应按初盘混凝土的初凝时间控制，对灌注过程中的故障应记录备案；

E.应控制最后一次灌注量，超灌高度宜为0.8～1.0m，凿除泛浆高度后必须保证暴露的桩顶混凝土强度达到设计等级；

F.桩身混凝土必须留置试块，每浇筑$50m^3$必须有一组试件；小于$50m^3$的桩，每根桩必须有一组试件。

(7)施工中常见问题及防治措施。泥浆护壁灌注桩施工常见问题及防治措施见表3-8所示。

表3-8 泥浆护壁灌注桩施工常见问题及防治措施

问题	产生的主要原因	防治措施
坍孔	①土质松散 ②泥浆质量不好 ③护筒理置太浅，护筒内水头压力不够 ④成孔速度太快，孔壁上来不及形成泥膜	①保持或提高孔内水位 ②加大泥浆稠度 ③提高护筒内水位，护筒周围用黏土填封紧密 ④成孔速度根据地质情况确定 ⑤轻度坍孔，加大泥浆密度和提高水位；对严重坍孔，应全部回填，待回填沉积密实后再钻进
钻孔偏移	①钻机成孔时，遇不平整的岩层，土质软硬不均，或遇孤石、钻头所受阻力不匀造成倾斜 ②钻头导向部分太短，导向性差 ③地面不平或不均匀沉降，桩架不平衡	①在有倾斜状的软硬土层处钻进时，控制进尺速度以低速钻进，并提起钻头，上下反复扫钻几次，以便削去硬土层；如有探头石，宜用钻机钻透 ②设置足够长度的钻头导向 ③场地要平整，安装钻机时调平桩架 ④偏斜过大时，填入石子、黏土重新钻进，控制钻速，慢速上下提升、下降，往复扩孔纠正
护筒冒水	埋设护筒时若周围填土不密实，或者由于起落钻头时碰动了护筒，易造成护筒外壁冒水	若发现护筒冒水，可用黏土在护筒四周填实加固；若护筒严重下沉或位移，则返工重埋

3.沉管灌注桩施工

沉管灌注桩是利用锤击打桩设备或振动沉桩设备，将带有钢筋混凝土的桩尖(或钢板靴)或带有活瓣式桩靴的钢管沉入土中(钢管直径应与桩的设计尺寸一致)，造成桩孔，然后放入钢筋骨架并浇筑混凝土，随之拔出套管，利用拔管时的振动将混凝土捣实，即形成所需要的灌注桩。利用锤击沉桩设备沉管、拔管成桩，称为锤击沉管灌注桩，如图3-30所示；利用振动器振动沉管、拔管成桩，称为振动沉管灌注桩，如图3-31所示。

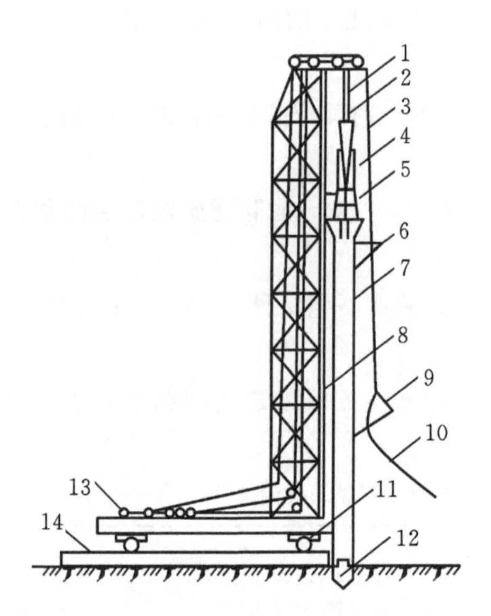

1—桩锤钢丝绳；2—桩管滑轮组；3—吊斗钢丝绳；4—桩锤；5—桩帽；6—混凝土漏斗；7—桩管；8—桩架；9—混凝土吊斗；10—回绳；11—行驶用钢管；12—预制桩尖；13—卷扬机；14—枕木。

图 3-30　锤击沉管灌注桩机械设备示意图

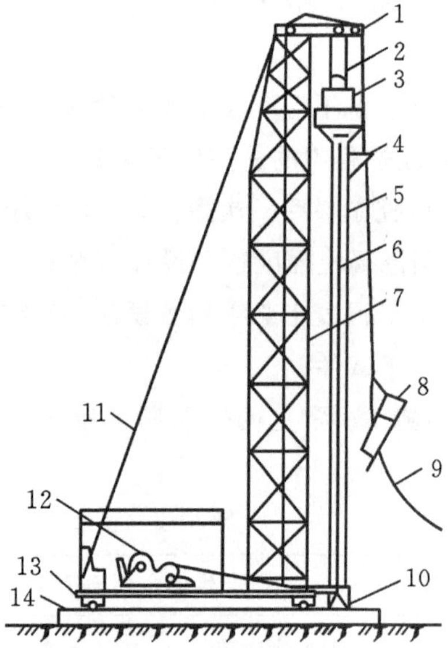

1—导向滑轮；2—滑轮组；3—激振器；4—混凝土漏斗；5—桩管；6—加压钢丝绳；7—桩架；8—混凝土吊斗；9—回绳；10—活瓣桩尖；11—缆风绳；12—卷扬机；13—行驶用钢管；14—枕木。

图 3-31　振动沉管灌注桩桩机示意图

(1)锤击沉管灌注桩。锤击沉管灌注桩适用于一般黏性土、淤泥质土和人工填土地基，其施工过程如图 3-32 所示。

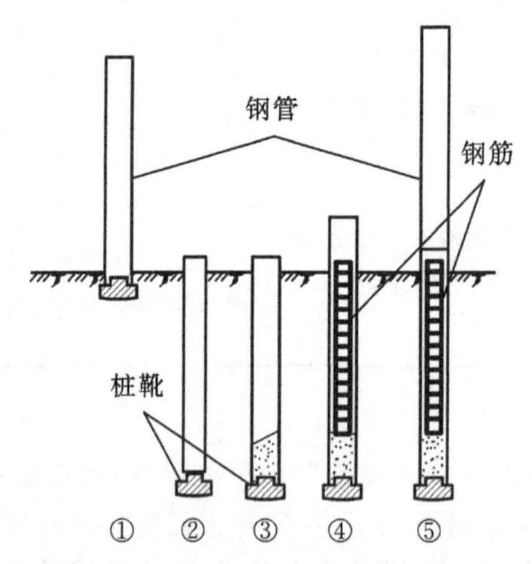

①—就位；②—沉钢管；③—开始灌注混凝土；④—下钢筋骨架继续浇筑混凝土；⑤—拔管成型。

图 3-32　沉管灌注桩施工过程

其施工要点如下：

①沉管至设计标高后，应立即检查和处理桩管内的进泥、进水和吞桩尖等情况，合格后并立即灌注混凝土。

②当桩身配置局部长度钢筋笼时，第一次灌注混凝土应先灌至笼底标高，然后放置钢筋笼，再灌至桩顶标高。第一次拔管高度应以能容纳第二次灌入的混凝土量为限，不

应拔得过高。在拔管过程中应采用测锤或浮标检测混凝土面的下降情况。

③拔管速度应保持均匀，对一般土层拔管速度宜为 1m/min，在软弱土层和软硬土层交界处拔管速度宜控制在 0.3～0.8m/min。

④采用倒打拔管的打击次数，单动汽锤不得少于 50 次/分，自由落锤轻击（小落距轻击）不得少于 40 次/分；在管底未拨至桩顶设计标高之前，倒打和轻击不得中断。

⑤混凝土的充盈系数不得小于 1.0；对于充盈系数小于 1.0 的桩，应全长复打，对可能断桩和缩颈桩，应采用局部复打。成桩后的桩身混凝土顶面应高于桩顶设计标高 500mm 以内。全长复打时，桩管入土深度宜接近原桩长，局部复打应超过断桩或缩颈区 1m 以上。

⑥全长复打桩施工时应符合下列规定：第一次灌注混凝土应达到自然地面；拔管过程中应及时清除粘在管壁上和散落在地面上的混凝土；初打与复打的桩轴线应重合；复打施工必须在第一次灌注的混凝土初凝之前完成。

⑦混凝土的坍落度宜采用 80～100mm。

(2)振动沉管灌注桩。振动沉管灌注桩采用激振器进行振动或振动冲击沉管应根据土质情况和荷载要求，分别选用单打法、复打法、反插法等。单打法可用于含水量较小的土层，且宜采用预制桩尖；反插法及复打法可用于饱和土层。

具体概念如下：

①单打法：即一次拔管法，在管内灌满混凝土后先振动 5～10s，再开始拔管，应边振边拔，每提升 0.5m 停拔，振 5～10s，如此反复进行直至地面。

②复打法：在同一桩孔内进行两次单打，或根据需要进行局部复打。复打施工必须在第一次浇筑的混凝土初凝之前完成，同时前后两次沉管的轴线必须重合。

③反插法：在套管内灌满混凝土后，先振动再拔管，每次拔管高度 0.5～1.0m，再把钢管下沉 0.3～0.5m。在拔管时分段添加混凝土，如此反复进行并始终保持振动，直到钢管全部拔出地面。

单打法施工过程如图 3－33 所示。

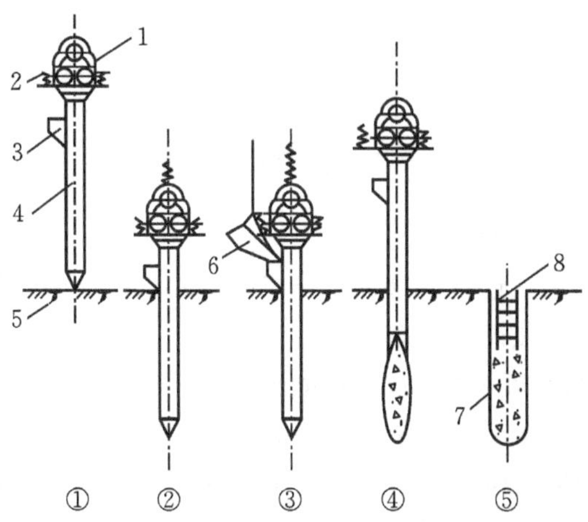

①—桩机就位；②—沉管；③—上料；④—拔出钢管；⑤—在顶部混凝土内插入短钢筋并浇满混凝土。
1—振动锤；2—加压减振弹簧；3—加料口；4—桩管；5—活瓣桩尖；6—上料口；7—混凝土桩；8—短钢筋骨架。

图 3－33　振动套管成孔灌注桩成桩过程

①单打法施工的质量控制应符合下列规定:桩管内灌满混凝土后,应先振动 5~10s,再开始拔管,边振边拔,每拔出 0.5~1.0m,停拔,再振动 5~10s,如此反复,直至桩管全部拔出;在一般土层内,拔管速度宜为 1.2~1.5m/min,用活瓣桩尖时速度宜更慢,用预制桩尖时可适当加快;在软弱土层中宜控制在 0.6~0.8m/min。

②反插法施工的质量控制应符合下列规定:桩管灌满混凝土后,先振动再拔管,每次拔管高度 0.5~1.0m,反插深度 0.3~0.5m;在拔管过程中,应分段添加混凝土,保持管内混凝土面始终不低于地表面或高于地下水位 1.0~1.5m 以上,拔管速度应小于 0.5m/min;在距桩尖处 1.5m 范围内,宜多次反插以扩大桩端部断面;穿过淤泥夹层时,应减慢拔管速度,并减少拔管高度和反插深度,在流动性淤泥中不宜使用反插法。

③复打法的质量控制要求与锤击沉管的复打法相一致。

(3)内夯沉管(夯压成型)灌注桩。内夯沉管灌注桩是在锤击沉管灌注桩的基础上发展起来的一种施工方法,如图 3-34 所示。该方法利用将内外桩管同步沉入土层中,通过锤击(静压)内桩管夯扩端部混凝土,使桩端形成扩大头,再灌注桩身混凝土,拔外桩管时,用内桩管和桩锤压顶在管内混凝土面上,使桩身密实。夯扩桩桩身直径一般为 400~600mm,扩大头直径在 500~900mm,桩长不宜超过 20m。内夯沉管灌注桩适用于中低压缩性黏土、粉土、砂土、碎石土、强风化岩等。如果土层较差,没有较理想的桩端持力层时,可采用二次或三次夯扩。

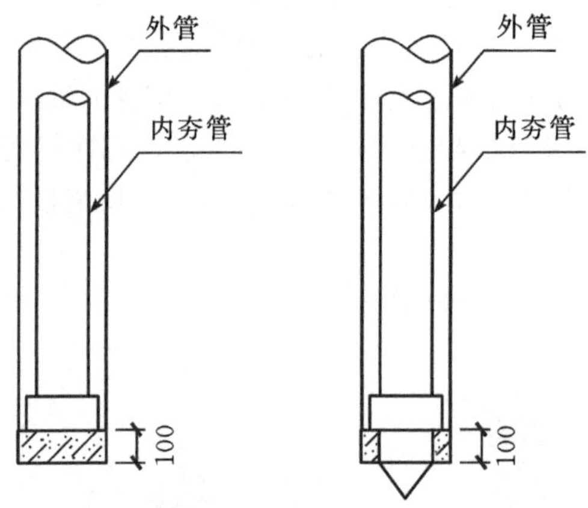

图 3-34　内夯沉管(夯压成型)灌注桩示意

施工过程中的注意事项如下:

①夯扩桩可采用静压或锤击沉管进行夯压、扩底、扩径。内夯管比外管短 100mm,内夯管底端可采用闭口平底或闭口锥底。

②沉管过程,外管封底可采用干硬性混凝土、无水混凝土,经夯击形成阻水、阻泥管塞,其高度一般为 100mm。当未出现由内、外管间隙涌水、涌泥时,也可不采用上述封底措施。

③桩的长度较大或需配置钢筋笼时,桩身混凝土宜分段灌注,拔管时内夯管和桩锤应施压于外管中的混凝土顶面,边压边拔。

④工程施工前宜进行试成桩,应详细记录混凝土的分次灌入量、外管上拔高度、内管夯击次数、双管同步沉入深度,并检查外管的封底情况,有无进水、涌泥等,经核定后可作为施工控制的依据。

(4)施工常见问题及预防措施。沉管灌注桩、夯压桩施工常见问题及预防措施见表3-9。

表3-9 沉管灌注桩、夯压桩施工常见问题及防治措施

问题	主要原因	防治措施
缩颈(瓶颈)(浇筑混凝土后的桩身局部直径小于设计尺寸)	①拔管速度过快或管内混凝土量过少 ②在地下水位以下或饱和淤泥或淤泥质土中沉桩管时,局部产生孔隙压力,把部分桩体挤成缩颈 ③混凝土和易性差 ④桩身间距过小,施工时受邻桩挤压	①施工时每次向桩管内尽量多灌混凝土,一般使管内混凝土高于地面或地下水位1.0～1.5m;桩拔管速度不得大于0.8～1.0m/min ②在淤泥质土中采用复打或反插法施工 ③桩身混凝土应用和易性好的低流动性混凝土浇筑 ④桩间距过小时,宜用跳打法施工 ⑤桩缩颈,可采用反插法、复打法施工
断桩(桩身局部残缺夹有泥土,或桩身的某一部位混凝土坍塌,上部被土填充)	①混凝土终凝不久,受震动和外力扰动 ②桩中心距过近,打邻桩时受挤压 ③拔管时速度过快或骨料粒径太大	①混凝土终凝不久避免振动和扰动 ②桩中心过近,可采用跳打或控制时间的方法,采用跳打法施工 ③控制拔管速度,一般以1.2～1.5m/min为宜 ④若已出现断桩,可采用复打法解决
桩靴进水、进泥(套管活瓣处涌水或是泥砂进入桩管内)	地下水位高,含水量大的淤泥和粉砂土层	①地下水量大时,桩管沉到地下位时,用水泥砂浆灌入管内约0.5m作封底,并再灌注1m高混凝土,然后打下 ②桩靴进水、进泥后,可将桩管拔出,修复改正桩尖缝隙后,用砂回填桩孔重打
吊脚桩(桩底部的混凝土隔空,或混凝土中混进泥沙而形成松软层的桩)	预制桩靴质量较差,沉管时桩靴被挤入套管内阻塞混凝土下落,或活瓣桩靴质量较差,沉管时被损坏	①严格检查桩靴的质量和强度,检查桩靴与桩管的密封情况,防止桩靴在施工时压入桩管 ②若已出现混凝土拒落,可在拒落部位采用反插法处理 ③桩靴损坏、不密合,可将桩管拔出,将桩靴活瓣修复,孔回填,重新沉入

4.干作业钻孔灌注桩

干作业钻孔灌注桩是先用钻机在桩位处进行钻孔,然后在桩孔内放入钢筋骨架,再灌注混凝土而成桩。常用的钻孔机械有长螺旋钻、短螺旋钻、旋挖机等,如图3-35所示,主要适用于成孔深度内没有地下水的一般黏土层、砂土及人工填土地基,其中旋挖机也可以适用于有地下水的土层和淤泥质土。不同钻孔机械的钻孔工艺不同,但其施工过程相近,如图3-36所示。

(1)长螺旋钻

(2)短螺旋钻

(3)旋挖机图

图3-35 钻孔机械

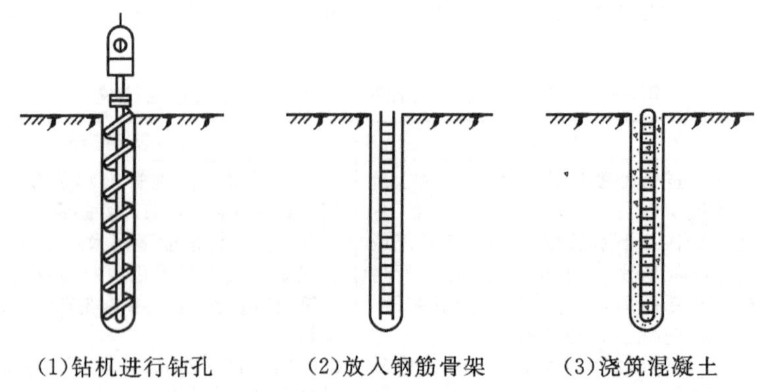

图 3-36　钻孔灌注桩施工过程示意图

(1)钻孔。钻机就位后,钻杆垂直对准桩位中心,开钻时先慢后快,减少钻杆的摇晃,及时纠正钻孔的偏斜或位移。在钻孔过程中,若遇到硬物或软岩,应减速慢钻或提起钻头反复钻,穿透后再正常进钻。在砂卵石、卵石或淤泥质土夹层中成孔时,这些土层的土壁不能直立,易造成塌孔,这时钻孔可钻至塌孔下 1～2m,用低强度等级混凝土回填至塌孔 1m 以上,待混凝土初凝后,再钻至设计要求深度;也可用 3∶7 夯实灰土回填代替混凝土。

(2)清孔。钻孔至规定要求深度后,孔底一般都有较厚的虚土,需要进行专门处理。清孔的目的是将孔内的浮土、虚土取出,减少桩的沉降。常用的方法是采用 25～30kg 的重锤对孔底虚土进行夯实,或投入低坍落度素混凝土,再用重锤夯实;或是钻机在原深处空转清土,然后停止旋转,提钻卸土。

(3)钢筋混凝土施工。桩孔钻成并清孔后,先吊放钢筋笼,后浇筑混凝土。混凝土应连续浇筑,分层捣实,每层的高度不得大于 1.5m。当混凝土浇筑到桩顶时,应适当超过桩顶标高,以保证在凿除浮浆层后,使桩顶标高和质量能符合设计要求。

5. **人工挖孔灌注桩**

人工挖孔灌注桩是指利用人工开挖桩孔,在孔内放置钢筋笼灌注混凝土的一种桩。

(1)人工挖孔灌注桩的特点和适用范围。人工挖孔灌注桩单桩承载力高,受力性能好,成桩质量可靠;施工设备简单,施工操作方便,占地面积小,无振动、无噪声、无环境污染、无挤土效应,可多桩同时进行,施工速度快,节省设备费用,降低工程造价。但桩成孔工艺是人力挖孔,存在劳动强度较大、井下作业、劳动环境恶劣、易发生伤亡事故、安全性较差、单桩施工速度较慢、混凝土灌注量大等问题。因此,施工中应特别重视流砂、有害气体等影响,要严格按操作规程施工,并制定可靠的安全措施。

人工挖孔桩的孔径(不含护壁)不得小于 0.8m,且不宜大于 2.5m;孔深不宜大于 30m。当桩净距小于 2.5m 时,应采用间隔开挖。相邻排桩跳挖的最小施工净距不得小于 4.5m。

人工挖孔灌注桩适用于无地下水或地下水较少的黏土、粉质黏土,以及含少量的砂、砂卵石、碎石土层。图 3-37为人工挖孔桩构造图。

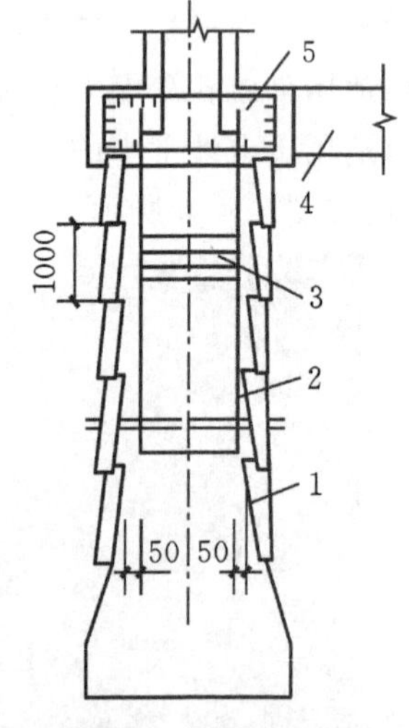

1—护壁;2—主筋;3—箍筋;4—地梁;5—承台。

图 3-37　人工挖孔桩构造图

(2)人工挖孔灌注桩施工机具。人工挖孔灌注桩施工机具比较简单,主要有以下几种:①电动葫芦(或手摇轱辘)和提土桶,用于材料和弃土的垂直运输及供施工人员上下工作使用;②护壁钢模板;③潜水泵,用于抽出桩孔中的积水;④鼓风机、空压机和送风管,用于向桩孔中强制送入新鲜空气;⑤镐、锹、土筐等挖运工具,若遇硬土或岩石,还需风镐、潜孔钻;⑥插捣工具,用于插捣护壁混凝土;⑦应急软爬梯,用于施工人员上下;⑧安全照明设备、对讲机、电铃等。

(3)施工要点。

①孔内必须设置应急软爬梯供人员上下;使用的电葫芦、吊笼等应安全可靠,并配有自动卡紧保险装置,不得使用麻绳和尼龙绳吊挂或脚踏井壁凸缘上下。电葫芦宜用按钮式开关,使用前必须检验其安全起吊能力。

②每日开工前必须检测井下的有毒、有害气体,并应有足够的安全防范措施。当桩孔开挖深度超过10m时,应有专门向井下送风的设备,风量不宜少于25L/s。

③孔口四周必须设置护栏,护栏高度宜为0.8m。

④挖出的土石方应及时运离孔口,不得堆放在孔口周边1m范围内,机动车辆的通行不得对井壁的安全造成影响。

⑤施工现场的一切电源、电路的安装和拆除必须遵守现行行业标准《施工现场临时用电安全技术规范》(JGJ 46—2005)的规定。

⑥第一节井圈护壁应符合下列规定:井圈中心线与设计轴线的偏差不得大于20mm;井圈顶面应比场地高出100～150mm,壁厚应比下面井壁厚度增加100～150mm。

⑦修筑井圈护壁应符合下列规定:护壁的厚度、拉接钢筋、配筋、混凝土强度等级均应符合设计要求;上下节护壁的搭接长度不得小于50mm;每节护壁均应在当日连续施工完毕;护壁混凝土必须保证振捣密实,应根据土层渗水情况使用速凝剂;护壁模板的拆除应在灌注混凝土24h之后;发现护壁有蜂窝、漏水现象时,应及时补强;同一水平面上的井圈任意直径的极差不得大于50mm。

⑧当遇有局部或厚度不大于1.5m的流动性淤泥和可能出现涌土、涌砂时,护壁施工可按下列方法处理:将每节护壁的高度减小到300～500mm,并随挖、随验、随灌注混凝土;采用钢护筒或有效的降水措施。

⑨挖至设计标高,终孔后应清除护壁上的泥土和孔底残渣、积水,并应进行隐蔽工程验收。验收合格后,应立即封底和灌注桩身混凝土。

⑩灌注桩身混凝土时,混凝土必须通过溜槽;当落距超过3m时,应采用串筒,串筒末端距孔底高度不宜大于2m;也可采用导管泵送;混凝土宜采用插入式振捣器振实。

⑪当渗水量过大时,应采取场地截水、降水或水下灌注混凝土等有效措施。严禁在桩孔中边抽水边开挖边灌注,包括相邻桩的灌注。

6.灌注桩质量检查与验收

根据《建筑地基基础工程施工质量验收标准》(GB 50202—2018)的内容,不同类型灌注桩的质检内容不完全相同,具体可查询该标准。其中以泥浆护壁成孔灌注桩为例,对其质量检查验收的相关要求说明如下:

(1)施工前应检验灌注桩的原材料及桩位处的地下障碍物处理资料。

(2)施工中应对成孔、钢筋笼制作与安装、水下混凝土灌注等各项质量指标进行检查验收;嵌岩桩应对桩端的岩性和入岩深度进行检验。

(3)施工后应对桩身完整性、混凝土强度及承载力进行检验。

(4)泥浆护壁成孔灌注桩质量检验标准应符合表3-10的规定。

表 3-10　泥浆护壁成孔灌注桩质量检验标准

项目	序号	检查项目		允许值或允许偏差		检查方法
				单位	数值	
主控项目	1	承载力		不小于设计值		静载试验
	2	孔深		不小于设计值		用测绳或井径仪测量
	3	桩身完整性		—		钻芯法，低应变法，声波透射法
	4	混凝土强度		不小于设计值		28d 试块强度或钻芯法
	5	嵌岩深度		不小于设计值		取岩样或超前钻也取样
一般项目	1	垂直度		见《建筑地基基础工程施工质量验收标准》(GB 50202—2018)表 5.1.4		用超声波或井径仪测量
	2	孔径		见《建筑地基基础工程施工质量验收标准》(GB 50202—2018)表 5.1.4		用超声波或井径仪测量
	3	桩位		见《建筑地基基础工程施工质量验收标准》(GB 50202—2018)表 5.1.4		全站仪或用钢尺量开挖前量护筒，开挖后量桩中心
	4	泥浆指标	比重(黏土或砂性土中)	1.10～1.25		用比重计测，清孔后在距孔底 500mm 处取样
			含砂率	%	≤8	洗砂瓶
			黏度	s	18～28	黏度计
	5	泥浆面标高(高于地下水位)		m	0.5～1.0	目测法
	6	钢筋笼质量	主筋间距	mm	±10	用钢尺量
			长度	mm	±100	用钢尺量
			钢筋材质检验	设计要求		抽样送检
			箍筋间距	mm	±20	用钢尺量
			笼直径	mm	±10	用钢尺量
	7	沉渣厚度	端承桩	mm	≤50	用沉渣仪或重锤测
			摩擦桩	mm	≤150	
	8	混凝土坍落度		mm	180～220	坍落度仪
	9	钢筋笼安装深度		mm	+100 0	用钢尺量
	10	混凝土充盈系数		≥1.0		实际灌注量与计算灌注量的比
	11	桩顶标高		mm	±30 −50	水准测量，需扣除桩顶浮浆层及劣质桩体
	12	后注浆	注浆终止条件	注浆量不小于设计要求		查看流量表
				注浆量不小于设计要求 80%，且注浆压力达到设计值		查看流量表，查检压力表读数
			水胶比	设计值		实际用水量与水不泥等胶凝材料的重量比
	11	扩底桩	扩底直径	不小于设计值		井径仪测量
			扩底高度	不小于设计值		

第 4 章 砌筑工程

学习目标

掌握砌体结构、构件的概念、特征与分类
熟悉砌体块材、砂浆的要求
了解砌筑工具与设备的要求
掌握砌筑施工程序、组砌形式、质量控制要点
了解局部构造工艺、水电管线处理
熟悉不同砌体材料施工的主要区分

相关标准

《砌体结构工程施工规范》(GB 50924—2014)
《砌体结构工程施工质量验收规范》(GB 50203—2011)
《烧结普通砖》(GB/T 5101—2017)
《烧结多孔砖和多孔砌块》(GB 13544—2011)
《蒸压粉煤灰砖建筑技术规范》(CECS 256:2009)
《粉煤灰混凝土小型空心砌块》(JC/T 862—2008)
《混凝土小型空心砌块建筑技术规程》(JGJ/T 14—2011)
《烧结空心砖和空心砌块》(GB/T 13545—2014)
《砌筑砂浆配合比设计规程》(JGJ/T 98—2010)
《砌体结构设计规范》(GB 50003—2011)
《建筑砂浆基本性能试验方法标准》(JGJ/T 70—2009)

4.1 概述

4.1.1 基本概念

(1)砌体是指由块体(包括黏土砖、空心砖、多孔砖、砌块、石材等)和砂浆通过砌筑而成的结构材料。

(2)砌体结构是指由砌体(块体和砂浆)砌筑而成的墙、柱作为建筑物主要受力构件的结构,是砖砌体、砌块砌体和石砌体结构的统称。

砌体结构是中国传统的建筑结构形式,如长城、赵州桥等均为砌体结构,如图 4-1、图 4-2 所示。

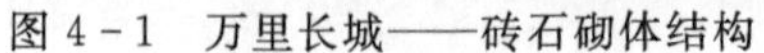

图 4-1　万里长城——砖石砌体结构

图 4-2　赵州桥——石砌体结构

4.1.2　砌体结构的特点

总体而言，砌体结构抗压强度较高而抗拉强度很低，其构件主要承受轴心或小偏心压力，而很少受拉或受弯。一般民用和工业建筑的墙、柱和基础都可采用砌体结构。

砌体结构的优点主要有以下几个方面：

(1)容易就地取材。砖主要用黏土、页岩、矿渣等烧制；石材的原料是天然石；砌块可以用工业废料、矿渣等制作，来源方便，价格低廉。

(2)砖、石或砌块都具有良好的耐火性和较好的耐久性。

(3)砌体砌筑时不需要模板和特殊的施工设备，可以节省木材。新砌筑的砌体即可承受一定荷载，因而可以连续施工。

(4)砖墙和砌块墙体能够隔热和保温，节能效果明显。所以，砌体结构既是较好的承重结构，也是较好的围护结构。

(5)当采用砌块或大型板材作墙体时，可以减轻结构自重，加快施工进度。

砌体结构的缺点主要有以下几个方面：与钢和混凝土相比，砌体的强度较低，因而构件的截面尺寸较大，材料用量多，自重大；砌体的砌筑基本上是手工方式，施工劳动量大；砌体的抗拉、抗剪强度都很低，因而抗震较差，在使用上受到一定限制；砖、石的抗压强度也不能充分发挥；黏土砖需用黏土制造，在某些地区过多占用农田，影响农业生产。

4.2　砌体材料、工具与设备

4.2.1　砌体块材

1. 砖

砖是指建筑用的人造小型块材；外形多为直角六面体，也有各种异形的。其长度不超过 365mm，宽度不超过 240mm，高度不超过 115mm。

按照孔洞情况，砖可分为实心砖、多孔砖、空心砖。实心砖是指无孔洞或孔洞率小于25%的砖。多孔砖是指孔洞率等于或大于 25%，孔的尺寸小而数量多的砖；常用于承重部位。空心砖是指孔洞率等于或大于 40%，孔的尺寸大而数量少的砖；常用于非承重部位。

普通砖及多孔砖是由黏土、页岩等为主要材料焙烧而成的。硅酸盐砖是用硅酸盐材料加压成型并经高压蒸养而成的。

普通砖和蒸压砖具有全国统一的规格，其尺寸为 240mm×115mm×53mm。

多孔砖的规格有：240mm×115mm×90mm、190mm×190mm×90mm、190mm×190mm×190mm 等。如图 4－3 所示。

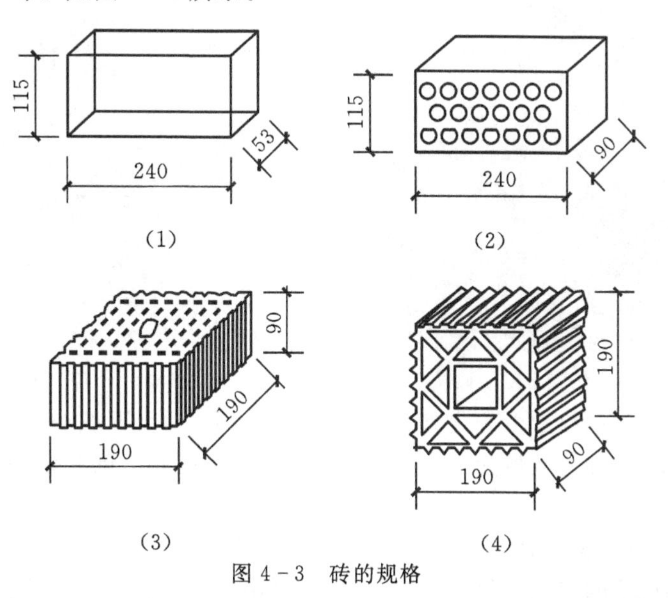

图 4－3　砖的规格

砖的强度等级是根据受压试件测得的抗压强度来划分的。根据《烧结普通砖》(GB/T 5101—2017)、《烧结多孔砖和多孔砌块》(GB 13544—2011)规定，烧结普通砖、多孔砖、多孔砌块的强度等级划分为 MU30、MU25、MU20、MU15 和 MU10 五级，其中 MU 表示砌体中的块体，其后数字表示块体的抗压强度值，单位为 MPa。

砖的入场抽检数量规定如下：每一生产厂家，烧结普通砖、混凝土实心砖每 15 万块，烧结多孔砖、混凝土多孔砖、蒸压灰砂砖及蒸压粉煤灰砖每 10 万块各为一验收批，不足上述数量时按一批计，抽检数量为一组。

2. **砌块**

砌块，是指建筑用的人造块材，外形多为直角六面体，也有各种异形的。砌块系列中主规格的长度、宽度或高度有一项或一项以上分别大于 365mm、240mm 或 115mm 但高度不大于长度或宽度的 6 倍，长度不超过高度的 3 倍。由于砌块的尺寸比砖大，故用砌块来砌筑墙体还可提高施工速度。

根据砌块大小，砌块可以分为小型砌块、中型砌块、大型砌块三种。小型砌块是指主规格的高度大于 115mm 而又小于 380mm 的砌块，简称小砌块。中型砌块是指主规格的高度为 380～980mm 的砌块，简称中砌块。大型砌块是指主规格的高度大于 980mm 的砌块，简称大砌块。

根据孔洞情况，砌块可分为实心砌块、空心砌块两种。实心砌块是指无孔洞或空心率小于 25％的砌块。空心砌块是指空心率等于或大于 25％的砌块。

工程中常用的砌块有小型混凝土空心砌块、加气混凝土砌块，主要用于非承重构件，如图 4－4 和图 4－5 所示。

图 4-4　小型混凝土空心砌块

图 4-5　加气混凝土砌块

入场时，砌块的抽检数量规定如下：每一生产厂家，每 1 万块小砌块为一验收批，不足 1 万块按一批计，抽检数量为 1 组；用于多层以上建筑的基础和底层的小砌块抽检数量不应少于两组。

抽检具体数量根据《砌体基本力学性能试验方法标准》(GB/T 50129—2011)第3.0.2条第 3 款：检验试验的组数及每组试件的数量，可由检测单位规定。但在同等条件下，每组试件的数量，对轴心和偏心抗压试验，不宜少于 3 件；对抗剪和抗弯试验，不宜少于 6 件。

3. 石材

天然石材分为料石和毛石两种。料石按其加工后外形的规则程度又分为细料石、半细料石、粗料石和毛料石，如图 4-6 和图 4-7 所示。《砌体结构设计规范》(GB 50003—2011)规定，石材的强度等级分为 MU100、MU80、MU60、MU50、MU40、MU30 和 MU20 七级。

图 4-6　乱毛石

图 4-7　平毛石

目前石材的砌筑主要在景观园林、装饰工程、边坡工程（挡土墙、浆砌片石等）中有较多应用；在基础（毛石基础、毛石混凝土基础）有少量使用；在主体结构中几乎没有使用。

4.2.2　砌筑砂浆

1. 概念

砂浆是由胶凝材料、细骨料和水（也可根据需要掺入外加剂或掺合料）按适当比例拌和成拌合物。

砂浆在建筑工程中的用途广泛，主要用途有：将砖、石材、砌块等块状材料胶结成砌体；用于建筑物室内外的墙面、地面、梁、柱、顶棚等构件的表面抹灰；镶贴大理石、陶瓷墙地砖等各类装饰板材；用于装配式结构中墙板、混凝土楼板等各种构件的接缝；制成各类特殊功能的砂浆，如装饰砂浆、保温砂浆、防水砂浆等。

2. 砂浆的分类

按照砂浆的生产方式不同，砂浆分为预拌砂浆(商品砂浆)和现场配制砂浆。

(1)预拌砂浆工作性、耐久性优良，生产时不分水泥砂浆和水泥混合砂浆，但根据生产时是否添加水区分为湿拌砂浆或干混砂浆。

湿拌砂浆是指水泥、细集料、保水增稠材料、外加剂和水以及根据需要掺入的矿物掺合料等组分按一定比例，在搅拌站经计量、拌制后，采用搅拌运输车运送至使用地点，放入专用容器储存，并在规定时间内使用完毕的砂浆拌合物。

干拌砂浆(又称干混砂浆或干粉砂浆)是指经干燥筛分处理的细集料与水泥、保水增稠材料以及根据需要掺入的外加剂、矿物掺合料等组分按一定比例在专业生产厂混合而成的固态混合物，在使用地点按规定比例加水或配套液体拌和使用。

(2)现场配置砂浆按照胶凝材料不同，又分为水泥砂浆、水泥混合砂浆两类型。

水泥砂浆由水泥、砂子和水搅拌而成，其强度高，耐久性好，但和易性差，一般用于对强度有较高要求的砌体。根据《砌筑砂浆配合比设计规程》(JGJ/T 98—2010)，水泥砂浆按照强度划分为 M5、M7.5、M10、M15、M20、M25、M30 七级。

水泥混合砂浆，是在水泥砂浆中掺入适量的塑化剂，如水泥石灰砂浆、水泥粉煤灰砂浆等。这种砂浆具有一定的强度和耐久性，且和易性和保水性较好，是一般墙体中常用的砂浆类型。根据《砌筑砂浆配合比设计规程》(JGJ/T 98—2010)，水泥混合砂浆按照强度划分为 M5、M7.5、M10、M15 四级。

3. 性能要求与检验

(1)砂浆的技术性能主要是和易性(流动性、保水性、黏聚性等综合性能)、强度(抗压强度、抗拉强度)及凝结时间(初凝时间、终凝时间)等要求。

总体而言，水泥砂浆的和易性较水泥混合砂浆好，在砌筑上部结构的墙体、柱时，除有防水要求外，一般采用混合砂浆；但在基础部分由于地下水、雨水等长期接触，地下部分一般采用水泥砂浆。

(2)检验与验收。

①预拌砂浆。

A. 不同品种、强度的预拌砂浆应分别运输、储存、标识，不得混杂。

B. 湿拌砂浆应采用专用搅拌车运输，湿拌砂浆运至施工现场后，应进行稠度检验，除直接使用外，应储存在不吸水的专用容器内，并应根据不同季节采取遮阳、保温、防雨雪的措施。

C. 湿拌砂浆在储存、使用过程中不应加水。当存放过程中出现少量泌水时，应拌和均匀后使用。

D. 干混砂浆在运输和储存中不得淋水、受潮、靠近火源、高温，同时避免硬物划破包装袋。

E. 干混砂浆储存期不应超过 3 个月；超过后应重新检验，合格方可使用。

②现场拌制砂浆。

A. 现场拌制砂浆的各种材料，如水泥、砂、粉煤灰等均应按照相应材料检验标准进行检验，合格后方可入场。

B. 各材料配合比应严格控制，水泥偏差应小于等于±2%，其他组分偏差应小于等于±5%。

C. 现场砂浆应随拌随用，且需在3小时内用完；当气温高于30℃时，需在2小时内用完。

D. 现场搅拌时长，还需符合如下要求：水泥砂浆、水泥石灰混合砂浆不少于120s；水泥粉煤灰砂浆和其他掺入外加剂的砂浆不少于180s；掺入液体增塑剂、固体增塑剂的砂浆不少于210s。

E. 每一检验批且不超过250m³ 砌体的各类、各强度、各等级砂浆，每台搅拌机应至少抽检1次，共抽检不少于3组试件(每组为3块70.7mm×70.7mm×70.7mm 的试块)。

4.2.3 砌筑工具与设备

1. 手工工具

砌筑用的手工工具较多，而且南方、北方习惯不同，工具也有所区别。

(1)瓦刀。瓦刀又叫砖刀，是砌筑工个人使用及保管的工具，用于摊铺砂浆、砍削砖块、打灰条等，如图4-8所示。

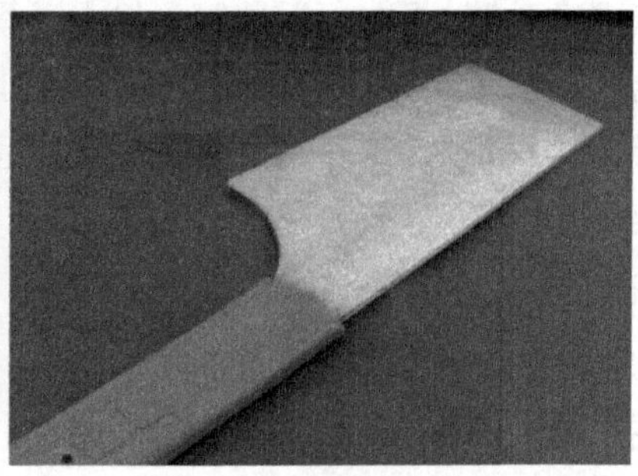

图4-8 瓦刀

(2)大铲。大铲是用于铲灰、铺灰和刮浆的工具，也可以在操作中用它随时调和砂浆。大铲以桃形者居多，也有长三角形和长方形的大铲。它是实施“三一”(一铲灰、一块砖、一揉挤)砌筑法的关键工具，见图4-9。

图4-9 砌筑用大铲

(3)皮数杆。皮数杆是砌筑墙砌体在高度方向的基准，一般使用30mm×30mm 的方木杆或铝合金方管，由现场施工员绘制。皮数杆的位置和画法如图4-10所示。

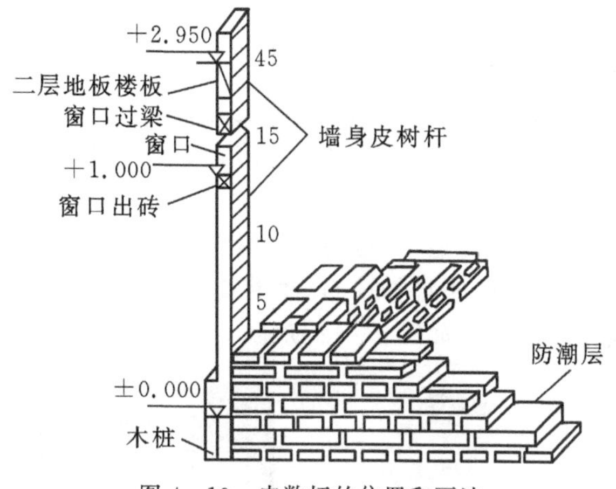

图4-10 皮数杆的位置和画法

2. 测量与定位工具

砌筑施工过程中需要与测量定位工作配合进行，主要用于控制砌筑构件（墙、砖垛等）的轴线位置、尺寸、垂直度、平整度等。在此过程中会用到一些常用的测量工具，主要可以分为以下几种：小工具，如小卷尺、大卷尺、施工线、线坠、墨斗；水准工具，如水准仪、水准尺、水准激光定位器；轴线定位工具，如经纬仪、全站仪，如图4-11所示。

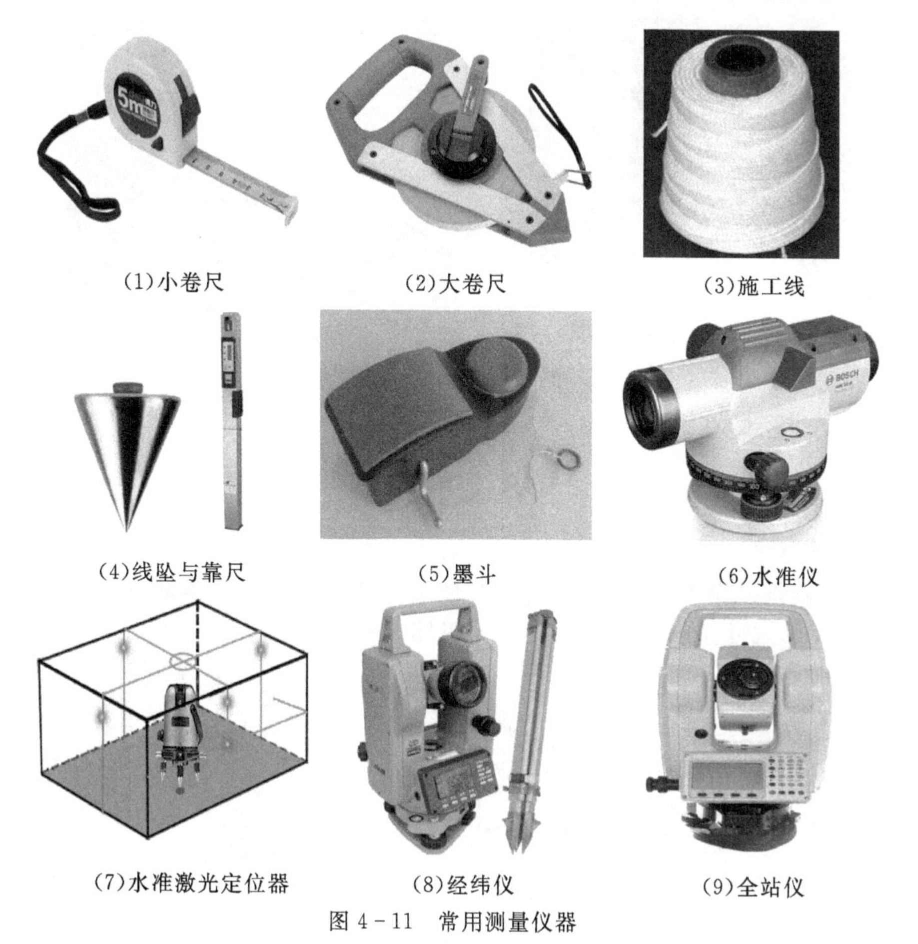

图4-11 常用测量仪器

3. **搅拌设备**

砂浆搅拌机常见的有自落式(重力式)搅拌机、强制式搅拌机,其中强制式搅拌机又分为立式、卧式两种。砂浆搅拌机与混凝土搅拌机是同一机械,仅仅是砂浆、混凝土的材料配合比不一致,设备的动力大小不同而已。自落式搅拌机的拌筒内壁上有径向布置的搅拌叶片。工作时,拌筒绕其水平轴线回转,加入拌筒内的物料,被叶片提升至一定高度后,借自重下落,这样周而复始的运动,达到均匀搅拌的效果。强制式搅拌机的拌筒固定不动,由筒内转轴上的叶片旋转来搅拌材料(也有搅拌筒与叶片做相对旋转来强制拌和的),其搅拌作用比自落式更强。如图4-12所示。

(1)自落式搅拌机

(2)强制式搅拌机(卧式)

(3)砂浆搅拌机(强制搅拌立式)

(4)混凝土搅拌站图

图4-12　混凝土及砂浆搅拌设备

4.3　砌筑施工

4.3.1　施工程序

1. **常用术语**

(1)砖。砌筑过程中,砖经常需要断开使用。按断开的尺寸不同,砖可分为七分头(七分找)、半砖、二寸条和二寸头(二分找),见图4-13。

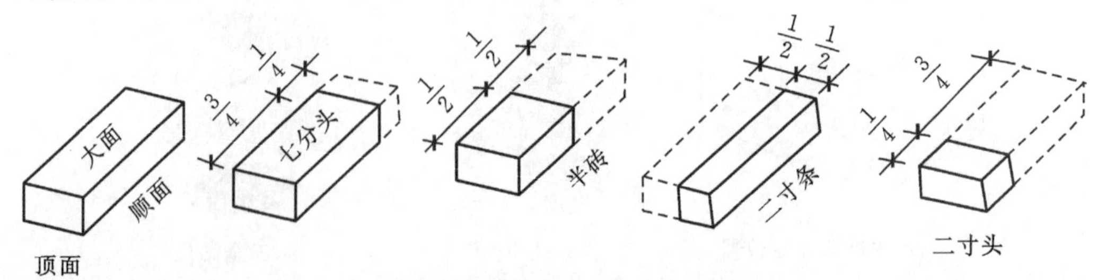

图4-13　整砖及砍砖的各部分名称

(2)墙——清水墙、混水墙。清水墙就是砖墙外墙面砌成后，只需要勾缝，即可为成品，不需要对外墙面装饰，该类墙对砌砖质量要求高，灰浆饱满，砖缝规范美观。混水墙是指砌筑完后要整体抹灰的墙，墙体砌筑要求没有清水墙严格，在施工时不考虑表面美观施工。相对清水墙而言，其外观质量要低很多，而强度要求则是一样的。

砖墙的厚度习惯上以砖长为基数划分，如半砖墙、一砖墙、一砖半墙。在工程实践中则以它们的标志尺寸来命名，如一二墙、二四墙、三七墙。常用墙厚的尺寸规律见表4-1。

表 4-1　普通砖墙厚度的构造、尺寸及称谓　　单位：mm

砖墙断面					
尺寸组成	115×1	115×1+53+10	115×2+10	115×3+20	115×4+30
构造尺寸	115	178	240	365	490
标志尺寸	120	180	240	370	490
工程称谓	一二墙	一八墙	二四墙	三七墙	四九墙
习惯称谓	半砖墙	3/4 砖墙	一砖墙	一砖半墙	两砖墙

2. 组砌形式

砖的组砌形式较多，根据其墙厚不同而有所选择，常见的形式有一顺一丁、三顺一丁、梅花丁、全顺、两侧一平等砌筑方法，如图 4-14 所示。其中："顺"是指砖的长度方向与墙的长度方向一致；"丁"是指砖的长度方向与墙的长度方向垂直；"侧"是指砖侧立使用；"一、二、三"是指一、二、三皮(层)砖。

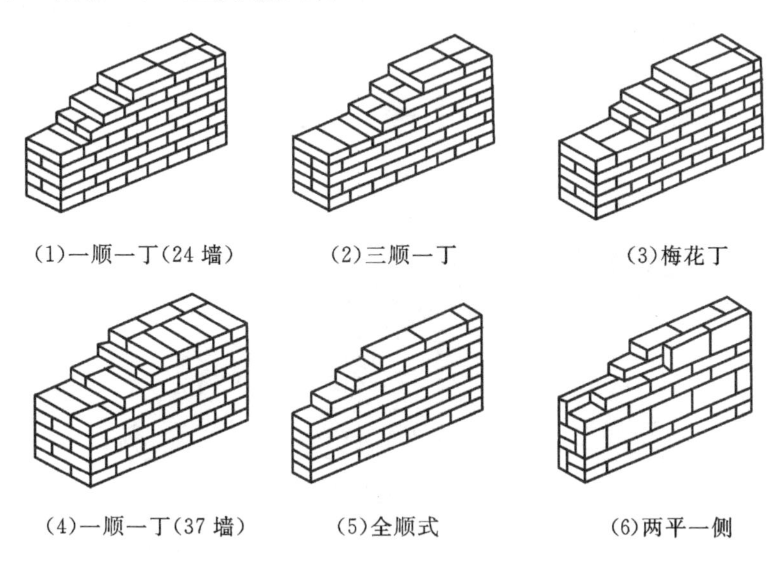

(1)一顺一丁(24 墙)　(2)三顺一丁　(3)梅花丁

(4)一顺一丁(37 墙)　(5)全顺式　(6)两平一侧

图 4-14　砖的组砌形式

3. 施工步骤

(1)施工准备。

①砖浇水湿润。当砌筑烧结普通砖、烧结多孔砖、蒸压灰砂砖、蒸压粉煤灰砖砌体

时，砖应提前1～2天适度湿润，不得采用干砖或吸水饱和状态的砖砌筑。根据《砌体结构工程施工规范》(GB 50924—2014)第6.2.2条，砖湿润程度宜符合下列规定：烧结类砖的相对含水率为60%～70%；混凝土多孔砖、混凝土实心砖不宜浇水，但在气候干燥炎热情况下宜在砌筑前对其浇水湿润；其他非烧结类砖相对含水率宜为40%～50%。

②除砖浇水外，还需要制作皮数杆，明确组砌方式，拌制砂浆等。

(2)砌筑施工。一般砖砌体砌筑工艺流程为：找平，放线→排砖撂底→立皮数杆，盘角，挂线→砌砖→勾缝→安装楼板。

①抄平，放线。

A. 找平。混凝土结构层表面可能并不完全平整，为使砌筑墙体的底面平整需要对此进行找平，当找平厚度在不大于20mm时宜用水泥砂浆找平，厚度在大于20mm时可用C15细石混凝土找平。

B. 放线。用钢尺丈量各轴线间距，弹出各分间的轴线和墙边线，并按设计要求定出门窗洞口的平面位置。

②排砖撂底。排砖撂底又称摆砖样，是指在墙基面上，按墙身长度和组砌方式先用砖块试摆，核对所弹的门洞位置线及窗口、附墙垛的墨线是否符合所选用砖型的模数，对灰缝进行调整，以使每层砖的砖块排列和灰缝均匀，并尽可能减少砍砖。

③立皮数杆，盘角，挂线。将皮数杆立于墙的转角处和交接处，其基准标高用水准仪校正。一般沿墙体长度方向每隔10至15m再设一根。然后根据皮数杆进行盘角，每次盘角不要超过五层，盘角后及时进行“吊”(用线坠吊垂直，以确定墙体的垂直度)、“靠”(用靠尺靠墙测定墙体的平整度)，即“三皮一吊五皮一靠”。盘角时要仔细对照皮数杆的砖层和标高，控制好灰缝大小，使水平灰缝均匀一致。在检查平整度和垂直度完全符合要求后，再挂线砌墙。砌一砖厚混水墙时可采用单面挂线；砌筑一砖半墙必须双面挂线，使水平缝均匀一致，平直通顺。见图4-15。

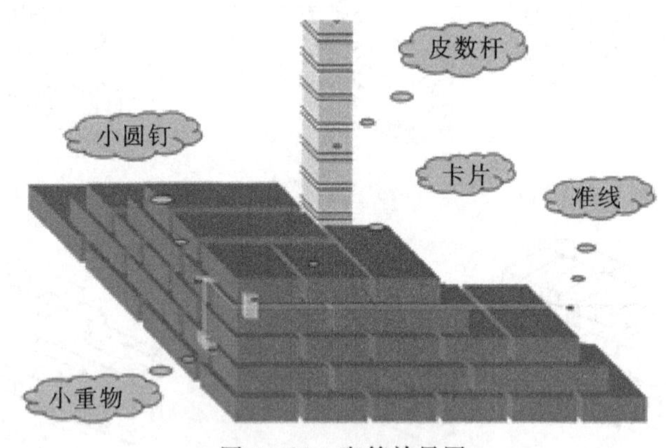

图4-15 砌筑效果图

④砌砖。常用的砌筑方法有“三一”砌筑法和铺浆(灰)法两种。所谓“三一”砌筑法，即一铲灰、一块砖、一揉压的砌筑方法。该方法工作细度高，《砌体结构工程施工规范》(GB 50924—2014)第6.2.10条也推荐使用该方法进行砌筑，因此对于承重墙而言，需要用“三一”砌筑法。

铺浆(灰)法是指一次性铺砌筑砂达一定长度，然后在铺好的灰面上连续摆砖施工的方法。该方法工作效率高、速度快，但施工质量不易保证，所以可以用在对结构影响小的非承重墙体上。根据《砌体结构工程施工质量验收规范》(GB 50203—2011)第 5.1.7 条规定：当采用铺浆法砌筑时，铺浆长度不得超过 750mm，施工期间气温超过 30℃时，铺浆长度不得超过 500mm。

砌砖施工时要注意“上跟线，下跟棱，左右相邻要对平”。设计要求的洞口、管道、沟槽应于砌筑时正确留出或预埋，未经设计同意，不得打凿墙体和墙体上开凿水平沟槽。宽度超过 300mm 的洞口上部，应设置钢筋混凝土过梁。根据《砌体结构工程施工规范》(GB 50924—2014)第 6.2.29 条、11.1.10 条、11.2.3 条规定，砖墙正常施工条件下每日砌筑高度不得超过 1.5m 或一步架高度，冬季施工、雨期施工不得超过 1.2m。其中在转角留槎处、构造柱马牙槎处、门窗洞口处的砌筑应注意相应要求。

A. 留槎。留槎是指相邻砌体不能同时砌筑而设置的临时间断，是为便于先砌砌体与后砌砌体之间的接合而设置的。

根据《砌体结构工程施工规范》(GB 50924—2014)第 6.2.4 条(强制条文)和 6.2.5 条规定，砖砌体的转角处和交接处应同时砌筑。在抗震设防烈度 8 度及以上地区，对不能同时砌筑的临时间断处应砌成斜槎，其中普通砖砌体的斜槎水平投影长度不应小于高度(h)的 2/3(如图 4-16 所示)。多孔砖砌体的斜槎长、高比不应小于 1/2。斜槎高度不得超过一步脚手架高度。

砖砌体的转角处和交接处对非抗震设防及在抗震设防烈度为 6 度、7 度地区的临时间断处，当不能留斜槎时，除转角处外，可留直槎，但应做成凸槎。留直槎处应加设拉结钢筋(见图 4-17)，其拉结钢筋应符合下列规定：每 120mm 墙厚放置 1ϕ6 拉结钢筋；墙厚 120mm 时，应放置 2ϕ6 拉结钢筋；间距沿墙高不应超过 500mm，且竖向间距偏差不应超过 100mmm；埋入长度从留槎处算起每边均不应小于 500mm；对抗震设防烈度 6 度、7 度的地区，不应小于 1000mm；末端应有 90°弯钩。

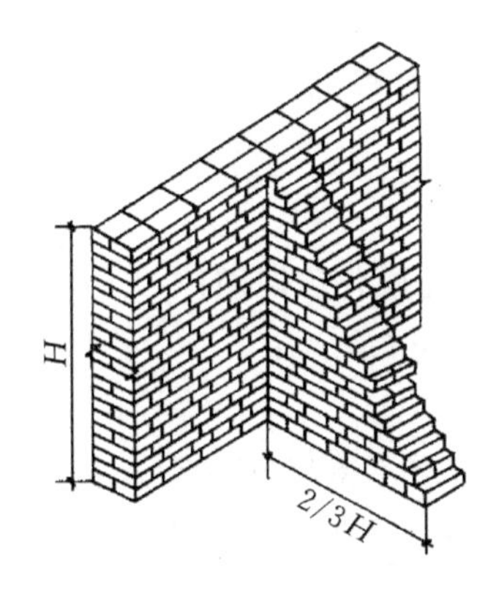

图 4-16 砖砌体斜槎砌筑示意图

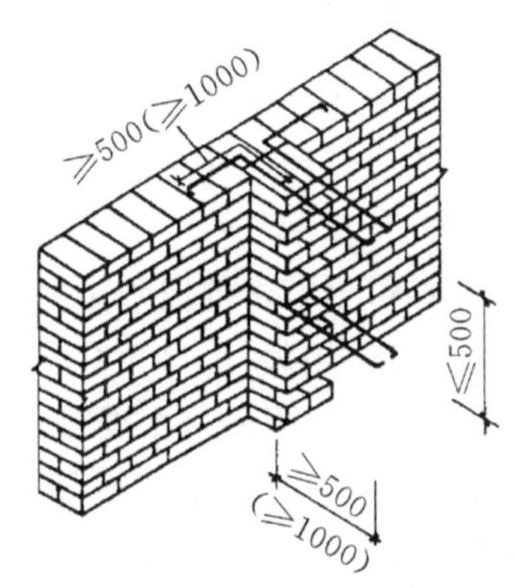

图 4-17 烧结普通砖砌体直槎

B. 构造柱马牙槎。构造柱不单独承重，因此不需设独立基础，其下端应锚固于钢筋混凝土基础或基础梁内。在施工时必须先砌墙，为使构造柱与砖墙紧密结合，墙体砌成马牙槎的形式。从每层柱脚开始，马牙槎(见图 4-18)应先退后进，退进不小于 60mm 为宜，每个马牙槎沿高度方向的尺寸不宜超过 300mm。沿墙高每 500mm 设 2ϕ6 拉结筋，钢筋数量及伸入墙内长度不少于 1m。预留伸出的拉结钢筋，不得在施工中任意弯折，如有歪斜、弯曲，在浇灌混凝土之前，应校正到正确位置并绑扎牢固。

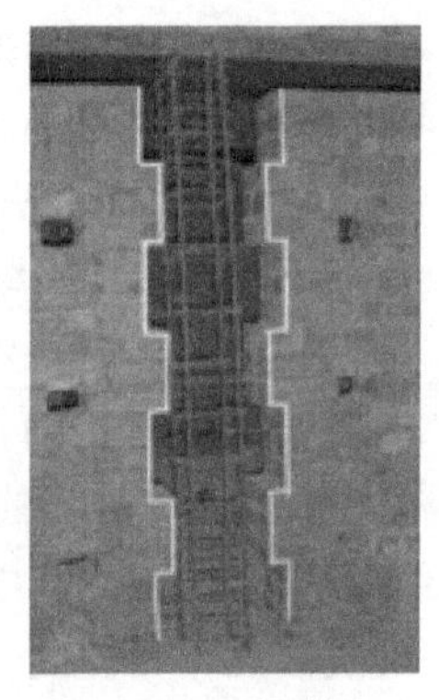
图 4-18　马牙槎

C. 门窗洞口。砌筑门窗洞口时,为使以后的门窗易于安装并和墙体连接,多设置木砖在门窗洞口两侧的墙体内。木砖数量按洞口高度决定,以满足门窗安装为要求。一般情况下当洞口高 1.2m 以内,每边放 2 块;高 1.2～2m,每边放 3 块;高 2～3m,每边放 4 块。预埋木砖的部位一般在洞口上边或下边四皮砖处,中间均匀分布。木砖使用前要提前做好防腐处理。

⑤勾缝。勾缝一般是采用小竹条对砌体中的灰缝进行补缝、清理等。勾缝应边砌筑边清理干净凸出墙面的余灰。清水墙砌筑应边砌边勾缝,一般深度以 8～10mm 为宜,缝深浅应一致,清扫干净。砌混水墙应边砌边将溢出砖墙面的灰浆刮除。

4. 水电管线处理

水电管线的敷设方式分为明敷和暗敷。明敷是将管线安装于墙壁、顶棚的表面,对结构影响不大;而暗敷则完全不同,在墙体中的垂直预埋管线和在楼板中的水平预埋管线由于削弱了结构构件的面积,对结构将造成一定的影响。

总体而言,应该尽可能将垂直管线通过管道井敷设,或暗敷在构造柱中,减少在墙体内敷设。若在墙体上剔槽敷设,会对墙体造成损伤,特别是当并列埋设管线较多时,影响更大。

根据《砌体结构设计规范》(GB 50003—2011)第 6.2.4 条规定,在砌体中留槽洞及埋设管道时,应遵守以下规定:不应在截面长边小于 500mm 的承重墙体、独立柱内埋设管线;不宜在墙体中穿行暗线或预留、开凿沟槽,当无法避免时应采取必要的措施或按削弱后的截面验算墙体的承载力。注意:对受力较小或未灌孔的砌块砌体,允许在墙体的竖向孔洞中设置管线。

4.3.2　砌体冬期施工

当室外日平均气温连续 5d 稳定低于 5℃时,或当日最低气温低于 0℃时,砌体工程应采取冬期施工措施。

1. 材料

(1)石灰膏、电石膏等应防止受冻,如遭冻结,应经融化后使用;

(2)拌制砂浆用砂,不得含有冰块和大于 10mm 的冻结块;

(3)砌体用块体不得遭水浸冻;

(4)拌和砂浆时水的温度不得超过 80℃,砂的温度不得超过 40℃;

(5)采用砂浆掺外加剂法、暖棚法施工时,砂浆使用温度不应低于 5℃。

2. 砖、砌块浇水

冬期施工中砖、小砌块浇(喷)水湿润应符合下列规定:

(1)烧结普通砖、烧结多孔砖、蒸压灰砂砖、蒸压粉煤灰砖、烧结空心砖、吸水率较大的轻骨料混凝土小型空心砌块在气温高于 0℃条件下砌筑时,应浇水湿润;在气温低于或等于 0℃条件下砌筑时,可不浇水,但必须增加砂浆稠度;

(2)普通混凝土小型空心砌块、混凝土多孔砖、混凝土实心砖及采用薄灰砌筑法的蒸压加气混凝土砌块施工时,不应对其浇(喷)水湿润;

(3)抗震设防烈度为9度的建筑物,当烧结普通砖、烧结多孔砖、蒸压粉煤灰砖、烧结空心砖无法浇水湿润时,如无特殊措施,不得砌筑。

3.试块的留置

除应按常温规定要求外,尚应增加1组与砌体同条件养护的试块,用于检验转入常温28d的强度。如有特殊需要,可另外增加相应龄期的同条件养护的试块。

4.其他

(1)采用外加剂法配制的砌筑砂浆,当设计无要求,且最低气温等于或低于-15℃时,砂浆强度等级应较常温施工提高一级。

(2)配筋砌体不得采用掺有氯盐的砂浆施工。

4.3.3 质量控制与验收

1.砌筑质量的基本要求

砌筑质量的基本要求可概括为:横平竖直、砂浆饱满、上下错缝、接槎牢固。

(1)横平竖直。砖砌的灰缝应横平竖直,厚薄均匀。这既可保证砌体表面美观,也能保证砌体均匀受力。水平灰缝厚度宜为10mm,但不应小于8mm,也不应大于12mm。过厚的水平灰缝容易使砖块浮滑,且降低砌体抗压强度,过薄的水平灰缝会影响砌体之间的黏结力。竖向灰缝应垂直对齐,如未对齐称为游丁走缝,则影响砌体外观质量。

(2)砂浆饱满。砌体的受力主要通过砌体之间的水平灰缝传递到下面,水平灰缝不饱满则影响砌体的抗压强度。竖向灰缝不得出现透明缝、瞎缝和假缝,竖向灰缝的饱满程度影响砌体抗透风、抗渗和砌体的抗剪强度。

砌体水平灰缝的砂浆饱满度不得小于80%,每个检验批检查不应少于5处,用百格网检查砖底面与砂浆的黏结痕迹面积,每处测3块砖,取平均值。

(3)上下错缝。上下错缝是指砖砌体上下两皮砖的竖缝应当错开,以避免上下通缝。当上下二皮砖搭接长度小于25mm时,即为通缝。在垂直荷载作用下,砌体会由于通缝而丧失整体性,影响砌体强度。

(4)接槎牢固。临时间断处留槎必须符合有关规定要求,为使接槎牢固,后面墙体施工前,必须将留设的接槎处表面清理干净,浇水湿润,并填实砂浆,保持灰缝平直。

2.砖砌体质量验收项目

根据《砌体结构工程施工规范》(GB 50924—2014)第6.3.3条要求,砖砌体工程施工过程中,应对下列主控项目及一般项目进行检查,并应形成检查记录。

(1)主控项目包括:①砖强度等级;②砂浆强度等级;③斜槎留置;④转角、交接处砌筑;⑤直槎拉结钢筋及接槎处理;⑥砂浆饱满度。

(2)一般项目包括:①轴线位移;②每层及全高的墙面垂直度;③组砌方式;④水平灰缝厚度;⑤竖向灰缝宽度;⑥基础、墙、柱顶面标高;⑦表面平整度;⑧后塞口的门窗洞口尺寸;⑨窗口偏移;⑩水平灰缝平直度;⑪清水墙游丁走缝。

根据《砌体结构工程施工质量验收规范》(GB 50203—2011)第3.0.21条要求,砌体结构工程检验批验收时,其主控项目应全部符合以下规定;一般项目应有80%及以上的抽检处符合该规范的规定;有允许偏差的项目,最大超差值为允许偏差值的1.5倍。砖砌体尺寸、位置的允许偏差及检验见表4-2。

表 4－2　砖砌体尺寸、位置的允许偏差及检验

<table>
<tr><th>项次</th><th colspan="3">项目</th><th>允许偏差（mm）</th><th>检验方法</th><th>抽检数量</th></tr>
<tr><td>1</td><td colspan="3">轴线位移</td><td>10</td><td>用经纬仪和尺或用其他测量仪器检查</td><td>承重墙、柱全数检查</td></tr>
<tr><td>2</td><td colspan="3">基础、墙、柱顶面标高</td><td>±15</td><td>用水准仪和尺检查</td><td>不应少于 5 处</td></tr>
<tr><td rowspan="3">3</td><td rowspan="3">墙面垂直度</td><td colspan="2">每层</td><td>5</td><td>用 2m 托线板检查</td><td>不应少于 5 处</td></tr>
<tr><td rowspan="2">全高</td><td>≤10m</td><td>10</td><td rowspan="2">有经纬仪、吊线和尺或用其他测量仪器检查</td><td rowspan="2">外墙全部阳角</td></tr>
<tr><td>>10m</td><td>20</td></tr>
<tr><td rowspan="2">4</td><td rowspan="2" colspan="2">表面平整度</td><td>清水墙、柱</td><td>5</td><td rowspan="2">用 2m 靠尺和楔形塞尺检查</td><td rowspan="2">不应少于 5 处</td></tr>
<tr><td>混水墙、柱</td><td>8</td></tr>
<tr><td rowspan="2">5</td><td rowspan="2" colspan="2">水平灰缝平直度</td><td>清水墙</td><td>7</td><td rowspan="2">拉 5m 线和尺检查</td><td rowspan="2">不应少于 5 处</td></tr>
<tr><td>混水墙</td><td>10</td></tr>
<tr><td>6</td><td colspan="3">门窗洞口高、宽（后塞口）</td><td>±10</td><td>用尺检查</td><td>不应少于 5 处</td></tr>
<tr><td>7</td><td colspan="3">外墙上下窗口偏移</td><td>20</td><td>以底层窗口为准，用经纬仪或吊线检查</td><td>不应少于 5 处</td></tr>
<tr><td>8</td><td colspan="3">清水墙游丁走缝</td><td>20</td><td>以每层第一皮砖为准，用吊线和尺检查</td><td>不应少于 5 处</td></tr>
</table>

第5章 混凝土结构工程

学习目标

掌握钢筋的种类、入场要求、施工流程及要求
掌握模板与模板支撑的种类及安拆要求
掌握脚手架的种类及安拆要求
掌握混凝土原材料、制备、运输、浇筑养护各环节施工要点
掌握预应力工程材料、施工工艺、质量要求

相关标准

《混凝土结构工程施工规范》(GB 50666—2011)
《混凝土结构设计规范》(GB 50010—2010)
《混凝土结构工程施工质量验收规范》(GB 50204—2015)
《钢筋焊接及验收规程》(JGJ 18—2012)
《钢筋机械连接技术规程》(JGJ 107—2016)
《建筑施工模板安全技术规范》(JGJ 162—2008)
《建筑工程大模板技术标准》(JGJ/T 74—2017)
《建筑施工脚手架统一技术标准》(GB 51210—2016)
《建筑施工工具式脚手架安全技术规范》(JGJ 202—2010)
《组合钢模板技术规范》(GB/T 50214—2013)
《普通混凝土配合比设计规程》(JGJ 55—2011)
《混凝土质量控制标准》(GB 50164—2011)
《施工升降机安全使用规程》(GB/T 34023—2017)
《龙门架及井架物料提升机安全技术规范》(JGJ 88—2010)
《北京地区建筑地基基础勘察设计规范》(DBJ 11-501—2016)
《普通混凝土力学性能试验方法标准》(GB/T 50081—2002)
《普通混凝土长期性能和耐久性能试验方法标准》(GB/T 50082—2009)
《大体积混凝土施工规范》(GB 50496—2018)
《建筑工程预应力施工规程》(CECS 180:2005)
《无黏结预应力混凝土结构技术规程》(JGJ 92—2016)
《预应力混凝土结构设计规范》(JGJ 369—2016)
《预应力混凝土用钢绞线》(GB/T 5224—2014)

5.1 概述

混凝土结构工程在土木工程施工中占主导地位，它对工程的工期、质量、成本、安全、劳动力、物资消耗等各方面均有很大的影响。

混凝土结构按照材料特征可以分为素混凝土结构、钢筋混凝土结构、预应力混凝土结构。素混凝土结构是指无筋或不配置受力钢筋的混凝土结构。钢筋混凝土结构是指配置受力普通钢筋的混凝土结构。预应力混凝土结构是指配置受力的预应力筋，通过张拉或其他方法建立预加应力的混凝土结构。

混凝土结构按照施工方法可以分为现浇混凝土结构、装配式混凝土结构、装配整体式混凝土结构。现浇混凝土结构是指在现场支模并整体浇筑而成的混凝土结构。装配式混凝土结构是指由预制混凝土构件或部件通过焊接、螺栓连接等方式装配而成的混凝土结构。装配整体式混凝土结构是指由预制混凝土构件或部件通过钢筋、连接件或施加预应力加以连接，并在连接部位浇筑混凝土而形成整体受力的混凝土结构。

以上这三种结构相较而言，现浇式结构的整体性和抗震性能更好，但要消耗大量模板，劳动强度高，人工消耗大，施工中受气候条件影响较大。预制装配式结构的构件多在预制厂内生产完成，受天气影响较小，人工消耗低，质量控制好，但耗钢量偏大，施工时对起重设备要求高、依赖性强。装配整体式混凝土结构结合了现浇混凝土结构和装配式混凝土结构的优点，具有较好的抗震性和较低的人工消耗，目前正在重点推广。本章重点讲解现浇混凝土结构的相关知识，装配式和装配整体式混凝土结构将在下一章进行讲解。

从施工工序上看，混凝土结构工程是由钢筋、模板、混凝土等分项工程组成的，下面将分别针对各分项工程进行说明。

5.2 钢筋工程

钢筋是钢筋混凝土结构的骨架，在钢筋混凝土结构中与混凝土黏接在一起，共同承受荷载。

钢筋工程施工工艺流程为：原材料验收→调直（冷拉、除锈）→切断→弯曲成型→连接（绑扎、焊接、机械连接）→形成骨架。

5.2.1 钢筋的种类

钢筋混凝土结构及预应力混凝土结构常用的钢筋按照生产工艺不同可分为热轧钢筋、冷拉钢筋、热处理钢筋、钢丝、钢绞线和冷轧扭钢筋。

钢筋混凝土结构常用的热轧钢筋，按外形分为热轧光圆钢筋和热轧带肋钢筋两种。热轧钢筋按其化学成分和强度分为 HPB300 级、HRB335 级、HRB400 级、HRBF400 级、HRB500 级、HRBF500 级钢筋。其中：HPB300 级钢筋表面为光面，其余级别钢筋表面一般为带肋钢筋（月牙肋或等高肋）。为了便于运输，∅6～∅9 的钢筋常卷成圆盘，大于∅12的钢筋则轧成长 6～12m 的直条。各钢筋符号、公称直径、屈服强度等，应符合《混凝土结构设计规范》（GB 50010—2010）第 4.2.2 条要求，见表 5-1。

表 5-1 普通钢筋强度标准值

牌号	符号	公称直径 d(mm)	屈服强度标准值 f_{yk}(N/mm^2)	极限强度标准值 f_{stk}(N/mm^2)
HPB300	Φ	6～14	300	420
HRB335	Φ	6～14	335	455
HRB400 HRBF400 RRB400	Φ Φ^F Φ^R	6～50	400	540
HRB500 HRBF500	Φ Φ^F	6～50	500	630

5.2.2 钢筋入场检查与存放

根据《混凝土结构工程施工质量验收规范》(GB 50204—2015)第5.2.1条要求，钢筋进场时，应按国家现行标准的规定抽取试件做屈服强度、抗拉强度、伸长率、弯曲性能和重量偏差检验，检验结果应符合相应标准的规定。

1.检验批划分及抽检数量

钢筋进场时，应检查产品合格证和出厂检验报告，并按相关标准的规定进行抽样检验。抽检批次应按下列情况确定：

(1)钢筋每批由同一牌号、同一炉罐号、同一规格的钢筋组成。每批重量通常不大于60t。超过60t的部分，每增加40t(或不足40t的余数)，增加一个拉伸试验试样和一个弯曲试验试样，可参见《钢筋混凝土用钢 第2部分：热轧带肋钢筋》(GB/T1499.2—2018)9.3.2.1条。

(2)对同一厂家、同一牌号、同一规格的钢筋，当一次进场的数量大于该产品的出厂检验批量时，应划分为若干个出厂检验批，并按出厂检验的抽样方案执行。

(3)对同一厂家、同一牌号、同一规格的钢筋，当一次进场的数量小于或等于该产品的出厂检验批量时，应作为一个检验批，并按出厂检验的抽样方案执行。

(4)对不同时间进场的同批钢筋，当确有可靠依据时，可按一次进场的钢筋处理，可参见《混凝土结构工程施工质量验收规范》(GB 50204—2015)第5.2.1条文解释。

每批钢筋的检验数量，根据《钢筋混凝土用钢 第1部分：热轧光圆钢筋》(GB 1499.1—2017)和《钢筋混凝土用钢 第2部分：热轧带肋钢筋》(GB 1499.2—2018)中规定：热轧钢筋每批抽取5个试件，先进行重量偏差检验，再取其中2个试件进行拉伸试验检验屈服强度、抗拉强度、伸长率，取其中2个试件进行弯曲性能检验。对于钢筋伸长率，牌号带"E"的钢筋必须检验最大力下总伸长率。

2.检验内容

(1)主控项目：屈服强度、抗拉强度、伸长率、弯曲性能和重量偏差检验。

(2)一般项目：外观质量(平直、无损伤，表面不得有裂纹、油污、颗粒状或片状老锈)、尺寸偏差(长度、直径等)。

3.检验方法

(1)对于主控项目需通过取样试验，查看检验报告。

(2)对于外观质量主要通过观察、测量检查。

4.钢筋的存放

(1)按照批次分等级、钢号、直径等挂牌存放；

(2)应尽量放入库房或料棚存放；

(3)露天堆放时应选择地势较高、平坦、坚实的场地，并用方木支垫离地30cm，用棚布遮盖防止锈蚀。

5.2.3 钢筋的施工

钢筋的施工主要包括调直、冷拉、除锈、切断、弯曲、绑扎、焊接、螺栓连接等内容。

1.钢筋调直

钢筋在使用前必须经过调直，否则会影响钢筋受力，甚至会使混凝土提前产生裂缝，如未调直钢筋直接下料，会影响钢筋的下料长度，并影响后续工序的质量。

钢筋调直方法可采用钢筋调直机等机械调直，也可采用卷扬机通过冷拉进行调直。随着技术的进步，现在已经有多种数控钢筋调直机，它具有自动调直、定位切断、除锈、清垢等多种功能，如图 5－1、图 5－2 所示。

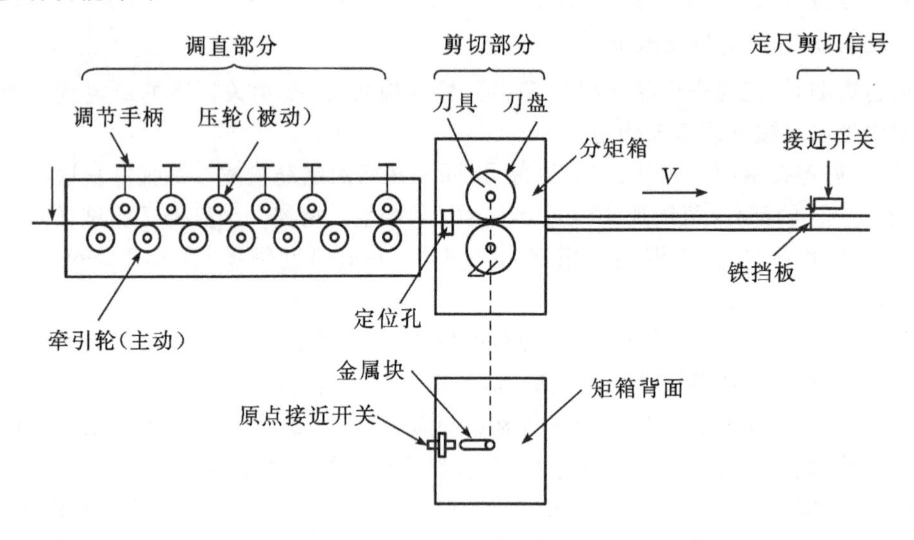

图 5－1　钢筋调直机原理示意图

图 5－2　国产某品牌数控钢筋调直机

2. 冷拉

钢筋的冷拉就是在常温下(不宜低于－20℃)拉伸钢筋，使钢筋的应力超过屈服点，钢筋产生塑性变形，强度提高。冷拉时，钢筋被拉直，钢筋表面锈皮会脱落，还可同时完成调直、除锈的工作。当采用冷拉方法调直钢筋时，HPB300 钢筋的冷拉率不宜大于 4％，HRB335、HRB400 和 RRB400 钢筋的冷拉率不宜大于 1％。钢筋冷拉后强度提高，塑性降低，但仍有一定的塑性。

其中，冷拉率是指冷拉以后钢筋的单位长度伸长量与原单位长度之比。可以在钢筋冷拉前在钢筋的两端、中间的平直区段，量出 1m 长度并标记；冷拉后再行测量，记录三个部位的数值，取最大值。

冷拉系统由拉力设备、承力结构、测量设备和钢筋夹具等部分组成，如图 5－3 所示。拉力设备主要为卷扬机和滑轮组，也可以用相应设备自行组建冷拉系统，如图 5－4 所示。

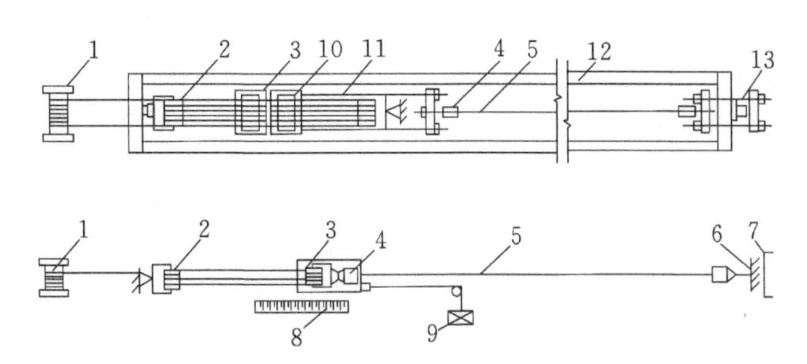

1—卷扬机；2—滑轮组；3—冷拉小车；4—夹具；5—被冷拉的钢筋；6—地锚；7—防护壁；8—标尺；9—回程荷重架；10—回程滑轮组；11—传力架；12—冷拉槽；13—液压千斤顶。

图 5 - 3　冷拉系统

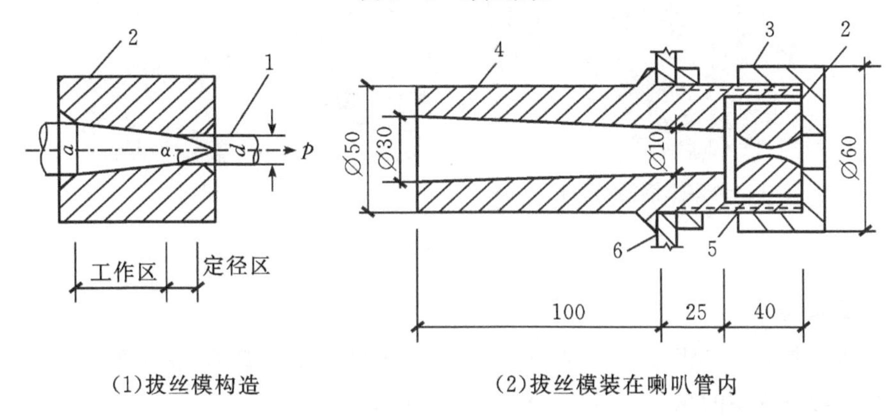

(1)拔丝模构造　　(2)拔丝模装在喇叭管内

1—钢筋；2—拔丝模；3—螺母；4—喇叭管；5—排渣孔；6—存放润滑剂的箱壁。

图 5 - 4　钢筋冷拔示意图

3. 除锈

钢筋锈蚀程度可由锈迹分布状况、色泽变化以及钢筋表面平滑或粗糙程度等，凭肉眼外观确定，根据锈蚀轻重的具体情况采用除锈措施。常用的除锈方法有手动钢丝刷除锈、电动机除锈等。

一般钢筋锈蚀现象有三种：

(1)浮锈：钢筋表面附着较均匀的细粉末，呈黄色或淡红色；

(2)陈锈：锈迹粉末较粗，用手捻略有微粒感，颜色转红，有的呈红褐色；

(3)老锈：锈斑明显，有麻坑，出现起层的片状分离现象，锈斑几乎遍及整根钢筋表面；颜色变暗，成为深褐色，严重的接近黑色。

浮锈一般可不做处理；陈锈和老锈必须清除。

4. 切断

钢筋切断有人工切断、机械切断、火焰切割三种方法。人工切断器只用于切断直径小于 16mm 的钢筋；机械切断机可切断直径为 16～40mm 的钢筋；直径大于 40mm 的钢筋一般用火焰切割。

钢筋切断机主要类型有小型手持式和大型台座式，如图 5 - 5 所示。

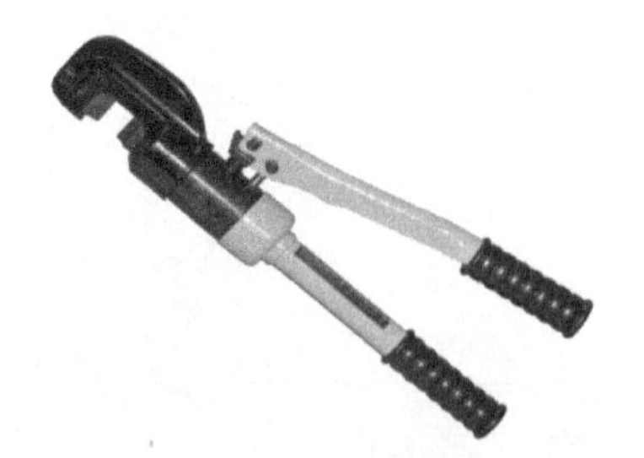

(1)手持式手动液压钳

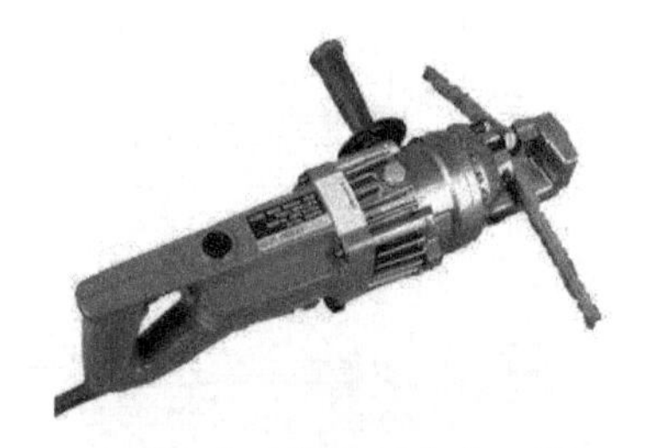

(2)手持式电动液压钳

(3)台座式钢筋切断机

(4)钢材火焰切割设备

图 5-5　钢筋切断机

5. **弯曲成型**

钢筋的弯曲成型是将已切断、配好的钢筋,按图纸规定的要求,准确地加工成规定的形状尺寸。弯曲成型的顺序是:划线→试弯→弯曲成型。

弯曲钢筋有手工弯曲和机械弯曲两种弯曲方法。手工弯曲钢筋的方法设备简单,使用方便,工地经常采用。机械弯曲方法采用钢筋弯曲机,分为手持式和台座式两种,可将钢筋弯曲成各种形状和角度,成型准确、效率高,如图 5-6 所示。

(1)手工钢筋弯曲机

(2)自动钢筋弯曲机

(3)手持式液压钢筋弯曲机

图 5-6　钢筋弯曲机

在弯曲时为防止弯弧内径太小使钢筋弯折后弯弧外侧出现裂缝，弯曲内径需参见《混凝土结构工程施工规范》(GB 5066—2011)第5.3.5条内容，满足以下要求：

(1)光圆钢筋的弯弧直径不应小于钢筋直径的2.5倍；

(2)335MPa级、400MPa级带肋钢筋的弯弧直径不应小于钢筋直径的5倍；

(3)直径为28mm以下的500MPa级带肋钢筋，不应小于钢筋直径的6倍，直径为28mm及以上的500MPa级带肋钢筋的弯弧内直径不应小于钢筋直径的7倍；

(4)框架结构顶层端节点，对梁上部纵向钢筋、柱外侧纵向钢筋在节点角部弯折处，当钢筋直径为28mm以下时，弯弧内直径不宜小于钢筋直径的12倍，钢筋直径为28mm及以上时，弯弧直径不宜小于钢筋直径的16倍；

(5)箍筋弯折处的弯弧内直径尚不应小于纵向受力钢筋直径；箍筋弯折处纵向受力钢筋为搭接钢筋或并筋时，应按钢筋实际排布情况确定箍筋弯弧内直径。

6.**焊接**

现行施工中为节省钢筋用量，减少绑扎钢筋时的搭接，纵向受力钢筋在现场以焊接、机械连接为主。

焊接主要包括电弧焊、气压焊、电阻点焊、闪光对焊、电渣压力焊等。

(1)电弧焊。电弧焊是利用电弧焊机使焊条和焊件之间产生高温电弧，熔化焊条和高温电弧范围内的焊件金属，熔化的金属凝固后形成焊接接头。电弧焊广泛用于钢筋的接长、钢筋骨架的焊接、装配式结构钢筋接头焊接及钢筋与钢板、钢板与钢板的焊接等。

电弧焊的主要设备是弧焊机，又可分为交流弧焊机和直流弧焊机两类。目前工地常用的是交流弧焊机。

钢筋电弧焊接头常用的主要有三种形式：帮条焊、搭接焊和坡口焊。

①帮条焊。帮条焊是用两根一定长度的帮条，将受力主筋夹在中间，两端用电焊定位，然后焊接一面或两面，如图5-7所示。帮条焊宜采用与主筋同级别、同直径的钢筋制作。它分为单面焊缝和双面焊缝，若采用双面焊，接头中应力传递对称、平衡，受力性能较好；若采用单面焊，则受力情况较差。因此，当不能进行双面焊时，才采用单面焊。

②搭接焊。搭接焊是把钢筋端部弯曲一定角度叠合起来，在钢筋接触面上焊接形成焊缝，它分为双面焊缝和单面焊缝，适用于焊接直径10～40mm的HPB300、HPB335级钢筋，如图5-7所示。搭接焊宜采用双面焊缝，不能进行双面焊时，也可采用单面焊。

③对接焊。对接焊是指将钢筋进行对接连接，并焊为一体的工艺。因对接时多将钢筋焊接面加工成坡口的样式，因此又称为坡口焊。钢筋坡口焊可根据焊接时钢筋是水平还是垂直连接分为坡口平焊头和坡口立焊两种，见图5-7。坡口焊适用于直径16～40mm的HPB300、HRB335及HRB400级钢筋。

(2)气压焊。钢筋气压焊一般是采用氧气、乙炔火焰对钢筋接缝处进行加热，使钢筋端部加热达到高温状态，并施加足够的轴向压力而形成牢固的对焊接头。钢筋气压焊接方法具有设备简单、焊接质量高、效果好，且不需要大功率电源等优点。钢筋气压焊设备主要有氧或乙炔供气设备、加热器、加压器及钢筋卡具等。

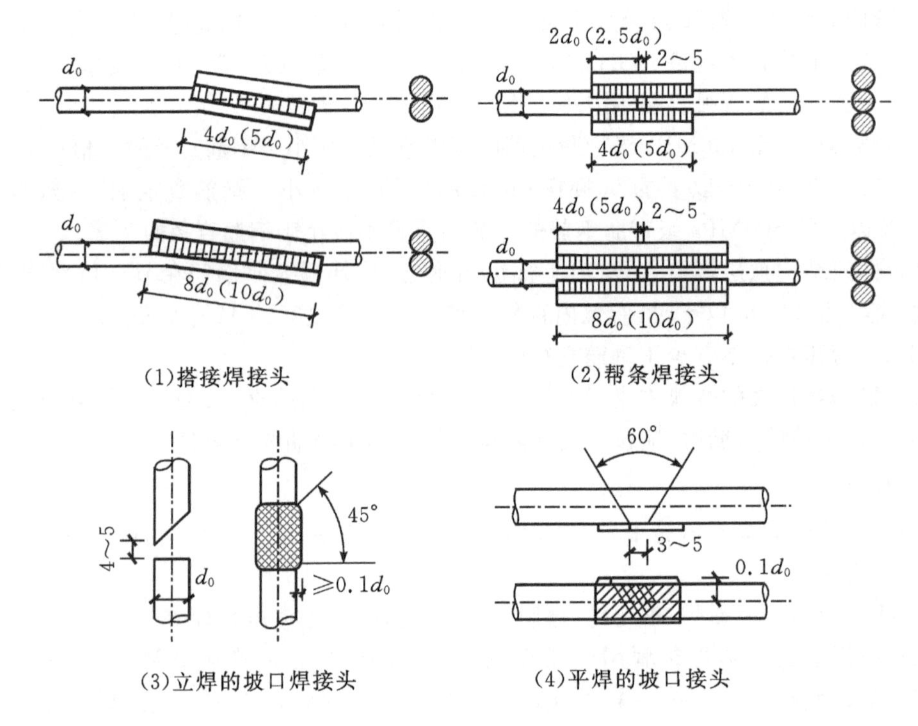

图 5-7　钢筋电弧焊的接头形式

(3)闪光对焊。闪光对焊属于焊接中的压焊(焊接过程中必须对焊件施加压力完成的焊接方法)。钢筋的闪光对焊是利用对焊机,将两段钢筋端面接触,通过施加低电压强电流在钢筋接头处,产生高温使钢筋熔化,产生强烈的金属蒸气飞溅,形成闪光,此时施加压力顶锻,使两根钢筋焊接在一起,形成对焊接头。闪光对焊是钢筋焊接中常用的方法,如图 5-8 所示。

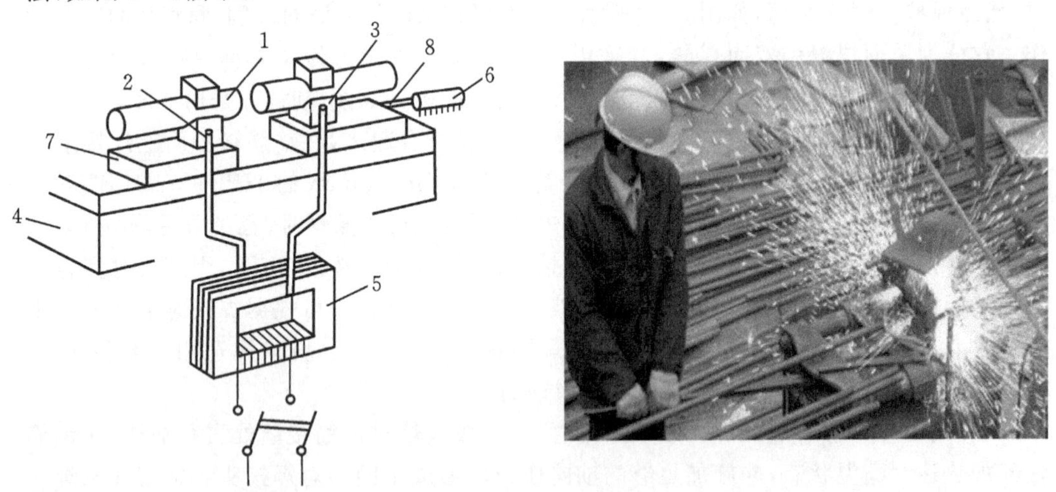

1—焊接的钢筋;2—固定电极;3—可动电极;4—机座;5—变压器;
6—平动顶压机构;7—固定支座;8—滑动支座。

图 5-8　钢筋闪光对焊

根据钢筋的品种、直径和选用的对焊机功率，闪光对焊分为连续闪光焊、预热闪光焊、闪光－预热－闪光焊三种工艺。对可焊性差的钢筋，应在焊后采取通电热处理的方法来改善对焊接头的塑性。

①连续闪光焊是自闪光一开始，就缓慢移动钢筋，形成连续闪光，接头处逐步被加热，形成对焊接头。连续闪光焊的工艺简单，适用于焊接直径 25mm 以内的 HPB300、HRB335 和 HRB400 级钢筋。

②预热闪光焊是在连续闪光焊前增加一次预热过程，使钢筋均匀加热。其工艺过程为"预热→闪光→顶锻"，即先闭合电源，使两根钢筋端面交替轻微接触和分开，发出断续闪光使钢筋预热，当钢筋烧化到规定的预热留量后，连续闪光，最后进行顶锻。预热闪光焊适用于直径 25mm 以上端部平整的钢筋。

③闪光－预热－闪光焊是在预热闪光焊前加一次闪光过程，使钢筋端面烧化平整，预热均匀。闪光－预热－闪光焊适用于直径 25mm 以上端部不平整的钢筋。

④焊后通电热处理是指对于 HRB400 级钢筋对焊接头拉伸试验结果发生脆性断裂，或弯曲试验不能达到规范要求时，为改善其焊接接头的塑性，可在焊后进行通电热处理。焊后通电热处理在对焊机上进行。钢筋对焊完毕，当焊接接头温度降低至呈暗黑色(300℃以下)，松开夹具将电极钳口调至最大距离，重新夹紧；然后进行脉冲式通电加热，钢筋加热至表面呈橘红色(750～850℃)时通电结束；松开夹具，待钢筋稍冷后取下，在空气中自然冷却。

(4)电阻点焊。电阻点焊是将钢筋的交叉点放入点焊机两极之间，通电使钢筋加热到一定温度后，加压使焊点处钢筋互相压入一定的深度(压入深度为两钢筋中较细者直径的 1/4～2/5)，将焊点焊牢。

点焊机主要由加压机构、焊接回路电极组成，其基本构造如图 5－9 所示。

混凝土结构中的钢筋骨架和钢筋网成型时优先采用电阻点焊。采用点焊代替绑扎，可以提高工效，便于运输。

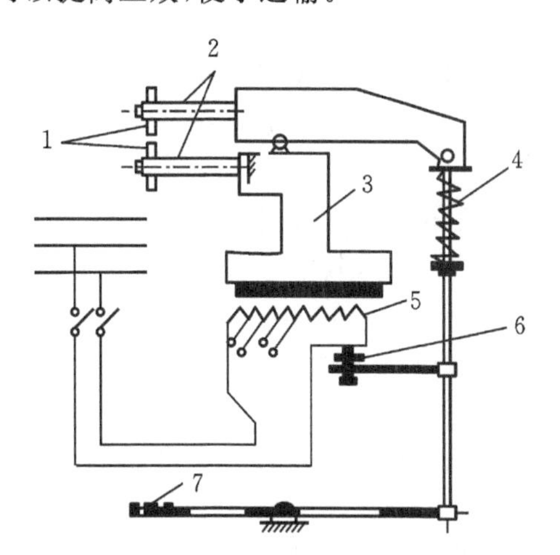

1—电极；2—电极臂；3—变压器的次级线圈；4—加压机构；5—变压器的初级线圈；6—断路器；7—踏板。

图 5－9　点焊机的基本构造图

(5)电渣压力焊。电渣压力焊是将钢筋安放成竖向对接形式，利用电流通过渣池所产生的热量来熔化焊剂，待到一定程度后施加压力，完成钢筋连接。图 5－10 为电渣压力焊示意图。这种钢筋接头的焊接方法与电弧焊相比，焊接效率高 5～6 倍，且接头成本较低，质量易保证。根据《钢筋焊接及验收规程》(JGJ 18—2012)第 4.1.3 条要求，电渣压力焊应用于柱、墙等构筑物现浇混凝土结构中竖向受力钢筋的连接；不得用于梁、板等构件中水平钢筋的连接。

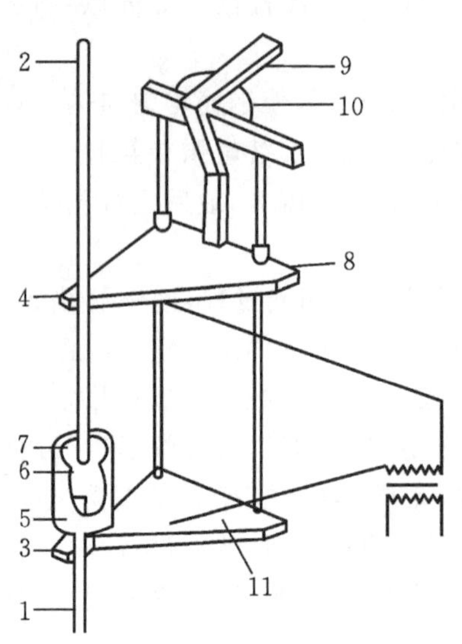

1、2—钢筋；3—固定电极；4—活动电极；5—药盒；6—导电剂；
7—焊药；8—滑动架；9—手柄；10—支架；11—固定架。

图 5-10 电渣焊构造

闪光对焊、电阻点焊、电弧焊、电渣压力焊、埋弧压力焊等焊接接头，均应分批进行外观和力学性能检验，检验批的划分需要符合《钢筋焊接及验收规程》(JGJ 18—2012)第5.2 至 5.8 条相关规定，不同焊接方式、不同位置检验批划分及检验要求并不完全相同，以闪光对焊为例，总体要求如下：

①在同一台班内，由同一焊工完成的 300 个同级别、同直径钢筋焊接接头应作为一批。当同一台班内焊接的接头数量较少，可在一周之内累计计算；累计仍不足 300 个接头，应按一批计算。

②外观检查的接头数量，应从每批中抽查 10%，且不得少于 10 个。

③力学性能试验时，应从每批接头中随机切取 6 个试件，其中 3 个做拉伸试验，3 个做弯曲试验。

(6)钢筋焊接施工。根据《混凝土结构工程施工规范》(GB 50666—2011)第 5.4 条的要求，钢筋焊接施工应符合以下要求：

①从事钢筋焊接施工的焊工应持有钢筋焊工考试合格证，并应按照合格证规定的范围上岗操作。

②在钢筋工程焊接施工前，参与该项工程施焊的焊工应进行现场条件下的焊接工艺试验，经试验合格后，方可进行焊接。焊接过程中，如果钢筋牌号、直径发生变更，应再次进行焊接工艺试验。工艺试验使用的材料、设备、辅料及作业条件均应与实际施工一致。

③细晶粒热轧钢筋及直径大于 28mm 的普通热轧钢筋，其焊接参数应经试验确定；余热处理钢筋不宜焊接。

④电渣压力焊只应使用于柱、墙等构件中竖向受力钢筋的连接。

⑤钢筋焊接接头的适用范围、工艺要求、焊条及焊剂选择、焊接操作及质量要求等应符合现行行业标准《钢筋焊接及验收规程》JGJ 18 的有关规定。

7. 机械连接

机械连接是指通过机械手段将两根钢筋端头连接在一起的方法。这种连接方法的接头区变形能力与母材基本相同，工效高，连接可靠，可全天候作业。机械连接主要有套筒挤压连接、直螺纹连接、锥螺纹连接三种形式。

(1)套筒挤压连接。套筒挤压连接是把两根待接钢筋的端头先插入一个优质钢套管，然后用挤压机在侧向加压数道，套筒塑性变形后即与带肋钢筋紧密咬合达到连接的目的(见图 5-11)。压接顺序、压接力、压接道数为套筒挤压连接的三个参数。它适用于竖向、横向及其他方向的较大直径变形钢筋的连接。由于是在常温下挤压连接，所以套筒挤压连接也称为钢筋冷挤压连接，这种连接方法具有性能可靠、操作简便、施工速度快、施工不受气候影响、省电等优点。

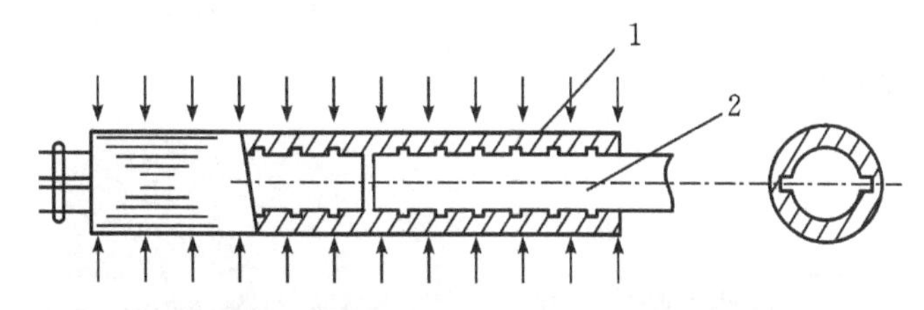

1—钢套筒；2—被连接的钢筋。

图 5-11　套筒挤压连接

套筒挤压连接适用于钢筋混凝土结构中钢筋直径为 16～40mm 的 HRB335 级、HRB400 级带肋钢筋连接。

(2)直螺纹套筒连接。直螺纹套筒连接是把两根待连接的钢筋端加工制成直螺纹，然后旋入带有直螺纹的套筒中，从而将两根钢筋连接成一体的钢筋接头。如图 5-12 所示为直螺纹套筒连接示意图。它施工速度快、不受气候影响。

直螺纹套筒连接适用于直径为 16～40mm 的 HPB300～HRB400 级同径或异径的钢筋连接。起连接作用的钢套管，内壁用专用机床加工螺纹，钢筋的连接端头亦在套螺纹机上加工有与套管匹配的螺纹。直螺纹套筒连接时，应先检查螺纹有无油污和损伤，然后用手旋入钢筋，再用扭矩扳手紧固至规定的数值，听到“嗒嗒”声，即为完成连接。

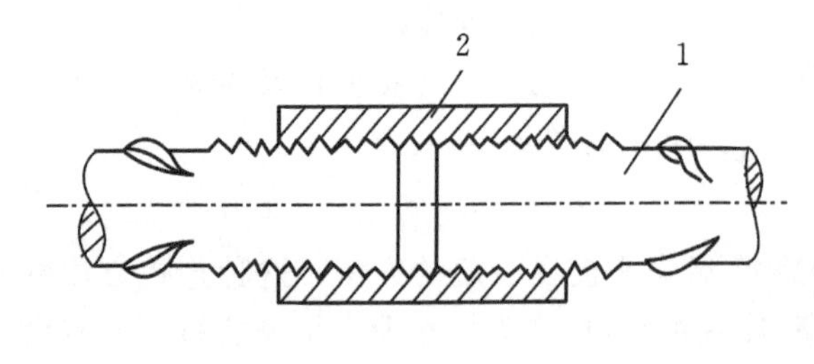

1—待接钢筋;2—套筒。

图 5-12　直螺纹套筒连接

(3)锥螺纹连接。现有的直螺纹套筒连接是在锥螺纹连接基础上发展而来的。传统的锥螺纹套筒连接(如图 5-13 所示)削弱了连接接头处钢筋的直径,并且在受力时易在接头处使钢筋断裂。在镦螺纹连接技术基础上,先镦粗钢筋,再进行套丝,使套丝后的钢筋截面没有削弱,由此形成的直螺纹套筒连接技术已在工地现场取代了锥螺纹套筒连接。现有施工中锥螺纹套筒应用较少。

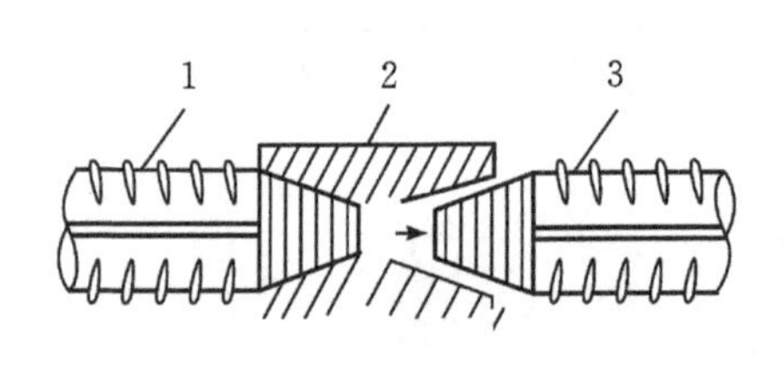

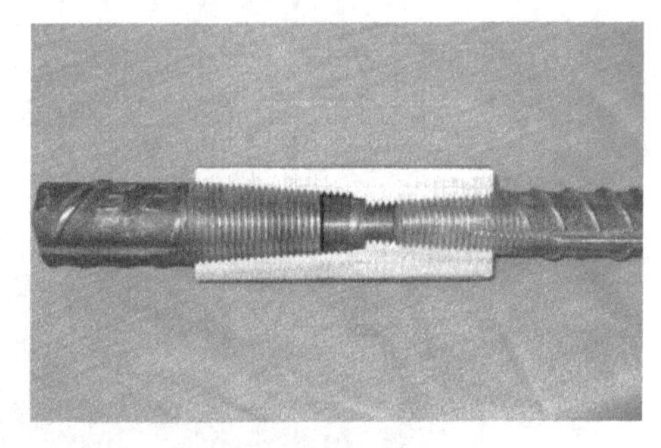

1—已连接钢筋;2—锥螺纹套筒;3—未连接钢筋。

图 5-13　锥螺纹套筒连接

(4)接头百分率要求。对接头面积百分率的要求需按照《混凝土结构工程施工质量验收规范》(GB 50204—2015)第 5.4.6 条要求,当纵向受力钢筋采用机械连接接头或焊接接头时,同一连接区段内纵向受力钢筋的接头面积百分率应符合设计要求;当设计无具体要求时,应符合下列规定:

①受拉接头,不宜大于 50%;受压接头,可不受限制。

②直接承受动力荷载的结构构件中,不宜采用焊接;当采用机械连接时,不应超过 50%。

③检查数量:在同一检验批内,对梁、柱和独立基础,应抽查构件数量的 10%,且不应少于 3 件;对墙和板,应按有代表性的自然间抽查 10%,且不应少于 3 间;对大空间结构,墙可按相邻轴线间高度 5m 左右划分检查面,板可按纵横轴线划分检查面,抽查 10%,且均不应少于 3 面。

④检验方法:观察,尺量。

(5)接头质量检验。对接头本身的质量检验要求,可参考《钢筋机械连接技术规程》(JGJ 107—2016)第 7.0.5 和 7.0.7 条。

①接头现场抽检项目应包括极限抗拉强度试验、加工和安装质量检验。抽检应按验收批进行，同钢筋生产厂、同强度等级、同规格、同类型和同形式接头应以500个为一个验收批进行检验与验收，不足500个也应作为一个验收批。

②对接头的每一验收批，应在工程结构中随机截取3个接头试件做极限抗拉强度试验，按设计要求的接头等级进行评定。当3个接头试件的极限抗拉强度均符合相应等级的强度要求时，该验收批应评为合格。当仅有1个试件的极限抗拉强度不符合要求，应再取6个试件进行复检。复检中仍有1个试件的极限抗拉强度不符合要求，该验收批应评为不合格。

8. **绑扎与安装**

钢筋的绑扎施工是在钢筋弯曲、切断以后绑扎钢筋笼或者在构件原位处直接进行绑扎。主要的工具、材料有钢筋绑扎钩、钢筋自动捆扎机、镀锌扎丝等，如图5-14所示。

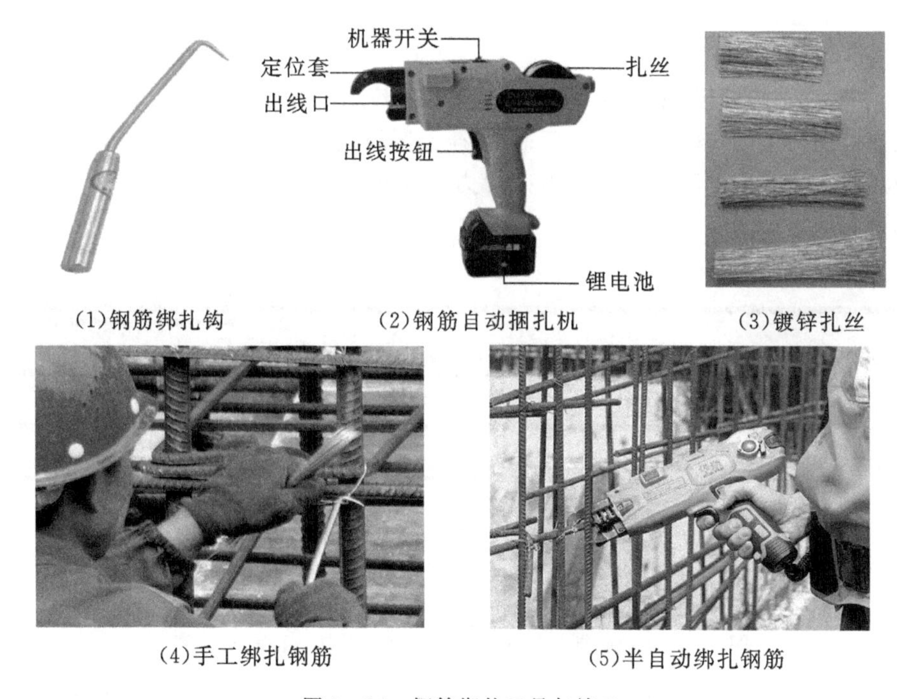

(1)钢筋绑扎钩 (2)钢筋自动捆扎机 (3)镀锌扎丝

(4)手工绑扎钢筋 (5)半自动绑扎钢筋

图5-14 钢筋绑扎工具与施工

(1)根据《混凝土结构工程施工规范》(GB 50666—2011)第5.4.9条的要求，钢筋绑扎施工应符合下列规定：

①钢筋的绑扎搭接接头应在接头中心和两端用铁丝扎牢；

②墙、柱、梁钢筋骨架中各竖向面钢筋网交叉点应全数绑扎；板上部钢筋网的交叉点应全数绑扎，底部钢筋网除边缘部分外可间隔交错绑扎；

③梁、柱的箍筋弯钩及焊接封闭箍筋的焊点应沿纵向受力钢筋方向错开设置；构件同一表面，焊接封闭箍筋的对焊接头面积百分率不宜超过50%；

④填充墙构造柱纵向钢筋宜与框架梁钢筋共同绑扎；

⑤梁及柱中箍筋、墙中水平分布钢筋及暗柱箍筋、板中钢筋距构件边缘的起始距离宜为50mm。

(2)当纵向受力钢筋采用绑扎搭接接头时，接头的设置应符合《混凝土结构工程施工质量验收规范》(GB 50204—2015)5.4.7 条规定：

①接头的横向净间距不应小于钢筋直径，且不应小于 25mm。

②同一连接区段内，纵向受力钢筋接头面积百分率为该区段内有接头的纵向受力钢筋截面面积与全部纵向受力钢筋截面面积的比值(见图 5－15)；纵向受压钢筋的接头面积百分率可不受限值。纵向受拉钢筋的接头面积百分率应符合设计要求；当设计无具体要求时，应符合下列规定：梁类、板类及墙类构件，不宜超过 25%；基础筏板，不宜超过 50%；柱类构件，不宜超过 50%；当工程中确有必要增大接头面积百分率时，对梁类构件，不应大于 50%。

③检查数量：在同一检验批内，对梁、柱和独立基础，应抽查构件数量的 10%，且不应少于 3 件；对墙和板，应按有代表性的自然间抽查 10%，且不应少于 3 间；对大空间结构，墙可按相邻轴线间高度 5m 左右划分检查面，板可按纵横轴线划分检查面，抽查 10%，且均不应少于 3 面。

检验方法：观察，尺量。

注意：接头连接区段(如图 5－15 所示)是指长度为 1.3 倍搭接长度的区段，搭接长度取相互连接两根钢筋中较小直径计算；同一连接区段内纵向受力钢筋接头面积百分率为接头中点位于该连接区段长度内的纵向受力钢筋截面面积与全部纵向受力钢筋截面面积的比值。

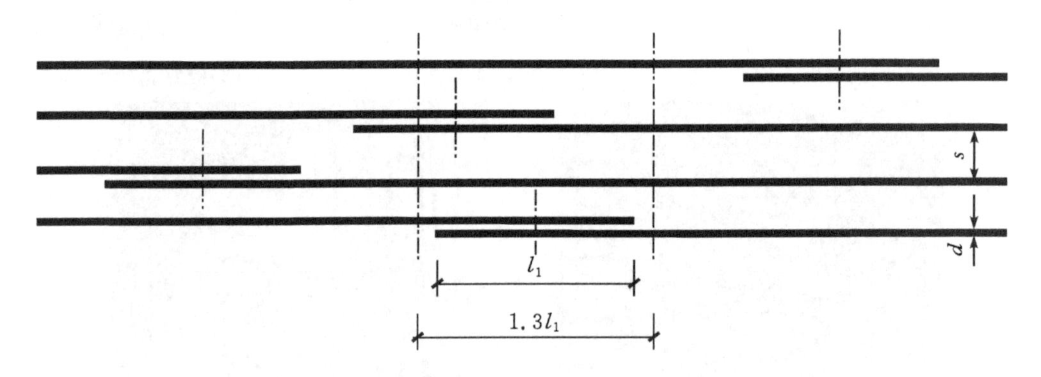

图 5－15　钢筋绑扎搭接接头连接区段及接头面积百分率

如图 5－15 所示，搭接接头同一连接区段内的搭接钢筋为两根，当各钢筋直径相同时，接头面积百分率为 50%。

(3)钢筋绑扎、安装完成后检验。钢筋在绑扎、安装完成后，混凝土浇筑之前应进行钢筋隐蔽工程验收。根据《混凝土结构工程施工质量验收规范》(GB 50204—2015)第 5.1.1条的要求，隐蔽工程验收应包括下列内容：①纵向受力钢筋的牌号、规格、数量、位置；②钢筋的连接方式、接头位置、接头质量、接头面积百分率、搭接长度、锚固方式及锚固长度；③箍筋、横向钢筋的牌号、规格、数量、间距、位置，箍筋弯钩的弯折角度及平直段长度；④预埋件的规格、数量和位置。

其中，根据《混凝土结构工程施工质量验收规范》(GB 50204—2015)第 5.5.1 至第 5.5.3条规定，受力钢筋的牌号、规格和数量必须符合设计要求，受力钢筋的安装位置、锚固方式应符合设计要求。各钢筋的位置安装偏差及检验方法应符合表 5－3 的规定，同时钢筋保护层、检验数量需满足如下要求：

①受力钢筋保护层厚度的合格点率应达到90%及以上，且不得有超过表中数值1.5倍的尺寸偏差。

②检查数量：在同一检验批内，对梁、柱和独立基础，应抽查构件数量的10%，且不应少于3件；对墙和板，应按有代表性的自然间抽查10%，且不应少于3间；对大空间结构，墙可按相邻轴线间高度5m左右划分检查面，板可按纵、横轴线划分检查面，抽查10%，且均不应少于3面。

表5-2　钢筋安装位置的允许偏差和检验方法

项目			允许偏差/mm	检验方法
绑扎钢筋网	长、宽		±10	钢尺检查
	网眼尺寸		±20	钢尺量连续三档，取最大值
绑扎钢筋骨架	长		±10	钢尺检查
	宽、高		±5	钢尺检查
受力钢筋	间距		±10	钢尺量两端、中间各一点，取最大值
	排距		±5	
受力钢筋	保护层厚度	基础	±10	钢尺检查
		柱梁	±5	钢尺检查
		板墙壳	±3	钢尺检查
绑扎箍筋横向钢筋间距			±20	钢尺量两端、中间各一点，取最大值
钢筋弯起点位置			20	钢尺检查
预埋件	中心线位置		5	钢尺检查
	水平高差		+3.0	钢尺和塞尺检查

注：检查预埋件中心线位置时，应沿纵、横两个方向量测，并取其中的较大值；表中梁类、板类构件上部纵向受力钢筋保护层厚度的合格率应大于或等于90%，且不得有超过表中数值1.5倍的尺寸偏差。

5.3　模板工程

模板工程施工工艺流程为：模板的选材→选型→设计→制作→安装→拆除→周转。

5.3.1　模板概述

混凝土结构的模板工程是混凝土结构施工的重要措施项目。现浇框架、剪力结构模板使用量按建筑面积每平方米约为2.5～5m^2，约占混凝土结构工程总造价的25%，总用工量的35%，工期的50%～60%。总体而言，模板工程在主体结构施工中一般为主导施工过程，需严格控制。

1.模板的分类

模板种类繁多、工艺方法也差异较大，分类方法也较多。

(1)按所用的材料不同，模板分为木模板、钢模板、胶合板模板、钢木模板、钢竹模板、塑料模板、玻璃钢模板、铝合金模板等。

(2)按模板的形状不同,模板分为平面模板、曲面模板和异形模板。

(3)按施工工艺不同,模板分为普通拼装式模板(如木模板、胶合板模板、组合钢模板等,主要通过小块模板拼装形成)、工具模板(如大模板、滑模、爬模、飞模、模壳等)和永久性模板(如叠合板、压型钢板、免拆保温模板、砖模等)。

(4)按模板规格形式不同,模板分为定型模板(即定型组合模板,如小钢模板)和非定型模板(散装模板)。

(5)按其结构的类型不同,模板分为基础模板、柱模板、楼板模板、墙模板、壳模板和烟囱模板等。

2. 木模板

木模板的木材主要采用松木和杉木,其含水率不宜过高,以免干裂,一般含水率应低于 19%,木模板的基本元件为拼板,由板条与拼条钉成,如图 5-16 所示。板条的宽度不宜大于 200mm,以免受潮翘曲。拼条的间距取决于板条面受荷大小以及板条厚度,一般为 400~500mm。

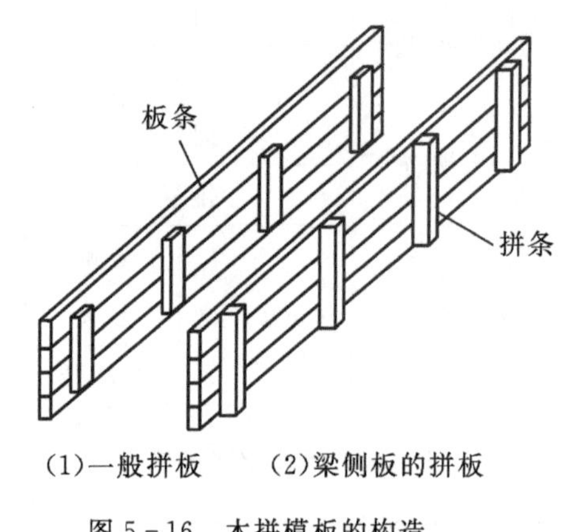

图 5-16　木拼模板的构造

木模板的主要优点是制作拼装随意,尤适用于浇筑外形复杂、数量不多的混凝土结构或构件。此外,因木材导热系数低,混凝土冬期施工时木模板有一定的保温养护作用,常用于阶梯形基础和楼梯模板。因对木材消耗较多,本模板现在使用在逐渐减少。

3. 组合钢模板

组合钢模板俗称小钢模,是一种定型模板,可组合成多种尺寸和几何形状,用于各种类型建筑物中钢筋混凝土梁、柱、板、基础等施工,也可用其拼成大模板、滑模、筒模和台模等。施工时可在现场直接组装,也可预拼装成大块模板或构件模板用起重机吊运安装。定型组合钢模板的安装工效比木模板高;组装灵活,通用性强;拆装方便,周转次数多,每套钢模可重复使用 50~100 次,甚至更多。由于拼装施工,混凝土中的拼缝较多,组合钢模板的美观程度不如大尺寸的胶合板模板或者大型钢模板,并且由于一次投资费用大,目前的应用在相对减少。

定型组合钢模板系列包括钢模板、连接件和支承件三部分。

(1)钢模板。组合钢模板包括平面模板(P)、阳角模板(Y)、阴角模板(E)和连接角模(J),如图 5-17 所示。

钢模板采用模数制设计,通用模板的宽度模数以 50mm 进级,宽度超过 600mm 时,以 150mm 进级;长度模数以 150mm 进级,长度超过 900mm 时,以 300mm 进级;其规格和型号已做到标准化、系列化。如拼装出现不足模数的空隙时,用镶嵌木条补缺,用钉子或螺栓将木条与板块边框上的孔洞连接。

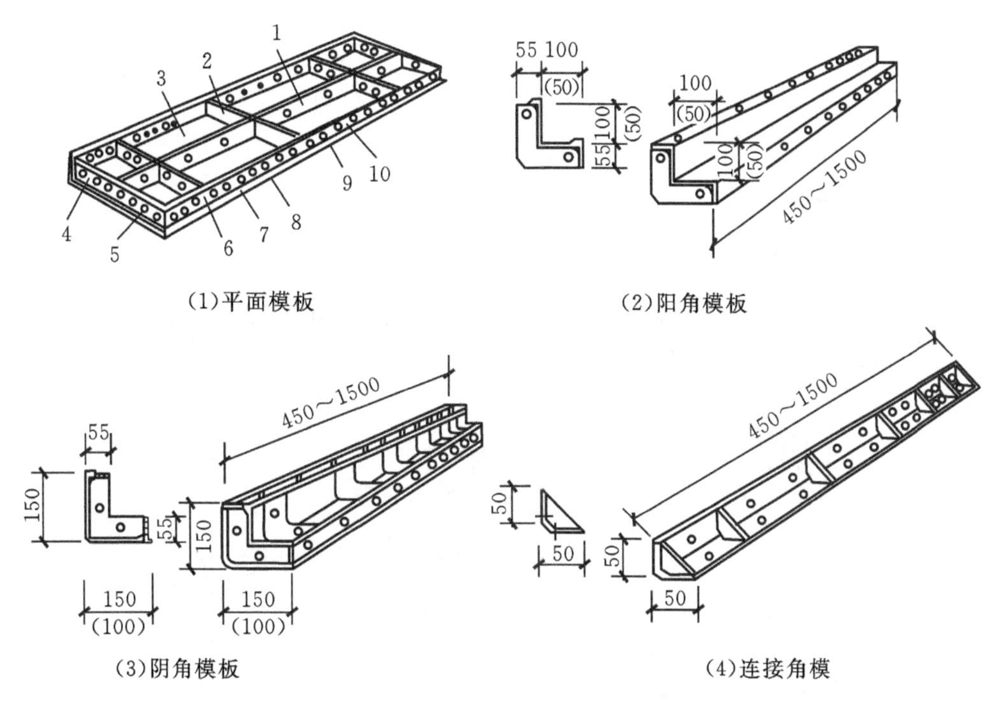

（1）平面模板　（2）阳角模板　（3）阴角模板　（4）连接角模

1—中纵肋；2—中横肋；3—面板；4—横肋；5—插销孔；6—纵肋；7—凸棱；8—凸鼓；9—U 形卡孔；10—钉子孔。

图 5－17　组合钢模板

钢模板的主要规格如表 5－3 所示。

表 5－3　钢模板的主要规格

<table>
<tr><th colspan="2">名称</th><th>宽度/mm</th><th>长度/mm</th><th>肋高/mm</th></tr>
<tr><td colspan="2">平面模板</td><td>1200、1050、900、750、600、550、500、450、400、350、300、250、200、150、100</td><td>2100、1800、1500、1200、900、750、600、450</td><td>55</td></tr>
<tr><td colspan="2">阴角模板</td><td>150×150、100×150</td><td>1800、1500、1200、900、750、600、450</td><td rowspan="11">55</td></tr>
<tr><td colspan="2">阳角模板</td><td>100×100、50×50</td><td>1500、1200、900、750、600、450</td></tr>
<tr><td colspan="2">连接模板</td><td>50×50</td><td>1500、1200、900、750、600、450</td></tr>
<tr><td rowspan="2">倒棱模板</td><td>角棱模</td><td>17、45</td><td rowspan="3">1800、1500、1200、900、750、600、450</td></tr>
<tr><td>圆棱模</td><td>R20、R35</td></tr>
<tr><td colspan="2">梁腋模板</td><td>50×150、50×100</td></tr>
<tr><td colspan="2">梁性模板</td><td>100</td><td rowspan="2">1500、1200、900、750、600、450</td></tr>
<tr><td colspan="2">搭接模板</td><td>75</td></tr>
<tr><td colspan="2">双曲可调模板</td><td>300、200</td><td rowspan="2">1500、900、600</td></tr>
<tr><td colspan="2">变角可调模板</td><td>200、160</td></tr>
</table>

续表 5-3

名称		宽度/mm	长度/mm	肋高/mm
嵌补模板	平面模板	200、150、100	300、200、150	55
	阴角模板	150×150、100×150		
	阳角模板	100×100、50×50		
	连接模板	50×50		

(2)模板连接件。组合钢模板连接件包括U形卡、L形插销、钩头螺栓、紧固螺栓、对拉螺栓和扣件等,如图5-18所示。

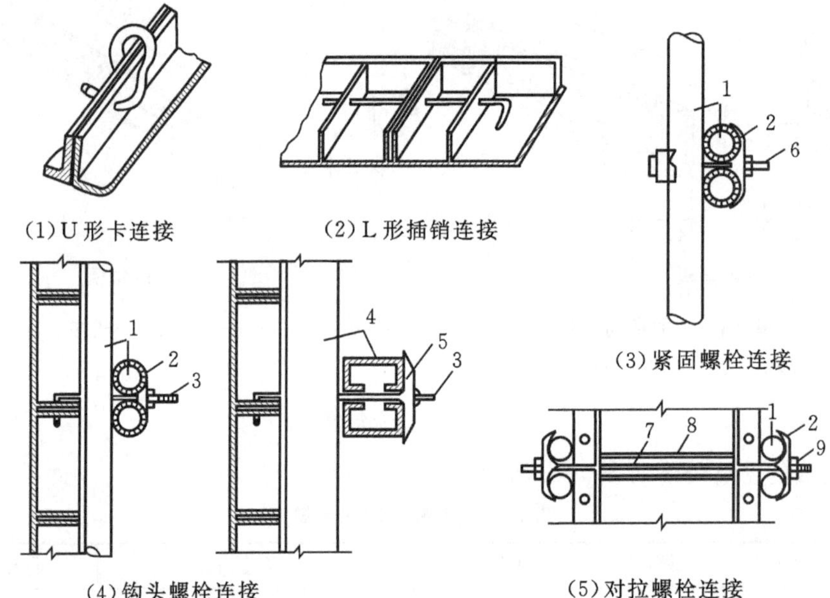

1—圆钢管钢楞;2—"3"形扣件;3—钩头螺栓;4—内卷边槽钢钢楞;5—蝶形扣件;6—紧固螺栓;7—对拉螺栓;8—塑料套管;9—螺母。

图5-18 钢模板连接件

由组合钢模板施工形成的墙模板主要由侧模、主肋、次肋、斜撑、对拉螺栓和撑块等组成,其特点是竖向面积大而厚度一般较小,见图5-19。

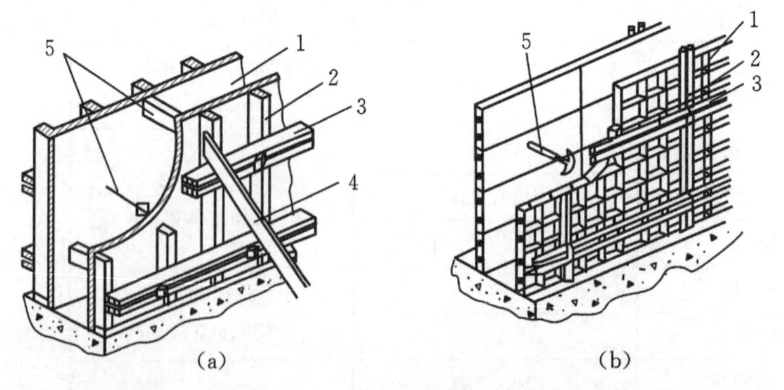

1—侧模;2—次肋;3—主肋;4—斜撑;5—对拉螺栓及撑块。

图5-19 组合钢模板形成的墙模板

4. **胶合板模板**

胶合板模板包括木胶合板和竹胶合板，见图5-20、图5-21、图5-22，见表5-4。木胶合板是由木段旋切成单板或由木方刨切成薄木，再用胶黏剂胶合而成的多层的板状材料，通常用奇数层单板。竹胶合板由竹席、竹帘、竹片等多种组坯结构，与木单板等其他材料复合，是专门用于混凝土施工的模板。胶合板模板具有以下优点：表面平整光滑，容易脱模；耐磨性强；防水性好；模板强度和刚度较好，使用寿命较长，周转次数一般可达5～10次，施工合理、保护妥当时甚至可达20次以上；材质轻，适宜加工大面积模板，板缝少，能满足清水混凝土施工的要求。胶合板模板在目前普通建筑施工中应用最为广泛。

图5-20 木胶板模板

图5-21 竹胶板模板

图5-22 圆形胶合板模板

表5-4 胶合板模板常用规格

长 度/mm	宽 度/mm	厚 度/mm
1830	915	9、12、15、18
2440	1220	

5. **其他类型模板**

(1)大模板。大模板是指单块模板的高度相当于楼层的层高、宽度约等于房间的宽度或进深的大块定型模板，可用作现浇钢筋混凝土墙体的侧模，是一种大型工具式模板。

大模板简化了模板的安装和拆除工序，具有工效高、劳动强度低、墙面平整、质量好等优点，因而在剪力墙结构的高层建筑(包括内外墙全现浇体系和外墙用预制板、内墙现浇体系)中得到了广泛的应用。但是大模板的一次投资大、通用性较差，为了增加其利用率，在设计上应减少房间开间和进深尺寸的种类，并符合一定模数，其层高和墙厚应固定。外墙预制、内墙现浇的建筑应力求体形简单，加强墙与墙及墙与板之间的连接，并采取加强建筑物整体性和提高其抗震能力的措施。

大模板由面板、次肋、主肋、支撑桁架、稳定机构及附件组成，其构造如图5-23所示。

(2)滑升模板。滑升模板施工原理是在构筑物或建筑物底部，沿其墙、柱、梁等构件的周边一次性组装高1.2m左右的滑动模板，随着向模板内不断地分层浇筑混凝土，用液压提升设备使模板不断地向上滑动，直到达到需要浇筑的高度为止，是现浇钢筋混凝土结构机械化施工的一种施工方法。

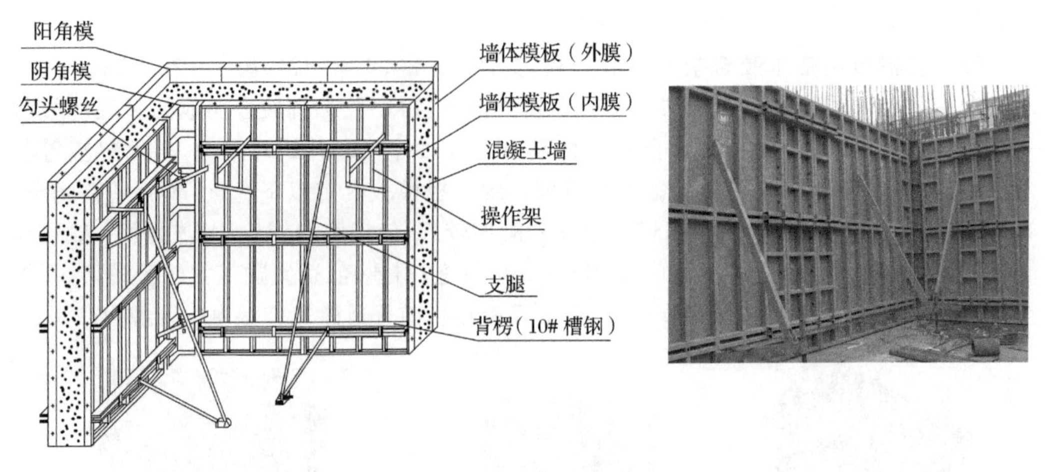

图 5-23　大模板构造

滑升模板施工可以节约模板和支撑材料，加快施工速度和保证结构的整体性。但模板一次性投资大，耗钢量多，对建筑的立面造型和构件断面变化有一定限制。

液压滑升模板是由模板系统、操作平台系统和提升机具系统及施工精度控制系统等部分组成。模板系统包括模板、腰梁围檩（又称为围圈）和提升架等。模板又称围板，依赖腰梁带动其沿混凝土的表面滑动，主要作用是承受混凝土的侧压力、冲击力和滑升时的摩阻力。操作平台系统包括操作平台、上辅助平台和内外吊脚手架等，是施工操作地点。提升机具系统包括支承杆、千斤顶和提升操纵装置等，是液压滑模向上滑升的动力。滑升模板构造如图 5-24 所示。

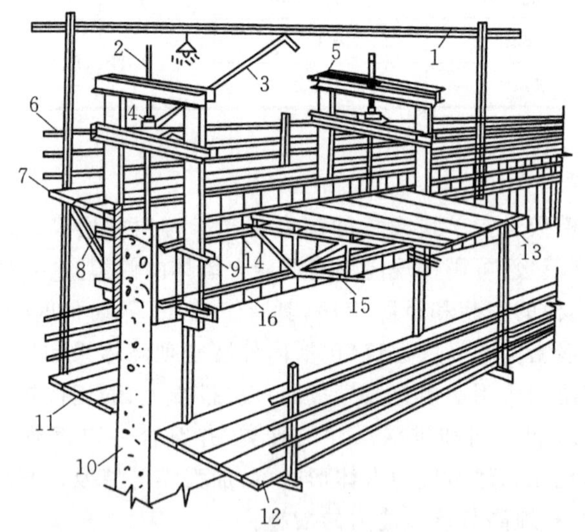

1—支架；2—支承杆；3—油管；4—千斤顶；5—提升架；6—栏杆；
7—外平台；8—外挑架；9—收分装置；10—墙体；11—外吊平台；
12—内吊平台；13—内平台；14—上围圈；15—桁架；16—模板。

图 5-24　滑升模板构造

根据《滑动模板工程技术规范》（GB 50113—2005）第 6.6.3、6.6.4 条规定，初滑时，宜将混凝土分层相互交圈浇筑至 500～700mm（或模板高度的 1/2～2/3）高度，待第一层混凝土强度达到 0.2～0.4MPa 或混凝土贯入阻力值达到 0.30～1.05kN/cm^2 时，应进行 1～2个千斤顶行程的提升，并对滑模装置和混凝土凝结状态进行全面检查，确定正常后，方可转为正常滑升。正常滑升过程中，相邻两次提升的时间间隔不宜超过 0.5h。由于滑升过程中模板几乎是不间断提升的，对混凝土的凝结程度、凝结时间的要求较高，由于爬升模板的出现，目前滑升模板的使用较少。

(3)爬升模板。爬升模板由模板、爬架及动力装置组成。其模板形式与大模板类似，宜采用由组合模板、胶合板等组成，如图 5-25 所示。爬升模板是适用于现浇混凝土竖直或倾斜结构施工的模板，是施工剪力墙和筒体结构和桥墩、桥塔等工程的一种有效的模板体系。爬升模板既保持了大模板表面平整的优点，又保持了滑升模板利用自身设备向上提升的优点，不须起重运输机械吊运，能避免大模板受大风影响而停止工作，经济效益较好。爬升模板是以建筑物的混凝土墙体结构为支承主体，通过附着于已完成的混凝土墙体结构上的爬升支架或大模板，利用连接爬升支架与大模板的爬升设备使一方固定，另一方做相对运动，交替向上爬升，完成模板的爬升、下降、就位和校正等工作。

根据《液压爬升模板工程技术规程》(JGJ 195－2010)第 3.0.6 条要求，在爬升模板装置爬升时不同于滑升模板，承载体受力处的混凝土强度必须大于 10MPa，且必须满足设计要求。为使混凝土强度满足要求，爬升模板都是间断性爬升的，一般在几个工作日爬升一次或者每层爬升一次，这样比较符合施工的节奏安排，相较滑升模板而言更具优势。

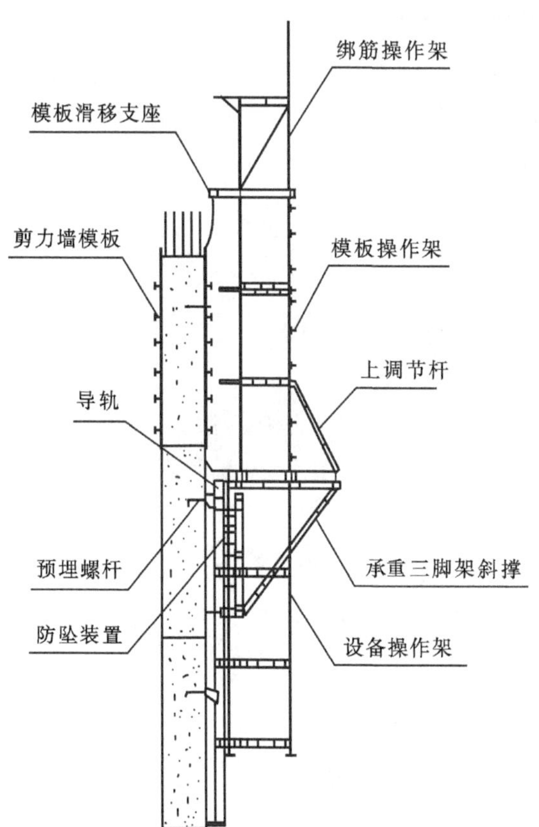

图 5-25　液压爬升模板

(4)台模。台模是一种大型工具式模板，一般一个房间用一块台模，有时甚至更大。它的外形像一张桌子，所以叫台模，也称桌模。施工时，利用塔式起重机将台模整体吊装就位。拆模后，再由塔式起重机将整个台模在空中直接吊运到下一个施工位置，因此又称飞模。台模主要用于浇筑平板式或带边梁的水平结构，如用于建筑施工的楼面模板。台模由面板、支撑框架、檩条等组成，台模构造如图 5-26 所示。

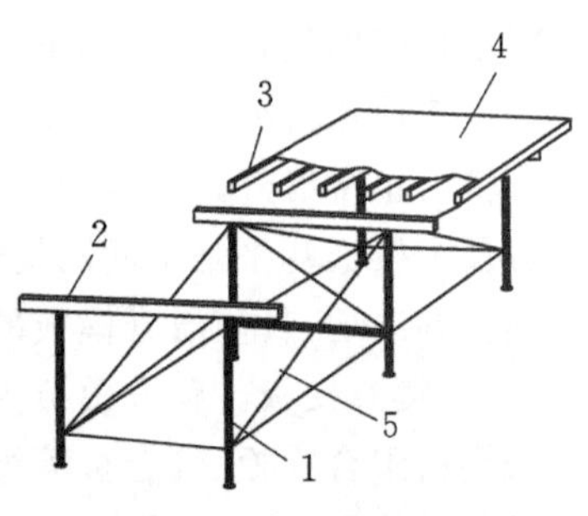

1—支腿；2—可伸缩的横梁；3—檩条；4—面板；5—斜撑。

图 5-26　台模的构造

(5)模壳。模壳主要是对应于现浇式密肋板施工的一种工具式模板，见图 5-27，常见的有塑料模壳和玻璃纤维混凝土(GRC)模壳，具体可根据项目尺寸定制生产。

图 5-27　塑料模壳和玻璃纤维混凝土模壳

(6)芯模。芯模又称蜂巢芯，是一种专门适用于空心楼板(也称蜂巢芯空心板)的一次性模板，外形有六面体、圆柱体等，见图 5-28。混凝土浇筑后，该模板封存于混凝土内部，可以有效地降低混凝土自重，增加楼板受力高度，实现大跨的目标。

(1)六面体芯模

(2)圆柱体芯模

(3)六面体芯模铺设施工

(4)芯模浇筑混凝土后底部效果图

图 5-28　芯模

(7)叠合板。叠合板是指由预制板和现浇钢筋混凝土层叠合而成的装配整体式楼板,见图 5-29。预制板既是楼板结构的组成部分之一,又是现浇钢筋混凝土叠合层的永久性模板,现浇叠合层内可敷设水平设备管线。本书第 6 章会对叠合板进行详细说明。

(1)装配式叠合板铺装

(2)叠合板浇筑混凝土

图 5-29　叠合板

(8)压型钢板与混凝土(非)组合楼板。压型钢板与混凝土(非)组合楼板是指由压型钢板上浇筑混凝土组成的(非)组合楼板,根据压型钢板是否与混凝土共同工作可分为组合板和非组合板。组合板是指压型钢板除用作浇筑混凝土的永久性模板外,还充当板底受拉钢筋的现浇混凝土楼(屋面)板,见图 5-30。非组合板是指压型钢板仅作为混凝土楼板的永久性模板,不考虑参与结构受力的现浇混凝土楼(屋面)板。

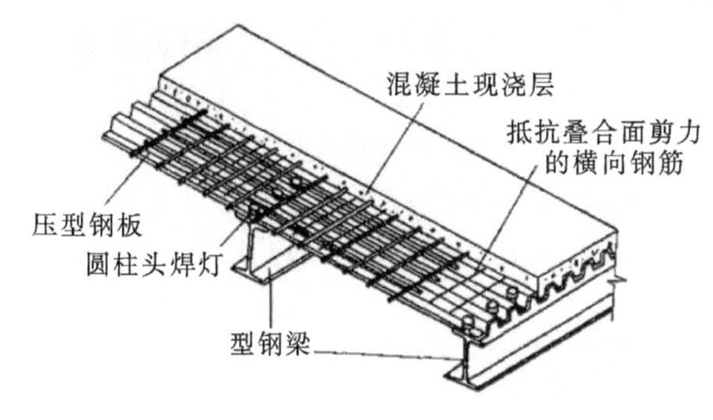

图 5-30　组合楼板

(9)外墙免拆保温模板。外墙免拆保温模板是以水泥基双面层复合保温板为永久性外模板,内侧浇筑混凝土,外侧抹抗裂砂浆保护层,通过锚栓将保温模板与混凝土牢固连接在一起而形成的保温结构体系。该模板适用于工业与民用建筑框架结构和剪力墙结构的外墙、柱、梁等现浇混凝土结构工程。

该模板具有质量轻、保温效果好、施工方便、防火性能好、无安全隐患、与建筑物同寿命等优点。其保温体系及保温板外观如图 5-31 所示。

图 5-31　外墙免拆保温模板

5.3.2　模板的安拆

1. 模板的安装

(1)模板的安装质量应符合《混凝土结构工程施工质量验收规范》(GB 50204—2015)第 4.2.5 条的规定:①模板的接缝应严密;②模板内不应有杂物、积水或冰雪等;③模板与混凝土的接触面应平整、清洁;④用作模板的地坪、胎膜等应平整、清洁,不应有影响构件质量的下沉、裂缝、起砂或起鼓;⑤对清水混凝土及装饰混凝土构件,应使用能达到设计效果的模板。

此外,模板的起拱高度应满足《混凝土结构工程施工规范》(GB 50666—2011)第 4.4.6条的要求:对跨度不小于 4m 的梁、板,其模板施工起拱高度宜为梁、板跨度的 1/1000～3/1000。起拱不得减少构件的截面高度。

(2)模板安装的检查数量及允许偏差应满足《混凝土结构工程施工质量验收规范》(GB 50204—2015)第 4.2.10 条的要求:

①检查数量:在同一检验批内,对梁、柱和独立基础,应抽查构件数量的 10%,且不应少于 3 件;对墙和板,应按有代表性的自然间抽查 10%,且不应少于 3 间;对大空间结构,墙可按相邻轴线间高度 5m 左右划分检查面,板可按纵、横轴线划分检查面,抽查 10%,且均不应少于 3 面。

②偏差允许值,需符合表 5-5 要求。

表 5-5　偏差允许值

项目		允许偏差/mm	检验方法
轴线位置		5	钢尺检查
底模上表面标高		±5	水准仪或拉线、钢尺检查
截面内部尺寸	基础	+10	钢尺检查
	柱、墙、梁	+4,−5	钢尺检查
层高垂直度	不大于 5m	6	经纬仪或吊线、钢尺检查
	大于 5m	8	经纬仪或吊线、钢尺检查
相邻两板表面高低差		2	钢尺检查
表面平整度		5	2m 靠尺和塞尺检查

注:检查轴线位置当有纵、横两个方向时,沿纵、横两个方向量测,并取其中偏差的较大值。

2. 模板的拆除

模板拆除时应符合《混凝土结构工程施工规范》(GB 50204—2015)第 4.5.1 至 4.5.8 条要求。

(1)模板拆除时，可采取“先支的后拆、后支的先拆，先拆非承重模板、后拆承重模板”的顺序，并应从上而下进行拆除。

(2)当混凝土强度达到设计要求时，方可拆除底模及支架；当设计无具体要求时，同条件养护试件的混凝土抗压强度应符合表 5 - 6 的规定。

表 5 - 6　底模拆除时的混凝土强度要求

构件类型	构件跨度(m)	按达到设计混凝土强度等级值的百分率计(%)
板	≤2	≥50
	>2,≤8	≥75
	>8	≥100
梁、拱、壳	≤8	≥75
	>8	≥100
悬臂结构		≥100

(3)当混凝土强度能保证其表面及棱角不受损伤时，方可拆除侧模。

(4)多个楼层间连续支模的底层支架拆除时间，应根据连续支模的楼层间荷载分配和混凝土强度的增长情况确定。

(5)快拆支架体系的支架立杆间距不应大于 2m。拆模时应保留立杆并顶托支承楼板，拆模时的混凝土强度可取构件跨度为 2m 按表 5 - 6 的规定确定。

(6)对于后张预应力混凝土结构构件，侧模宜在预应力张拉前拆除；底模及支架不应在结构构件建立预应力前拆除。

(7)拆下的模板及支架杆件不得抛掷，应分散堆放在指定地点，并应及时清运。

(8)模板拆除后应将其表面清理干净，对变形和损伤部位应进行修复。

5.3.3　模板支架与脚手架

1. 模板支架

模板支架是在模板底部、侧面用以支撑模板竖向力、水平力，提供足够的刚度、强度、稳定性的支撑系统。目前，常见的模板支架有扣件式、碗扣式、承插式等模板支撑系统，如图 5 - 32至图 5 - 36 所示。根据《建筑施工模板安全技术规范》(JGJ 162—2008)第2.1.2条规定，模板支架是指支撑面板用的横梁、立柱、连接件、斜撑、剪刀撑和水平拉条等构件的总称。

图 5 - 32　扣件式钢管支架施工现场

图 5-33　扣件

图 5-34　碗扣式模板支撑施工现场

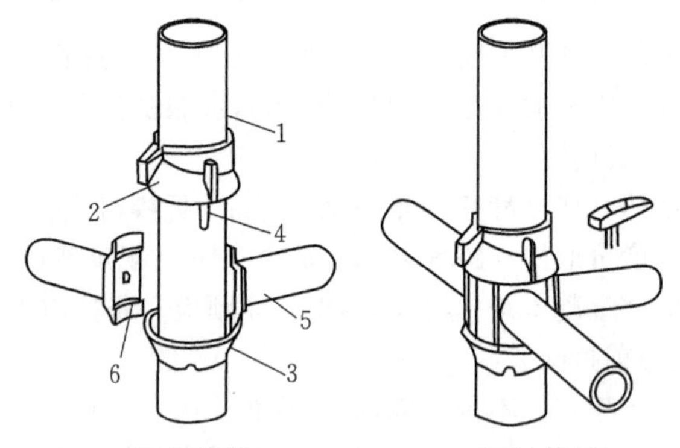

(1)连接前　　　　　　(2)连接后

1—立杆；2—上碗扣；3—下碗扣；
4—限位销；5—横杆；6—横杆接头。

图 5-35　碗扣式接头构造

图 5-36　承插式(盘销)钢管支架施工现场

在施工过程中的具体要求如下：

(1)采用扣件式钢管作模板支架时，支架搭设应符合《混凝土结构工程施工规范》(GB 50666—2011)第 4.4.7 条规定：

①模板支架搭设所采用的钢管、扣件规格，应符合设计要求；立杆纵距、立杆横距、支架步距以及构造要求，应符合专项施工方案的要求。

②立杆纵距、立杆横距不应大于 1.5m，支架步距不应大于 2.0m；立杆纵向和横向宜设置扫地杆，纵向扫地杆距立杆底部不宜大于 200mm，横向扫地杆宜设置在纵向扫地杆的下方；立杆底部宜设置底座或垫板。

③立杆接长除顶层步距可采用搭接外，其余各层步距接头应采用对接扣件连接，两个相邻立杆的接头不应设置在同一步距内。

④立杆步距的上下两端应设置双向水平杆，水平杆与立杆的交错点应采用扣件连接，双向水平杆与立杆的连接扣件之间的距离不应大于 150mm。

⑤支架周边应连续设置竖向剪刀撑。支架长度或宽度大于 6m 时，应设置中部纵向或横向的竖向剪刀撑，剪刀撑的间距和单幅剪刀撑的宽度均不宜大于 8m，剪刀撑与水平杆的夹角宜为 45°～60°；支架高度大于 3 倍步距时，支架顶部宜设置一道水平剪刀撑，剪刀撑应延伸至周边。

⑥立杆、水平杆、剪刀撑的搭接长度，不应小于 0.8m，且不应少于 2 个扣件连接，扣件盖板边缘至杆端不应小于 100mm。

⑦扣件螺栓的拧紧力矩不应小于 40N·m，且不应大于 65N·m。

⑧支架立杆搭设的垂直偏差不宜大于 1/200。

(2)采用扣件式钢管作高大模板支架时，支架搭设除应符合上述要求外，尚应符合《混凝土结构工程施工规范》(GB 50666—2011)第 4.4.8 条规定：

①宜在支架立杆顶端插入可调托座，可调托座螺杆外径不应小于 36mm，螺杆插入钢管的长度不应小于 150mm，螺杆伸出钢管的长度不应大于 300mm，可调托座伸出顶层水平杆的悬臂长度不应大于 500mm；

②立杆纵距、横距不应大于 1.2m，支架步距不应大于 1.8m；

③立杆顶层步距内采用搭接时，搭接长度不应小于 1m，且不应少于 3 个扣件连接；

④立杆纵向和横向应设置扫地杆，纵向扫地杆距立杆底部不宜大于 200mm；

⑤宜设置中部纵向或横向的竖向剪刀撑，剪刀撑的间距不宜大于 5m；沿支架高度方向搭设的水平剪刀撑的间距不宜大于 6m；

⑥立杆的搭设垂直偏差不宜大于 1/200，且不宜大于 100mm；

⑦应根据周边结构的情况，采取有效的连接措施加强支架整体稳固性。

(3)采用碗扣式、盘扣式或盘销式钢管架作模板支架时，支架搭设应符合《混凝土结构工程施工规范》(GB 50666—2011)第 4.4.9 条规定：

①碗扣架、盘扣架或盘销架的水平杆与立柱的扣接应牢靠，不应滑脱；

②立杆上的上、下层水平杆间距不应大于 1.8m；

③插入立杆顶端可调托座伸出顶层水平杆的悬臂长度不应大于 650mm，螺杆插入钢

管的长度不应小于150mm，其直径应满足与钢管内径间隙不大于6mm的要求，架体最顶层的水平杆步距应比标准步距缩小一个节点间距；

④立柱间应设置专用斜杆或扣件钢管斜杆加强模板支架。

(4)采用门式钢管架搭设模板支架时，应符合现行行业标准《建筑施工门式钢管脚手架安全技术规范》JGJ 128的有关规定。当支架高度较大或荷载较大时，主立杆钢管直径不宜小于48mm，并应设水平加强杆。目前，总体而言采用门式钢管搭设模板支撑的应用较少，该体系更加适用于脚手架范围的应用尤其是在装饰装修阶段的脚手架。

2.脚手架

(1)脚手架简介。脚手架是指为建筑施工而搭设的上料、堆料、施工作业、安全防护、垂直和水平运输用的临时结构架。

根据《建筑施工脚手架安全技术统一标准》(GB 51210—2016)第2.1.1条规定，脚手架是指由杆件或结构单元、配件通过可靠连接而组成，能承受相应荷载，具有安全防护功能，为建筑施工提供作业条件的结构架体，包括作业脚手架和支撑脚手架。

在砌筑工程、混凝土结构工程、构件与设备安装工程、装饰装修工程中，均需根据各自的施工特点搭设与之相适应的脚手架，以便于施工人员进行施工操作、堆放必要的材料以及进行少量的水平运输。脚手架随着建筑物的不断变高而逐层搭设，工程完工后又逐层拆除，是一种临时技术措施。

脚手架形式多样，通常有以下几种分类方法：

①按其作用不同，脚手架可分为作业脚手架和支撑脚手架。作业脚手架主要提供作业平台和安全防护，简称作业架。支撑脚手架主要包括混凝土浇筑的模板支撑脚手架和结构安装支撑脚手架，简称支撑架。

②按其搭设位置不同，脚手架可分为外脚手架和里脚手架。其中，设置在房屋或构筑物外围的施工脚手架称为外脚手架；设置在内部的则称为里脚手架，也称内脚手架。

A.外脚手架。外脚手架主要具有以下作用：在外墙施工(砌筑、抹灰、支设剪力墙钢筋、外侧模板)时提供工作面；在外脚手架上配合安全网(安全平网、安全立网、密目式安全网)、脚手板、安全带、安全绳等，可以有效提供安全保护，防止人、物坠落，形成防护和围挡作用，如图5-37至图5-40所示。

图5-37　安全平网(网目边长≤8cm)

图5-38　密目式安全网(网眼孔径≤12mm)

图5-39 佩戴安全带、安全绳的作业

图5-40 脚手板

B.内脚手架。内脚手架主要在内墙砌筑、抹灰、室内装饰等室内施工过程中提供工作面,可以使工人在相应高度的工作面上有效地完成高于自己身高所限的工作,见图5-41、图5-42。

图5-41 砌筑内脚手架(门式)

图5-42 顶棚装修内脚手架(门式)

③按其材料不同,脚手架分为金属脚手架、木脚手架和竹脚手架。

A.金属脚手架。目前的金属脚手架多以钢材为主,根据立杆与横杆的连接形式不同分为扣件式、碗扣式、门式、承插式等。其中承插式脚手架根据其承插连接的具体方式不同又包括盘销式、盘扣式、插槽式、套(扣)式等,如图5-43至图5-46所示。

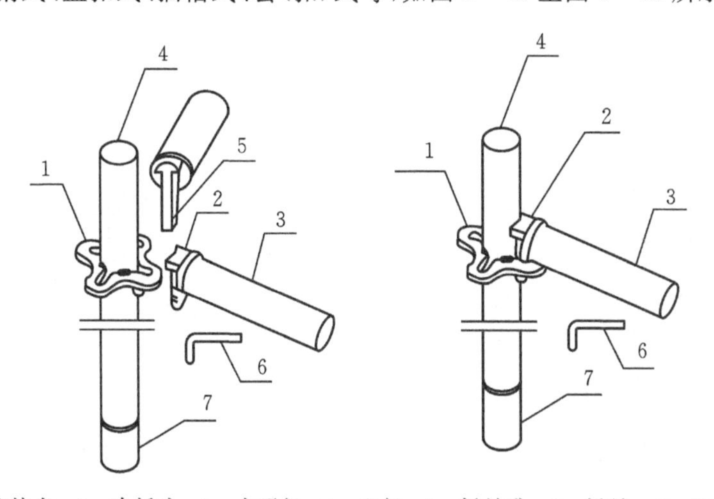

1—连接盘;2—直插头;3—水平杆;4—立杆;5—插销孔;6—插销;7—连接套管。

图5-43 盘销式脚手架节点构成

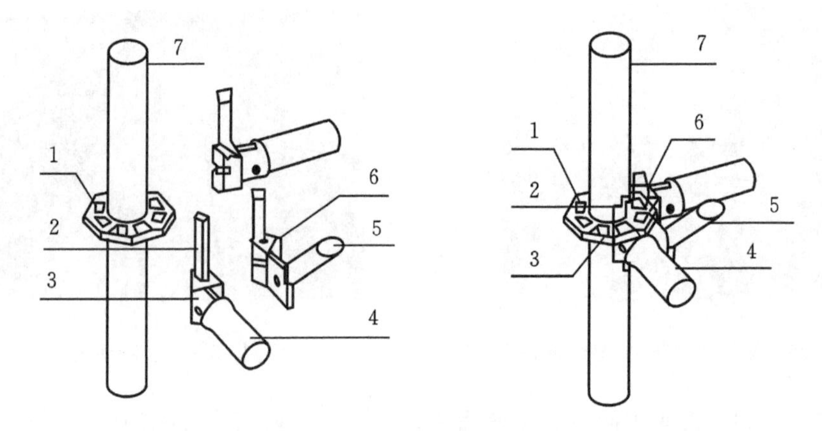

1—连接盘；2—插销；3—水平杆杆端扣接头；4—水平杆；
5—斜杆；6—斜杆杆端扣接头；7—立杆。

图 5-44　盘扣式脚后架节点构成

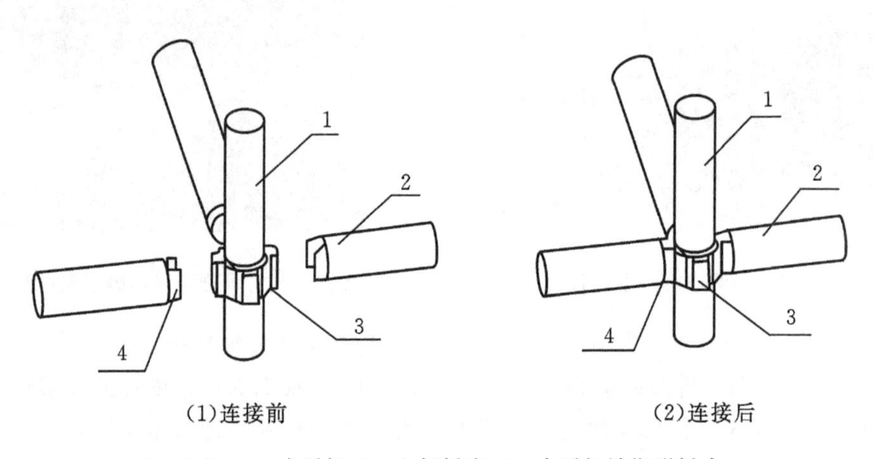

1—立杆；2—水平杆；3—立杆插座；4—水平杆端楔形插头。

图 5-45　插槽式脚手架节点构成

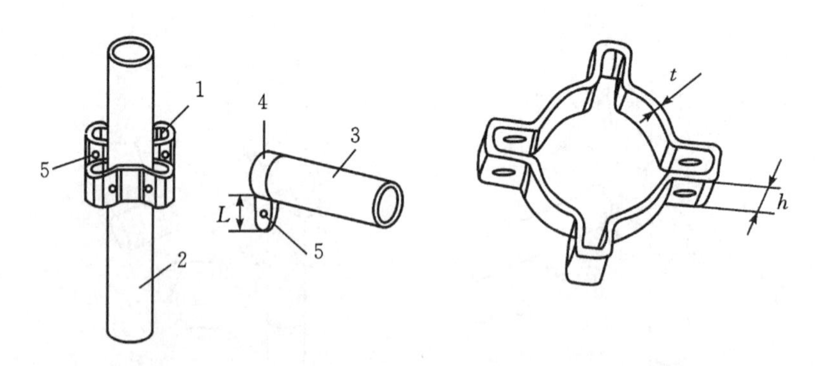

1—套扣；2—立杆；3—水平杆；4—水平杆端接头；5—就位孔 。

图 5-46　套式脚手架节点构成

B. 木、竹脚手架。在新中国成立初期，由于钢铁行业发展比较慢，钢材不仅产出少，而且质量不高，价格昂贵，因此常选择用毛竹和木材搭设脚手架，20世纪70年代钢管脚手架才得到普及。

现在很多地区已经明令禁止使用木质脚手架，如北京市地方标准《建设工程施工现场安全防护、场容卫生及消防保卫标准》(DB11/945—2012)第2.4.6条明确规定：施工现场严禁使用木脚手架作为结构、装修用脚手架。

木脚手架的弊端是在南方施工使用容易受潮变质，导致脚手架不稳；在北方施工使用，气候干燥容易燃烧引起火灾。

竹脚手架相对木脚手架而言，更加轻便、韧性也更好；相对钢脚手架而言，更加便宜，但强度较低。目前，竹脚手架在香港等地区还有较广泛使用，其他地区应用较少。见图5-47。

图5-47 竹脚手架

④按其构造形式不同，脚手架可分为多立杆式、悬挑式、工具式脚手架等。

A. 多立杆式脚手架根据立杆的排数分为单排、双排、满堂脚手架。

根据《建筑施工扣件式钢管脚手架安全技术规范》(JGJ 130—2011)第2章，其中涉及的主要概念如下：

单排扣件式钢窗脚手架，是指只有一排立杆，横向水平杆的一端搁置固定在墙体上的脚手架，简称单排架。

双排扣件式钢窗脚手架，是指由内外两排立杆和水平杆等构成的脚手架，简称双排架。

满堂扣件式钢窗脚手架，是指在纵、横两个方向，由不少于三排立杆并与水平杆、水平剪刀撑、竖向剪刀撑、扣件等构成的脚手架。该架体顶部作业层施工荷载通过水平杆传递给立杆，顶部立杆呈偏心受压状态，简称满堂脚手架。

满堂扣件式钢窗支撑架，是指在纵、横两个方向，由不少于三排立杆并与水平杆、水平剪刀撑、竖向剪刀撑、扣件等构成的承力支架。该架体顶部的钢结构安装等(同类工程)施工荷载通过调托撑轴心传力给立杆，顶部立杆呈轴心受压状态，简称满堂支撑架。

立标纵(跨)距是指脚手架纵向相邻立杆之间的轴线距离。

立杆横距是指脚手架横向相邻立杆之间的轴线距离，单排脚手架的立杆横距为外立杆轴线至墙面的距离。

步距是指上下水平杆轴线间的距离。

主节点是指立杆、纵向水平杆、横向水平杆三杆紧靠的扣接点。

在单、双排脚手架的选用时，需根据当地工程经验并满足规范要求，根据《建筑施工扣件式钢管脚手架安全技术规范》(JGJ 130—2011)第6.1.2条要求：单排脚手架搭设高度不应超过 24m；双排脚手架搭设高度不宜超过 50m，高度超过 50m 的双排脚手架，应采用分段搭设等措施。

B. 悬挑脚手架是指当结构高度较高（一般超过 50m）时，由于双排脚手架不宜一次搭设到顶，而通过在结构内部搭设型钢梁或桁架等水平悬挑结构，再将脚手架在悬挑结构上部进行搭设的施工方法。

根据《高层建筑混凝土结构技术规程》（JGJ 3—2010）第 13.5.5 条要求，悬挑式脚手架宜采用工字钢作为悬挑支撑，架体一般采用双排脚手架，每段的搭设高度不宜超过 20m，其外观如图 5－48 所示。

根据《建筑施工扣件式钢管脚手架安全技术规范》第 6.10.2 条要求，型钢悬挑梁宜采用双轴对称截面的型钢。悬挑钢梁型号及锚固件应按设计确定，钢梁截面高度不应小于 160mm。悬挑梁尾端应在两处及以上固定于钢筋混凝土梁板结构上。锚固型钢悬挑梁的 U 形钢筋拉环或锚固螺栓直径不宜小于 16mm，如图 5－48 所示。

（1）型钢悬挑脚手架施工现场

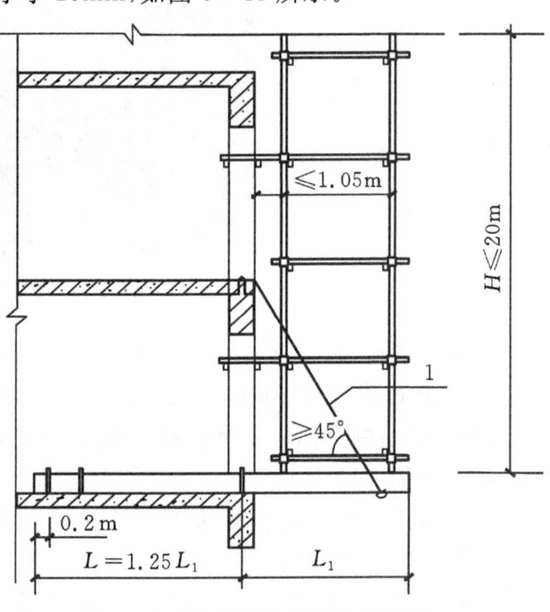

（2）型钢悬挑脚手架构造示意

图 5－48 型钢悬挑脚手架

（2）脚手架构造。由于脚手架的种类特别多，对应标准也非常多，各种要求也较多，此处主要对脚手架构造的重要内容进行说明。

根据《建筑施工脚手架安全技术统一标准》（GB 51210—2016）第 8 章的规定，脚手架的构造要求主要有以下要点：

①作业脚手架底部立杆上应设置纵向和横向扫地杆。扫地杆距离地面 200mm。

②作业脚手架的宽度不应小于 0.8m，且不宜大于 1.2m。作业层高度不应小于1.7m，且不宜大于 2.0m。

③作业脚手架应按设计计算和构造要求设置连墙件，并应符合下列规定：连墙件应采用能承受压力和拉力的构造，并应与建筑结构和架体连接牢固；连墙点的水平间距不得超过 3 跨，竖向间距不得超过 3 步，连墙点之上架体的悬臂高度不应超过 2 步；在架体的转角处、开口型作业脚手架端部应增设连墙件，连墙件的垂直间距不应大于建筑物层

高,且不应大于4.0m。

④在作业脚手架的纵向外侧立面上应设置竖向剪刀撑,并应符合下列规定:每道剪刀撑的宽度应为4跨~6跨,且不应小于6m,也不应大于9m;剪刀撑斜杆与水平面的倾角应在45°~60°之间;搭设高度在24m以下时,应在架体两端、转角及中间每隔不超过15m各设置一道剪刀撑,并由底至顶连续设置;搭设高度在24m及以上时,应在全外侧立面上由底至顶连续设置;悬挑脚手架、附着式升降脚手架应在全外侧立面上由底至顶连续设置。

(3)脚手架施工。脚手架的施工主要包括架体的安装、拆除、材料与质量检查、安全管理等施工内容,根据《建筑施工脚手架安全技术统一标准》(GB 51210—2016)第9、10、11章要求,主要有以下要点:

①脚手架的搭设场地应平整、坚实,场地排水应顺畅,不应有积水。脚手架附着于建筑结构处的混凝土强度应满足安全承载要求。

②脚手架应按顺序搭设,并应符合下列规定:落地作业脚手架、悬挑脚手架的搭设应与工程施工同步,一次搭设高度不应超过最上层连墙件两步,且自由高度不应大于4m;支撑脚手架应逐排、逐层进行搭设;剪刀撑、斜撑杆等加固杆件应随架体同步搭设,不得滞后安装;构件组装类脚手架的搭设应自一端向另一端延伸,自下而上按步架设,并应逐层改变搭设方向;每搭设完一步架体后,应按规定校正立杆间距、步距、垂直度及水平杆的水平度。

③作业脚手架连墙件的安装必须符合下列规定:连墙件的安装必须随作业脚手架搭设同步进行,严禁滞后安装;当作业脚手架操作层高出相邻连墙件2个步距及以上时,在上层连墙件安装完毕前,必须采取临时拉结措施。

④脚手架的拆除作业必须符合下列规定:架体的拆除应从上而下逐层进行,严禁上下同时作业;同层杆件和构配件必须按先外后内的顺序拆除;剪刀撑、斜撑杆等加固杆件必须在拆卸至该杆件所在部位时再拆除;作业脚手架连墙件必须随架体逐层拆除,严禁先将连墙件整层或数层拆除后再拆架体。拆除作业过程中,当架体的自由端高度超过2个步距时,必须采取临时拉结措施。

⑤当在多层楼板上连续搭设支撑脚手架时,应分析多层楼板间荷载传递对支撑脚手架、建筑结构的影响,上下层支撑脚手架的立杆宜对位设置。

⑥脚手架在使用过程中,应定期进行检查,检查项目应符合下列规定:主要受力杆件、剪刀撑等加固杆件、连墙件应无缺失、无松动,架体应无明显变形;场地应无积水,立杆底端应无松动、无悬空;安全防护设施应齐全、有效,应无损坏缺失;附着式升降脚手架支座应牢固,防倾、防坠装置应处于良好工作状态,架体悬挑脚手架的悬挑支承结构应固定牢固。

⑦当脚手架遇有下列情况之一时,应进行检查,确认安全后方可继续使用:遇有6级及以上强风或大雨过后;冻结的地基土解冻后;停用超过1个月;架体部分拆除;其他特殊情况。

⑧雷雨天气、6级及以上强风天气应停止架上作业;雨、雪、雾天气应停止脚手架的搭设和拆除作业;雨、雪、霜后上架作业应采取有效的防滑措施,并应清除积雪。

5.4 混凝土工程

混凝土是以胶凝材料、水、细骨料、粗骨料，需要时掺入外加剂和矿物掺合料，按适当比例配合，经过均匀拌制、密实成型及养护硬化而成的人工石材。混凝土可分为现浇混凝土和预制混凝土工程两类，它是混凝土结构工程的重要组成部分。

混凝土工程施工包括配料、搅拌、运输、浇筑、振捣和养护等工序，在整个混凝土工程施工中，各工序之间是紧密联系和相互影响的，任一工序出现问题，都会影响混凝土工程的最终质量。其施工工艺流程如图 5-49 所示。

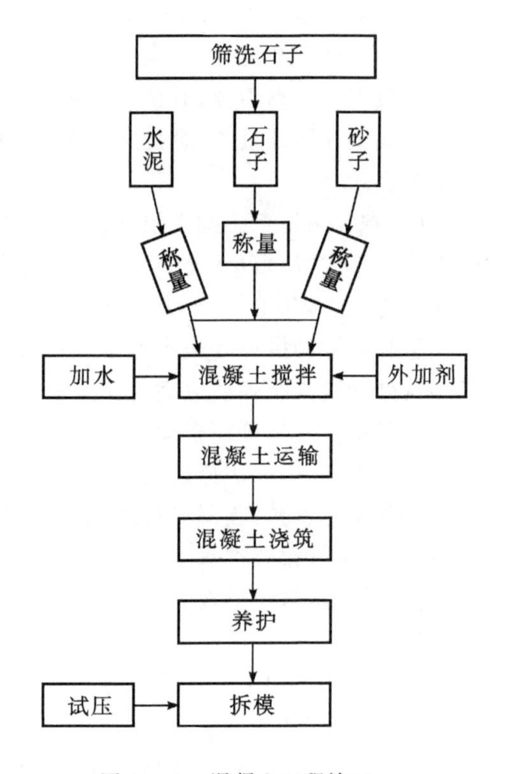

图 5-49 混凝土工程施工

5.4.1 混凝土配料

1. 混凝土原材料

混凝土的质量控制首先是从原材料控制开始，对于普通混凝土的水泥、粗骨料、细骨料、外加剂、水的选用应分别按照《混凝土结构工程施工规范》(GB 50666—2011)第 7.2.1 至第 7.2.10 条、7.6.4 条和《砌体结构工程施工质量验收规范》(GB 50203—2011)第 4.0.1 条的要求。

(1)水泥。

①水泥的选用应符合下列规定：水泥品种与强度等级应根据设计、施工要求，以及工程所处环境条件确定；普通混凝土宜选用通用硅酸盐水泥；有特殊需要时，也可选用其他品种水泥；有抗渗、抗冻融要求的混凝土，宜选用硅酸盐水泥或普通硅酸盐水泥；处于潮湿环境的混凝土结构，当使用碱活性骨料时，宜采用低碱水泥。

②水泥的入场检验应符合下列规定：水泥进场时，应对其品种、代号、强度等级、包装或散装仓号、出厂日期等进行检查，并应对水泥的强度、安定性和凝结时间进行检验，检验结果应符合现行国家标准《通用硅酸盐水泥》GB 175 的相关规定。

检查数量：按同一厂家、同一品种、同一代号、同一强度等级、同一批号且连续进场的水泥，袋装不超过 200t 为一批，散装不超过 500t 为一批，每批抽样数量不应少于一次。

检验方法：检查质量证明文件和抽样检验报告。

③当使用中水泥质量受不利环境影响或水泥出厂超过三个月(快硬硅酸盐水泥超过一个月)时，应进行复验，并应按复验结果使用。

(2)粗骨料。粗骨料宜选用粒形良好、质地坚硬的洁净碎石或卵石，并应符合下列规定：

①粗骨料最大粒径不应超过构件截面最小尺寸的 1/4，且不应超过钢筋最小净间距

的 3/4；对实心混凝土板，粗骨料的最大粒径不宜超过板厚的 1/3，且不应超过 40mm；粗骨料宜采用连续粒级，也可用单粒级组合成满足要求的连续粒级；含泥量、泥块含量指标应符合表 5-7 的规定。

表 5-7 粗骨料的含泥量和泥块含量(%)

混凝土强度等级	≥C60	C55～C30	≤C25
含泥量(按质量计)	≤0.5	≤1.0	≤2.0
泥块含量(按质量计)	≤0.2	≤0.5	≤0.7

(3)细骨料。细骨料宜选用级配良好、质地坚硬、颗粒洁净的天然砂或机制砂，并应符合下列规定：

①细骨料宜选用Ⅱ区中砂。当选用Ⅰ区砂时，应提高砂率，并应保持足够的胶凝材料用量，同时应满足混凝土的工作性要求；当采用Ⅲ区砂时，宜适当降低砂率。

②混凝土细骨料中氯离子含量，对钢筋混凝土，按干砂的质量百分率计算不得大于 0.06%；对预应力混凝土，按干砂的质量百分率计算不得大于 0.02%；

③含泥量、泥块含量指标应符合表 5-8 规定。

表 5-8 细骨料的含泥量和泥块含量(%)

混凝土强度等级	≥C60	C55～C30	≤C25
含泥量(按质量计)	≤2.0	≤3.0	≤5.0
泥块含量(按质量计)	≤0.5	≤1.0	≤2.0

④海砂应符合现行行业标准《海砂混凝土应用技术规范》JGJ 206 的有关规定。

⑤对粗骨料、细骨料进行检验时，不超过 400m^3 或 600t 为一检验批。

配制混凝土时宜优先选用Ⅱ区砂。当采用Ⅰ区砂时，应提高砂率，并保持足够的水泥用量，满足混凝土的和易性；当采用Ⅲ区砂时，宜适当降低砂率；当采用特细砂时，应符合相应的规定。配制泵送混凝土，宜选用中砂。

(4)外加剂。外加剂的选用应根据设计、施工要求，混凝土原材料性能以及工程所处环境条件等因素通过试验确定，并应符合下列规定：当使用碱活性骨料时，由外加剂带入的碱含量(以当量氧化钠计)不宜超过 1.0kg/m^3，混凝土总碱含量还应符合现行国家标准《混凝土结构设计规范》GB 50010 等的有关规定；不同品种外加剂首次复合使用时，应检验混凝土外加剂的相容性。

(5)混凝土用水。当采用饮用水作为混凝土用水时，可不检验。当采用中水、搅拌站清洗水或施工现场循环水等其他水源时，应对其成分进行检验。检验应符合现行行业标准《混凝土用水标准》JGJ 63 的有关规定。

①混凝土拌和用水水质要求应符合表 5-9 的要求。对于设计使用年限为 100 年的结构混凝土，氯离子含量不得超过 500mg/L；对使用钢丝或经热处理钢筋的预应力混凝土，氯离子含量不得超过 350mg/L。

表 5-9 混凝土拌和用水水质要求

项目	预应力混凝土	钢筋混凝土	素混凝土
pH 值	≥5.0	≥4.5	≥4.5
不溶物(mg/L)	≤2000	≤2000	≤5000
可溶物(mg/L)	≤2000	≤5000	≤10000
CI^- (mg/L)	≤500	≤1000	≤3500
SO_4^{2-} (mg/L)	≤600	≤2000	≤2700
碱含量(rag/L)	≤1500	≤1500	≤1500

注:碱含量按 $Na_2O+0.658\ K_2O$ 计算值来表示。采用非碱活性骨料时,可不检验碱含量。

②养护用水除可不检验不溶物与可溶物外,其余同拌和用水要求。

③未经处理的海水严禁用于钢筋混凝土结构和预应力混凝土结构中混凝土的拌制和养护。

2. 混凝土施工配合比

混凝土应按国家现行标准《普通混凝土配合比设计规程》(JGJ 55—2011)的有关规定,根据混凝土强度等级、耐久性和工作性等要求进行配合比设计。

混凝土的配合比是在实验室根据初步计算的配合比经过试配和调整而确定的,称为实验室配合比。实验室配合比所用的砂、石是完全干燥、不含水分的。而在现场施工中,砂、石两种材料都采用露天堆放,不可避免地含有一些水分,其含水量随气候变化而变化,配料时必须把这部分材料所含水量考虑进去,才能保证混凝土配合比的准确。因此在施工时应及时测量砂、石的含水率,并将混凝土的实验室配合比换算成施工配合比。

设实验室配合比为 m(水泥)∶m(砂子)∶m(石子)$=1:x:y$,并测得砂子的含水量为 W_x,石子的含水量为 W_y,则施工配合比应为 $1:x(1+W_x):y(1+W_y)$。

按实验室配合比 $1m^3$ 混凝土水泥用量为 C(kg),计算时确保混凝土水灰比(W/C)不变(W 为用水量),现场的实际用水量要减去砂、石中的含水量。

在求出每立方米混凝土材料用量后,还必须根据工地现有搅拌机出料容量确定每次需用几袋水泥,然后按水泥用量来计算砂石的每次拌用量。

5.4.2 混凝土制备

混凝土的制备主要就是将水泥、粗骨料、细骨料、水、外加剂等进行混合及搅拌均匀的过程。

1. 混凝土搅拌机

混凝土搅拌机按搅拌原理分为自落式搅拌机和强制式搅拌机两类。自落式搅拌机多用于搅拌塑性混凝土和低流动性混凝土。强制式搅拌机主要用于搅拌干硬性混凝土和轻骨料混凝土。总体而言,强制式搅拌机的搅拌效果更好一些,所以选择搅拌机时宜采用强制式搅拌机。

搅拌机的容量有三种表示方式,即出料容量、进料容量和几何容量。出料容量即公称容量,是搅拌机每次从搅拌筒内可卸出的最大混凝土体积;几何容量则是指搅拌筒内的几何容积;而进料容量是指搅拌前搅拌筒可容纳的各种原材料的累计体积。出料容量与进料容量间的比值称为出料系数，其值一般为0.60～0.70，通常取0.67。进料容量与几何容量的比值称为搅拌筒的利用系数，其值一般为0.22～0.40。我国规定混凝土搅拌机以其出料容量(m^3)×1000为标定规格，故国内混凝土搅拌机的系列为：50、150、250、350、500、700、1000、1500和3000。如JZ250型搅拌机的容量为0.25m^3。

2.搅拌制度

为拌制出均匀优质的混凝土，除正确地选择搅拌机的类型外，还必须正确地确定搅拌制度，搅拌制度主要包括搅拌时间、投料顺序等。

(1)搅拌时间。搅拌时间应为全部材料投入搅拌筒起，到开始卸料为止所经历的时间。它是影响混凝土质量及搅拌机生产率的一个主要因素。搅拌时间过短，混凝土不均匀；搅拌时间过长，会降低搅拌机的生产效率，同时会使不坚硬的骨料破碎、脱角，有时还会发生离析现象，从而影响混凝土的质量。因此，应兼顾技术要求和经济合理性，确定合适的搅拌时间。混凝土搅拌的最短时间可按表5-10确定。

表5-10　混凝土搅拌的最短时间(s)

混凝土坍落度(mm)	搅拌机机型	搅拌机出料量(L)		
		＜250	250～500	＞500
≤40	强制式	60	90	120
＞40且＜100	强制式	60	60	90
≥100	强制式	60		

注：1.混凝土搅拌时间是指从全部材料装入搅拌桶中起，到开始卸料时止的时间段；

2.当掺有外加剂与矿物掺合料时，搅拌时间应适当延长；

3.采用自落式搅拌机时，搅拌时间宜延长30s；

4.当采用其他形式的搅拌设备时，搅拌的最短时间也可按照设备说明书的规定或经试验确定。

(2)投料顺序。根据投料方案不同，投料顺序分为一次投料法和二次投料法。

①一次投料法是指将原材料按照“石子→水泥→砂子→水”的顺序一次性投入搅拌机械内，同时进行搅拌。

②二次投料法有先拌水泥净浆法、先拌砂浆法、水泥裹砂法和水泥裹砂石法等，是分次投料、分次搅拌的施工方法。具体概念如下：

a.先拌水泥净浆法是指先将水泥和水充分搅拌成均匀的水泥净浆后，再加入砂和石搅拌成混凝土。

b.先拌砂浆法是指先将水泥、砂和水投入搅拌筒内进行搅拌，成为均匀的水泥砂浆后，再加入石子搅拌成均匀的混凝土。

c.水泥裹砂法是指先将全部砂子投入搅拌机中，并加入总拌和水量70%左右的水(包括砂子的含水量)，搅拌10s～15s，再投入水泥搅拌30s～50s，最后投入全部石子、剩余水及外加剂，再搅拌50s～70s后出罐。

d.水泥裹砂石法是指先将全部的石子、砂和70%拌和水投入搅拌机，拌和15s，使骨料湿润，再投入全部水泥搅拌30s左右，然后加入30%拌和水再搅拌60s左右即可。

搅拌好的混凝土要卸尽，在混凝土全部卸出之前，不得再投入拌和料，更不得采取边出料边进料的方法。混凝土搅拌完毕，应将混凝土全部卸出，倒入石子和清水，搅拌5～

10min，把粘在料筒上的砂浆冲洗干净后全部卸出。料筒内不得有积水，以免料筒和叶片生锈，同时还应清理搅拌筒以外积灰，使机械保持清洁完好。

3. **混凝土搅拌站**

当混凝土需要量较大时，可在施工现场设置混凝土搅拌站或订购商品混凝土搅拌站供应的商品（预拌）混凝土。大规模混凝土搅拌站采用自动上料系统，各种材料单独自动称量配料，卸入锥形料斗后进入搅拌机，粉煤灰、外加剂自动添加，如图 5－50 所示。

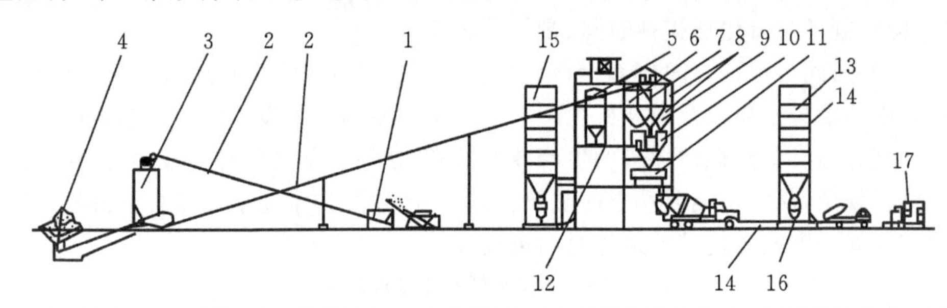

1—砂子上料斗；2—皮带机；3—砂子料仓；4—石子料坑；5—粉煤灰储料仓；6—石子储料仓；7—砂石分料斗；8—水泥储料仓；9—砂子储料仓；10—称量系统；11—搅拌机；12—粉煤灰螺旋输送机；13—水泥筒仓；14—气力输送管；15—粉煤灰筒仓；16—单仓泵；17—空压机房。

图 5－50　大型搅拌站示意图

小型混凝土搅拌站常设在施工现场，大型混凝土搅拌站专门设置，搅拌好的混凝土通过搅拌运输车运输。

混凝土搅拌站制备工艺一般包括原料贮存、称量配料和搅拌等工序。

集中预拌混凝土是混凝土拌制的发展方向，目前在国内一些大中城市发展得很快，一些城市已规定必须采用预拌混凝土（也称商品混凝土），不得现场拌制混凝土。

4. **混凝土开盘鉴定**

对首次使用的混凝土配合比应进行开盘鉴定，开盘鉴定应包括下列内容：混凝土的原材料与配合比设计所采用原材料的一致性；出机混凝土工作性与配合比设计要求的一致性；混凝土强度；混凝土凝结时间；工程有要求时，还应包括混凝土耐久性能等。

开盘鉴定一般可按照下列要求进行组织：施工现场拌制的混凝土，其开盘鉴定由监理工程师组织，施工单位项目部技术负责人、混凝土专业工长和试验室代表等共同参加。预拌混凝土搅拌站的开盘鉴定，由预拌混凝土搅拌站总工程师组织，搅拌站技术、质量负责人和试验室代表等参加，当有合同约定时应按照合同约定进行。

5.4.3　混凝土及其他物料运输

混凝土及其他材料的运输过程包括场外运输、场内运输两部分，按照运输状态又可分为地面水平运输、垂直运输、楼面水平运输三个过程。

1. **运输要求**

混凝土运输中应保持匀质性，不应产生分层离析现象，不应漏浆；如有离析现象，必须在浇筑前进行二次搅拌。运至浇筑地点应具有规定的坍落度，并保证混凝土在初凝前能有充分的时间进行浇筑。

混凝土的运输中的全部时间不应超过混凝土的初凝时间。混凝土运输、输送入模的过程应保证混凝土连续浇筑，从运输到输送、入模的延续时间需符合表 5－11、表 5－12

的规定。掺早强型减水剂、早强剂的混凝土,以及有特殊要求的混凝土,应根据设计及施工要求,通过试验确定允许时间。

表 5-11 运输到输送的延续时间(min)

条件	气温	
	≤25℃	≥25℃
不掺外加剂	90	60
掺外加剂	150	120

表 5-12 运输、输送入模及其间歇总的时间限值

条件	气温	
	≤25℃	≥25℃
不掺外加剂	180	150
掺外加剂	240	210

2. 混凝土运输设备

混凝土运输设备的选择应根据建筑物的结构特点、运输的距离、运输量、地形及道路条件、现有设备情况等因素综合考虑确定。

地面运输时,短距离多用双轮手推车、机动翻斗车;长距离宜用自卸汽车、混凝土搅拌运输车。垂直运输可采用各种井架、龙门架和塔式起重机作为垂直运输工具。对于浇筑量大、浇筑速度比较稳定的大型设备基础和高层建筑,宜采用混凝土泵,也可采用自升式塔式起重机或爬升式塔式起重机运输。楼面水平运输可采用塔式起重机、手推车。

(1)手推车。双轮手推车运输混凝土的容量为 0.1～0.12m^3,操作灵活、装卸方便,适用于楼地面混凝土水平运输。

(2)机动翻斗车。机动翻斗车车前装有料斗,具有轻便灵活、结构简单、转弯半径小、速度快、能自动卸料等特点,适用于短距离混凝土水平运输。

(3)自卸汽车。自卸汽车是以载重汽车作驱动力,在其底盘上装有一套液压举升设备,能使车厢升降,以便自卸物料;适用于远距离和混凝土需用量大的水平运输。

(4)混凝土搅拌运输车。混凝土搅拌运输车是在载重汽车或专用汽车的底盘上装有一个梨形反转出料的搅拌机,它兼有运载混凝土和搅拌混凝土的双重功能。它可在运送混凝土的同时,对其缓慢地搅拌,以防止混凝土产生离析或初凝,从而保证混凝土的质量,如图 5-51 所示。混凝土搅拌运输车搅拌筒的容量为 4～20m^3,适用于混凝土远距离运输使用,是

图 5-51 混凝土搅拌运输车

预拌(商品)混凝土必备的运输机械。

(5)泵送混凝土。泵送混凝土是利用混凝土泵的压力将混凝土通过管道输送到浇筑地点,一次完成水平运输和垂直运输。混凝土泵送运输具有输送能力大(最大水平输送距离可达 800m,最大垂直输送高度可达 300m)、效率高、连续作业、节省人力等优点,是施工现场运输混凝土的较先进的方法。根据其特征泵送混凝土方式主要有地泵(拖泵)和汽车泵(混凝土泵送车)两类,其运输系统由混凝土泵、输送管和布料装置组成。

①地泵。混凝土泵按作用原理分为液压活塞式、挤压式和气压式三种。液压活塞式混凝土泵工作原理详见图 5-52。

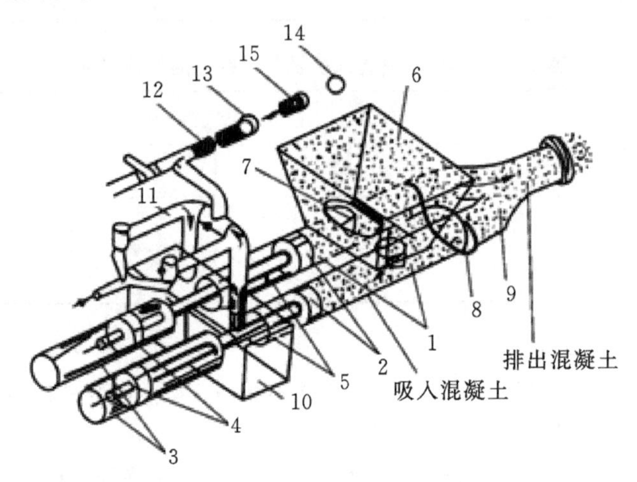

1—混凝土缸;2—混凝土活塞;3—液压缸;4—液压活塞;5—活塞杆;6—受料斗;7—吸入端水平片阀;8—排出端竖直片阀;9—Y 型输送管;10—水箱;11—水洗装置换向阀;12—水洗用高压软管;13—水洗用法兰;14—海绵球;15—清洗活塞。

图 5-52 液压活塞式混凝土泵工作原理图

泵管安装连接应严密,输送泵管道转向宜平缓。泵管的内径要求为:当混凝土粗骨料最大粒径不大于 25mm 时,可采用内径不小于 125mm 的输送泵管;混凝土粗骨料最大粒径不大于 40mm 时,可采用内径不小于 150mm 的输送泵管。

布料装置(布料杆)应根据工地的实际情况和条件来选择,可 360°回转,能俯仰和展折变幅,在臂架长度范围内实现三维立体空间的全方位浇筑,无浇筑死角,能方便地实现墙体、管、柱、桩等各种施工作业的混凝土浇筑,布料杆的内径宜与泵管内径相同。

②汽车泵。汽车泵将混凝土泵、泵管和布料杆集成到一辆运输车上,图 5-53 为我国三一重工股份有限公司生产的 C8 系列混凝土泵车,布料杆长可达 60m,对于普通的多层、小高层结构应用简便、高效。

图 5-53 汽车泵

泵送混凝土的坍落度宜为 100~230mm。为了提高混凝土的流动性,减小混凝土与输送管内壁摩阻力,防止混凝土离析，宜掺入适量的外加剂。

3. 其他垂直运输设备

除上文所述的混凝土泵外，其他常见的垂直运输机械主要有塔式起重机、施工升降机(含施工电梯、龙门架、井架等)等。

(1)塔式起重机。

①塔式起重机的分类。按照塔式起重机的特征不同，塔式起重机可分为：上回转式、下回转式、固定式、轨道式、自升式、内爬式、快装式、履带式、轮胎式、汽车式、小车变幅式、动臂变幅式、桅杆式等类型起重机。

上回转式塔式起重机的特点是塔身不转动，回转支承以上的动臂、平衡臂部分，通过回转机构和回转支承，能绕塔身中心线做全回转。

下回转式塔式起重机的特点是回转支承装在底座与转台之间，因此回转支承以上各部分如转台、塔身和动臂等一起回转。

固定式塔式起重机将塔身基础固定在地基基础或结构物上，塔身不能行走。

轨道式塔式起重机是一种可以在轨道上负荷行走的塔式起重机，有的只能在直线轨道上行驶，有的可沿 L 形或 U 形轨道行驶。

自升式塔式起重机架体中安装了具有液压提升设备的套架，可以通过该套架在已有架体上安装新的标准节以提高架体高度。现有的自升式塔式起重机多通过支撑附着在建(构)筑物上，对于这种形式又称为附着自升式塔式起重机，见图 5-54。

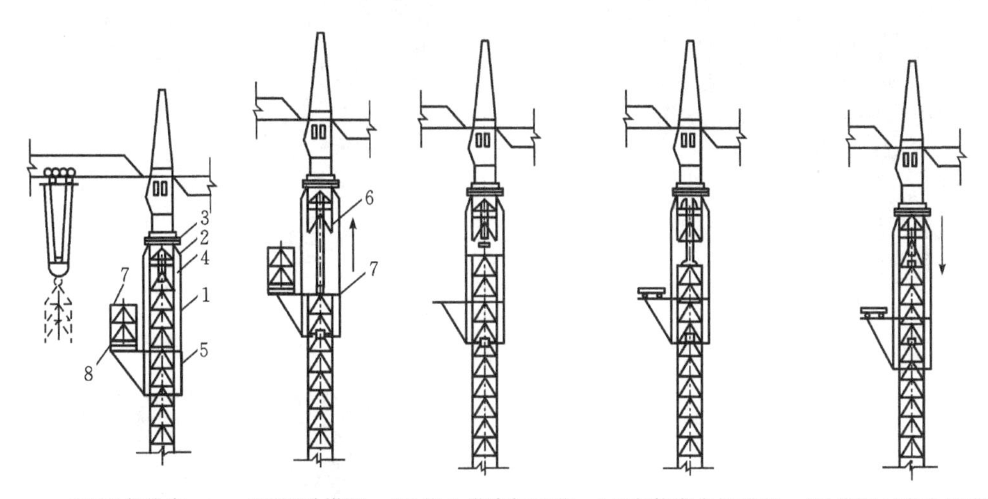

(1)准备状态　(2)顶升塔顶　(3)推入塔身标准节　(4)安装塔身标准节　(5)塔顶与塔身连成整体

1—顶升套架；2—液压千斤顶；3—承座；4—顶升横梁；
5—定位销；6—过渡节；7—标准节；8—摆渡小车。

图 5-54　附着式塔吊起重机的升顶过程

内爬式塔式起重机是一种安装在建筑物内部电梯井或楼梯间里的塔式起重机，可以随施工进程逐步向上爬升。除专用内爬式塔机外，普通自升式塔吊通过改造也可作为内爬式塔机使用。

快装式塔式起重机可以进行折叠运输，是一种自行整体架设的快速安装塔式起重机。

履带式塔式起重机是一种起重作业部分装在履带底盘上，行走时依靠履带装置的流动式起重机。

轮胎式塔式起重机是指利用轮胎式底盘行走的动臂旋转起重机，一般需要其他动力设备进行拖行。

汽车式塔式起重机是一种装有起重设备，专门用来完成吊装任务的专用汽车。

小车变幅式塔式起重机是在水平起重臂轨道上安装的小车行走实现变幅的塔式起重机。

动臂变幅式塔式起重机是一种通过调整臂架的倾角进行变幅的塔式起重机。

除以上的塔式起重机外，还有桅杆式起重机也较为常用。

根据《建筑机械与设备产品型号编制方法》(JG/T 5093—1997)的规定，起重机的型号例如："QTZ－80"含义如下：QTZ——起重机、塔式、自升；80——最大起重力矩(kN·m)。塔式起重机是起(Q)重机大类的塔(T)式起重机组，故前两个字母为QT。特征代号中，自升式用Z，下回转式用X，快装式用K，汽车式用Q，轮胎式用L，履带式用U，具体如下：QT——塔式起重机(固定式、轨道式均以此表示)；QTZ——上回转自升式塔式起重机；QTX——下回转式塔式起重机；QTK——快速安装式塔式起重机；QTP——内爬升式塔式起重机；QTQ——汽车式塔式起重机；QTL——轮胎式塔式起重机；QTU——履带式塔式起重机；QW——桅杆式起重机。

并且，同一台起重机可能同时拥有数项特征，此时多数生产厂家主要根据其中某一个明显特征对型号进行编号，各种类型的起重设备参见图5-55至图5-65。

图5-55　动臂式起重机(上回转、自升)

图5-56　汽车式起重机

图5-57　轮胎式起重机

图5-58　履带式起重机

图5-59 固定式(小车变幅)起重机

图5-60 下回转式起重机

图5-61 快装式塔式起重机(快装过程)

图5-62 小车变幅式起重机(上回转、附着、自升)

图5-63 轨道式起重机(上回转、动臂变幅)

图 5-64 内爬式起重机(爬架基础部分)

图 5-65 桅杆式起重机

②塔式起重机的主要性能参数。

塔式起重机的主要性能参数包括回转幅度、起重量、起重力矩、起升高度等参数。

回转幅度,又称回转半径或工作半径,即塔吊回转中心线至吊钩中心线的水平距离。幅度又包括最大幅度与最小幅度两个参数。高层建筑施工选择塔式起重机时,首先应考察该塔吊的最大幅度是否能满足施工需要。

起重量,是指塔式起重机在各种工况下安全作业所容许的起吊重物的最大重量。起重量包括所吊重物和吊具的重量。它是随着工作半径的加大而减少的。

起重力矩(单位 kN·m)指的是塔式起重机的幅度与相应于此幅度下的起重量的乘积,能比较全面和确切地反映塔式起重机的工作能力。初步确定起重量和幅度参数后,还必须根据塔吊技术说明书中给出的资料,核查是否超过额定起重力矩。

起升高度是指自轨面或混凝土基础顶面至吊钩中心的垂直距离,其大小与塔身高度及臂架构造形式有关。一般应根据构筑物的总高度、预制构件或部件的最大高度、脚手架构造尺寸及施工方法等综合确定起升高度。

③塔式起重机的安拆与使用要点。塔式起重机负责的运输量大、运距高,对施工成本、进度、质量、安全都有着非常重要的意义。根据《建筑施工塔式起重机安装、使用、拆卸安全技术规程》(JGJ 196—2010),其验收、安拆、使用的要点如下:

塔式起重机安装、拆卸作业应配备下列人员:持有安全生产考核合格证书的项目负责人和安全负责人、机械管理人员;具有建筑施工特种作业操作资格证书的建筑起重机械安装拆卸工、起重司机、起重信号工、司索工等特种作业操作人员。

塔式起重机启用前应检查下列项目:塔式起重机的备案登记证明等文件、建筑施工特种作业人员的操作资格证书、专项施工方案、辅助起重机械的合格证及操作人员资格证书。

有下列情况之一的塔式起重机严禁使用:国家明令淘汰的产品;超过规定使用年限经评估不合格的产品;不符合国家现行相关标准的产品;没有完整安全技术档案的产品。

当多台塔式起重机在同一施工现场交叉作业时,应编制专项方案,并应采取防碰撞的安全措施。任意两台塔式起重机之间的最小架设距离应符合下列规定:低位塔式起重机的起重臂端部与另一台塔式起重机的塔身之间的距离不得小于 2m;高位塔式起重机的最低位置的部件(或吊钩升至最高点或平衡重的最低部位)与低位塔式起重机中处于最高位置部件之间的垂直距离不得小于 2m。

塔式起重机使用时,起重臂和吊物下方严禁有人员停留;物件吊运时,严禁从人员上方通过。严禁用塔式起重视载运人员。

内爬式塔式起重机的基础、锚固、爬升支承结构等应根据使用说明书提供的荷载进行设计计算,并应对内爬式塔式起重机的建筑承载结构进行验算。

塔式起重机的力矩限制器、重量限制器、变幅限位器、行走限位器、高度限位器等安全保护装置不得随意调整和拆除,严禁用限位装置代替操纵机构。

塔式起重机的主要部件和安全装置等应进行经常性检查,每月不得少于一次,并应有记录;当发现有安全隐患时,应及时进行整改。

当塔式起重机使用周期超过一年时,应按国家的规范要求进行一次全面检查,合格后才可继续使用。

(2)施工升降机。施工升降机是高层建筑施工中不可缺少的关键设备之一。根据《施工升降机安全使用规程》(GB/T 34023—2017)第 4.1 条:施工升降机可分为人货两用升降机和货用升降机两种,俗称的“龙门架及井架物料提升机”见图 5-66、图 5-67、图 5-68。

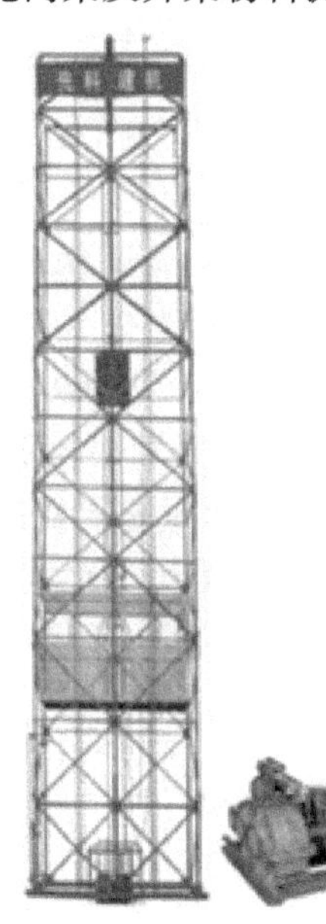

图 5-66　施工电梯　　图 5-67　井架　　图 5-68　龙门架

根据《施工升降机安全使用规程》(GB/T 34023—2017)规定,主要有以下要求及注意事项:

①人货两用升降机有完全封闭的吊笼,可运送货物和人。

②货用升降机可只配有侧围壁而不必完全封闭,正常时只能运货而不能运人。

③与升降机供应、安装、使用相关的所有人员都必须经过充分的培训,且有履行自己职责的能力。

④升降机的选择,应使预定的有效载荷、任何机械性搬运设备(例如托盘搬运车)、乘员以及与吊笼运载装置正在或卸载有关的人员的组合质量,不超过额定载荷。

⑤升降机首次安装时一般不可能将其安装到最后的最高层站,大多数升降机是在随后的工作进程中加高。

⑥升降机的检查包括日常检查、每周检查、全面检查三种类型。

A. 日常检查是指每半个或每个工作日开始时按照使用说明进行使用前检查。

B. 每周检查是指除了每工作日使用前检查外,还应进行每周检查。

C. 全面检查是指在新工地(或新位置)安装之后、移交给客户投入使用之前或重新配置之后移交使用之前或异常情况发生之后都需要进行的检查。此外还需要按照规定的时间间隔进行全面检查。时间间隔的具体要求为:人货两用升降机应至少每 6 个月由专业人员进行一次全面检查,货用升降机应至少每 12 个月由专业人员进行一次全面检查。

⑦升降机的功能试验主要为载荷试验和坠落试验。这两种试验都需要在全面检查的基础上进行,具体如下:载荷试验先用 100%的额定载荷进行试验,再按照相关标准和制造商使用说明书规定的超载载荷进行试验;坠落试验是为确定超速安全装置是否工作正常,所有升降机应至少每 3 个月进行一次无载荷坠落试验,而人货两用升降机每 6 个月还应额外进行一次带额定载荷的坠落试验。

此外,龙门架、井架也属于货用升降机(物料提升机)的范畴,除上述要求外还有《龙门架及井架物料提升机安全技术规范》(JGJ 88—2010)这一标准对其提出了更多要求。根据该标准,龙门架、井架还有如下相关要求及注意事项:

A. 龙门架、井架是由标准节或标准件组成架体,由滑轮组及钢丝绳组成传动机构,再配上卷扬机作动力,使装载物料的吊篮在架体内升降的起重设备。

B. 龙门架、井架额定起重量不宜超过 160kN;安装高度不宜超过 30m。当安装高度超过 30m 时,物料提升机除应具有起重量限制、防坠保护、停层及限位功能外,尚应符合下列规定:吊笼应有自动停层功能,停层后吊笼底板与停层平台的垂直高度偏差不应超过 30mm;防坠安全器应为渐进式;应具有自升降安拆功能;应具有语音及影像信号。

C. 龙门架、井架自由端高度不宜大于 6m;附墙架间距不宜大于 6m。

D. 当荷载达到额定起重量的 90%时,起重量限制器应发出警示信号;当荷载达到额定起重量的 110%时,起重量限制器应切断上升主电路电源。

5.4.4 混凝土浇筑与振捣

混凝土浇筑前应按照前文要求对模板与模板支撑、钢筋进行检查,此外还应检查预埋件位置和数量是否符合图纸要求,并填写隐蔽工程记录。

1. 混凝土的浇筑

(1)浇筑混凝土前,应清除模板内或垫层上的杂物;表面干燥的地基、垫层、模板上应洒水湿润;现场环境温度高于 35℃时,宜对金属模板进行洒水降温;洒水后不得留有积水。

混凝土浇筑应保证混凝土的均匀性和密实性。混凝土应连续浇筑。当必须间歇时,间歇时间宜缩短,并应在下层混凝土初凝前,将上层混凝土浇筑完毕。混凝土从搅拌机中卸出,经运输、浇筑及间歇的全部时间不得超过有关规范的规定,否则应留置施工缝。

(2)根据《混凝土结构工程施工规范》(GB 50666—2011)第 8.3.6 条的规定,柱、墙模板内的混凝土浇筑不得发生离析,倾落高度应符合表 5-13 规定;当不能满足要求时,应加设串筒、溜管、溜槽等装置(见图 5-69)。

表 5-13 柱、墙模板内混凝土浇筑落高度限值

条 件	浇筑倾落高度限值(m)
粗骨料粒径大于 25mm	≤3
粗骨料粒径小于等于 25mm	≤6

注:当有可靠措施能保证混凝土不产生离析时,混凝土倾落高度可不受本表限制。

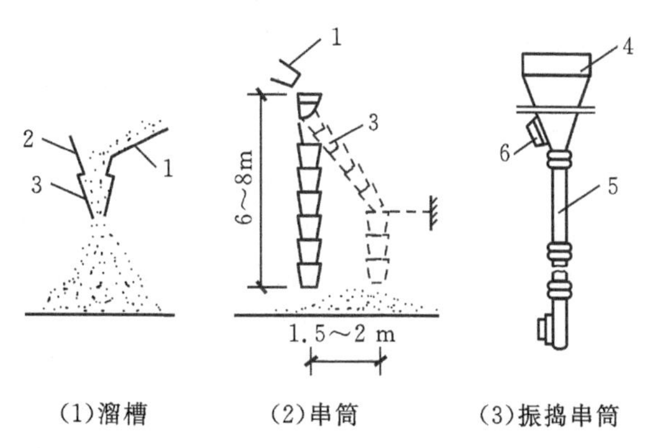

(1)溜槽　　(2)串筒　　(3)振捣串筒

1—溜槽;2—挡板;3—串筒;4—漏斗;5—节管;6—振动器。

图5-69　溜槽与串筒

(3)混凝土浇筑层厚度。混凝土分层振捣的最大厚度应符合表5-14的规定,可参见《混凝土结构工程施工规范》(GB 50666—2011)第8.4.6条。

表5-14　混凝土分层振捣的最大厚度

振捣方法	混凝土分层振捣最大厚度
振动棒	振动棒作用部分长度的1.25倍
平板振动器	200mm
附着振动器	根据设置方式,通过试验确定

(4)混凝土的坍落度、维勃稠度允许偏差应符合表5-15的要求,可参见《混凝土结构工程施工规范》(GB 50666—2011)第7.6.8条。

表5-15　混凝土坍落度、维勃稠度的允许偏差

坍落度(mm)			
设计值(mm)	≤40	50～90	≥100
允许偏差(mm)	±10	±20	±30
维勃稠度(s)			
设计值(s)	≥11	10～6	≤5
允许偏差(s)	±3	±2	±1

(5)一般情况下,当浇筑与柱墙连成整体的梁和板时,应在柱和墙浇筑完毕后停歇1～1.5h,使混凝土初步沉实后再继续浇筑梁和板。梁和板的混凝土宜同时浇筑,较大尺寸的梁(梁高度大于1m)可单独浇筑。

(6)施工缝的留设与处理。混凝土浇筑时由于施工技术(安装上部钢筋、重新安装模板和脚手架、限制支撑结构上的荷载等)或施工组织(工人换班、设备损坏、待料等)的原因,不能连续将结构整体浇筑完成,且停歇时间超过混凝土的初凝时间时,则应在适当的部位留置施工缝。根据《混凝土结构工程施工规范》(GB 50666—2011)第8.6节,施工缝的留设应满足如下要求:

①施工缝和后浇带的留设位置应在混凝土浇筑前确定。施工缝和后浇带宜留设在结构受剪力较小且便于施工的位置。受力复杂的结构构件或有防水抗渗要求的结构构件,施工缝留设位置应经设计单位确认。

②水平施工缝的留设位置应符合下列规定:柱、墙施工缝可留设在基础、楼层结构顶面,柱施工缝与结构上表面的距离宜为0～100mm,墙施工缝与结构上表面的距离宜为0～300mm;柱、墙施工缝也可留设在楼层结构底面,施工缝与结构下表面的距离宜为0～50mm;当板下有梁托时,可留设在梁托下0～20mm;如图5-70所示,高度较大的柱、墙、梁以及厚度较大的基础,可根据施工需要在其中部留设水平施工缝;当因施工缝留设改变受力状态而需要调整构件配筋时,应经设计单位确认;特殊结构部位留设水平施工缝应经设计单位确认,施工缝宜留在结构受力(剪力)较小且便于继续施工的部位。

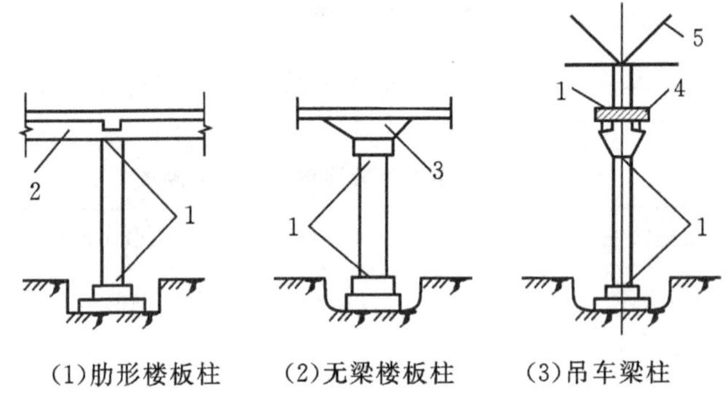

1—施工缝;2—梁;3—柱帽;4—吊车梁;5—屋架。

图5-70　柱施工缝的位置

③竖向施工缝和后浇带的留设位置应符合下列规定:有主次梁的楼板施工缝应留设在次梁跨度中间1/3范围内,如图5-71所示;单向板施工缝应留设在与跨度方向平行的任何位置;楼梯梯段施工缝宜设置在梯段板跨度端部1/3范围内;墙的施工缝宜设置在门洞口过梁跨中1/3范围内,也可留设在纵横墙交接处;后浇带留设位置应符合设计要求;特殊结构部位留设竖向施工缝应经设计单位确认。

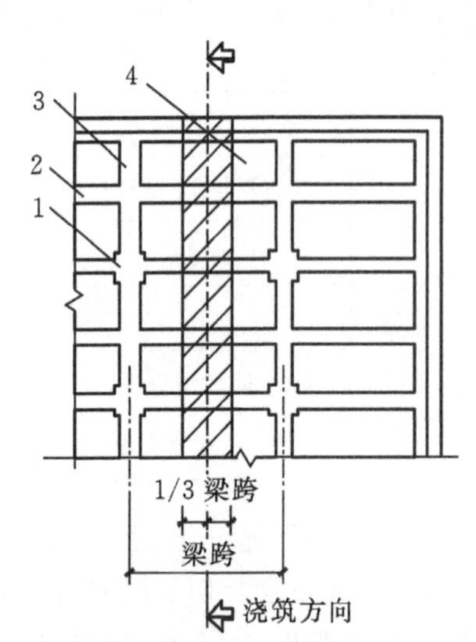

1—柱;2—主梁;3—次梁;4—板。

图5-71　有梁板的施工缝位置

④此外,对于有防水、抗渗要求的位置,根据《地下工程防水技术规范》(GB 50108—2008)第4.1.24条的要求,防水混凝土应连续浇筑,宜少留施工缝。当留设施工缝时,应符合下列规定:

A.墙体水平施工缝不应留在剪力最大处或底板与侧墙的交接处,应留在高出底板表面不小于300mm的墙体上。拱(板)墙结合的水平施工缝,宜留在拱(板)墙接缝线以下150～300mm处。墙体有顶留孔洞时,施工缝距孔洞边缘不应小于300mm。

B.垂直施工缝应避开地下水和裂隙水较多的地段,并宜与变形缝相结合。

C.根据《混凝土结构工程施工规范》(GB 50666—2011)第8.3.10条的要求,施工缝或后浇带处浇筑混凝土,应符合下列规定:结合面应为粗糙面,并应清除浮浆、松动石子、软弱混凝土层;结合面处应洒水湿润,但不得有积水;施工缝处已浇筑混凝土的强度不应小于1.2MPa;柱、墙水平施工缝水泥砂浆接浆层厚度不应大于30mm,接浆层水泥砂浆应与混凝土浆液成分相同;后浇带混凝土强度等级及性能应符合设计要求;当设计无具体要求时,后浇带混凝土强度等级宜比两侧混凝土提高一级,并宜采用减少收缩的技术措施。

2.混凝土的振捣

混凝土浇入模板后需对其进行振捣施工,振捣应能使模板内各个部位混凝土密实、均匀,不应漏振、欠振、过振。

混凝土振捣主要为机械振捣(见图5-72),振捣机器有插入式振动棒、平板振动器(见图5-73、图5-74)或附着振动器,必要时可采用人工辅助振捣。此外,振动台一般在实验室使用,如图5-75所示。

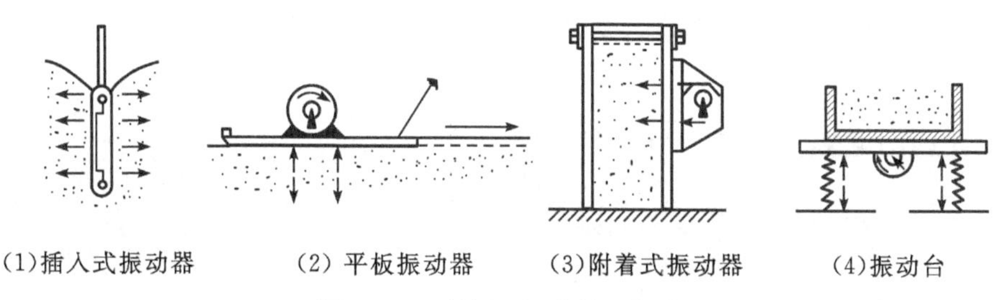

图5-72 混凝土振动器示意图

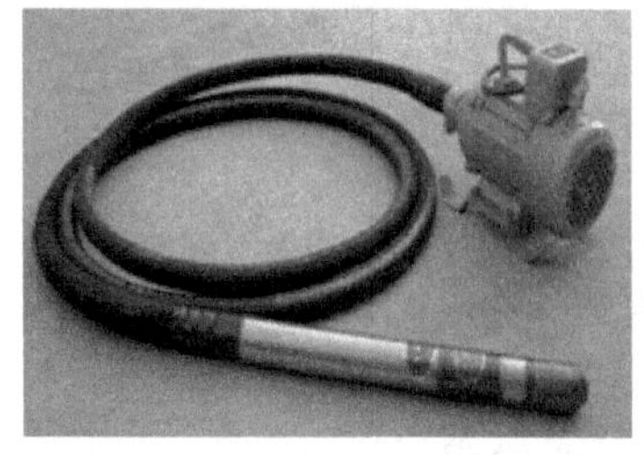

图5-73 插入式振动器实物

图5-74 平板振动器实物

图5-75 振动台实物

根据《混凝土结构工程施工规范》(GB 50666—2011)第8.4节规定,不同振动器施工时的要求如下:

(1)插入式振捣器。插入式振捣器主要适用于振捣梁、柱、墙等构件和大体积混凝土,其施工要求如下:应按分层浇筑厚度分别进行振捣,振动棒的前端应插入前一层混凝土中,插入深度不应小于50mm;振动棒应垂直于混凝土表面并快插慢拔均匀振捣;当混凝土表面无明显塌陷、有水泥浆出现、不再冒气泡时,应结束该部位振捣;振动棒与模板的距离不应大于振动棒作用半径的50%;振捣插点间距不应大于振动棒的作用半径的1.4倍。

(2)平板振动器。平板振捣器的有效作用深度,在无筋和单筋平板中为20cm,在双筋平板中约为12cm。因此,混凝土厚度一般不超过振捣器的有效作用深度。这种振动器适用于振捣楼板、空心板、渠道衬砌、道路、地面和薄壳等薄壁结构。

平板振动器振捣混凝土应符合下列规定:平板振动器振捣应覆盖振捣平面边角;平板振动器移动间距应覆盖已振实部分混凝土的边缘;振捣倾斜表面时,应由低处向高处进行振捣。

(3)附着式振捣器。附着振动器通常在装配式结构工程的预制构件和特殊现浇结构中采用。在实际施工中将表面振动器的平板拆卸下来后,将振动电机直接安装在模板上即为附着式振动器。

附着振动器振捣混凝土应符合下列规定:附着振动器应与模板紧密连接,设置间距应通过试验确定;附着振动器应根据混凝土浇筑高度和浇筑速度,依次从下往上振捣;模板上同时使用多台附着振动器时,应使各振动器的频率一致,并应交错设置在相对面的模板上。

3. **后浇带的设置**

后浇带是指为防止混凝土结构由于温度、收缩和地基不均匀沉降而产生裂缝,现浇混凝土结构施工过程中设置的预留施工间断带,见图5-76。该间断带需根据设计要求保留一段时间后再浇筑混凝土,从而将整个结构联结成整体。后浇带的具体施工要求须按照设计文件规定执行。其施工与前文中"施工缝"的处理要求一致。

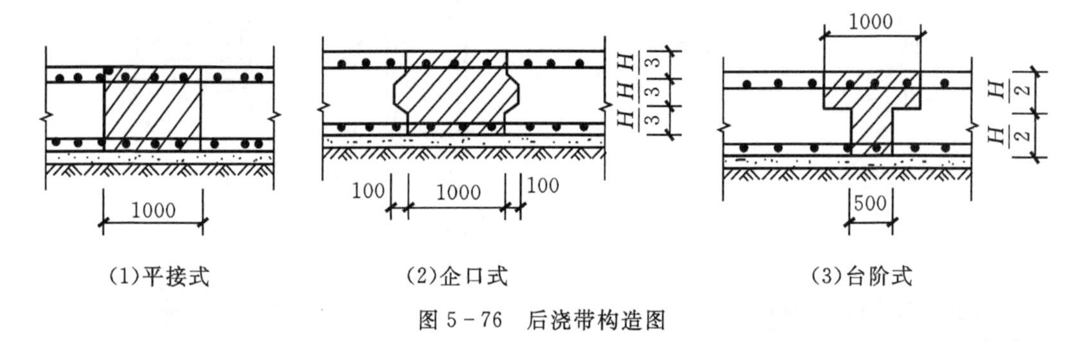

图5-76 后浇带构造图

4. **试块的留置和强度预控**

(1)试块留置。混凝土浇筑同时,需应在浇筑地点随机留置试块,其目的主要有两个方面:一方面,作为施工的辅助手段,用于检查结构或构件的强度以确定拆模、出池、吊装、张拉及临时负荷的允许时机,此种试块的留置数量,根据需要确定;另一方面,用于评定结构或构件的强度,留置数量需满足《混凝土结构工程施工质量验收规范》(GB 50204—2015)第7.4.1条的要求。

对同一配合比的混凝土,取样与试件留置应符合下列规定:每拌制100盘且不超过100m^3时,取样不得少于一次;每工作班拌制不足100盘时,取样不得少于一次;连续浇筑超过1000m^3时,每200m^3取样不得少于一次;每一楼层取样不得少于一次;每次取样应至少留置一组试件。

(2)强度不足的原因分析。混凝土强度不足主要是由于混凝土配合比设计、搅拌、现场浇筑和养护四个方面造成的。

①配合比设计方面:有时不能及时测定水泥的实际活性,影响了混凝土配合比设计的正确性;另外套用混凝土配合比时选用不当;外加剂用量控制不准;都可能导致混凝土强度不足。

②搅拌方面:任意增加用水量;配合比以质量投料,称量不准;搅拌时颠倒投料顺序及搅拌时间过短等;造成搅拌不均匀,导致混凝土强度降低。

③现场浇筑方面:主要是施工中振捣不实及发现混凝土有离析现象时,未能及时采取有效措施来纠正。

④养护方面:主要是不按规定的方法、时间,对混凝土进行养护,以致造成混凝土强度降低。

5. **大体积混凝土**

根据《大体积混凝土施工规范》(GB 50496—2018)第2.1.1条要求,大体积混凝土是指混凝土结构物实体最小尺寸不小于1m的大体量混凝土,或预计会因混凝土中胶凝材料水化引起的温度变化和收缩而导致有害裂缝产生的混凝土。

由于体积大,水泥水化热聚积在内部不易散发,内部温度显著升高,外表散热快,形成较大内外温差,内部产生压应力,外表产生拉应力,如内外温差过大(25℃以上),则混凝土表面将产生裂缝。温差越大,则拉应力越大。当拉应力超过混凝土的抗拉强度时即产生裂缝,裂缝从基底向上发展,甚至贯穿整个基础。这种裂缝比表面裂缝危害更大。

早期温度裂缝的预防方法有以下几种:优先采用水化热低的水泥(如矿渣硅酸盐水泥),或减少水泥用量;掺入适量的粉煤灰或在浇筑时投入适量毛石;放慢浇筑速度和减少浇筑厚度,采用人工降温措施;浇筑后应及时覆盖;必要时,取得设计单位同意后,可使用跳仓法分块浇筑,块和块之间留1m宽后浇带,待各分块混凝土干缩后,再浇后浇带。

5.4.5 混凝土养护

混凝土成型后,为保证水泥能充分进行水化反应,应及时进行养护。养护的目的就是为混凝土硬化创造必要的湿度和温度条件,防止由于水分蒸发或冻结造成混凝土强度降低或出现收缩裂缝、剥皮、起砂和内部酥松等现象,确保混凝土质量。

混凝土养护的方法总体上分为自然养护、热养护、标准养护三种。

1. **自然养护**

自然养护是指在自然温度大于等于5℃的状态下进行的洒水、保湿养护,主要有洒水覆盖养护、喷涂薄膜养护,常用于现浇混凝土结构施工养护。

(1)洒水覆盖养护是指在室外平均气温高于5℃的条件下,选择适当的覆盖材料并适当浇水,使混凝土在规定的时间内保持湿润环境。

(2)喷涂薄膜养护是将过氯乙烯树脂养护剂用喷枪喷涂在混凝土表面上,溶剂挥发后在混凝土表面形成一层塑料薄膜,将混凝土与空气隔绝,阻止其中水分的蒸发以保证水泥水化作用的正常进行。

根据《混凝土结构工程施工规范》(GB 50666—2011)第8.5.1至8.5.10条和《建筑结构加固工程施工质量验收规范》(GB 50550—2010)第5.3.4条,混凝土浇筑完毕后,应按施工技术方案及时采取有效的养护措施,并应符合下列规定:

①在浇筑完毕后应及时对混凝土加以覆盖并在12h以内开始浇水养护。

②混凝土浇水养护的时间如下:对采用硅酸盐水泥、普通硅酸盐水泥或矿渣硅酸盐水泥拌制的混凝土,不得少于7d;对掺用缓凝剂或大量矿物掺合料、C60以上、抗渗混凝土以及后浇带,不得少于14d。

③浇水次数应能保持混凝土处于湿润状态;混凝土养护用水的水质应与拌制用水

相同。

④采用塑料布覆盖养护的混凝土，其敞露的全部表面应覆盖严密，并应保持塑料布内表面有凝结水。

⑤混凝土强度达到1.2MPa前，不得在其上踩踏或安装模板及支架。

⑥当日平均气温低于5℃时，不得浇水。

2. **热养护**

热养护是指在人工加热的环境中使混凝土加速水化反应，主要有蓄热养护、加热养护、蒸汽养护等。

(1)蓄热养护。蓄热养护就是通过保温措施，将混凝土自身的水化热和由外界获取的热储蓄起来，使其具有合适的正温环境，继续水化增长强度。

采用蓄热养护法施工，除水泥外，粗细骨料和水都可以进行加热，以弥补硬化过程的热量损失。对水进行加热是常用的方法。其中水的加热设备比较简单，易于控制，且比热大，为砂石料的5倍，因此首先应考虑水的加热。如通过热工计算，不能满足要求时，才考虑砂、石材料的加热。

进行材料加热时，砂、石骨料加热温度不得超过40℃，水温不宜超过60℃，参见《混凝土质量控制标准》(GB 50164—2011)第6.4.5条。

该方法适用于气温在－15～＋5℃条件下，基础工程或大体积混凝土；如果气温低于－15℃，结构表面系数大于6时，则应加强保温，最好与掺入早强剂相配合。

(2)加热养护。加热养护是指一般在冬季施工中当自然气温较低时，通过加热使混凝土所处环境温度提高，保证混凝土水化反应正常进行的养护方法。常用的有电热毯法、暖棚法等。电热毯法是指在混凝土表面或模板表面铺设电热毯进行加热的养护方法。暖棚法是指将被养护的混凝土结构或构件，置于搭设的暖棚内，暖棚内设置散热器、排管、电热器或火炉等作为热源，加热棚内空气使混凝土处于正温环境下进行养护的一种方法。

(3)蒸汽养护。蒸汽养护就是将构件放置在有饱和蒸汽或蒸汽、空气混合物的养护室内，在较高的温度和相对湿度的环境中进行养护，以加速混凝土的硬化，使混凝土在较短的时间内达到规定的强度标准值。

蒸汽养护本质上也属于加热养护的一种形式，只是加热的方式为蒸汽加热，按照其压力状态又分为常压蒸汽养护和高压蒸汽养护(见图5－77、图5－78)。

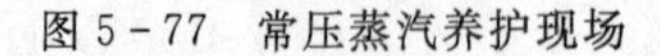

图5－77 常压蒸汽养护现场

图5－78 高压蒸汽养护现场

①常压蒸汽养护是指压力为1个标准大气压，最高温度约65～70℃的养护。具体的过程包括静置、升温、恒温、降温等程序，可参考表5－16。

表 5-16 常压蒸汽养护过程控制参考指标

序号	项目		温度与时间
1	静置期	室温 10℃以下	>12h
		室温 10～25℃	>8h
		室温 25℃以上	>6h
2	升温速度		10～15℃/h
3	恒温		65～70℃,6～8h
4	降温速度		10～15℃/h
5	降温后浸水或覆盖洒水养护		不少于 10d

②高压蒸汽养护是指在专用的蒸压釜(见图 5-79)中进行的，蒸汽压力大于等于 8 个标准大气压(常用 1MPa，即 10 个大气压)，最高温度大于等于 174.5℃(常用 180℃)的一种迅速提高混凝土强度的养护方法。具体方法可参考如下工艺：升温时每小时 0.3MPa，60 度左右，需约 3 个小时可以升至规定温度和压力；恒温时 1MPa 左右，175～185℃，4～6 小时；降温速率不宜超过升温速率，打开蒸压釜门时内部温度不超过 100℃，构件运出蒸压釜的时候与外界温度差不超过 50℃。

经过蒸压养护后，构件即可达到设计强度要求，可以有效地缩短预制时间。

3.标准养护

根据《普通混凝土力学性能试验方法标准》(GB/T 50081—2002)第 5.2.2 条、5.2.4 条要求，标准养护是指在 20±2℃，相对湿度为 95%以上的标准养护室中进行的养护，标准养护龄期为 28 天。标准养护主要适用于各类型试件、试块、芯样等。

5.4.6 质量控制与检查

1.质量检查

根据《混凝土结构工程施工规范》(GB 50666—2011)和《混凝土结构工程质量验收规范》(GB 50204—2015)的规定，混凝土结构施工质量检查可分为过程控制检查和拆模后的实体质量检查。过程控制检查应在混凝土施工全过程中，按施工段划分和工序安排及时进行；拆模后的实体质量检查应在混凝土表面未做处理和装饰前进行。

(1)混凝土结构施工过程中，应进行下列检查：

①模板。

A.模板及支架位置、尺寸；

B.模板的变形和密封性；

C.模板涂刷脱模剂及必要的表面湿润；

D.模板内杂物清理。

②钢筋及预埋件。

A.钢筋的规格、数量；

B.钢筋的位置；

C.钢筋的混凝土保护层厚度；

D. 预埋件规格、数量、位置及固定。

③混凝土拌合物。

A. 坍落度、入模温度等；

B. 大体积混凝土的温度测控。

④混凝土施工。

A. 混凝土输送、浇筑、振捣等；

B. 混凝土浇筑时模板的变形、漏浆等；

C. 混凝土浇筑时钢筋和预埋件位置；

D. 混凝土试件制作；

E. 混凝土养护。

(2)混凝土结构拆除模板后应进行下列检查：构件的轴线位置、标高、截面尺寸、表面平整度、垂直度；预埋件的数量、位置；构件的外观缺陷；构件的连接及构造做法；结构的轴线位置、标高、全高垂直度。

相关检查的具体要求如下：

①现浇结构的位置和尺寸偏差、预埋件的数量和位置、轴线偏差等检验方法应符合表 5－17 的规定。

检查数量：按楼层、结构缝或施工段划分检验批。在同一检验批内，对梁、柱和独立基础，应抽查构件数量的 10%，且不应少于 3 件；对墙和板，应按有代表性的自然间抽查 10%，且不应少于 3 间；对大空间结构，墙可按相邻轴线间高度 5m 左右划分检查面，板可按纵、横轴线划分检查面，抽查 10%，且均不应少于 3 面；对电梯井，应全数检查。

表 5－17　现浇结构位置和尺寸允许偏差及检验方法

项目			允许偏差(mm)	检验方法
轴线位置	整体基础		15	经纬仪及尺量
	独立基础		10	经纬仪及尺量
	柱、墙、梁		8	尺量
垂直度	层高	≤6mm	10	经纬仪或吊线、尺量
		＞6mm	12	经纬仪或吊线、尺量
	全高(H)≤300m		H/30000＋20	经纬仪、尺量
	全高(H)＞300m		H/10000 且≤80	经纬仪、尺量
标高	层高		±10	水准仪或拉线、尺量
	全高		±30	水准仪或拉线、尺量
截面尺寸	基础		＋15，－10	尺量
	柱、梁、板、墙		＋10，－5	尺量
	楼梯相邻踏步高差		6	尺量
电梯井	中心位置		10	尺量
	长、宽尺寸		＋25，0	尺量
表面平整度			8	2m 靠尺和塞尺量测

续表 5－17

项目		允许偏差(mm)	检验方法
预埋件中心位置	预埋板	10	尺量
	预埋螺栓	5	尺量
	预埋管	5	尺量
	其他	10	尺量
预留洞、孔中心线位置		15	尺量

注:检查轴线、中心线位置时,沿纵、横两个方向测量,并取其中偏差的较大值;H 为全高,单位为 mm。

②现浇结构的外观质量要求总体如下:

A. 不应有严重缺陷。对已经出现的严重缺陷,应由施工单位提出技术处理方案,并经监理单位认可后进行处理;对裂缝或连接部位的严重缺陷及其他影响结构安全的严重缺陷,技术处理方案还应经设计单位认可,并对经处理的部位应重新验收。

B. 现浇结构的外观质量不应有一般缺陷。对已经出现的一般缺陷,应由施工单位按技术处理方案进行处理,并对经处理的部位应重新验收。

外观质量缺陷应由监理单位、施工单位等各方根据其对结构性能和使用功能影响的严重程度按表 5－18 确定。

表 5－18　现浇结构外观质量缺陷

名称	现象	严重缺陷	一般缺陷
露筋	构件内钢筋未被混凝土包裹而外露	纵向受力钢筋有露筋	其他钢筋有少量露筋
蜂窝	混凝土表面缺少水泥砂浆而形成石子外露	构件主要受力部位有蜂窝	其他部位有少量蜂窝
孔洞	混凝土中孔穴深度和长度均超过保护层厚度	构件主要受力部位有孔洞	其他部位有少量孔洞
夹渣	混凝土中夹有杂物且深度超过保护层厚度	构件主要受力部位有夹渣	其他部位有少量夹渣
疏松	混凝土中局部不密实	构件主要受力部位疏松	其他部位有少量疏松
裂缝	裂缝从混凝土表面延伸至混凝土内部	构件主要受力部位有影响结构性能或使用功能的裂缝	其他部位有少量不影响结构性能或使用功能的裂缝
连接部位缺陷	构件连接处混凝土有缺陷及连接钢筋、连接件松动	连接部位有影响结构传力性能的缺陷	连接部位有基本不影响结构传力性能的缺陷
外形缺陷	缺棱掉角、棱角不直、翘曲不平、飞边凸肋等	清水混凝土构件有影响使用功能或装饰效果的外形缺陷	其他混凝土构件有不影响使用功能的外形缺陷
外表缺陷	构件表面麻面、掉皮、起砂等	具有重要装饰效果的清水混凝土构件有外表缺陷	其他混凝土构件有不影响使用功能的外表缺陷

2. 常见的质量缺陷与防治措施

根据《混凝土结构工程施工规范》(GB 50666—2011)第 8.9.2 至 8.9.5 条规范内容，施工过程中发现混凝土结构缺陷时，应认真分析缺陷产生的原因。对严重缺陷施工单位应制订专项修整方案，方案应经论证审批后再实施，不得擅自处理。

对一般缺陷和严重缺陷的修整还需要符合如下要求：

(1)混凝土结构外观一般缺陷修整应符合下列规定：露筋、蜂窝、孔洞、夹渣、疏松、外表缺陷，应凿除胶结不牢固部分的混凝土，应清理表面，洒水湿润后应用 1∶2～1∶2.5 水泥砂浆抹平；应封闭裂缝；连接部位缺陷、外形缺陷可与面层装饰施工一并处理。

(2)混凝土结构外观严重缺陷修整应符合下列规定：

①露筋、蜂窝、孔洞、夹渣、疏松、外表缺陷，应凿除胶结不牢固部分的混凝土至密实部位，清理表面，支设模板，洒水湿润，涂抹混凝土界面剂，应采用比原混凝土强度等级高一级的细石混凝土浇筑密实，养护时间不应少于 7d。

②开裂缺陷修整应符合下列规定：

A. 民用建筑的地下室、卫生间、屋面等接触水介质的构件，均应注浆封闭处理。民用建筑不接触水介质的构件，可采用注浆封闭、聚合物砂浆粉刷或其他表面封闭材料进行封闭。

B. 无腐蚀介质工业建筑的地下室、屋面、卫生间等接触水介质的构件，以及有腐蚀介质的所有构件，均应注浆封闭处理。无腐蚀介质工业建筑不接触水介质的构件，可采用注浆封闭、聚合物砂浆粉刷或其他表面封闭材料进行封闭。

C. 清水混凝土的外形和外表严重缺陷，宜在水泥砂浆或细石混凝土修补后用磨光机械磨平。

(3)混凝土结构尺寸偏差一般缺陷，可结合装饰工程进行修整。

5.5 预应力工程

5.5.1 预应力材料与设备

预应力的材料主要有预应力筋、锚具、夹具、连接器、制孔用管材、灌浆水泥等，主要设备包括油泵、千斤顶等。

1. 预应力筋

预应力筋的基本要求是高强度、较好的塑性以及较好的黏结性能，其主要种类有钢绞线、单根或成束的钢丝、高强钢筋(主要为精轧螺纹钢)、钢棒等。

其中，后张法施工宜采用高强度低松弛钢绞线，先张法宜采用钢绞线、刻痕钢丝、螺旋肋钢丝，对直线预应力筋或拉杆也可采用高强钢筋或钢棒。

总体而言，目前工程应用较多的为钢绞线，因为钢绞线强度高、柔性好、与混凝土握裹性能好。这也是《建筑工程预应力施工规程》(CECS 180:2005)第 3.1.1、3.1.2 条的条文解释中所推荐的。

(1)钢绞线。预应力用钢绞线的规格、性能必须符合规范《预应力混凝土用钢绞线》(GB/T 5224—2014)的规定。

常用的预应力钢绞线是由 2、3、7 或 19 根高强度钢丝构成的绞合钢缆，并经消除应力处理(稳定化处理)。常见抗拉强度等级为 1860MPa，还有 1470、1570、1670、1720、

1770、1960MPa的强度等级。其中由3根、7根绞合的抗拉强度1860MPa的钢绞线较为常见。

钢绞线的标记方法可参见《预应力混凝土用钢绞线》(GB/T 5224—2014)第4.2.1、4.2.2条的规定。

示例1:“预应力钢绞线 1×3I-8.70-1720-GB/T 5224—2014”表示:公称直径为8.70mm,抗拉强度为1720MPa的三根刻痕钢丝捻制的钢绞线。

示例2:“预应力钢绞线 1×7-15.20-1860-GB/T 5224—2014”表示:公称直径为15.20mm,抗拉强度为1860MPa的七根钢丝捻制的钢绞线。

预应力钢绞线的捻制结构如图5-79所示。

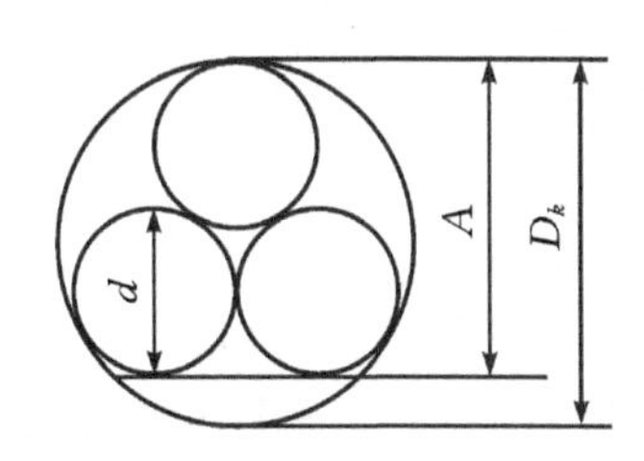

(1)三根刻痕钢丝捻制的钢绞线

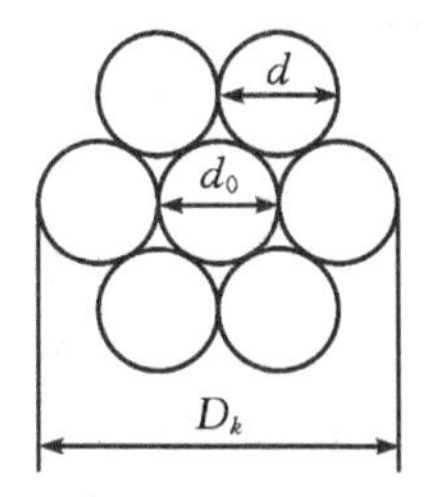

(2)七根钢丝捻制的标准型钢绞线

(3)钢绞线实物图

D_K—钢绞线直径,mm;d_0—中心钢丝直径,mm;d—外层钢丝直径,mm;A—结构钢绞线测量尺寸,mm。

图5-79　预应力钢绞线的捻制结构

(2)预应力钢丝。预应力用钢丝的规格、性能必须符合规范《预应力混凝土用钢丝》(GB/T 5223—2014)的规定,其抗拉强度有1470MPa、1570MPa、1670MPa、1770MPa、1860MPa五个等级。

根据该规范规定,钢丝按加工状态分为冷拉钢丝和消除应力钢丝两类。消除应力钢丝按松弛性能又分为低松弛级钢丝和普通松弛级钢丝。其代号分别为:WCD(冷拉钢丝)、WLR(低松弛钢丝)、WNR(普通松弛钢丝)。

钢丝按外形分为光圆、螺旋肋、刻痕三种,其代号分别为:P(光圆钢丝)、H(螺旋肋钢丝)、I(刻痕钢丝)。

(3)高强钢筋。预应力用螺纹钢筋是高强钢筋中的一种,也称为精轧螺纹钢(见图5-80),其规格、性能必须符合规范《预应力混凝土用螺纹钢筋》(GB/T 20065—2006)的规定。

根据该规范,预应力混凝土用螺纹钢筋代号“PSB(prestressing screw bars)”,以屈服强度进行划分,如PSB 830是指屈服强度为830MPa的预应力混凝土用螺纹钢筋。目前预应力混凝土用螺纹钢筋共分为785、830、930、1080四个等级,其力学性能具体见表5-19。

图5-80　精轧螺纹钢实物图

表 5-19　精轧螺纹钢性能指标

级别	屈服强度 R_{el}/MPa	抗拉强度 R_m/MPa	断后伸长率 A/%	最大力下总伸长率 A_{gt}/%	应力松弛性能	
	不小于				初始应力	1000h 后应力松弛率 V_r/%
PSB 785	785	980	7	3.5	$0.8R_{eL}$	≤3
PSB 830	830	1030	6			
PSB 930	930	1080	6			
PSB 1080	1080	1230	6			

(4)预应力钢棒。预应力钢棒的规格、性能必须符合规范《预应力混凝土用钢棒》(GB/T 5223.3—2017)的规定。

按钢棒表面形状预应力钢棒分为光圆钢棒、螺旋槽钢棒、螺旋肋钢棒、带肋钢棒四种,见图 5-81。其表面形状、类型按用户要求选定。具体用以下符号表示:预应力混凝土用钢棒——PCB;光圆钢棒——P;螺旋槽钢棒——HG;螺旋肋钢棒——HR;带肋钢棒——R;普通松弛——N;低松弛——L。根据按《预应力混凝土用钢棒》(GB/T 5223.3—2017)标记应含下列内容:预应力钢棒、公称直径、公称抗拉强度(分 1080、1230、1420、1570MPa 四级)、代号、延性级别(延性 35 或延性 25)、松弛(N 或 L)、标准号。

示例:公称直径为 9 mm,公称抗拉强度为 1420 MPa,35 级延性,低松弛预应力混凝土用螺旋槽钢棒,其标记为"PCB 9-1420-35-L-HG-GB/T 5223.3"。

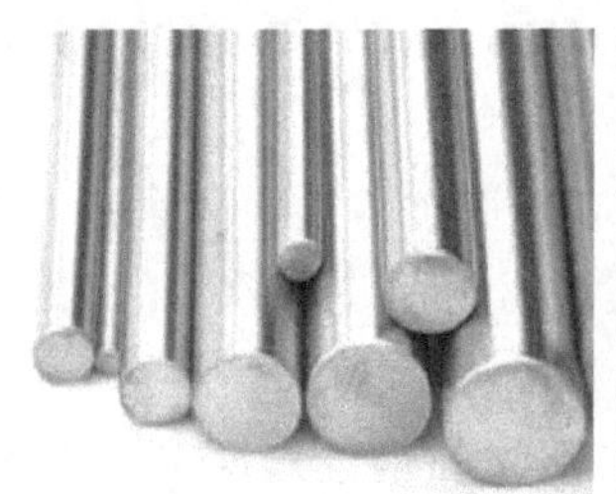

(1)光圆钢棒

(2)螺旋槽钢棒

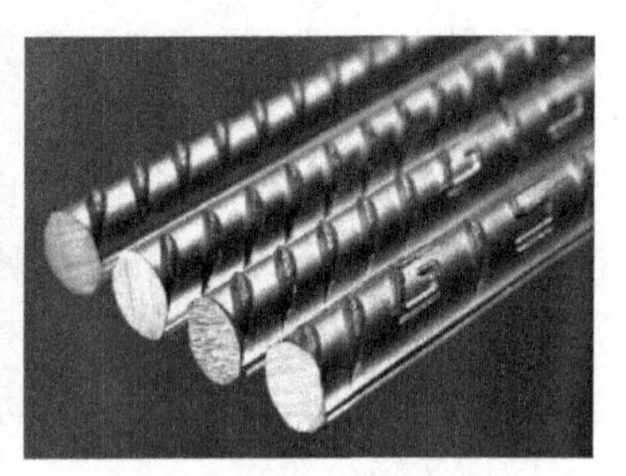

(3)螺旋肋钢棒

图 5-81　预应力钢棒实物照

根据《建筑工程预应力施工规程》(CECS 180:2005)第 3.1.4 至 3.1.8 条的要求,预应力筋(钢丝、钢绞线、高强钢筋、钢棒)入场时需符合如下要求:

①预应力筋进场时,每一合同批应附有质量证明书,每盘应挂有标牌。在质量证明书中应注明供方、需方、合同号、预应力筋品种、强度级别、规格、重量和件数、执行标准号、盘号和检验结果、检验日期、技术监督部门印章。在标牌上应注明供方、预应力筋品种、强度级别、规格、盘号、净重、执行标准号等。

②钢丝进场验收应符合下列规定:

A. 钢丝的外观质量应逐盘(卷)检查,钢丝表面不得有油污、氧化铁皮、裂纹或机械损伤,表面允许有回火色和轻微浮锈。

B. 钢丝的力学性能应按批抽样试验,每一检验批重量不应大于 60t;从同一批中任取 10%盘(不少于 6 盘),在每盘中任意一端截取 2 根试件,分别做拉伸试验和弯曲试验;拉伸或弯曲试件每6根为一组，当有一项试验结果不符合现行国家标准《预应力混凝土用钢丝》(GB/T 5223—2014)的规定时，则该盘钢丝为不合格品；再从同一批未经试验的钢丝盘中取双倍数量的试件重做试验，如仍有一项试验结果不合格，则该批钢丝判为不合格品，也可逐盘检验取用合格品；在钢丝的拉伸试验中，同时测定弹性模量，但不作为交货条件。

C. 对设计文件中指定要求的钢丝应力松弛性能、疲劳性能、扭转性能、镦头性能等，应在订货合同中注明交货条件和验收要求。

③钢绞线进场验收应符合下列规定：

A. 钢绞线的外观质量应逐盘检查，钢绞线表面不得有油污、锈斑或机械损伤，允许有轻微浮锈；钢绞线的捻距应均匀，切断后不松散。

B. 钢绞线的力学性能应按批抽样检验，每一检验批重量不应大于60t；从同一批中任取3盘，在每盘中任意一端截取1根试件进行拉伸试验；拉伸试验、结果判别和复验方法等应符合《预应力混凝土用钢丝》(GB/T 5223—2014)第3.1.5条的规定，试验结果应符合现行国家标准《预应力混凝土用钢绞线》GB/T 5224的规定。

C. 对设计文件中指定要求的钢绞线应力松弛性能、疲劳性能和偏斜拉伸性能等，应在订货合同中注明交货条件和验收要求。

④高强钢筋进场验收应符合下列规定：

A. 精轧螺纹钢筋的外观质量应逐根检查，钢筋表面不得有裂纹、起皮或局部缩颈，其螺纹制作面不得有凹凸、擦伤或裂痕，端部应切割平整；

B. 精轧螺纹钢筋的力学性能应按批抽样试验，每一检验批重量不应大于60t；从同一批中任取2根，每根取2个试件分别进行拉伸和冷弯试验；当有一项试验结果不符合有关标准的规定时，应取双倍数量试件重做试验，如仍有一项复验结果不合格，则该批高强钢筋判为不合格品。

⑤预应力钢棒进场验收应符合设计文件中采用的有关标准的规定。

2. 锚具、夹具与连接器

根据《预应力筋用锚具、夹具和连接器》(GB/T 14370—2015)、《预应力筋用锚具、夹具和连接器应用技术规程》(JGJ 85—2010)的内容其涉及的相关基本概念、分类如下。

(1)基本概念。

①锚具是指在后张法结构或构件中，为保持预应力筋的拉力并将其传递到混凝土内部的永久性锚固工具，也称之为预应力锚具。

②夹具是指在先张法预应力混凝土构件生产过程中，用于保持预应力筋的拉力并将其固定在生产台座(或设备)上的工具性锚固装置，又称为“锚固夹具”；在后张法结构或构件张拉预应力筋过程中，在张拉千斤顶或设备上夹持预应力筋的工具性锚固装置，又称为“张拉夹具”。夹具是一种临时性锚固装置，也称为工具锚。

③连接器是指用于连接预应力筋的装置。

④锚垫板是指后张预应力混凝土结构构件中，用以承受锚具传来的预加力并传递给混凝土的部件。锚垫板可分为普通锚垫板和铸造锚垫板等，施工中有时也简称为“锚板”或“垫板”。

(2)锚固、夹具和连接器分类与选用。锚固、夹具和连接器总体可分为夹片式、支撑式、握裹式和组合式四种类型。具体代号如表5-20所示。

表 5-20　锚具、夹具、连接器分类及代号

分类代号		锚具	夹具	连接器
夹片式	圆形	YJM	YJJ	YJL
	扁形	BJM	BJJ	BJL
支承式	镦头	DTM	DTJ	DTL
	螺母	LMM	LMJ	LML
握裹式	挤压	JYM	—	JYL
	压花	YHM	—	—
组合式	冷铸	LZM	—	—
	热铸	RZM	—	—

锚具、夹具和连接器的标记由产品代号、预应力筋类型、直径、根数四部分组成，如图 5-82 所示。

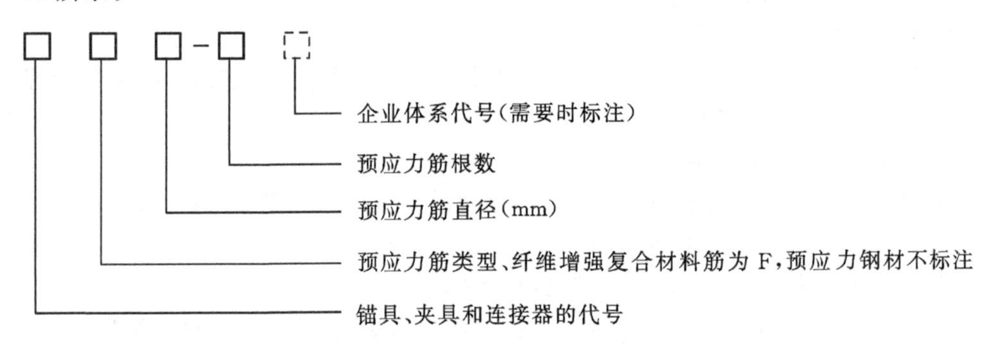

图 5-82　锚具、夹具和连接器的标记

示例含义如下：

锚固：12 根直径为 15.2mm 钢绞线的圆形夹片式锚具表示为 YJM15-12。

连接器：用挤压头方法连接 12 根直径为 15.2mm 钢绞线的连接器为 JYL15-12。

锚固：1 根直径为 10mm 碳纤维预应力筋的圆形夹片式锚具表示为 YJMF10-1。

常用预应力筋的锚具和连接器可按表 5-21 选用。

表 5-21　预应力锚具、连接器的适用范围

预应力筋品种	张拉端	固定端	
		安装在结构外部	安装在结构内部
钢绞线	夹片锚具 压接锚具	夹片锚具 挤压锚具 压接锚具	压花锚具 挤压锚具
单根钢线	夹片锚具 镦头锚具	夹片锚具 镦头锚具	镦头锚具
钢丝束	镦头锚具 冷(热)铸锚	冷(热)铸锚	镦头锚具
预应力螺纹钢筋	螺母锚具	螺母锚具	螺母锚具

锚具、夹具种类繁多，每一种又有多种型号，每种型号在施工中又可能产生多种组合。在此仅对较为常见的几种进行介绍。

①夹片式锚具。夹片式锚具主要适用于钢绞线，其工艺原理是：施工时先将钢绞线穿过锚环，再用夹片进行夹制固定，当钢绞线收缩时，夹片抽紧，以此有效地传递预应力；如图 5－83 所示。

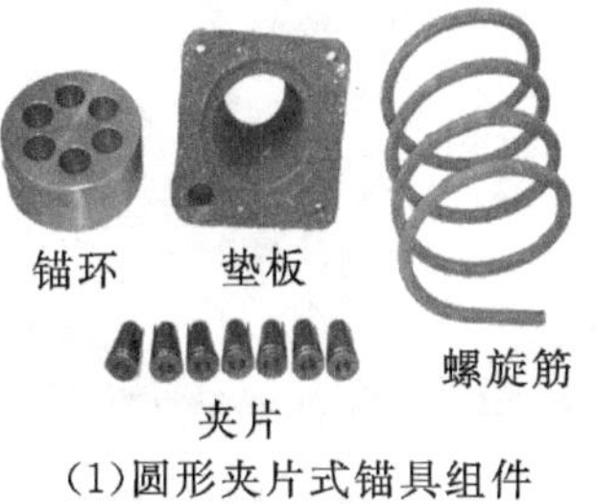

(1)圆形夹片式锚具组件

(2)夹片细节

(3)圆形夹片式锚具拼装效果

(4)圆形夹片式锚具安装后

(5)扁形夹片式锚具组件

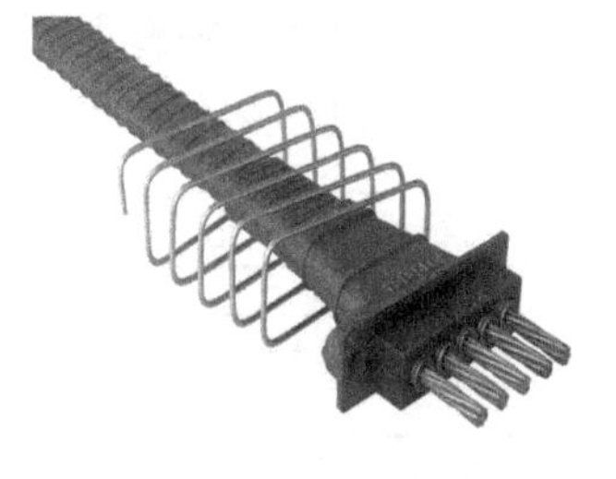

(6)扁形夹片式锚具拼装效果

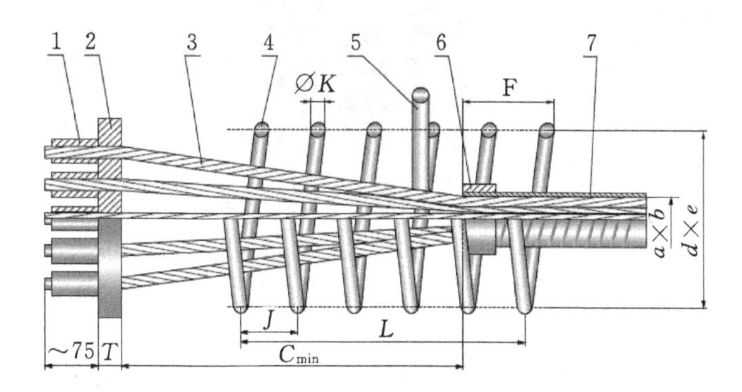

(7)锚具安装构造示意

1—挤压锚；2—锚板；3—钢绞线；4—螺旋筋(扁)；5—灌浆管；6—扁约束圈；7—波纹管。

图 5－83　夹片式锚具

②螺纹锚具。螺纹锚具主要适用于精轧螺纹钢、钢棒，其工作原理是在钢筋端部加工出螺纹，然后利用螺帽进行锚固，如图 5－84 所示。

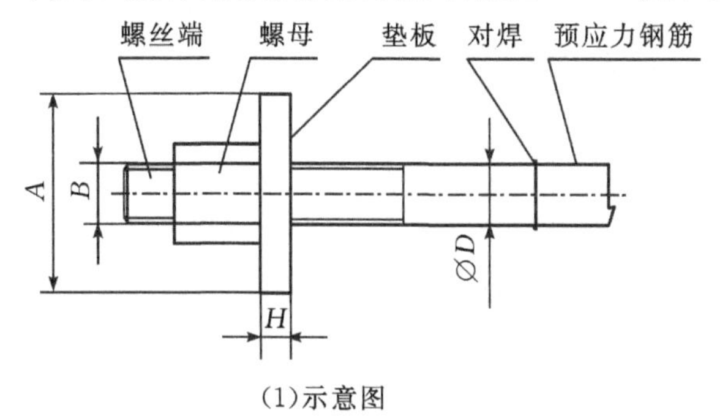

(1)示意图

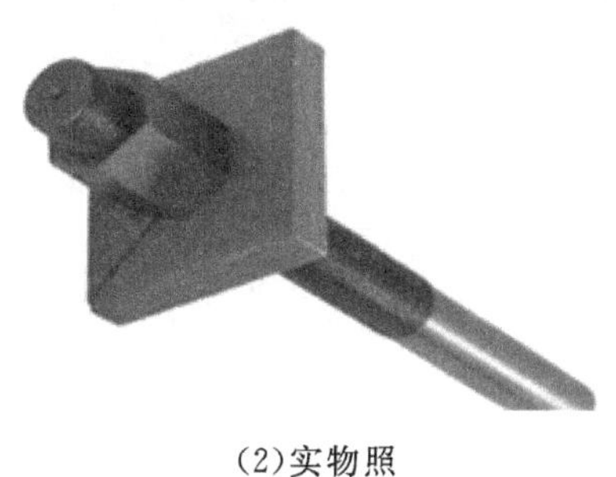

(2)实物照

图 5－84　螺纹锚具

③镦头锚具。镦头锚具主要适用于钢丝和钢丝束。其原理是将所有钢丝逐一穿过锚环(锚杯)的蜂窝眼,然后用专用的镦头机将钢丝端部进行镦头处理,利用变粗了的镦头将钢丝锚固于锚环(锚杯)上,以此传递预应力,如图 5-85 所示。

图 5-85　镦头锚具实物照

④挤压式锚具。挤压式锚具由挤压锚环和装插在其中空腔内配套的挤压簧组成。其工作原理是:将预应力筋(多用于钢绞线),先后穿过锚垫板、挤压弹簧、挤压套,然后用专用工具进行挤压,使挤压弹簧在挤压套内与预应力筋共同发生塑性变形,将预应力筋与挤压套咬合在一起,然后固定在锚垫板上,以此传递预应力,如图 5-86 所示。

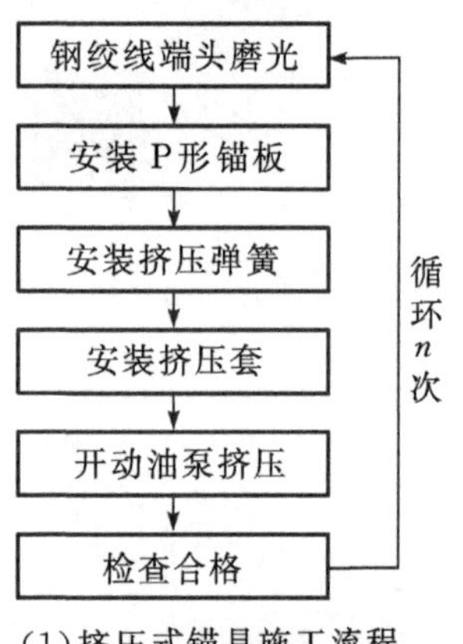

(1)挤压式锚具施工流程

(2)挤压锚具组件

(3)专用挤压设备

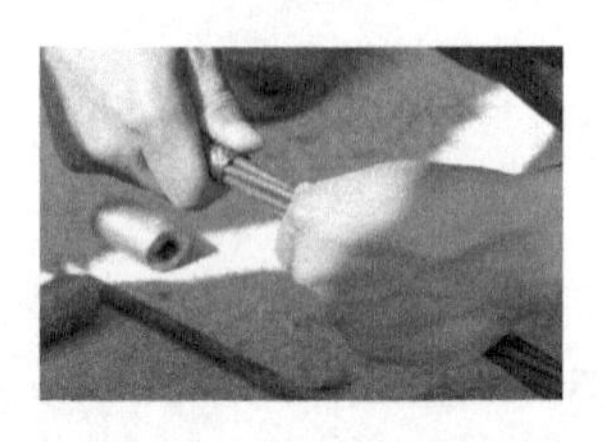

(4)将钢绞线穿入弹簧的施工

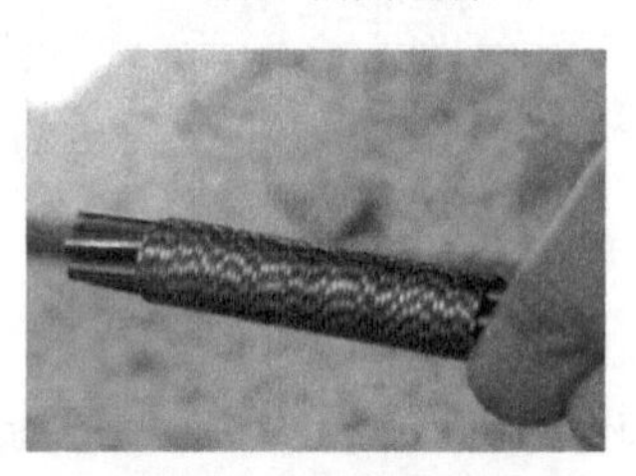

(5)钢绞线穿入弹簧的效果

(6)挤压套安装后

(7)挤压套施工

(8)固定在锚垫板上的效果

图 5-86　挤压式锚具

⑤压花式锚具。压花式锚具适用于钢绞线预应力施工。其原理是将钢绞线的末端利用压花机压制成圆球形花。这些球形花以正方形或长方形排列，并用网格钢筋分排固定在混凝土内。为了防止混凝土局部开裂，在钢绞线从波纹管出来开始散开的位置，用约束环和螺旋筋加固。这样一来，利用混凝土对钢绞线球头矩阵的握裹力形成一个类似大型连接器的结构，预应力通过这个结构传入混凝土结构中，如图5-87所示。

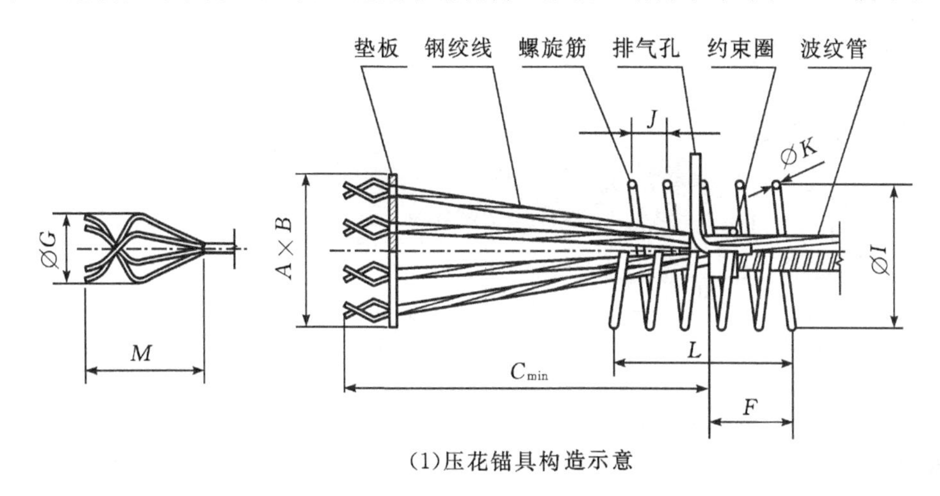

(1)压花锚具构造示意

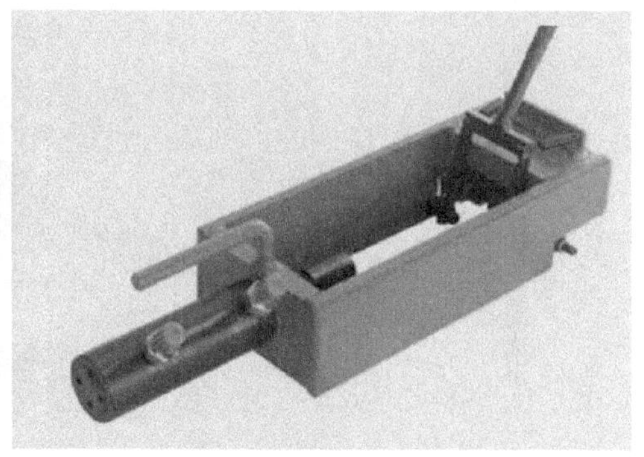

(2)压花锚具实物照　　(3)国产某品牌专用压花机

图5-87　压花式锚具

⑥热(冷)铸锚具。热(冷)铸锚具主要适用于钢丝束，常与镦头锚具合并应用称为热铸镦头锚或者冷铸镦头锚。其中热铸锚具的原理是：将索体(钢绞线、钢丝束等)的端头部分套入锚具，均匀分散钢丝，清洁后，在锥形内腔中填充热熔的锌铜合金，待其自然冷凝后反顶压实，可有效地传递预应力。冷铸锚具的原理是：将锚具筒体锥形内腔中注入环氧铁砂，当钢丝收紧时，利用楔形原理环氧铁砂将对钢丝产生强大的夹制力，用以传递预应力。相较热铸锚具而言，冷铸锚具施工更加方便，如图5-88所示。

⑦夹具。根据前文所述，夹具总体分为锚固夹具(将预应力筋固定在台座上)和张拉夹具(将预应力筋固定在张拉设备上)。现有多数的夹具就是直接采用锚具作为临时工具使用的，与锚具主要区分在于：锚具为永久性的，一次性使用；夹具为临时性，多次重复使用。

前面章节中提到的几种类型的夹具主要适用于直径较小、抗拉强度相对较低的钢丝或钢筋，现在随着张拉应力的增加、预应力筋直径的增加已经使用较少了，主要在部分钢筋冷拉环节有所应用。

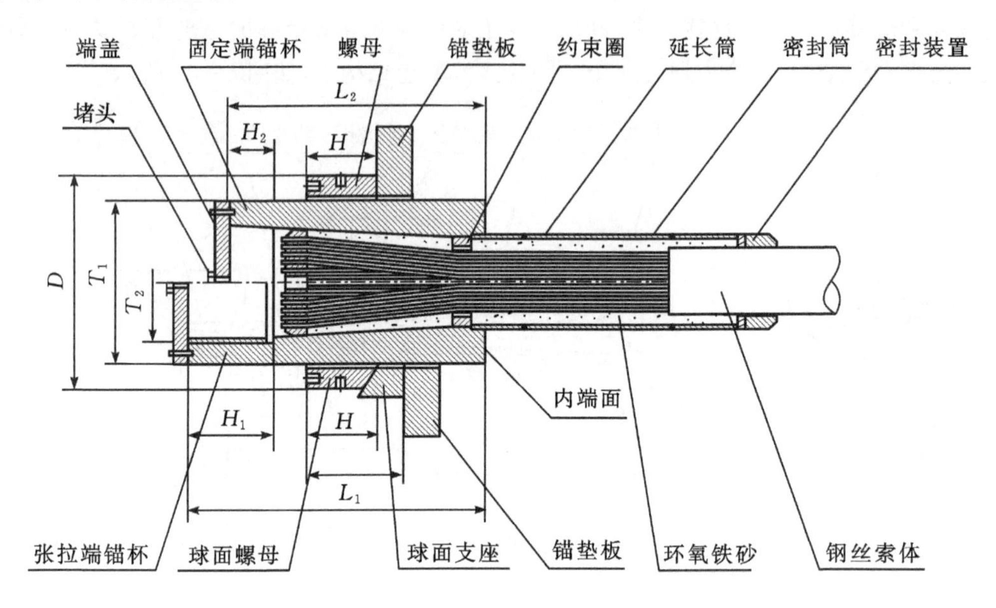

(1)冷铸锚具构造示意

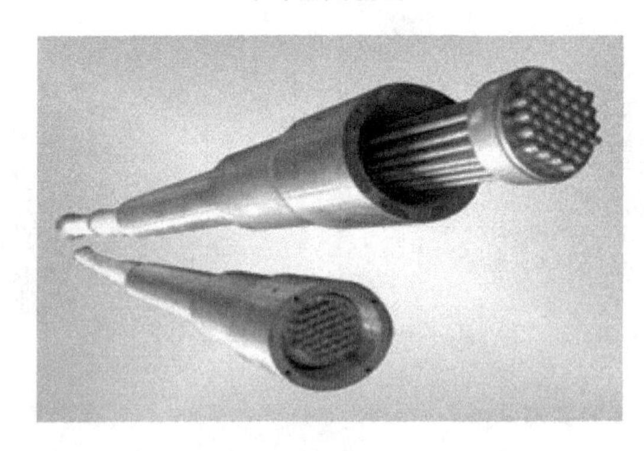

(2)热(冷)铸锚具外观照

图 5-88　热(冷)铸锚具

⑧连接器。连接器是用于连接或接长预应力筋的装置。根据其连接预应力筋的多少，连接器可分为单孔连接器和多孔连接器。其中，单孔连接器又分为：线-线连接器，适用于两根钢绞线的链接；线-杆连接器，适用于钢绞线与钢棒或高强钢筋的链接；精轧螺纹钢连接器，适用于精轧螺纹钢之间的连接，工地上也常称其为精轧连接套筒；多孔连接器，主要适用于多根钢绞线或高强钢丝的连接，如图 5-89 所示。

(1)线-线单孔连接器

(2)线-杆单孔连接器

(3)高强钢筋连接器

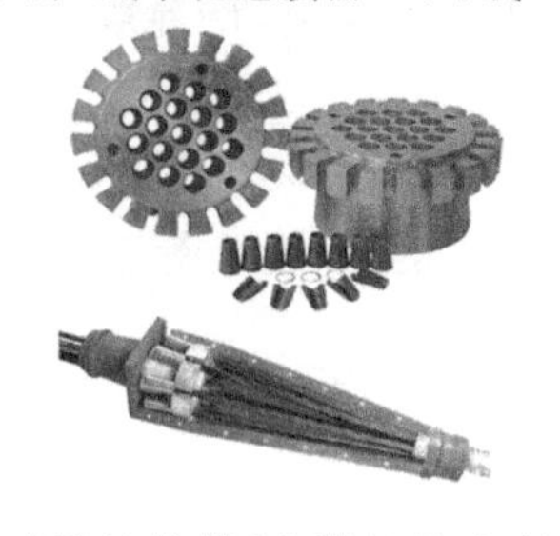

(4)多孔连接器(高强钢丝、钢绞线)

(5)多孔连接器(钢绞线)

图5-89 预应力筋连接器

3.张拉设备

预应力筋张拉设备是由液压张拉千斤顶、电动油泵组成,如图5-90所示。张拉设备应装有测力仪表,以准确建立预应力值。根据《建筑工程预应力施工规程》(CECS 180:2005)第7.1.1条规定,千斤顶和压力表需与标定配套使用,且标定的时长不超过半年,在使用过程中出现不正常现象时或所顶检修后,也应重新标定。

(1)电动油泵与液压张拉千斤顶

(2)张拉施工现场

(3)钢绞线与千斤顶的安装

(4)安装细部效果

图5-90 张拉设备与安装施工

千斤顶现在主要采用穿心式千斤顶，不同千斤顶适用不同锚具，使用时应配套选择。

电动油泵是用电动机带动与阀式配流的一种轴向柱塞泵。油泵的额定压力应等于或大于千斤顶的额定压力。

5.5.2 先张法施工

1. 基本概念

根据《建筑工程预应力施工规程》(CECS 180:2005)第 2.0.4 条，先张法是指在台座或钢模上先张拉预应力筋并用夹具立式固定，再浇筑混凝土，待混凝土达到一定强度后，放张预应力筋，是混凝土产生预压应力的施工方法。

其工艺过程为：张拉固定钢筋→浇筑混凝土→养护至设计强度→放张钢筋。先张法适用于构件厂生产中、小型构件（楼板、屋面板、吊车梁、薄腹梁等）。先张法施工工艺如图 5－91 所示。

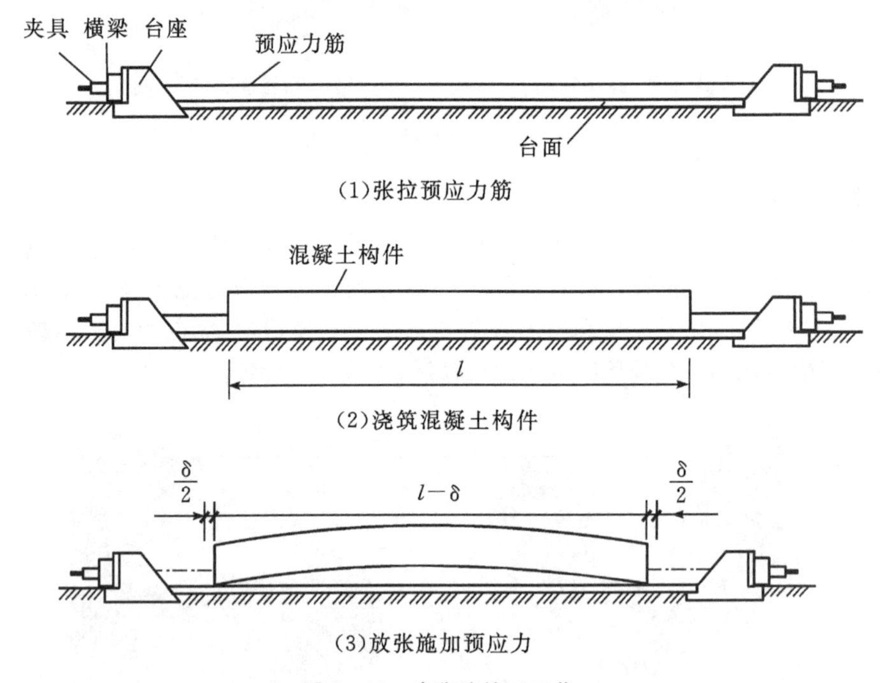

图 5－91 先张法施工工艺

先张法的工艺流程如图 5－92 所示，其中关键是预应力筋的张拉与固定、混凝土的浇筑以及预应力筋的放张。

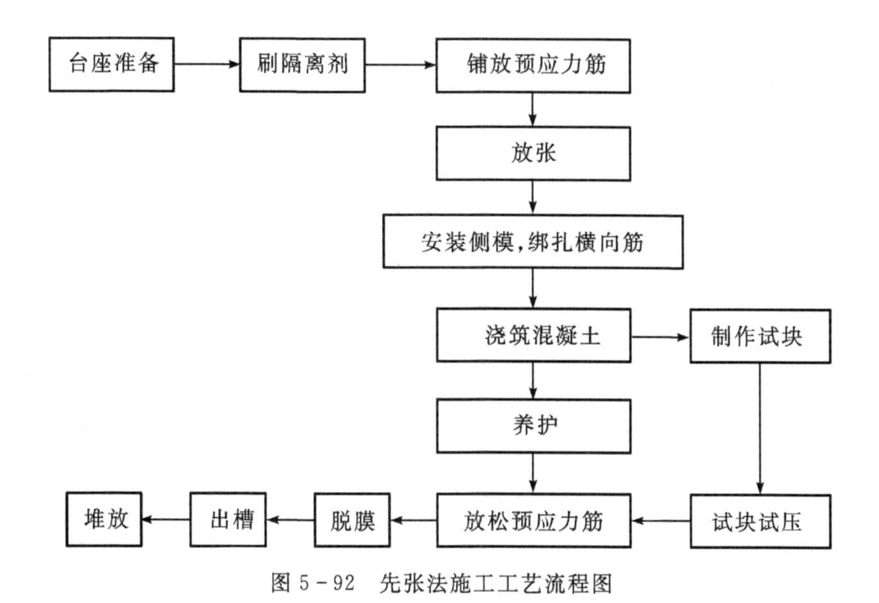

图5-92 先张法施工工艺流程图

2.台座准备

台座要有足够的强度、刚度和稳定性,以满足生产工艺的要求。其形式有墩式、槽式两类。墩式台座(传力墩、台面、横梁),适于中、小型构件,如图5-93所示。槽式台座(传力柱、上下横梁、砖墙),适于双向预应力构件,易于蒸汽养护,如图5-94所示。

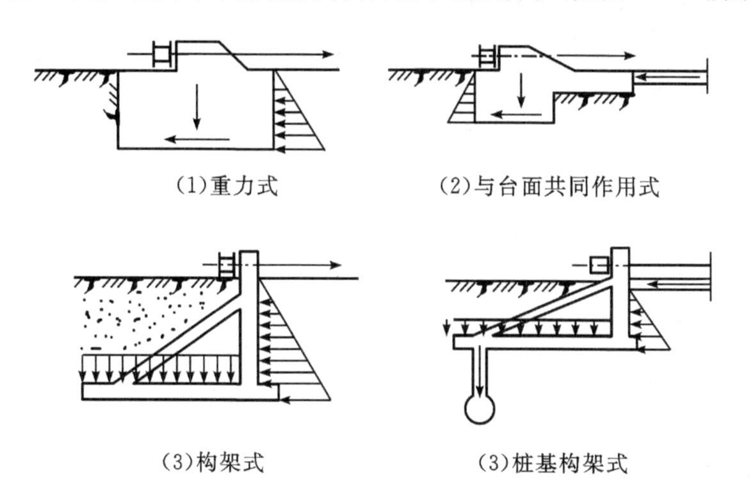

图5-93 墩式台座

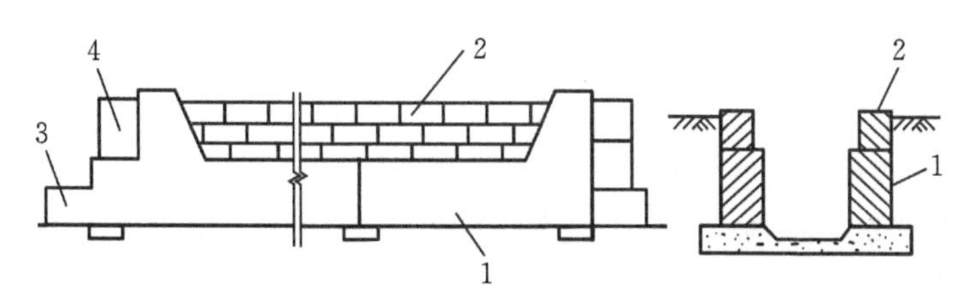

1—压杆;2—砖墙;3—下横梁;4—上横梁。

图5-94 槽式台座

台座表面(台面或胎膜)在铺放预应力筋前应涂刷隔离剂。涂刷的隔离剂不应玷污预应力筋,以免影响预应力筋与混凝土的黏结。在浇筑混凝土前应防止雨水冲刷,破坏隔离剂。待隔离剂干后即可铺预应力筋,如遇接长时,可采用连接器接长。

3. **预应力筋存储及下料**

先张预应力混凝土构件宜采用有肋纹的预应力筋,以保证钢筋与混凝土之间有可靠的黏结力。根据《建筑工程预应力施工规程》(GECS 180:2005)第 3.6 节和 6.1 节相关条款规定,在施工中对预应力筋的要求主要如下:

(1)预应力筋在运输和存储过程中应避免损伤和锈蚀;

(2)预应力筋堆放时应分类,分规格装运;在室外存放时不得直接堆放在地面上,应垫枕木并用防水布覆盖;长期存放时,应设置仓库,仓库应干燥、防潮、通风良好、无腐蚀气体和介质。

(3)预应力筋可采用砂轮锯或切断机下料,不得采用加热、焊接或电弧切割。

先张法构件采用长线台座生产工艺时,预应力筋的下料长度 L,可按下列公式计算(见图 5－95):

$$L=l_1+l_2+l_3-l_4-l_5$$

式中:l_1——长线台座长度;

l_2——张拉装置长度(含外露工具式拉杆长度);

l_3——固定端所需长度;

l_4——张拉端工具式拉杆长度;

l_5——固定端工具式拉杆长度。

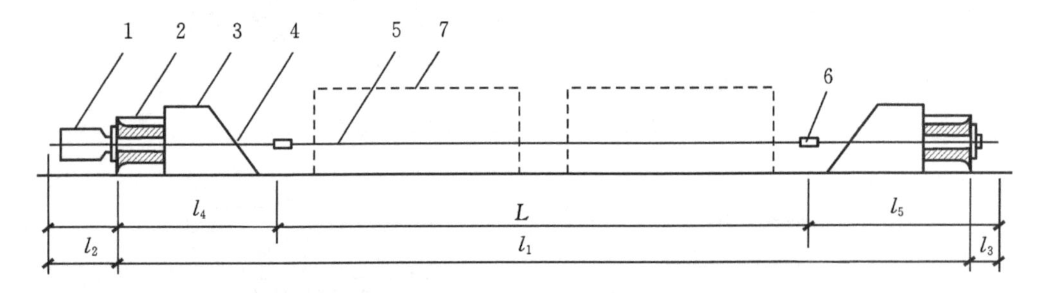

1—张拉装置;2—钢横梁;3—台座;4—工具式拉杆;5—预应力筋;6—连接器;7—待浇混凝土构件。

图 5－95　长线台座法预应力筋的下料长度

同时,预应力筋下料长度应满足构件在台座上的排列要求。预应力筋直接在钢横梁上张拉和锚固时,可取消 l_4 与 l_5 值。

4. **张拉**

(1)张拉力与张拉应力。预应力筋张拉前,应计算所需张拉力、压力表读数、张拉伸长值,并说明张拉顺序和方法,填写张拉申请单。

其中,根据《建筑工程预应力施工规程》(CECS 180:2005)第 5.2.1 条要求,预应力筋的张拉力 P_j 应按下列公式计算:

$$P_j=\sigma_{con}\cdot A_p$$

式中:σ_{con}——预应力筋的张拉控制应力,应在设计图纸上标明;

A_p——预应力筋的截面面积。

(2)压力表读数与拉伸值。压力表读数则根据标定结果对比查询即可,无须计算。

根据《建筑工程预应力施工规程》(CECS 180:2005)第5.5.1和5.3.1条,伸长值可按下列公式计算:

$$\Delta L_p^c = \frac{P_m L_p}{A_p E_s}$$

$$P_m = P_j \left(\frac{1 + e^{-kx+\mu^\theta}}{2} \right)$$

式中:ΔL_{cp}——预应力筋的张拉伸长值;

P_m——预应力筋的平均张拉力,取张拉端拉力 P_j 与计算截面扣除孔道摩擦损失后的拉力平均值;

L_p——预应力筋的实际长度;

A_p——预应力筋的截面面积;

E_s——预应力筋的弹性模量;根据《预应力混凝土结构设计规范》(JGJ 369—2016)第3.1.4条,预应力筋的弹性模量 E_p 应按表5-22取值;

表5-22 预应力筋弹性模量

种类	E_p(N/mm²)
预应力螺纹钢筋	2.00×10^5
消除预应力钢丝、中强度预应力钢丝	2.05×10^5
钢绞线	1.95×10^5

k——考虑孔道每米长度局部偏差的摩擦影响系数,可按表5-23选用;

μ——预应力筋与孔道壁之间的摩擦系数,可按表5-23选用;

表5-23 k与μ取值

孔道成型方式	k值	μ值
预埋金属波纹管	0.0015~0.0030	0.25~0.30
预埋塑料波纹管	0.0012~0.0020	0.15~0.20
预埋钢管	0.0010~0.0015	0.30~0.35
橡胶管或钢管抽芯成型	0.0015~0.0020	0.50~0.55
无黏结预应力钢绞线	0.0030~0.0040	0.04~0.09

x——张拉端至计算截面的孔道长度(m),可近似取该段孔道在纵轴上的投影长度;

θ——张拉端至计算截面曲线孔道部分切线的夹角(rad),如图5-96所示。

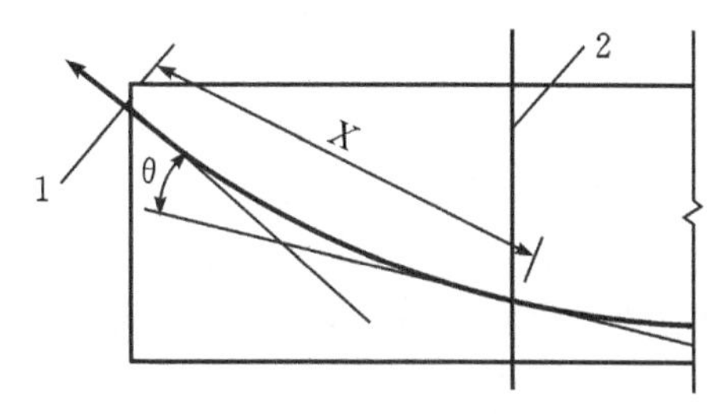

1—张拉端;2—计算截面。

图5-96 孔道摩擦损失计算参数示意

(3)张拉程序。张拉时,为了减少预应力筋的松弛应力损失,有两种张拉方法,具体为超张拉法和一次张拉法。

①超张拉法:从零逐级施加应力,至设计值后增加5%,并持荷两分钟,然后降至设计值,稳定应力,即:$0 \rightarrow 1.05\sigma_{con}$(持荷2min)$\rightarrow \sigma_{con}$。

②一次张拉法:从零逐级施加应力,至设计值的103%,稳定应力,即:$0 \rightarrow 1.03\sigma_{con}$。

(4)张拉施工。根据《建筑工程预应力施工规程》(CECS 180:2005)第7.2.4、7.2.5条,预应力筋的张拉步骤应从零应力加载至初拉力,测量伸长值初读数,再以均匀速度分级加载、分级测量伸长值至终拉力。钢绞线束张拉至终拉力时,宜持荷2min。张拉加载速度不宜过快,宜控制在30MPa/min以内。

采用应力控制方法张拉时,应校核预应力筋张拉伸长值。实际伸长值与计算伸长值的偏差不应超过±6%。如超过允许偏差,应查明原因并采取措施后方可继续张拉。

5.混凝土浇筑与放张

(1)基本要求。先张法在张拉完成检验合格后,应尽快浇筑混凝土。混凝土浇筑同时需要多留置1~2组试块,并与构件同条件养护,作为确定放张时混凝土强度使用。

先张法放张时,混凝土强度不应低于设计值的75%;采用消除应力钢丝或钢绞线作为预应力筋的构件,尚不应低于30MPa;也不应低于锚具供应商提供的产品技术手册要求的混凝土最低强度要求。

(2)混凝土浇筑。根据《混凝土结构设计规范》(GB 50010—2010)第4.1.2条,预应力混凝土结构的混凝土强度等级不宜低于C40,且不应低于C30。

预应力混凝土的浇筑一般情况下应一次完成,不留设施工缝;大体积混凝土或范围过大的混凝土需要按照专项方案或者设计要求分段或分层浇筑。

混凝土的用水量和水泥用量必须严格控制,以减少混凝土由于收缩和徐变而引起的预应力损失。预应力混凝土构件浇筑时必须振捣密实(特别是在构件的端部),以保证预应力筋和混凝土之间的黏结力。

(3)放张工艺。先张法预应力筋的放张顺序应符合设计要求;当设计无具体要求时,可按《混凝土结构工程施工规范》(GB 50666—2011)第6.4.2条规定放张:宜采取缓慢放张工艺进行逐根或整体放张;对轴心受压构件,所有预应力筋宜同时放张;对受弯或偏心受压的构件,应先同时放张预压应力较小区域的预应力筋,再同时放张预压应力较大区域的预应力筋;当不能按前三条的规定放张时,应分阶段、对称、相互交错放张;放张后,预应力筋的切断顺序,宜从张拉端开始依次切向另一端。

常见的放张工艺有千斤顶放张、楔块放张、砂箱放张等形式。

①千斤顶放张:横梁两侧预先架设千斤顶,张拉完成后千斤顶卸载即可完成放张,见图5-97(1)。

②楔块放张:楔块装置放置在台座与横梁之间,放张预应力筋时,旋转螺母使螺杆向上运动,带动楔块向上移动,钢块间距变小,横梁向台座方向移动,便可同时放松预应力筋,见图5-97(2)。楔块放张,一般用于张拉力不大于300kN的情况。

③砂箱放张:砂箱装置放置在台座和横梁之间,它由钢制的套箱和活塞组成,内装石英砂或铁砂。预应力筋张拉时,砂箱中的砂被压实,承受横梁的反力。预应力筋放张时,将出砂口打开,砂缓慢流出,从而使预应力筋缓慢地放张。砂箱装置中的砂应采用干砂并选定适宜的级配,防止出现砂子压碎引起流不出的现象或者增加砂的空隙率,使预应

力筋的预应力损失增加。采用砂箱放张，能控制放张速度，工作可靠，施工方便，可用于张拉力大于1000kN的情况，见图5-97(3)。

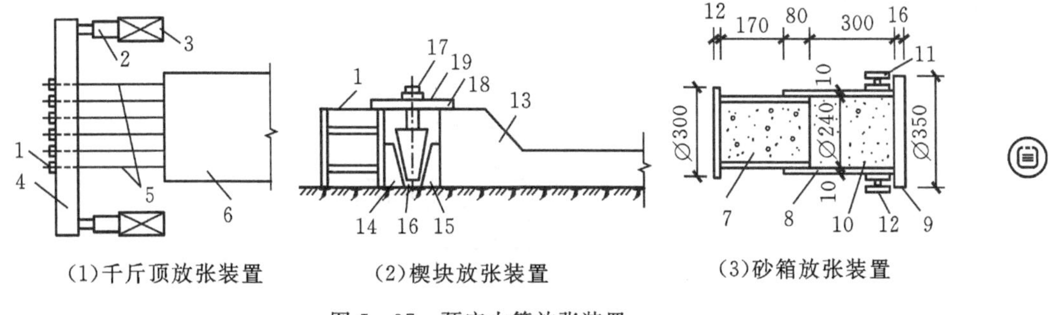

图5-97 预应力筋放张装置

6.先张法预应力混凝土常见的质量事故及防止措施

(1)钢丝滑动。

①产生原因：钢丝表面被油污染；钢丝与混凝土之间的黏结力遭到破坏；放松钢丝的速度过快；超张拉值过大。

②防止措施：保持钢丝表面洁净；振捣混凝土一定要密实；在混凝土的强度达80%以上才能放松钢丝。

(2)钢丝被拉断。

①产生原因：钢丝的强度过高；材质不均；超张拉值过大。

②防止措施：一般不用高强钢丝；张拉时，施工人员不得在张拉台座的两边，以免高强钢丝裂开而伤人。

(3)构件脆断或构件翘曲。

①产生原因：钢丝应力、应变性能差；配筋率低，张拉控制应力过高；台座不平，预应力位置不准；构件刚度差。

②防止措施：控制冷拔钢丝截面的总压缩率，以改善应力、应变性能；避免过高的预应力值；不要用增加冷拔次数来提高钢丝的强度；增大混凝土构件的截面。

5.5.3 后张法施工

1.基本概念

后张法是指先浇筑混凝土构件并养护至一定强度后，再完成预应力筋的张拉与放张，以施加预应力的方式。根据其中预应力筋与周围混凝土是否存在黏结力可分为后张法有黏结预应力和后张法无黏结预应力两种。

(1)后张法有黏结预应力。在混凝土浇筑过程中，预留孔道，待混凝土强度满足要求后穿入预应力筋同时利用锚具把预应力筋锚固，并完成张拉、放张，之后通过在孔道的间隙进行灌浆使预应力筋与周边混凝土产生黏结，这种形式称为后张法有黏结预应力。

(2)后张法无黏结预应力。在绑扎钢筋的同时，绑扎无黏结预应力筋，然后浇筑混凝土，待混凝土强度满足要求后，张拉预应力筋并放张，完成预应力施加。该预应力筋与混凝土之间可自由滑动，称为后张法无黏结预应力。

2.后张法有黏结预应力施工

(1)工艺流程。浇筑混凝土结构或构件(留孔)→养护拆模→(达75%强度后)穿筋张拉→固定→孔道灌浆→(灌浆强度达到 $15N/mm^2$,混凝土强度达到 100%)移动、吊装。后张法施工工艺与预应力施工有关的是孔道留设、预应力筋张拉和孔道灌浆三部分。其施工工艺流程如图 5-98 所示。

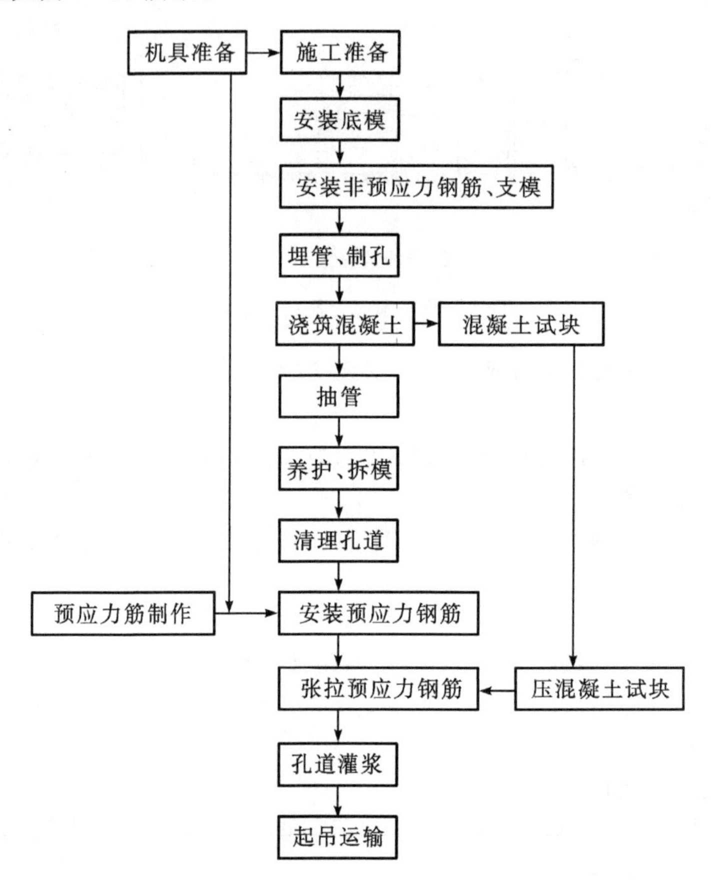

图 5-98　后张法施工工艺流程

后张法施工示意如图 5-99 所示。

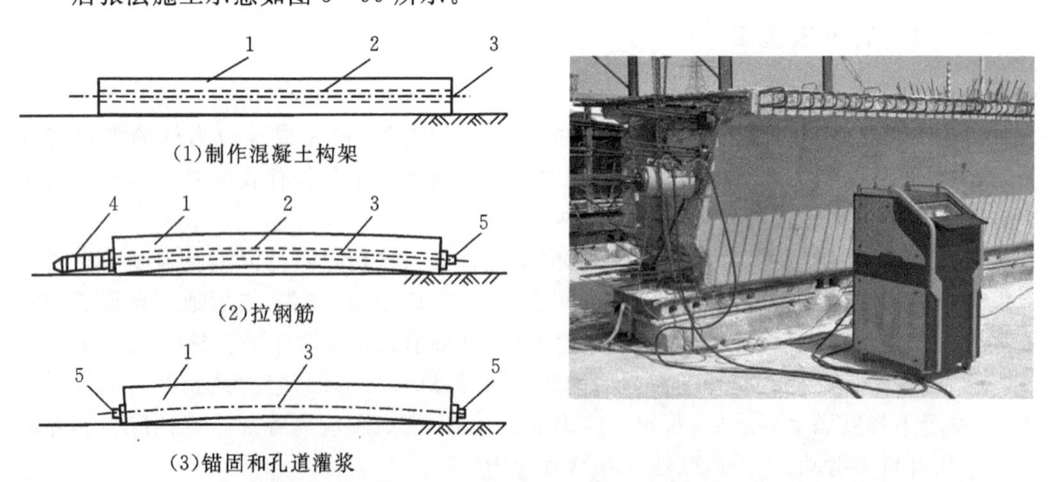

1—混凝土构件；2—预留孔道；3—预应力筋；4—千斤顶；5—锚具。

图 5-99　后张法施工示意图及实物照

(2)孔道留设。孔道留设是后张法预应力混凝土构件制作中的关键工序之一。预留孔道的尺寸与位置应正确,孔道应平顺;端部的预埋垫板应垂直于孔道中心线并用螺栓或钉子固定在模板上,以防止浇筑混凝土时发生走动。根据《预应力混凝土结构设计规范》(JGJ 369—2016)第11.3.2第4款,预留孔道的内径应比预应力束外径及需穿过孔道的连接器外径大10~20mm,且孔道的截面积宜为穿入预应力束截面积的3~4倍,以利于预应力筋穿入。

孔道留设的具体方法有钢管抽芯法、胶管抽芯法和预埋波纹管法(金属波纹管、塑料波纹管)等。

①钢管抽芯法。钢管抽芯法适用于留设直线孔道。钢管抽芯法是预先将钢管敷设在模板的孔道位置上,在混凝土浇筑后每隔一定时间慢慢转动钢管,防止它与混凝土粘住,待混凝土初凝后、终凝前抽出钢管形成孔道。选用的钢管要求平直、表面光滑,敷设位置准确。

准确地掌握抽管时间很重要。抽管宜在混凝土初凝后、终凝以前进行,以用手指按压混凝土表面不显指纹时为宜。抽管过早,会造成坍孔事故;抽管太晚,混凝土与钢管黏结牢固,抽管困难,甚至抽不出来。常温下抽管时间约在混凝土浇筑后3~5h。抽管顺序宜先上后下进行。抽管方法可分为人工抽管或卷扬机抽管,抽管时必须速度均匀,边抽边转并与孔道保持在一直线上,抽管后应及时检查孔道情况,并做好孔道清理工作,以防止以后穿筋困难。

留设预留孔道的同时,还要在设计规定位置留设灌浆孔和排气孔(也称泌水管,作为排出孔道内空气和泌水之用)。

根据《预应力混凝土结构设计规范》(JGJ 369—2016)第11.3.4条,后张有黏结预应力筋孔道两端应设排气孔。单跨梁的灌浆孔宜设置在跨中处,也可设置在梁端,多跨连续梁宜在中支座处增设。灌浆孔间距对抽拔管不宜大于12m,对波纹管不宜大于30m。曲线孔道高差大于0.5m时,应在孔道的每个峰顶处设置泌水管,泌水管伸出梁面高度不宜小于0.5m。泌水管可兼作灌浆管使用。

②胶管抽芯法。胶管抽芯法利用的胶管有5~7层的夹布胶管和钢丝网胶管,应将它预先敷设在模板中的孔道位置上,胶管每间隔不大于0.5m距离用钢筋井字架予以固定。采用夹布胶管预留孔道时,混凝土浇筑前夹布胶管内充入压缩空气或压力水,工作压力600~800kPa,使管径增大3mm左右,然后浇筑混凝土,待混凝土初凝后放出压缩空气或压力水,使管径缩小与混凝土脱离开,抽出夹布胶管。夹布胶管内充入压缩空气或压力水前,胶管两端应有密封装置。采用钢丝网胶管预留孔道时,预留孔道的方法和钢管相同。由于钢丝网胶管质地坚硬,并具有一定的弹性,抽管时在拉力作用下管径缩小和混凝土脱离开,即可将钢丝网胶管抽出。胶管抽芯法预留孔道,混凝土浇筑后不需要旋转胶管,抽管的时间一般可以气温(单位:℃)和浇筑后的时间(单位:h)的乘积达200左右的时间作为控制时间,抽管时应先上后下,先曲后直。胶管抽芯法施工省去了转管工序,又因为胶管便于弯曲,所以胶管抽芯法既适用于直线孔道留设,也适用于曲线孔道留设。胶管抽芯法的灌浆孔和排气孔的留设方法与钢管抽芯法相同。

③预埋波纹管法。预埋波纹管法就是利用与孔道直径相同的金属波纹管或塑料波纹管埋入混凝土构件中,无须抽出。预埋波纹管法因省去抽管工序,且孔道留设的位置、

形状也易保证，故目前应用较为普遍。波纹管是由薄钢带(厚 0.3mm)经压波后卷成。它具有重量轻、刚度好、弯折方便、连接简单、摩阻系数小、与混凝土黏结良好等优点，可被做成各种形状的孔道，是后张预应力筋孔道成型用的理想材料，如图 5-100 所示。

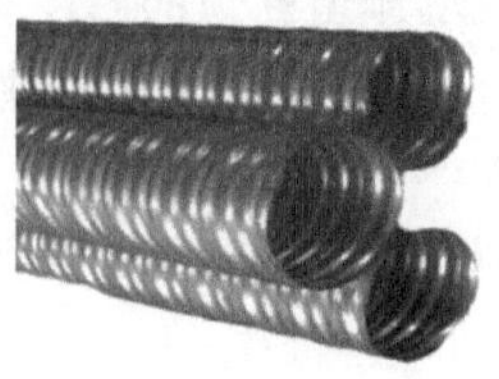

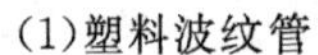

(1)塑料波纹管　　(2)金属波纹管　　(3)金属波纹管安装后效果图

图 5-100　波纹管

波纹管内径为 40～100mm，每 5mm 递增；单波波纹高度为 2.5mm，双波为 3.5mm。波纹管长度，由于运输关系，每根为 4～6m；波纹管用量较大时，生产厂可带卷管机到现场生产，管长不限。对波纹管的基本要求：一是在外荷载的作用下，有抵抗变形的能力；二是在浇筑混凝土过程中，水泥浆不得渗入管内。

根据《混凝土结构工程施工规范》(GB 50666—2011)第 6.3.6 条，圆形金属波纹管接长时，可采用大一规格的同波型波纹管作为接头管，接头管长度可取其内径的 3 倍，且不宜小于 200mm，两端旋入长度宜相等，且接头管两端应采用防水胶带密封，如图 5-101 所示。塑料波纹管接长时，可采用塑料焊接机热熔焊接或采用专用连接管。

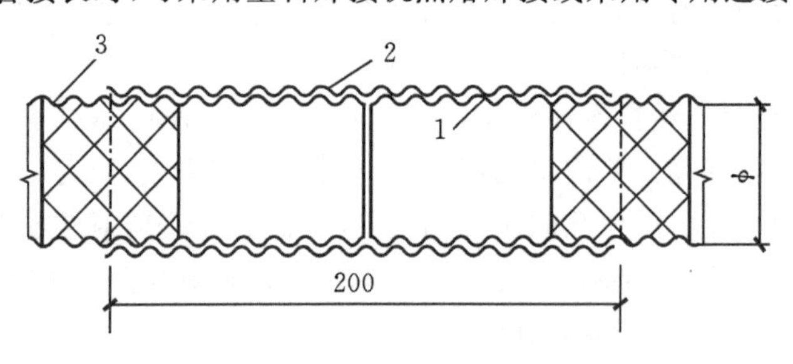

1—波纹管；2—接头管；3—密封胶带。

图 5-101　波纹管的连接

(3)张拉。

①强度要求。后张法施加预应力时，混凝土强度应符合设计要求，且同条件养护的混凝土立方体抗压强度，应符合下列规定：不应低于设计混凝土强度等级值的 75%；不应低于锚具供应商提供的产品技术手册要求的混凝土最低强度要求；预应力梁和板，其现浇结构混凝土的龄期分别不宜小于 7d 和 5d。

②顺序要求。预应力筋的张拉顺序应符合设计要求，并应符合下列规定：应根据结构受力特点、施工方便及操作安全等因素确定张拉顺序；预应力筋宜按均匀、对称的原则张拉；现浇预应力混凝土楼盖，宜先张拉楼板、次梁的预应力筋，后张拉主梁的预应力筋；对预制屋架等平卧叠浇构件，应从上而下逐榀张拉。

③张拉端要求。后张预应力筋应根据设计和专项施工方案的要求采用一端或两端张拉。采用两端张拉时，宜两端同时张拉，也可一端先张拉锚固，另一端补张拉。后张有黏结预应力筋应整束张拉。对直线形或平行编排的有黏结预应力钢绞线束，当能确保各

根钢绞线不受叠压影响时，也可逐根张拉。

当设计无具体要求时，应符合下列规定：有黏结预应力筋长度不大于 20m 时，可一端张拉，大于 20m 时，宜两端张拉；预应力筋为直线形时，一端张拉的长度可延长至 35m；无黏结预应力筋长度不大于 40m 时，可一端张拉，大于 40m 时，宜两端张拉。

④张拉施工。预应力筋张拉时，应从零拉力加载至初拉力后，量测伸长值初读数，再以均匀速率加载至张拉控制力。塑料波纹管内的预应力筋，张拉力达到张拉控制力后宜持荷 2～5min。

(4)孔道灌浆。根据《混凝土结构工程施工规范》(GB 50666—2011)第 6.5.1 条至 6.5.10条，孔道灌浆主要有如下要求。

①基本要求。

A. 后张法有黏结预应力筋张拉完毕并经检查合格后，应尽早进行孔道灌浆，孔道内水泥浆应饱满、密实。

B. 后张法预应力筋锚固后的外露多余长度，宜采用机械方法切割，也可采用氧-乙炔焰切割，其外露长度不宜小于预应力筋直径的 1.5 倍，且不应小于 30mm。

C. 外露锚具及预应力筋应按设计要求采取可靠的保护措施。

②检查与准备。

A. 应确认孔道、排气兼泌水管及灌浆孔畅通；对预埋管成型孔道，可采用压缩空气清孔；

B. 应采用水泥浆、水泥砂浆等材料封闭端部锚具缝隙，也可采用封锚罩封闭外露锚具；

C. 采用真空灌浆工艺时，应确认孔道系统的密封性。

③水泥选用。配制水泥浆用水泥、水及外加剂除应符合国家现行有关标准的规定外，尚应符合下列规定：宜采用普通硅酸盐水泥或硅酸盐水泥；拌和用水和掺加的外加剂中不应含有对预应力筋或水泥有害的成分；外加剂应与水泥配合比试验并确定掺量。

④水泥浆要求。

A. 采用普通灌浆工艺时，稠度宜控制在 12～20s，采用真空灌浆工艺时，稠度宜控制在 18～25s；

B. 水灰比不应大于 0.45；

C. 3h 自由泌水率宜为 0，且不应大于 1%，泌水应在 24h 内全部被水泥浆吸收；

D. 24h 自由膨胀率，采用普通灌浆工艺时不应大于 6%；采用真空灌浆工艺时不应大于 3%；

E. 水泥浆中氯离子含量不应超过水泥重量的 0.06%；

F. 28d 标准养护的边长为 70.7mm 的立方体水泥浆试块抗压强度不应低于 30MPa；

G. 稠度、泌水率及自由膨胀率的试验方法应符合现行国家标准《预应力孔道灌浆剂》GB/T 25182 的规定。

注意：一组水泥浆试块由 6 个试块组成；抗压强度为一组试块的平均值，当一组试块中抗压强度最大值或最小值与平均值相差超过 20%时，应取中间 4 个试块强度的平均值。

⑤水泥浆的制备及使用。

A. 水泥浆宜采用高速搅拌机进行搅拌，搅拌时间不应超过 5min；

B. 水泥浆使用前应经筛孔尺寸不大于 1.2mm×1.2mm 的筛网过滤；

C. 搅拌后不能在短时间内灌入孔道的水泥浆，应保持缓慢搅动；

D. 水泥浆应在初凝前灌入孔道，搅拌后至灌浆完毕的时间不宜超过 30min。

⑥灌浆施工。

A. 宜先灌注下层孔道，后灌注上层孔道；

B. 灌浆应连续进行，直至排气管排除的浆体稠度与注浆孔处相同且无气泡后，再顺浆体流动方向依次封闭排气孔；全部出浆口封闭后，宜继续加压 0.5～0.7MPa，并应稳压 1～2min 后封闭灌浆口；

C. 当泌水较大时，宜进行二次灌浆和对泌水孔进行重力补浆；

D. 因故中途停止灌浆时，应用压力水将未灌注完孔道内已注入的水泥浆冲洗干净；

E. 真空辅助灌浆时，孔道抽真空负压宜稳定保持为 0.08～0.1MPa；

F. 孔道灌浆应填写灌浆记录。

(5)封锚。封锚是指将构件两端外漏的锚具用混凝土封闭、保护的措施。在孔道灌浆完成后，应及时封锚，如图 5-102 所示。

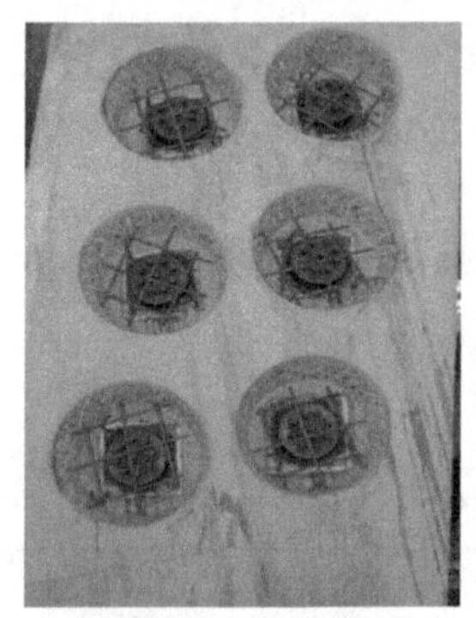

(1)涂刷防腐材料、加构造筋

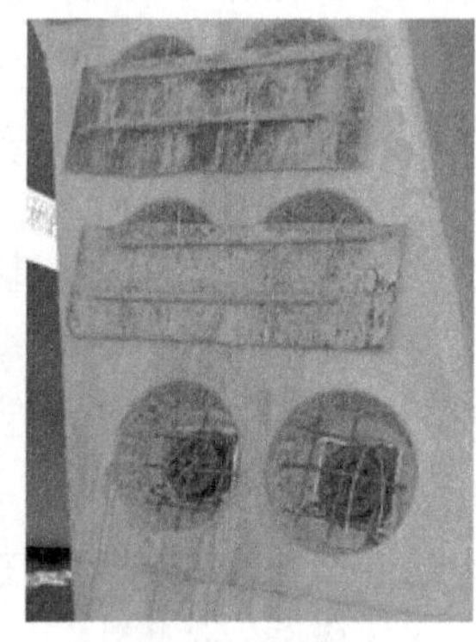

(2)浇筑混凝土

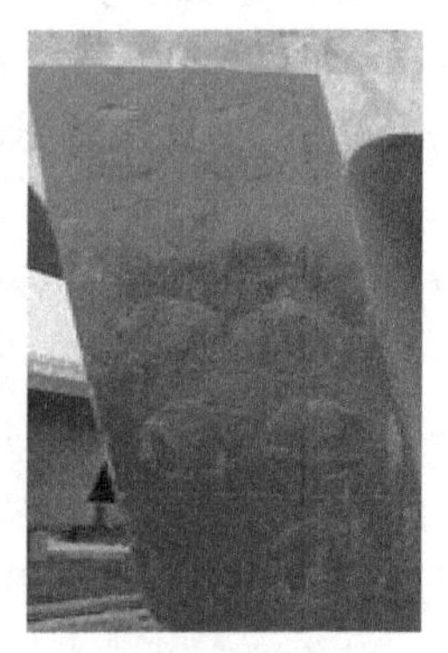

(3)涂刷保护涂料

图 5-102 封锚施工

封锚应根据设计要求执行。当设计无具体要求时，根据《建筑工程预应力施工规程》(CECS 180:2005)第 4.2.5 条、第 8.5.1 条至 8.5.6 条的规定，具体要求如下：

①凸出式锚具的混凝土保护层不少于 50mm，凹入式的填平即可。

②后张法预应力筋锚固后的外漏部分宜采用机械切割，外露长度不宜小于直径的 1.5倍，且不宜小于 25mm。

③封锚前应将周围混凝土冲洗干净、凿毛，对凸出式锚具应配置钢筋网片。

④封锚宜采用与构件同强度等级的细石混凝土，也可采用微膨胀混凝土、低收缩砂浆等。

⑤无黏结预应力经锚具封闭前，应在端头涂抹防腐蚀优质，并套上塑料帽，也可涂刷环氧树脂。

3. 后张法无黏结预应力施工

后张法无黏结预应力的施工工序为：在绑扎钢筋的同时，绑扎无黏结预应力筋，然后浇筑混凝土，待混凝土强度满足要求后，张拉预应力筋并放张，完成预应力施加。因为施工过程中没有预留孔道、穿预应力筋、孔道灌浆等环节，所以后张法无黏结相对于后张法有黏结施工简单很多。其主要区别就在于预应力筋选取时需选择无黏结预应力筋，具体选用时根据《无黏结预应力混凝土结构技术规范》(GJG 92—2016)要求，多为无黏结预应力钢绞线，在工程所处环境非常恶劣的条件时、对构件耐久性要求较高时，也可采用无黏结预应力纤维筋。相关概念具体如下：

(1)无黏结预应力筋是指表面涂专用的防腐润滑脂并包上塑料护套后，与周围混凝土不黏结，可与周边混凝土保持相对滑动的一种预应力筋。

(2)根据《无黏结预应力钢绞线》(JG/T 161—2016)第3.1.1条，无黏结预应力钢绞线是指表面涂覆润滑涂层，外保护套与护套之间可永久相对滑动的钢绞线，如图5-103所示。

(3)根据《结构工程用纤维复合材料筋》(GB/T 26743—2011)第3.1.1条、《无黏结预应力混凝土结构技术规范》(GJG 92—2016)第2.1.6条、4.2.5条，无黏结预应力纤维筋是指有碳纤维、玻璃纤维、芳纶纤维的复合材料筋。但因为玻璃纤维强度偏低，且容易发生徐变断裂，不宜作为预应力筋。使用时宜采用碳纤维和芳纶纤维筋，如图5-104所示。并且由于环境较恶劣，构件中的普通钢筋也应采用环氧涂层钢筋或镀锌钢筋，以提高抗腐蚀、氧化能力。

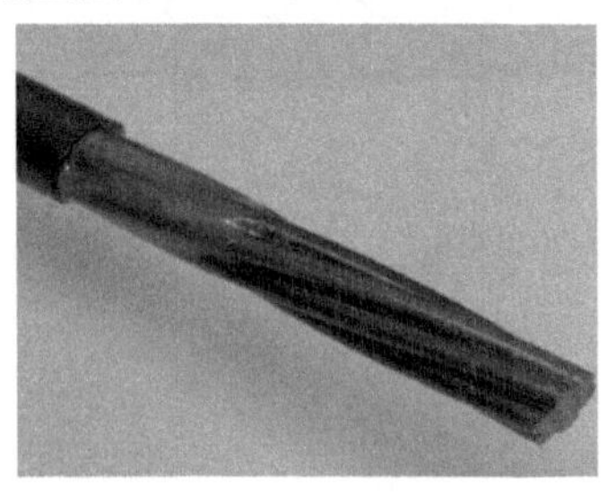

图5-103 无黏结预应力筋

图5-104 预应力纤维筋(碳纤维)

施工过程中，无黏结预应力筋可采用与普通钢筋相同的绑扎方法，铺放前应通过计算确定位置。其余内容如预应力筋锚固、混凝土浇筑与养护、预应力张拉等和有黏结预应力并无差异。

第6章 装配式工程施工

学习目标

掌握装配式工程的分类与相关概念

掌握PC结构的材料、制作、施工工艺与施工要点

掌握钢结构工程的材料与施工工艺

相关标准

《装配式混凝土建筑技术标准》(GB/T 51231—2016)

《装配式钢结构建筑技术标准》(GB/T 51232—2016)

《装配式木结构建筑技术标准》(GB/T 51233—2016)

《预制预应力混凝土装配整体式框架结构技术规程》(JGJ 224—2010)

《装配式混凝土结构技术规程》(JGJ 1—2014)

《装配式混凝土剪力墙结构住宅施工工艺图解》(16G906)

《装配式混凝土结构工程施工与质量验收》(DB11/T 1030—2013)(北京市地方标准)

《钢结构工程施工规范》(GB 50755—2012)

6.1 概述

装配式建筑结构不同于现浇混凝土建筑结构,主要是在工厂中将各构件进行预制生产,然后在施工现场进行连接,原施工现场的人员、设备、材料都大幅转移到生产车间,对质量控制、人员管理、节水节能、环境保护等方面都较为有利。

根据《装配式混凝土建筑技术标准》(GB/T 50231—2016)第2.1.1条,装配式建筑是指结构系统、外围护系统、设备与管线系统、内装系统的主要部分采用预制部品、部件集成的建筑。

装配式建筑是一个系统工程,由结构系统、外围护系统、设备与管线系统、内装系统四大系统组成,是将预制部品、部件通过模数协调、模块组合、接口连接、节点构造和施工工法等集成装配而成的,在工地高效、可靠装配并做到主体结构、建筑围护、机电装修一体化的建筑。它有以下几个方面的特点:

(1)以完整的建筑产品为对象,以系统集成为方法,体现加工和装配需要的标准化设计;

(2)以工厂精益化生产为主的部品、部件;

(3)以装配和干式工法为主的工地现场;

(4)以提升建筑工程质量安全水平、提高劳动生产效率、节约资源能源、减少施工污染和建筑的可持续发展为目标;

(5)基于BIM技术的全链条信息化管理,实现设计、生产、施工、装修、运维的一体化。

目前装配式建筑结构根据主材不同主要可以分为装配式混凝土建筑结构、装配式钢建筑结构、装配式木建筑结构等。

1.装配式混凝土结构

根据《装配式混凝土结构技术规程》(JGJ 1—2014)第2.1.2条，装配式混凝土结构是指由预制混凝土构件通过可靠的连接方式装配而成的混凝土结构，包括全装配混凝土结构、装配整体式混凝土结构等；在建筑工程中，简称装配式建筑；在结构工程中，简称装配式结构。

全装配混凝土结构是指所有构件均为预制生产，现场主要通过螺栓、焊接等干法连接拼装为整体。该方法主要适用于抗震要求低、楼层数量少的结构，多数的预制钢筋混凝土柱单层厂房就属于该形式。

装配整体式混凝土结构是指由预制混凝土构件通过可靠的方式进行连接并与现场后浇混凝土、水泥基灌浆料形成整体的装配式混凝土结构，简称装配整体式结构。该形式的部分梁、板、柱为预制构件，在吊装就位后，焊接或绑扎节点处的钢筋，通过现浇混凝土连接为整体，形成刚接节点。简言之，其连接主要以“湿连接”为主，兼具现浇式框架和装配式框架的优点，既具有良好的整体性和抗震性，又可以通过预制构件减少现场工作量和标准化生产。目前，大多数多层和全部高层装配式混凝土建筑都是装配整体式的。

2.装配式钢结构

装配式钢结构是指结构系统由钢部(构)件构成的装配式结构。

3.装配式木结构

装配式木结构是指采用工厂预制的木结构组件和部品，以现场装配为主要手段建造而成的结构；主要包括装配式纯木结构、主要装配式木混合结构等。

除以上概念外，还有一些装配式建筑(结构)中的特有概念，根据《装配式混凝土建筑技术标准》(GB/T 51231—2016)和《装配式建筑评价标准》(GB/T 51129—2017)，具体如下：

(1)结构系统是指由结构构件通过可靠的连接方式装配而成，以承受或传递荷载作用的整体，即由墙、梁、板、柱等构件连接后形成的结构整体。

(2)外围护系统是指由建筑外墙、屋面、外门窗及其他部品、部件等组合而成，用于分隔建筑室内外环境的部品、部件的整体。

(3)设备与管线系统是指由给水排水、供暖通风空调、电气和智能化、燃气等设备与管线组合而成，满足建筑使用功能的整体。

(4)内装系统是指由楼地面、墙面、轻质隔墙、吊顶、内门窗、厨房和卫生间等组合而成，满足建筑空间使用要求的整体。

(5)部件是指在工厂或现场预先生产制作完成，构成建筑结构系统的结构构件及其他构件的统称；主要指基础、墙、梁、板、柱等预制件。

(6)部品是指由工厂生产，构成外围护系统、设备与管线系统、内装系统的建筑单一产品或复合产品组装而成的功能单元的统称。

(7)装配率是指单体建筑室外地坪以上的主体结构、围护墙和内隔墙、装修和设备管线等采用预制部品、部件的综合比例。

6.2 PC 建筑结构工程

6.2.1 PC 建筑结构的基础知识

1. PC 的含义

PC 是英文“precast concrete”的缩写，是指预制混凝土的意思。为叙述方便，常用“PC 建筑(结构)”指代“装配式混凝土建筑(结构)”；用“PC 构件”指代“预制混凝土构件”。

在我国 20 世纪 90 年代之前，砖混结构和办公楼等曾大量使用预制楼板、过梁、楼梯等。但这些 PC 建筑(或含有 PC 构件的建筑)由于抗震、漏水等问题没有很好地解决，日渐式微。进入 21 世纪后，由于建筑质量、劳动力成本、节能减排等因素，我国重启了 PC 化进程，十年来取得了非常大的进展，技术日趋成熟。

2. 主要连接技术

连接技术是 PC 结构的核心技术之一，目前常用的连接方式见图 6-1 至图 6-10。

(1)后浇混凝土连接。该方法是指在 PC 构件结合部位留出后浇带，现场对钢筋进行连接处理后，浇筑混凝土使构件进行连接。

(2)套筒灌浆连接。该方法仅用于受力钢筋的连接，是将需要连接的带肋钢筋插入专用的金属套筒内“对接”，在套筒内主要填充有高强度微膨胀特性的专用灌浆料，以套筒和灌浆料的黏聚力、摩擦力连接对接的受力钢筋。

(3)浆锚搭接。该方法是将一个 PC 构件的钢筋预留一定长度，待连接到另一 PC 构件上预留孔洞；将钢筋插入对应孔洞内，并在孔洞内灌浆锚固，使之产生“搭接”。

(4)叠合连接。该方法是将叠合构件的下层设为 PC 构件，上层为现浇层，通过混凝土浇筑，使两者进行叠合连接；主要适用于预制板(梁)与现浇混凝土叠合的连接，包括楼板、梁、悬挑板等。

图 6-1 预制剪力墙间留设的后浇带

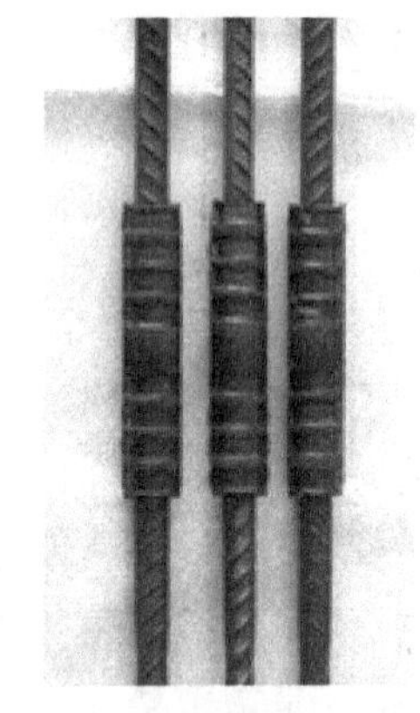

图 6-2 钢筋挤压套筒

图 6-3 钢筋螺纹套筒

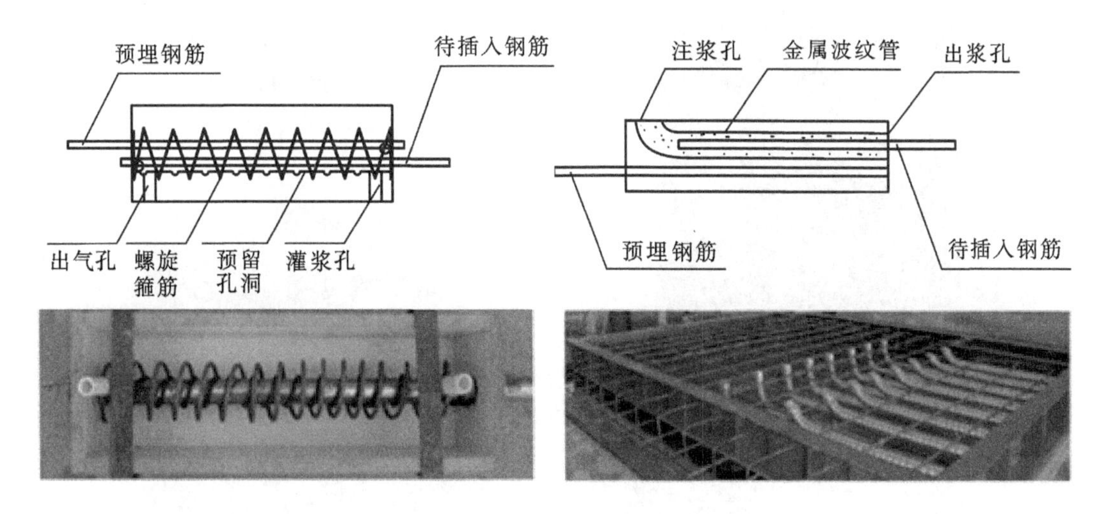

图 6-4 浆锚连接

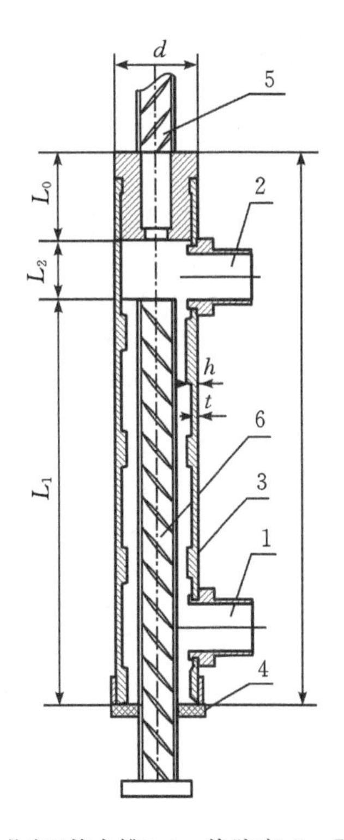

说明：1—灌浆孔；2—排浆孔；3—凸起(剪力槽)；4—橡胶塞；5—预制端钢筋；6—现场装配端钢筋。

尺寸：L—灌浆套筒总长；L_0—预制端锚固长度；L_1—现场装配端锚固长度；L_2—现场装配端顶预留钢筋调整长度；d—灌浆套筒外径；t—灌浆套筒壁厚；k—凸起高度。

图 6-5 灌浆套筒示意图

图 6-6 灌浆套筒竖向连接

图 6-7 灌浆套筒横向连接

图 6-8 叠合梁

图 6-9 叠合板

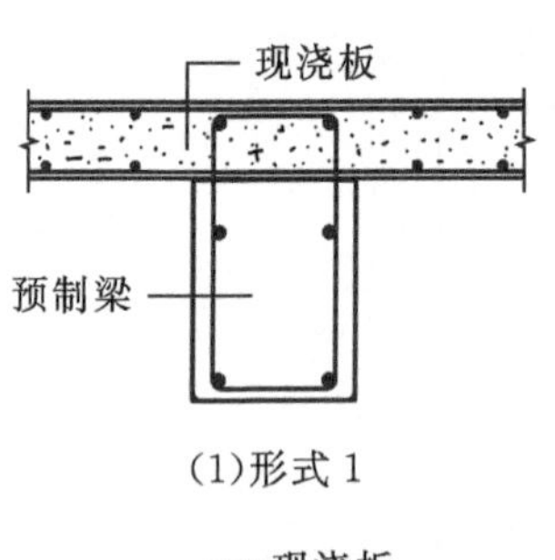

(1)形式 1

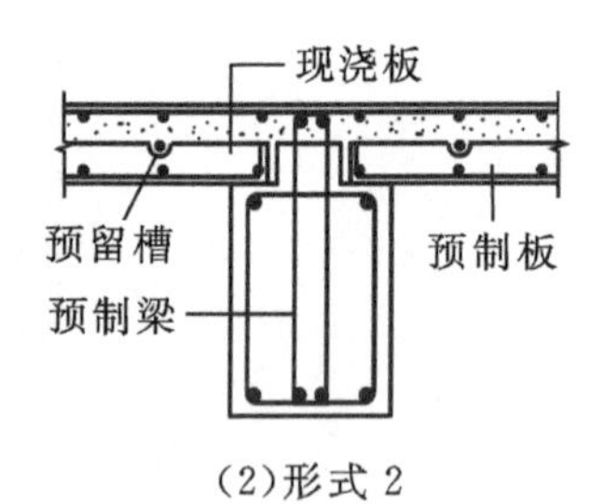

(2)形式 2

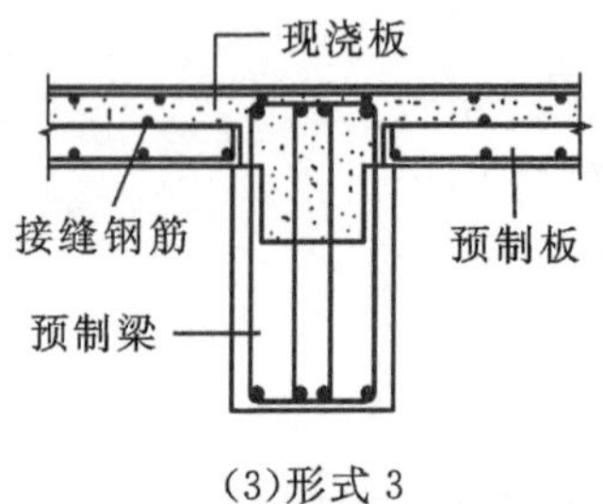

(3)形式 3

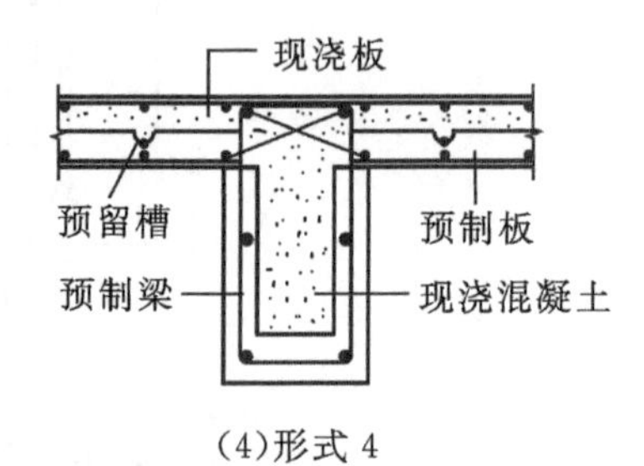

(4)形式 4

图 6-10 不同的叠合连接形式

6.2.2 PC 建筑材料

PC 建筑中的大多数材料与现浇混凝土建筑是一样的，在此不再赘述。此处重点介绍 PC 建筑的专用材料及常规材料在 PC 建筑中使用时的一些特殊要求。

1. **连接材料**

PC结构的连接材料主要有:钢筋连接用机械套筒、灌浆套筒和套筒灌浆料、浆锚孔波纹管和浆锚搭接灌浆料、夹心保温板及拉结件、修补料等。除机械套筒和修补料在现浇混凝土结构中有应用外,其余都是PC建筑的专用材料。

(1)机械套筒。PC结构中用到的机械套筒与现浇混凝土结构中用到的机械套筒是一致的,包括直螺纹套筒连接和挤压套筒连接。该方法在装配式施工中主要配套于后浇混凝土的连接方式,多应用在后浇带中的受力筋连接。

(2)灌浆套筒和套筒灌浆料。灌浆套筒是金属材质(主要有碳素结构钢、合金结构钢、球墨铸铁),主要用于钢筋连接。多数套筒的一端为螺纹连接,另一端为灌浆连接。

套筒灌浆料是以水泥为基本材料,配以细骨料、外加剂及其他材料混合成干混料,按照规定比例加水搅拌后,具有流动性、早强、高强及硬化后微膨胀的特点。该材料主要对应于灌浆套筒连接技术。

(3)浆锚孔波纹管及浆锚灌浆料。浆锚孔波纹管是浆锚搭接连接方式用的材料,预埋于PC构件中,形成浆锚孔内壁。浆锚灌浆料也是水泥基灌浆料,但抗压强度低于套筒灌浆料。因为浆锚孔的抗压强度低于套筒,浆锚灌浆料的强度也不需要与套筒灌浆料一样高。该材料主要对应于浆锚搭接技术。

(4)夹心保温板及拉结件。夹心保温板即"三明治板",是两层钢筋混凝土板(外叶板和内叶板)中夹着保温材料(多为挤塑聚苯板、硬泡聚氨酯板等)的PC外墙构件,三层板材靠拉结件进行连接为一个整体。拉结件是由高强玻璃纤维和树脂(FRP)制成的非金属拉结件。此外,还有不锈钢材料制成的金属拉结件,如图6-11至图6-13所示。

图6-11 预制夹心保温剪力墙板

图6-12 连接构造示意

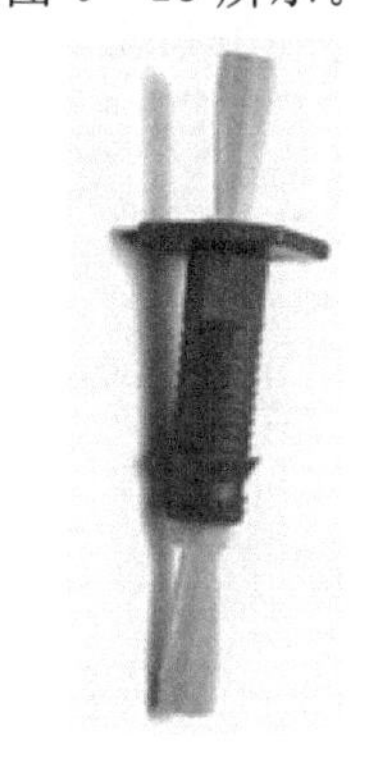

图6-13 连接件

(5)修补料。由于PC构件生产、运输、安装等环节较多,中间过程中难免出现磕碰、掉角、裂缝等需要进行修补。常用的修补材料主要有水泥砂浆、环氧砂浆、丙乳砂浆等,如图6-14、图6-15所示。

①水泥砂浆施工简便、成本低,但与基层的黏结效果、抗裂性能等偏低。

②环氧砂浆是以环氧树脂为主剂,配以促进剂等一系列辅助材料,经混合固化后形成的一种高强度、高黏结力的固结剂,具有优异的抗渗、抗冻、耐盐碱、耐弱酸、防腐蚀的特点。

③丙乳砂浆是以丙烯酸酯共聚乳液水泥砂浆的简称,属于高分子聚合物乳液改性水泥砂浆,具有较好的黏结、抗裂、防水、耐磨、耐老化等性能,相较环氧砂浆成本低、耐老

化、易操作，是修补材料的首选。

图 6-14　环氧砂浆

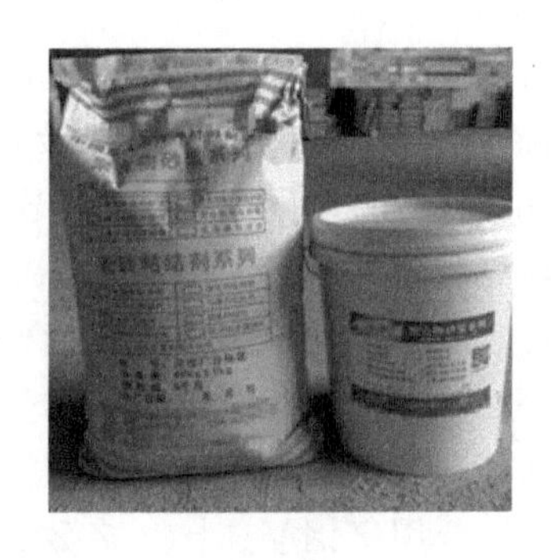

图 6-15　丙乳砂浆(聚合物砂浆)

2. 辅助材料

PC 建筑的辅助材料是指与预制构件有关的配件，常见的有内埋式螺母、内埋式吊钉及配套卡具等，如图 6-16 至图 6-18 所示。

(1)内埋式螺母。为便于后期吊顶悬挂、设备管线悬挂等，在预制 PC 构件时，将内埋式螺母预埋在构件中。该方法可以有效避免出现后锚螺栓容易与钢筋“打架”或对保护层甚至是 PC 构件本身产生损伤的现象。内埋式螺母材质有金属材质和塑料材质两种，金属材质的承载力高，可作为临时支撑、吊装和翻转吊点、后浇区模具固定等荷载需求较大的工序；塑料材质螺母主要用于悬挂电线等重量不大的管线。

(2)内埋式吊钉。内埋式吊钉是专用于吊装的预埋件，吊钩卡具连接非常方便，统称为快速起吊系统。

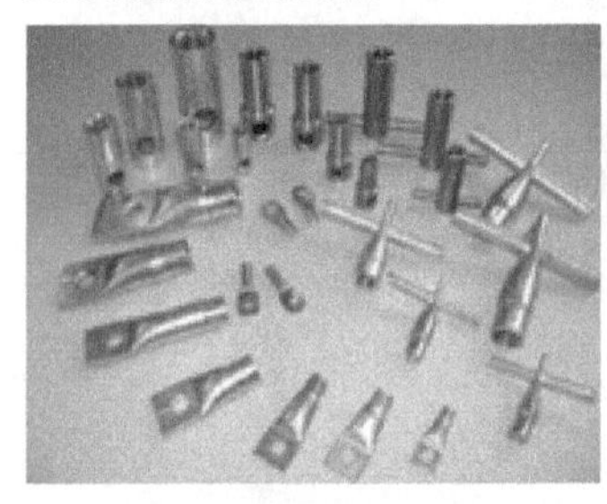

图 6-16　内置式螺母

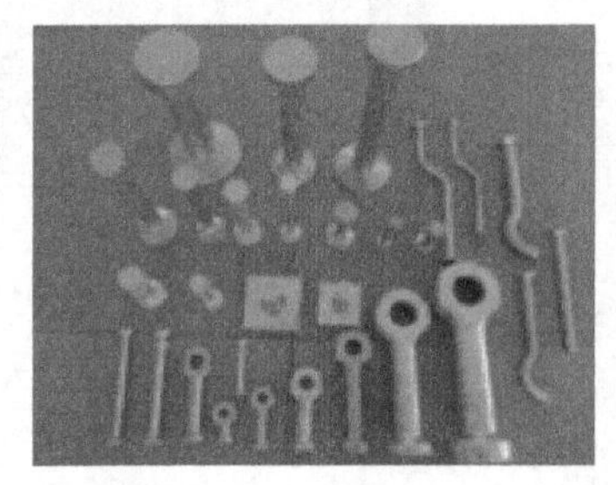

图 6-17　内置式吊钉

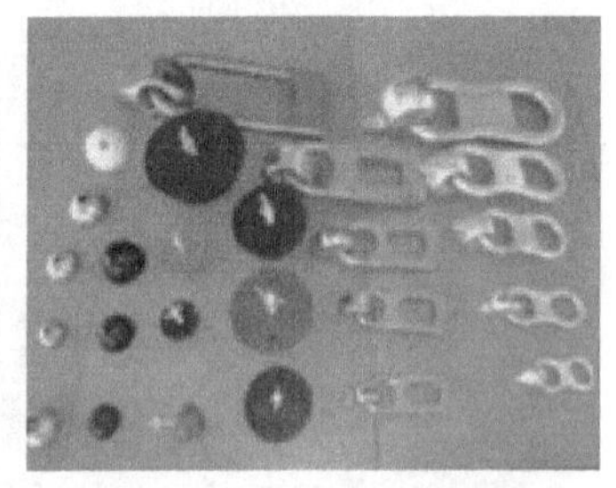

图 6-18　卡具(配套吊钉用)

6.2.3　PC 构件的制作

PC 构件的制作主要是在 PC 构件生产车间内完成的，常见的预制构件有柱、梁、楼板、墙板、楼梯、阳台等，如图 6-19 至图 6-27 所示。

不同构件的生产工艺要求不完全相同，主要工序一般包括：模具准备、钢筋制作与安装、预埋件及孔眼安装定位、混凝土浇捣与表面处理、养护、脱模等环节。

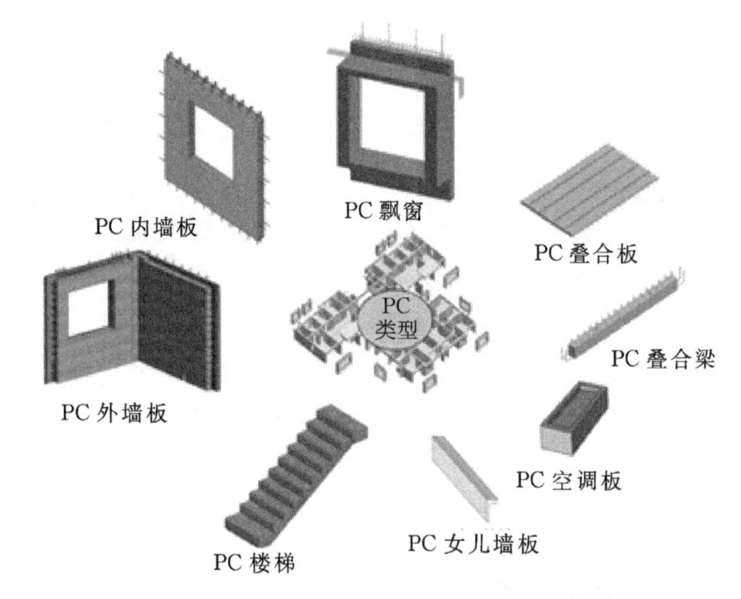

图6-19 常见的PC构件划分

图6-20 叠合板

图6-21 预制柱

图6-22 叠合梁

图6-23 剪力墙板(含门洞)

图6-24 剪力墙大板

图6-25 剪力墙板(含飘窗)

图 6-26　预制阳台板

图 6-27　预制楼梯

1. **模具准备**

模具是生产车间内的“混凝土模板”，多为钢材制作而成，常采用强磁固定在模台上，如图 6-28、图 6-29 所示。主要的准备工作有清理模台和模具、放线定位、组装模具、刷脱模剂等。

图 6-28　模具-外墙(含飘窗)钢筋已绑扎

图 6-29　楼梯模具

2. **钢筋制作与安装**

钢筋制作包括人工制作、半自动制作和全自动制作等形式。

人工制作的方法是指从下料、成型、制作、焊接或绑扎全部由人工完成，适合所有产品的制作，缺点是效率低、劳动强度高、质量不稳定。

半自动制作是将各钢筋通过设备加工出来，然后人工再组装完成钢筋骨架，是目前最常见的加工方式。

全自动钢筋加工主要加工各种钢筋网片和桁架筋，是由设备通过计算机控制识别输入的图样，按照图样要求，从钢筋调直、切断、焊接成型等全过程实现自动化，大幅减少人工。

其中，人工制作和半自动制作与第 5 章所述一致；而全自动桁架钢筋网片的制作是专门针对装配式叠合板的，其设备如图 6-30、图 6-31 所示。

图 6-30　全自动钢筋桁架设备(整体)

图 6-31　全自动钢筋桁架设备(局部)

钢筋制作完成后，将钢筋放入模具、安装保护层等，并进行临时固定。

3. **预埋件及孔眼安装定位**

钢筋骨架临时固定后，要将预埋件、连接件、孔眼等进行定位安装。安装要牢固，避免混凝土浇捣过程中出现松动。尺寸偏差应该符合《装配式混凝土结构技术规程》(JGJ 1—2014)第 11.2.4 条、11.2.5 条规定，具体预埋件加工的允许偏差应符合表 6－1 的规定。

表 6－1　预埋件加工允许偏差

<table>
<tr><th>项次</th><th colspan="2">检验项目及内容</th><th>允许偏差(mm)</th><th>检验方法</th></tr>
<tr><td>1</td><td colspan="2">预埋件锚板的边长</td><td>0，－5</td><td>用钢尺量</td></tr>
<tr><td>2</td><td colspan="2">预埋件锚板的平整度</td><td>1</td><td>用直尺和塞尺量</td></tr>
<tr><td rowspan="2">3</td><td rowspan="2">钢筋</td><td>长度</td><td>10，－5</td><td>用钢尺量</td></tr>
<tr><td>间距偏差</td><td>±10</td><td>用钢尺量</td></tr>
</table>

固定在模具上的预埋件、预留孔洞中心位置的允许偏差应符合表 6－2 的规定。

表 6－2　模具预留孔洞中心位置的允许偏差

项次	检验项目及内容	允许偏差(mm)	检验方法
1	预埋件、插筋、吊环、预留孔洞中心线位置	3	用钢尺量
2	预埋螺栓、螺母中心线位置	2	用钢尺量
3	灌浆套筒中心线位置	1	用钢尺量

注：检查中心线位置时，应沿纵、横两个方向量测，并取其中的较大值。

4. **混凝土浇捣与表面处理**

混凝土的制作工艺与现浇混凝土构件并无明显区别，其运输方式主要采用自动鱼雷罐运输，有些厂家也采用起重机(或叉车)配合料斗的传统方法进行运输。

混凝土的入模有人工入模、半自动入模、智能化(全自动)入模。人工入模主要对应于起重机(或叉车)、料斗运输的方式，该方法灵活机动、造价低，但效率也偏低。半自动入模是人工操控布料机前后左右的移动来完成浇筑混凝土。智能化(全自动)入模是计算机根据传送的信息，自动识别图样及模具，自动完成布料机的移动和布料。布料机会在遇到窗洞口的位置处自动关闭卸料口防止误浇，该方法机械化程度高，效率高，但运输设备成本也较高。

混凝土浇筑完成后需进行振捣使之密实，振捣的形式主要采用“流水线模台＋振动台”的形式，即：在生产车间的流水线上单独布置大型振动台，将已经浇筑好的混凝土模台通过流水线转运到振动台上，开启振动台，使之产生振动密实。

混凝土振动密实后还需在其终凝前，对其不同构件的要求对其表面进行抹光、拉(打)毛、键槽等处理。抹光是将混凝土表面压制为光面。拉毛是利用拉毛工具，在混凝土表面刷毛，为后期现场叠合其他混凝土产生一个较好的黏结面。键槽是根据构件的要求，在混凝土表面用工具进行压制，预留槽坑，作为后期装饰或安装管线等用途，相关设备如图 6－32 至图 6－36 所示。

图 6－32　自动鱼雷罐车(混凝土输送机,俗称飞斗)

图 6－33　布料机

图 6－34　振动台底座

图 6－35　拉毛机

图 6－36　抹光机

5. 养护与脱模

养护是保证混凝土质量的重要环节,对混凝土的强度、抗冻性、耐久性有很大影响。目前,PC 构件多采用常压蒸汽养护(见图 6－37),该养护方式可以缩短养护时间,便于快速脱模,提高效率。常压蒸汽养护的具体方法可参考本教材第 5 章相关内容。

PC 构件的脱模包括模具的拆除和模台的脱离。其中模具拆除主要是人工手动拆除,模台的脱离主要靠脱模机(见图 6－38)侧立后将 PC 构件进行吊离的方式实现脱模。起吊及翻转时混凝土强度应达到设计图样和规范要求的脱模强度,且不宜小于 15MPa。

图 6－37　养护窑

图 6－38　侧立式液压脱模机

6. 构件检查

构件生产完成后须对构件尺寸偏差等进行检查，检查要求须满足《装配式混凝土结构技术规程》(JGJ 1—2014)第11.4.2规定，具体如表6-3所示。

表6-3 预制构件尺寸允许偏差及检验方法

项目			允许偏差(mm)	检验方法
长度	板、梁、柱、桁架	＜12m	±5	尺量检查
		≥12m且＜18m	±10	
		≥18m	±20	
	墙板		±4	
宽度、高(厚)度	板、梁、柱、桁架截面尺寸		±5	钢尺量一端及中部，取其中偏差绝对值较大处
	墙板的高度、厚度		±3	
表面平整度	板、梁、柱、墙板内表面		5	2m靠尺和塞尺检查
	墙板外表面		3	
侧向弯曲	板、梁、柱		l/750且≤20	拉线、钢尺量最大侧向弯曲处
	墙板、桁架		l/1000且≤20	
翘曲	板		l/750	调平尺在两端量测
	墙板		l/1000	
对角线差	板		10	钢尺量两个对角线
	墙板、门窗口		5	
挠度变形	梁、板、桁架设计起拱		±10	拉线、钢尺量最大弯曲处
	梁、板、桁下垂		0	
预留孔	中心线位置		5	尺量检查
	孔尺寸		±5	
预留洞	中心线位置		10	尺量检查
	洞口尺寸、深度		±10	
门窗口	中心线位置		5	尺量检查
	宽度、高度		±3	
预埋件	预埋件锚板中心线位置		5	尺量检查
	预埋件锚板与混凝土面平面高差		0，-5	
	预埋螺栓中心线位置		2	
	预埋螺栓外露长度		+10，-5	
	预埋套筒、螺母中心线位置		2	
	预埋套筒、螺母与混凝土面平面高差		0，-5	
	线管、电盒、木砖、吊环在构件平面的中心线位置偏差		20	
	线管、电盒、木砖、吊环与构件表面混凝土高差		0，-10	
预留插筋	中心线位置		3	尺量检查
	外露长度		+5，-5	
键槽	中心线位置		5	尺量检查
	长度、宽度、深度		±5	

注：l为构件最长边的长度(mm)；检查中心线、螺栓和孔道位置偏差时，应沿纵横两个方向量测，并取其中偏差较大值。

6.2.4 PC构件装配施工

1.吊运与运输

PC构件在脱模、吊运与翻转过程中的吊点必须由结构设计师经过设计计算确定，给出位置和结构构造设计。

常见的吊具主要有吊索、吊装架，如图6-39、图6-40所示。

图6-39 吊装架吊装楼板

图6-40 吊装架吊装墙板

运输环节包括厂内运输和场外运输两部分，常见构件的运输见图6-41至图6-45。

厂内运输距离较短，可用起重机直接运输，也可以采用短途摆渡车运输。摆渡车可以是轨道拖车，也可以是拖挂汽车。场外运输主要为货运汽车运输，运输过程需要选择合适的车型，确定相应的运输路线。对于超高、超宽形状特殊的大型构件要求专门的质量和安全保证措施。

图6-41 楼板运输

图6-42 预制柱运输

图6-43 楼梯运输

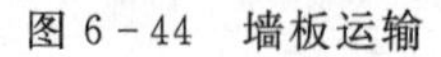

图6-44 墙板运输

图6-45 阳台板运输

2.现场施工

PC建筑在现场施工中主要有构件吊装、临时支撑、构件及节点连接、现场养护和支撑拆除等施工环节。

(1)构件吊装。施工现场的构件起吊与厂内起吊有相似之处，但也会存在一定区别。

相似之处为所用的吊具、索具和构件的吊点等是一致的；不同之处在于施工现场的起吊设备可能与厂区内的起吊设备不同。尤其是起吊其中较重的构件时，需要保证起重设备的起重力矩，避免出现安全事故。

构件起吊后进行安装时则需要根据不同类型的构件和设计的要求进行分别安装，主要要求位置、标高、垂直度、平整度满足设计文件和相关标准，并注意以下要点：柱和剪力墙等竖向构件在安装时其预留套筒（或浆锚孔）需要对准下部构件预留的伸出钢筋；楼板、梁等水平构件安装时需对准放线弹出的位置或其他定位标识，稳定放置在临时支撑上；楼梯板等安装时其安装孔对准预埋螺母等。

构件安装过程中需检查支撑体系的受力状态，并根据标高、位置、垂直度、平整度的偏差结果进行相应调整。根据《装配式混凝土结构技术规程》(JGJ 1—2014)第12.3.3条，墙、柱构件的安装应符合下列规定：构件安装前，应清洁结合面；构件底部应设置可调整接缝厚度和底部标高的垫块；钢筋套筒灌浆连接接头、钢筋浆锚搭接连接接头灌浆前，应对接缝周围进行封堵，封堵措施应符合结合面承载力设计要求；多层预制剪力墙底部采用坐浆材料时，其厚度不宜大于20mm。

(2)临时支撑。临时支撑是在PC构件吊装后连接成稳定的整体结构之前的临时加固和支撑措施。如果临时支撑工作不到位，一旦出现构件失稳，轻则出现较大尺寸等偏差，重则可能出现构件塌落的事故，因此临时支撑是非常重要的施工环节。

临时支撑的具体方法是根据不同类型构件进行的，如图6-46至图6-48所示。对于柱、剪力墙等竖向构件，主要采用斜支撑，避免构件倾覆；对于梁、板构件主要采用竖向支撑。

图6-46 柱支撑

图6-47 剪力墙支撑

图6-48 梁板支撑

(3)构件及节点连接。与普通现浇结构不同，PC结构的构件与节点的连接方案，绝非在施工现场临时决定的，也很难进行临时更改或调整；而是在设计过程中就已经设计好了对应的连接方式、节点位置等。

施工中只需要按照设计的要求，顺序连接施工即可。构件主要的连接方式即前文所述的后浇混凝土连接、套筒灌浆连接、浆锚搭接、叠合连接等四种具体方式。

其中，后浇混凝土连接主要适用于梁、板各PC构件已经制作完成，仅需在现场制作少量模板，并将钢筋连接后浇筑混凝土将吊装好的各PC构件连接为一个整体。叠合连接也主要用于梁、板等PC构件，但这一部分构件在制作中已经预留了叠合层，并非完整的构件，须待混凝土浇筑后才可形成完整的构件。根据《装配式混凝土结构技术规程》(JGJ 1—2014)第12.3.7条，后浇混凝土的施工应符合下列规定：预制构件结合面疏松部分的混凝土应剔除并清理干净；模板应保证后浇混凝土部分形状、尺寸和位置准确，并应防止漏浆；在浇筑混凝土前应洒水润湿结合面，混凝土应振捣密实；同一配合比的混凝土，每工作班且建筑面积不超过1000m^{2}应制作一组标准养护试件，同一楼层应制作不少于3组标准养护试件。

套筒灌浆和浆锚搭接都主要用于墙、柱等竖向构件，在连接施工时套筒、浆锚孔、预留钢筋等都已经在构件制作时留置完成，现场只需按照要求将对应钢筋插入对应套筒或浆锚孔，并按照设计要求进行灌浆即可。

根据《装配式混凝土结构技术规程》(JGJ 1—2014)第11.1.4(强制条文)条、12.3.2条、12.3.4条规定：

①预制结构构件采用钢筋套筒灌浆连接时，应在构件生产前进行钢筋套筒灌浆连接接头的抗拉强度试验，每种规格的连接接头试件数量不应少于3个。

②采用钢筋套筒灌浆连接、钢筋浆锚搭接连接的预制构件就位前，应检查下列内容：套筒、预留孔的规格、位置、数量和深度；被连接钢筋的规格、数量、位置和长度。当套筒、预留孔内有杂物时，应清理干净；当连接钢筋倾斜时，应进行校直；连接钢筋偏离套筒或孔洞中心线不宜超过5mm。

③钢筋套筒灌浆连接接头、钢筋浆锚搭接连接接头应按检验批划分要求及时灌浆，灌浆作业应符合国家现行有关标准及施工方案的要求，并应符合下列规定：

A. 灌浆施工时，环境温度不应低于5℃；当连接部位养护温度低于10℃时，应采取加热保温措施；

B. 灌浆操作全过程应有专职检验人员负责旁站监督并及时形成施工质量检查记录；

C. 应按产品使用说明书的要求计量灌浆料和水的用量，并搅拌均匀；每次拌制的灌浆料拌合物应进行流动度的检测，且其流动度应满足规程的规定；

D. 灌浆作业应采用压浆法从下口灌注，当浆料从上口流出后应及时封堵，必要时可设分仓进行灌浆；

E. 灌浆料拌合物应在制备后30min内用完。

(4)现场养护和支撑拆除。因为现场仍有部分混凝土或其他灌浆材料的浇筑，所以仍需要对该部分浇筑材料进行养护。混凝土的养护要求与前面第5章所述一致。支撑部分的拆除主要取决于连接部分的强度，须按设计要求执行。一般而言，采用套筒灌浆或浆锚搭接工艺的竖向构件，可在灌浆作业完成3天后拆除斜支撑。叠合连接和后浇混凝土连接的板或梁，应当在混凝土达到设计强度时才能够拆除临时支撑。

6.2.5 PC工程验收

工程检验项目分为主控项目验收和一般项目。建筑工程中对安全、节能、环境保护和主要使用功能起决定性作用的检验项目为主控项目。除主控项目以外的检验项目为一般项目。《装配式混凝土结构技术规程》(JGJ 1—2014)第 13.2 节对主控项目、一般项目的要求如下。

1. 主控项目

(1)后浇混凝土强度应符合设计要求。

检查数量:按批检验,检验批应符合《装配式混凝土结构技术规程》(JGJ 1—2014)第 12.3.7 条的有关要求。

检验方法:按现行国家标准《混凝土强度检验评定标准》(GB/T 50107—2010)的要求进行。

(2)钢筋套筒馆将连接及浆锚搭接连接的灌浆应密实饱满,所有出浆口均应出浆。

检查数量:全数检查。

检验方法:检查灌浆施工质量检查记录。

(3)钢筋套筒灌浆连接及浆锚搭接连接用的灌浆料应满足设计要求。

检查数量:按批检验,以每层为一检验批;每工作班应制作一组且每层不应少于 3 组 40mm×40mm×160mm 的长方体试件,标准养护 28 天后进行抗压强度试验。

检验方法:检查灌浆料强度试验报告及评定记录。

(4)剪力墙底部接缝坐浆强度应满足设计要求。

检查数量:按批检验,以每层为一检验批;每工作班应制作一组且每层不应少于 3 组边长为 70.7mm 的立方体试件,标准养护 28 天后进行抗压强度试验。

检验方法:检查坐浆材料强度试验报告及评定记录。

(5)钢筋采用焊接连接时,其焊接质量应符合现行行业标准《钢筋焊接及验收规程》(GJ 18—2012)的有关规定。

检查数量:按现行行业标准《钢筋焊接及验收规程》(JGJ 18－2012)的规定确定。

检验方法:检查钢筋焊接施工记录及平行加工试件的强度试验报告。

(6)钢筋采用机械连接时,其接头质量应符合现行业标准《钢筋机械连接技术规程》(JGJ 107—2016)的有关规定。

检查数量:按现行行业标准《钢筋机械连接技术规程》(JGJ 107—2001)的规定确定。

检验方法:检查钢筋机械连接施工记录及平行加工试件的强度试验报告。

(7)预制构件采用焊接连接时,钢材焊接的焊缝尺寸应满足设计要求,焊缝质量应符合现行国家标准《钢结构焊接规范》(GB 50661—2011)和《钢结构工程施工质量验收规范》(GB 50205—2001)的有关规定。

检验方法:按现行国家标准《钢结构工程施工质量验收规范》(GB 50205—2001)的要求。

检查数量:全数检查

(8)预制构件采用螺栓连接时,螺栓的材质、规格、拧紧力矩应符合设计要求及现行。国家标准《钢结构设计规范》(GB 50017—2003)和《钢结构工程施工质量验收规范》(GB 50205—2001)的有关规定。

检查数量:全数检查。检验方法:按照现行国家标准《钢结构工程施工质量验收规范》(GB 50205—2001)的要求进行。

2. 一般项目

《装配式混凝土结构技术规程》(JGJ 1—2014)第 13.3.1、13.3.2 条对一般项目有如下要求。

(1)装配式结构的尺寸允许偏差应符合设计要求,并符合表 6－4 的规定。

表 6－4　装配式结构尺寸允许偏差及检验方法

<table>
<tr><th colspan="3">项目</th><th>允许偏差(mm)</th><th>检验方法</th></tr>
<tr><td rowspan="3">构件中心线对轴线位置</td><td colspan="2">基础</td><td>15</td><td rowspan="3">尺量检查</td></tr>
<tr><td colspan="2">竖向构件(柱、墙、桁架)</td><td>10</td></tr>
<tr><td colspan="2">水平构件(梁、板)</td><td>5</td></tr>
<tr><td>构件标高</td><td colspan="2">梁、柱、墙、板底面或顶面</td><td>±5</td><td>水准仪或尺量检查</td></tr>
<tr><td rowspan="3">构件垂直度</td><td rowspan="3">柱、墙</td><td>＜5m</td><td>5</td><td rowspan="3">经纬仪或全站仪量测</td></tr>
<tr><td>≥5m 且＜10m</td><td>10</td></tr>
<tr><td>≥10m</td><td>20</td></tr>
<tr><td>构件倾斜度</td><td colspan="2">梁、桁架</td><td>5</td><td>垂线、钢尺量测</td></tr>
<tr><td rowspan="5">相邻构件平整度</td><td colspan="2">板端面</td><td>5</td><td rowspan="5">钢尺、塞尺量测</td></tr>
<tr><td rowspan="2">梁、板底面</td><td>抹灰</td><td>5</td></tr>
<tr><td>不抹灰</td><td>3</td></tr>
<tr><td rowspan="2">柱
墙侧面</td><td>外露</td><td>5</td></tr>
<tr><td>不外露</td><td>10</td></tr>
<tr><td>构件搁置长度</td><td colspan="2">梁、板</td><td>±10</td><td>尺量检查</td></tr>
<tr><td>支座、支垫中心位置</td><td colspan="2">板、梁、柱、墙、桁架</td><td>10</td><td>尺量检查</td></tr>
<tr><td rowspan="2">墙板接缝</td><td colspan="2">宽度</td><td rowspan="2">±5</td><td rowspan="2">尺量检查</td></tr>
<tr><td colspan="2">中心线位置</td></tr>
</table>

检查数量:按楼层、结构缝或施工段划分检验批。在同一检验批内,对梁、柱,应抽查构件数量的 10%,且不少于 3 件;对墙和板,应按有代表性的自然间抽查 10%,且不少于 3 间。对于大空间结构,墙可按相邻轴线间高度 5m 左右划分检查面,板可按纵、横轴线划分检查面,抽查 10%,且均不少于 3 面。

(2)外墙板接缝的防水性能应符合设计要求。

检查数量:按批检验。每 $1000m^2$ 外墙面积应划分为一个检验批,不足 $1000m^2$ 时也应划分为一个检验批;每个检验批每 $100m^2$ 应至少抽查一处,每处不得少于 $10m^2$。

检验方法:检查现场淋水试验报告。

6.3　钢结构施工

据前文所述,普通钢结构与装配式钢结构的主要区别在于其结构系统、外围护系统、设备与管线系统、内装系统四大系统的集成度,但仅从结构部分施工的角度来讲,普通钢结构与装配式钢结构都是现场拼装施工的,其施工工艺总体是一致的。本节内容主要讲述钢结构工程的施工,不再对普通钢结构和装配式钢结构进行过多区分。

6.3.1 钢结构简介

钢结构是由钢板、型钢、冷弯薄壁型钢等通过焊接或螺栓连接所组成的结构，具有轻质高强，塑性、韧性好，各向同性、性能稳定，制造简便，施工周期短等优点；也存在耐热但不耐火、耐腐蚀性差的缺点。总体而言，钢结构在一些建筑工程中具有不可替代的优越性。

相较于混凝土结构工程的施工而言，钢结构的施工总体上要简便、快捷很多，因为钢结构的施工构件多为预制，施工现场主要的工作一般包括以下工序：测量、弹线→绑扎、吊升→临时支撑→焊接、螺栓连接→涂刷等。

6.3.2 材料与构件入场

钢结构施工用材主要包括钢材、焊接材料、紧固件（螺栓、垫圈等）和涂装材料等。钢结构构件一般宜直接选用型钢，这样可以减少制造工作量，降低造价。型钢尺寸不够合适或构件很大时则用钢板制作。因此，钢结构中的元件是型钢和钢板。根据《建筑结构制图标准》(GB/T 50105—2010)第 4.1.1 条要求，常用型钢的标注方法见表 6－5。

表 6－5 常用型钢的标注方法

序号	名称	截面	标注	序号	名称	截面	标注
1	等边角网	∟	∟ $b\times t$	11	薄壁等肢角钢	∟	B∟ $b\times t$
2	不等边角钢	∟ B	∟ $B\times b\times t$	12	薄壁等肢卷边角钢	∟ a	B∟ $b\times a\times t$
3	工字钢	I	I N　QI N				
4	槽钢	[b	[N　Q[N	13	薄壁槽钢	[h	B∟ $h\times b\times t$
5	方钢	□ b	□ b	14	薄壁卷边槽钢	h [a	B∟ $h\times b\times a\times t$
6	扁钢	— b	$-b\times t$				
7	钢板	—	—— $\frac{-b\times t}{l}$	15	薄壁卷边 Z 形钢	h Z a	B Z $h\times b\times a\times t$
8	圆钢	●	ϕd				
9	钢管	○	DN×× $d\times t$	16	H 形钢	H	HW×× HM×× HN××
10	薄壁方钢管	□	B□ $b\times t$				
说明	①b 为短肢宽，B 为长肢宽，t 为肢厚；②Q 表示轻型工字钢及槽钢；③N 表示轻型工字钢槽钢型号；④ $\frac{-b\times t}{l}$ 表示钢板的$\frac{宽\times 厚}{板长}$			说明	①DN××表示内径，$d\times t$ 表示外径×壁厚；②薄壁型钢加 B 注字，t 为壁厚；③HW、HM、HN 分别表示宽翼缘、中翼缘、翼缘 H 形钢		

表 6-6 中所示型钢截面主要如图 6-49 所示。

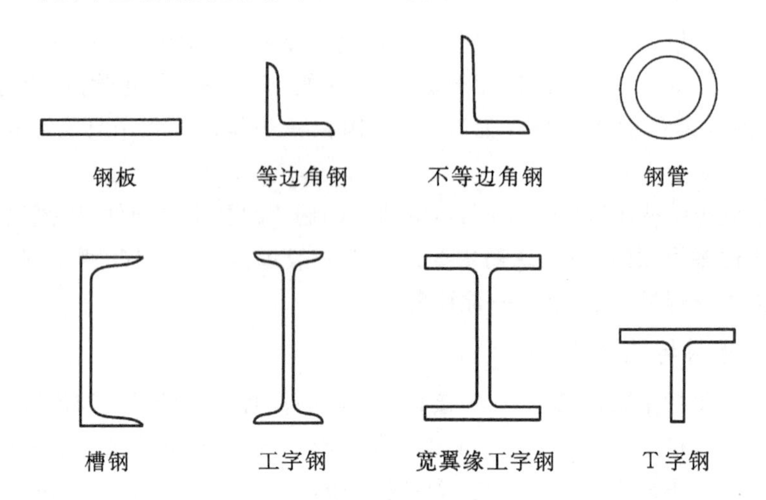

图 6-49　不同型钢截面

根据《钢结构工程施工质量验收规范》(GB 50205—2015)第 4 章,施工主材入场检验主控项目要求如下:钢材、钢铸件、焊接材料、各类螺栓、铆钉、焊接球、螺栓球、封板、锥头、套筒、金属压型板、涂装材料等(如图 6-50 至图 6-55 所示)品种、规格、性能应符合现行国家产品标准和设计要求;检查数量为全数检查;检验方法为检查产品的质量合格证明文件、中文标志及检验报告等。

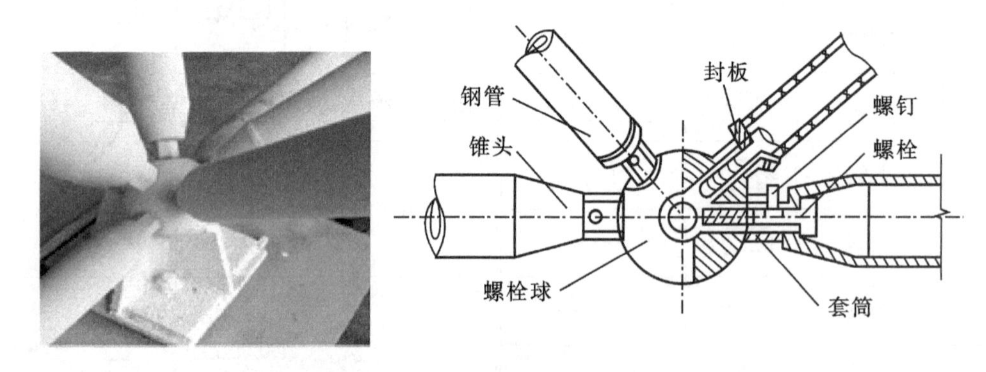

图 6-50　螺栓球与其他配件示意

图 6-51　焊接球

图 6-52　电弧焊条

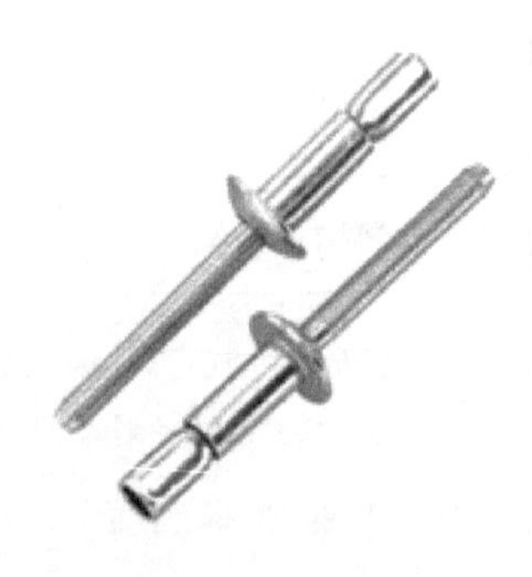

图 6-53　铆钉

图 6－54 薄壁压型钢板

图 6－55 螺栓

材料入场后，需进行妥善存放，尤其注意防火、防腐、防锈；并需按照材料型号、规格不同分类放置，明确标识。

6.3.3 测量与吊装

钢结构工程的吊装设备与前面第 5.4.3 节中所述的起重设备一致，其中单层和多层的钢结构多采用可移动的汽车式、履带式起重机，具有灵活机动、成本低的特征；高层的吊装设备多采用塔式起重机。具体施工主要包括以下步骤：测量、弹线→绑扎、调转→焊接、螺栓连接→涂刷等。

1. 测量、弹线

基础与主体施工首先要保证的是各构件轴线位置、标高、垂直度、平整度符合设计要求，而这一部分工作主要取决于测量工作的精度。对于柱、牛腿等竖向构件为保证精度和测量方便，一般在构件上弹墨线便于测量和校核。其中，测量柱构件垂直度需要两台经纬仪分别测定柱构件两个方向的垂直度，并采用牵引设备（电葫芦、千斤顶之类）进行调整；梁与屋架等水平构件的平面位置的校正常采用通线法和平移轴线法。通线法是根据柱轴线用经纬仪和钢尺，准确校核结构最外侧四根主梁的端部轴线位置，然后拉通线，逐根校正结构内部各梁的轴线位置。平移轴线法则是根据柱与梁的相对位置，将轴线偏移一定距离建立一根辅助轴线（俗称借用轴线），对梁轴线位置进行逐一测量、校对。相关示意如图 6－56 至图 6－58 所示。

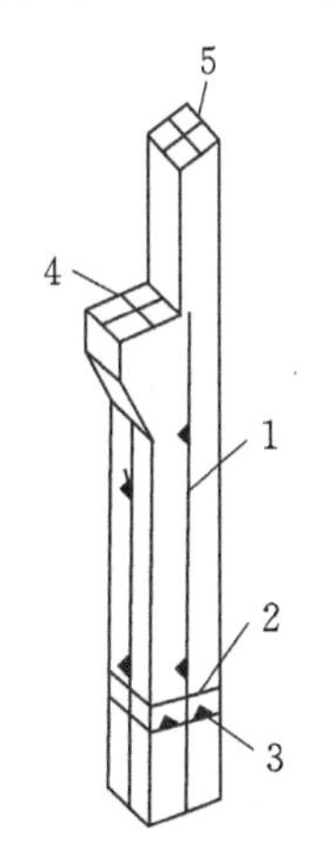

1—柱中心线；2—地墙标高线；
3—基础顶面线；4—吊车梁对位线；
5—柱顶中心线。

图 6－56 柱测量弹线示意

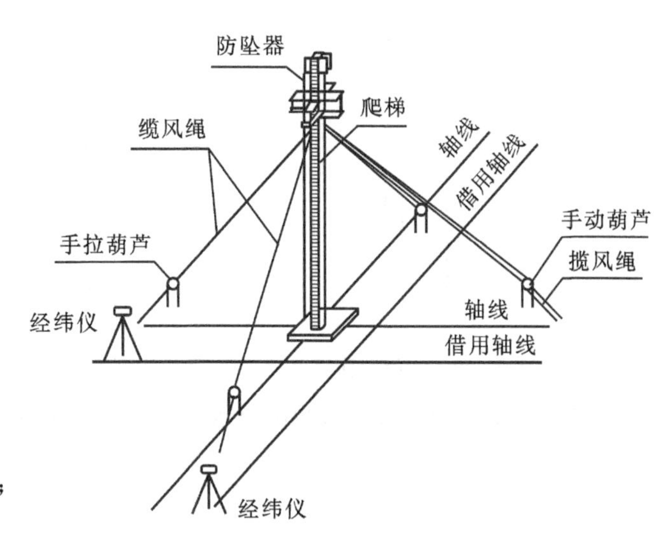

图 6－57 柱构件的垂直度测量（两台经纬仪）

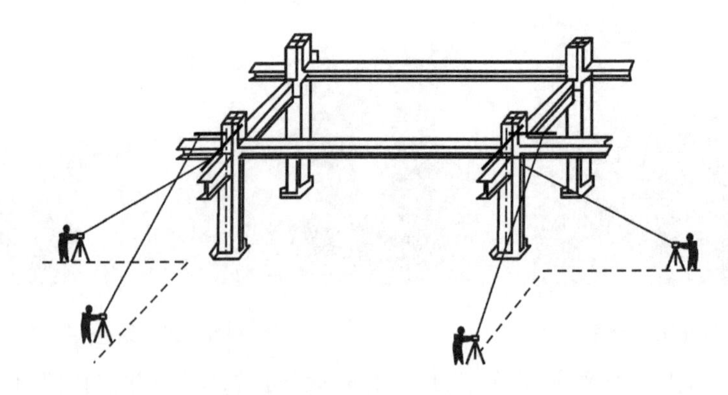

图 6-58　梁构件的轴线位置测量(轴线平移法)

2.绑扎、吊装

(1)柱构件绑扎、吊装。柱构件的绑扎位置和点数,应根据柱的形状、断面、长度和起重机性能确定。因柱的吊升过程所承受的荷载与使用阶段不同,因此绑扎点要高于柱的中心,避免吊升过程中摇晃倾覆。吊装时应对柱进行受力计算,最合理的绑扎点应在柱产生的正负弯矩绝对值相等的位置。柱的绑扎按照起吊后是否垂直分为斜吊绑扎法和直吊绑扎法。如图 6-59、图 6-60 所示。斜吊绑扎适用于柱起吊后抗弯可以满足要求时,否则宜采用直吊绑扎。

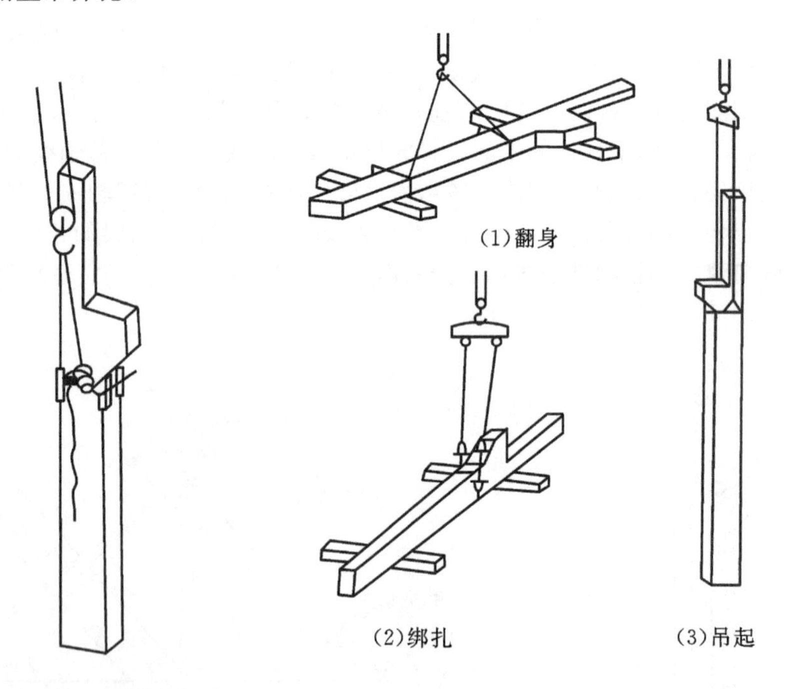

图 6-59　斜吊绑扎法　　　　图 6-60　直吊绑扎法

柱子的安装常采用旋转法和滑行法两种进行吊装,如图 6-61、图 6-62 所示。

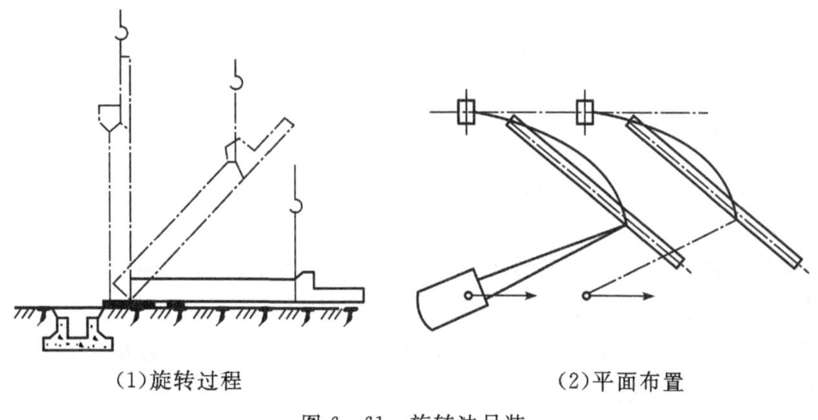

(1)旋转过程　　(2)平面布置

图6-61　旋转法吊装

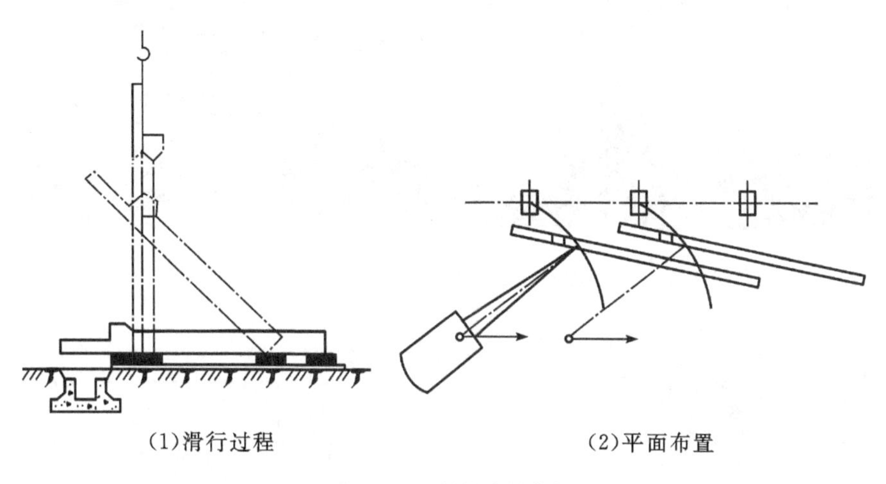

(1)滑行过程　　(2)平面布置

图6-62　滑行法吊装

①旋转法。采用此方法时，要求柱脚靠近柱基础。起吊操作时，应使柱的绑扎点、柱脚、基础中心均位于起重半径的圆弧上。这样，起重臂边升勾边回转可将柱快速地插入基础杯口中，该方法振动小、效率高。

②滑行法。采用此方法时，要求柱子的吊点靠近基础杯口(与旋转法布置相反)。起吊时只升勾不旋转，这样就能使柱的下端滑移至杯口附近，然后再全部吊升，准确就位。该方法操作简单，工作半径小，可以起吊较重、较长的柱构件。

这两种方法是基本的吊装方法，除此外还可以灵活运用。当一台起重机械无法吊装时，也可以采用两台或多台进行抬吊等方法。

(2)梁构件的吊装。预制钢梁构件常见的有H形钢、C形钢(槽钢)，此外还有一些混凝土预制梁。梁吊装时，应对梁进行吊绑扎对称起吊。起吊后基本保持水平，安装后续校正其标高、平面位置、垂直度。梁的标高主要取决于对应的柱，只要柱标高准确，梁标高就误差不大，少量误差可以通过安装或减少垫铁纠正，梁的垂直度也可以通过垫铁进行调整。

(3)屋架的吊装。钢结构常见的屋盖系统有屋架、屋面板、天窗架等。屋盖系统一般采用按节间进行综合安装，即每安装好一榀屋架，就随即将这一节间的全部构件安装到位。这样可以提高起重机的利用率，但在安装其起始两个节间时，要及时安好支撑，以保证屋盖安装的稳定。

按照起重机与屋架的相对位置的不同，屋架扶植分为正向扶直和反向扶直两种方法。正向扶直时起重机位于屋架下弦一侧，需升勾升臂；反向扶直时起重机则位于屋架上弦一侧，需升勾降臂。总体而言，正向扶直更便于施工。

屋架吊装后应临时固定并进行垂直度、标高、轴线位置的校正，校正后需要焊接或螺栓连接进行固定。

(4)屋面板的吊装。常用的屋面板主要有混凝土预制屋面板和金属压型板与保温、防水材料制作的金属屋面板，如图 6－63、图 6－64 所示。

预制板的重量较大，一般在预制时在板的四角预留吊环作为起吊使用；金属屋面板质量较轻可以成捆起吊，在屋面上人工搬运安装。

图 6－63　混凝土预制屋面板

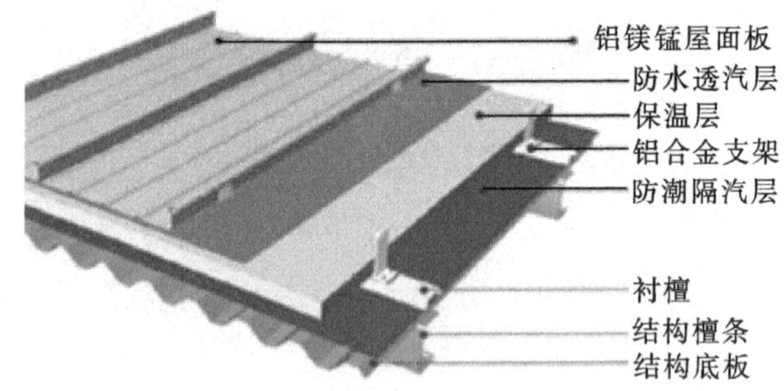

图 6－64　金属压型板

6.3.4　焊接与紧固件连接

钢结构的主要连接方式就是焊接和紧固件连接两种方式。

1. 焊接

与钢筋的焊接不同，钢结构的焊接主要是针对型钢构件，焊接面积通常较大，多采用电弧焊。

(1)焊接的特点。焊接的优点主要有不打孔钻眼、不削弱截面、不受截面形状限制、密封性好等；缺点是焊接过程的放热会对周边钢材产生一定影响，可能产生一定不利的残余应力和残余应变，同时焊缝本身对裂纹很敏感，一旦出现局部裂纹就易扩展到整个界面，在低温下易发生脆断。

(2)焊缝的接头形式。根据连接件的相互位置焊缝分为平接接头、搭接接头、T 形接头、角接接头四种，如图 6－65 所示。

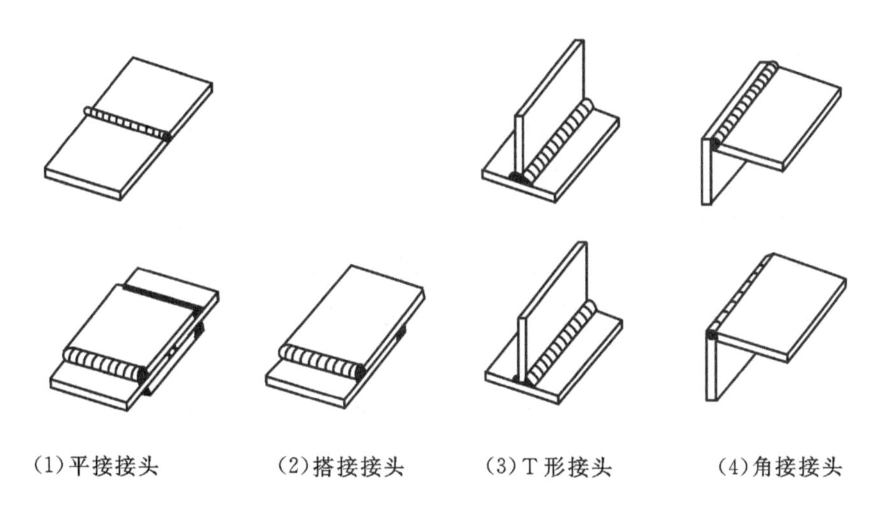

(1)平接接头　(2)搭接接头　(3)T形接头　(4)角接接头

图6－65　焊缝接头形式

按照焊接施工时焊工与焊件间的位置分为平焊、立焊、横焊、仰焊四种方位，如图6－66所示。平焊又称俯焊，质量最为保证；立焊和横焊较困难，质量和效果低于平焊；仰焊最困难，质量不宜保证，须尽量避免。

(3)焊接施工及管理要点。焊接工作是一种特殊的手工操作工作，该工序的质量直接影响结构安全。因此对其要求是非常严格的。根据《钢结构焊接规范》(GB 50661—2011)第3.0.4条，钢结构焊接施工人员应符合下列规定：

①焊接技术人员应接受过专门的焊接技术培训，且有一年以上焊接生产或施工实践经验。

②焊接技术负责人除应满足上一条规定外，还应具有中级以上技术职称。承担焊接难度等级为C级和D级(焊接根据板材厚度、材质等共分A——易、B——一般、C——较难、D——难四级)焊接工程的施工单位，其焊接技术负责人应具有高级技术职称。

(1)平焊(俯焊)

(2)横焊

(3)立焊

(4)仰焊

图6－66　施焊方式

③焊接检验人员应接受过专门的技术培训，有一定的焊接实践经验和技术水平，并具有检验人员上岗资格证。

④无损检测人员必须由专业机构考核合格，其资格证应在有效期内，并按考核合格项目及权限从事无损检测和审核工作。承担焊接难度等级为C级和D级焊接工程的无损检测审核人员应具备现行国家标准《无损检测人员资格鉴定与认证》GB/T 9445中的三级资格要求。

⑤焊工应按所从事钢结构的钢材种类、焊接节点形式、焊接方法、焊接位置等要求进行技术资格考试，并取得相应的资格证书，其施焊范围不得超越资格证书的规定。

⑥焊接热处理人员应具备相应的专业技术。用电加热设备加热时，其操作人员应经过专业培训。

(4)作业条件。根据《钢结构工程施工规范》(GB 50755—2012)第6.3.3条，焊接时，作业区环境温度、相对湿度和风速等应符合下列规定：作业环境温度不应低于－10℃；焊接作业区的相对湿度不应大于90%；当手工电弧焊和自保护药芯焊丝电弧焊时，焊接作业区最大风速不应超过8m/s；当气体保护电弧焊时，焊接作业区最大风速不应超过2m/s；当超出上述规定且必须进行焊接时，应编制专项方案。

2. 紧固件连接

紧固件连接主要是指螺栓连接，包括普通螺栓和高强螺栓两大类；此外还有铆钉、自攻螺丝、射钉等在连接薄钢板时应用。

根据《紧固件机械性能螺栓、螺钉和螺柱》(GB/T 3098.1—2010)，钢结构连接用螺栓性能等级分4.6、4.8、5.6、5.8、6.8、8.8、9.8、10.9、12.9等十余个等级，其中8.8级及以上螺栓材质为低碳合金钢或中碳钢并经热处理(淬火、回火)，通称为高强度螺栓(常见的为8.8、10.9两种)，其余通称为普通螺栓。螺栓性能等级标号有两部分数字组成，分别表示螺栓材料的公称抗拉强度值和屈强比值。例如，性能等级4.6级的螺栓，其含义是：①螺栓材质公称抗拉强度达400MPa级；②螺栓材质的屈强比值为0.6。

(1)钢结构采用普通螺栓作为永久性连接螺栓时，主要有以下操作要点：

①螺栓头和螺母侧应分别放置平垫圈，螺栓头侧放置的垫圈不应多于2个，螺母侧放置的垫圈不应多于1个；

②承受动力荷载或重要部位的螺栓连接，设计有防松动要求时，应采取有防松动装置的螺母或弹簧垫圈，弹簧垫圈应放置在螺母侧；

③对工字钢、槽钢等有斜面的螺栓连接，宜采用斜垫圈；

④同一个连接接头螺栓数量不应少于2个；

⑤螺栓紧固后外露丝扣不应少于2扣，紧固质量检验可采用锤敲检验。

(2)高强螺栓时根据用途不同主要分为：扭剪型高强螺栓(特点是尾部有专用的梅花头，终拧后需拧掉)、大六角头高强螺栓(特点是每副需配合2个垫圈)和钢网架螺栓球节点用高强度螺栓(特点是螺杆处有销孔，放入销钉可作为紧固用)三类，外观如图6-67至图6-69所示。

图6-67 扭剪型高强螺栓

图6-68 大六角头高强螺栓

图6-69 螺栓球节点用高强螺栓

根据《钢结构工程施工规范》(GB 50755—2012)第7.4节，高强螺栓的安装过程主要要点及要求如下：

①高强度螺栓长度应以螺栓连接副终拧后外露2～3扣丝为宜。螺栓露出太少或陷入螺母都有可能对螺栓螺纹与螺母螺纹连接的强度有不利的影响，外露过长，除不经济外，还给高强度螺栓施拧时带来困难。

②高强度螺栓施拧常采用扭矩法，施工时应符合下列规定：大六角头螺栓施工用的扭矩扳手(见图6-70)使用前应进行校正，其扭矩相对误差不得大于±5%；校正用的扭矩扳手，其扭矩相对误差不得大于±3%；扭剪型螺栓应采用专用电动扳手(见图6-71)施拧，终拧应以拧掉螺栓尾部梅花头为准。

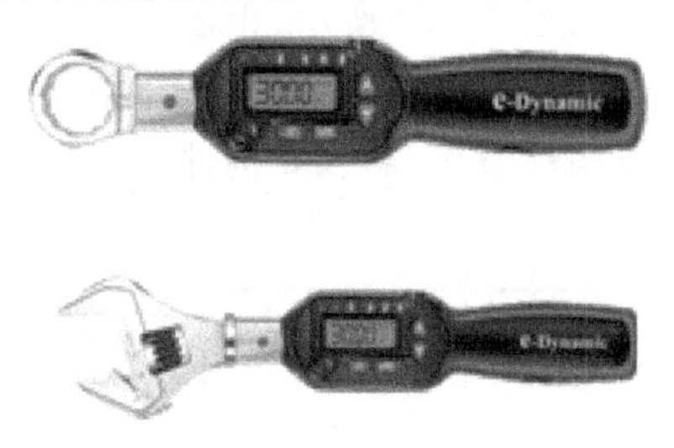

图6-70 扭矩扳手

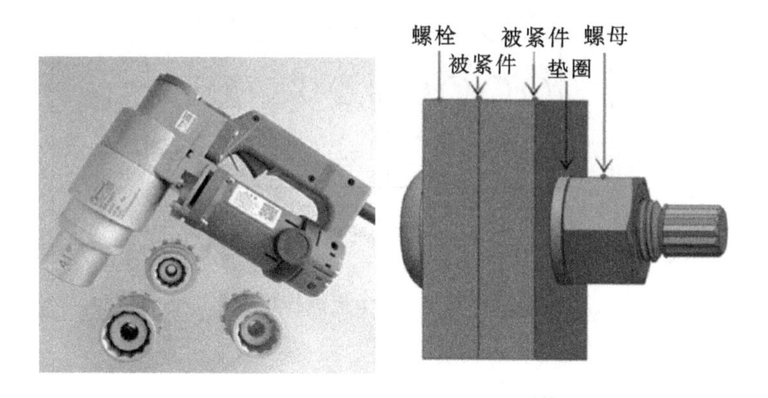

图6-71 扭剪型螺栓电动扳手及对应螺栓拼装示意图

螺栓球节点网架总拼完成后，高强度螺栓与球节点应紧固连接，螺栓拧入螺栓球内的螺纹长度不应小于螺栓直径的1.1倍，连接处不应出现有间隙、松动等未拧紧情况。

施拧应在螺母上施加扭矩，其过程应分为初拧和终拧，大型节点应在初拧和终拧间增加复拧。初拧扭矩可取施工终拧扭矩的50%，复拧扭矩应等于初拧扭矩。初拧或复拧后应对螺母涂画颜色标记，且初拧、复拧、终拧，宜在24h内完成。

大六角头螺栓和扭剪型螺栓的终拧扭矩，可按照下式计算：

$$T_c = kP_cd$$

式中：T_c——施工终拧扭矩(N·m)；

k——高强度螺栓连接副的扭矩系数平均值，取0.110～0.150；

d——高强度螺栓公称直径(mm)；

P_c——高强度大六角头螺栓施工预拉力，可按表6-6选用(kN)；

表 6-6　高强度螺栓施工预拉力(kN)

螺栓等级	螺栓公称直径(mm)						
	M12	M16	M20	M22	M24	M27	M30
8.8S	50	90	140	165	195	255	310
10.9S	60	110	170	210	250	320	390

初拧、复拧和终拧原则上应以接头刚度较大的部位向约束较小的方向、螺栓群中央向四周的顺序，这是为了使高强度螺栓连接处板层能更好密贴。下面是典型节点的施拧顺序：一般节点从中心向两端，如图 6-72 所示；箱形节点按图 6-73 中 A、C、B、D 顺序；工字梁节点螺栓群按图 6-74 中①～⑥顺序；H 形截面柱对接节点按先翼缘后腹板；两个节点组成的螺栓群按先主要构件节点，后次要构件节点的顺序。

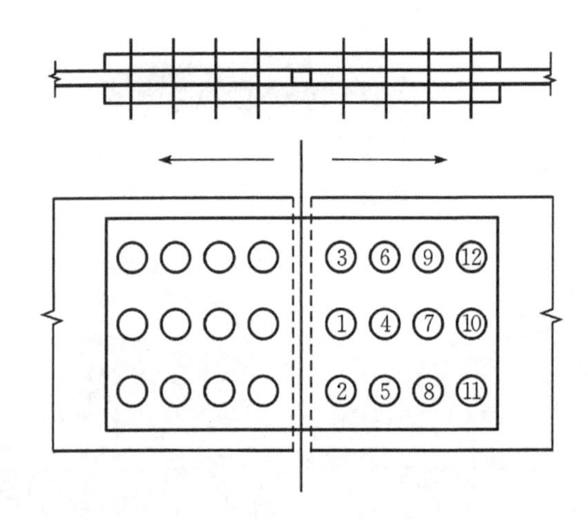

图 6-72　一般节点施拧顺序

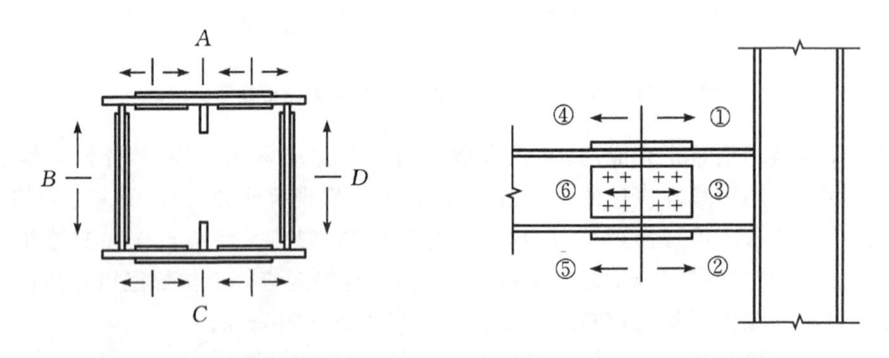

图 6-73　箱形节点施拧顺序　　图 6-74　工字梁节点施拧顺序

(3)连接薄钢板采用的拉铆钉、自攻钉、射钉等(如图 6-75 至图 6-77 所示)，其规格尺寸应与被连接钢板相匹配，其间距、边距等应符合设计文件的要求。钢拉铆钉和自攻螺钉的钉头部分应靠在较薄的板件一侧。自攻螺钉、钢拉铆钉、射钉等与连接钢板应紧固密贴，外观应排列整齐。

图6-75 射钉及射钉枪

图6-76 自攻螺丝

1.先用手电钻在固定物体上钻一个洞

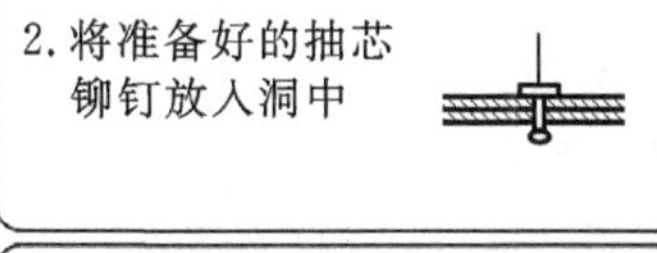

4.用力按压拉铆枪手柄将铆钉芯抽出

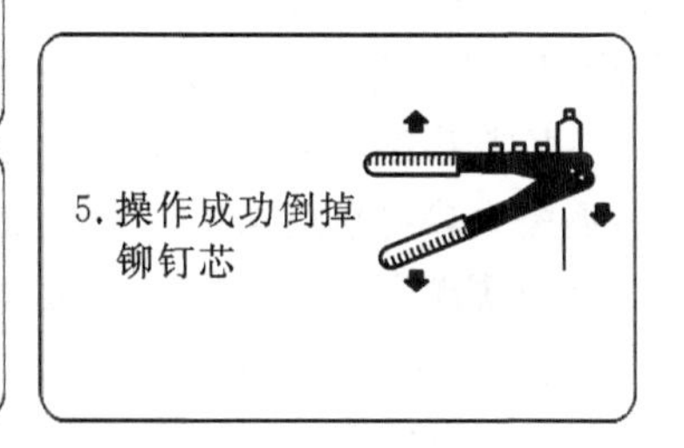

图6-77 铆钉、铆钉枪与施铆过程示意

6.3.5 涂装

钢结构表面涂装的目的主要是防腐和防火。防腐涂装具体又包括油漆类防腐涂装(可在施工现场施工)、金属热喷涂防腐(多在构件生产厂内施工)、热浸镀锌防腐(多在构件生产厂内施工)三种。油漆防腐涂装可采用涂刷法、手工滚涂法、空气喷涂法和高压无气喷涂法。其中高压无气喷涂法(其设备如图6-78所示)涂装效果好、效率高,对大面积的涂装及施工条件允许的情况下应采用高压无气喷涂法。对于狭长、小面积以及复杂形状构件可采用涂刷法、手工滚涂法、空气喷涂法。

金属热喷涂是以某种形式的热源将喷涂材料加热,受热的材料形成熔融或半熔融状态的微粒,这些微粒以一定的速度冲击并沉积在基体表面上,形成具有一定特性的喷涂层。按照其具体工艺不同,金属热喷涂分为火焰喷涂法、电弧喷涂法和等离子喷涂法等。目前工程上应用的热喷涂方法仍以火焰喷涂法(如图6-79所示)为主,该方法用氧气和乙炔焰熔化金属丝,在氧乙炔焰中,金属粉末以50m/s左右的速度通过喷枪口的高温区,受热成为熔融或半熔融状态,由压缩空气吹送至待喷涂结构表面,喷至被预热的表面上。

热浸镀锌是将表面经清洗、活化后的钢铁制品浸于500℃熔融的锌液中,通过铁锌之间的反应和扩散,在钢铁制品表面镀覆附着性良好的锌合金镀层,是延缓钢铁材料环境腐蚀的最有效手段之一。

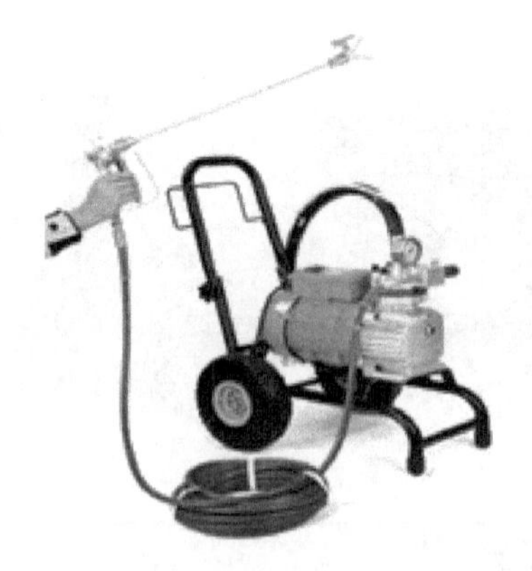

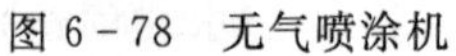

图 6-78　无气喷涂机

图 6-79　金属热喷涂(火焰喷涂)

防火涂料涂装前,钢材表面除锈及防腐涂装应符合设计文件和国家现行有关标准的规定。基层表面应无油污、灰尘和泥沙等污垢,且防锈层应完整、底漆无漏刷。构件连接处的缝隙应采用防火涂料或其他防火材料填平。防火涂料施工与普通油漆一致,可采用喷涂、抹涂或滚涂等方法。防火涂装根据防火材料的要求不同又分为厚涂型防火涂装和薄涂型防火涂装。两种涂料的原理如下:

(1)厚涂型防火涂料在遇火时依靠涂层自身的不燃性和低导热性形成耐火隔热保护层,迟缓火势对承重构件的直接侵袭,从而有效提高钢结构的耐火极限。

(2)薄涂型防火涂料通过遇火膨胀隔热、产生惰性气体灭火,会产生灭火气体,同时对人会有一定的危害,而厚型防火涂料不膨胀靠自身隔热原理防火。

根据《钢结构工程施工规范》(GB 50755—2012)第 13.3.2 条,钢结构涂装时的环境温度和相对湿度,除应符合涂料产品说明书的要求外,还应符合下列规定:

(1)当产品说明书对涂装环境温度和相对湿度未作规定时,环境温度宜为 5℃～38℃,相对湿度不应大于 85%,钢材表面温度应高于露点温度 3℃,且钢材表面温度不应超过 40℃;

(2)被施工物体表面不得有凝露;

(3)遇雨、雾、雪、强风天气时应停止露天涂装,应避免在强烈阳光照射下施工;

(4)涂装后 4h 内应采取保护措施,避免淋雨和沙尘侵袭;

(5)风力超过 5 级时,室外不宜喷涂作业。

第7章

防水与保温工程

学习目标

掌握防水与保温工程分类
掌握屋面工程构造与材料入场要求
掌握卷材防水、涂膜施工要点
掌握地下防水构造与施工要点
熟悉外墙防水与保温构造与施工

相关标准

《屋面工程质量验收规范》(GB 50207—2012)
《屋面工程技术规范》(GB 50345—2012)
《地下工程防水技术规范》(GB 50108—2008)
《地下防水工程质量验收规范》(GB 50208—2011)
《建筑外墙防水工程技术规程》(JGJ/T 235—2011)
《住宅室内防水工程技术规范》(JGJ 298—2013)
《倒置式屋面工程技术规程》(JGJ 230—2010)
《外墙外保温工程技术规程》(JGJ 144—2004)
《外墙内保温工程技术规程》(JGJ/T 261—2011)
《房屋建筑工程施工工法图示(一)》(GJCT—040)
《外墙内保温建筑构造》(11J122)

7.1 概述

防水与保温是建筑物的功能需求，是满足建筑使用功能的前提。如防水、保温功能施工不当，将会导致出现雨季渗漏、夏季过热、冬季阴冷等问题，甚至导致房屋结构难以使用。

1. **防水工程**

建筑结构的防水工程中，根据防渗漏的位置不同，防水可分为屋面防水、地面防水、室内防水和外墙防水。屋面防水是指屋面的上表面防水；地下防水是指地下室底板、顶板、外墙表面的防水；室内防水是指住宅厨房、卫生间、阳台的楼地面上表面和墙面内表面的防水；外墙防水是指外墙外表面的防水。

根据防水材料的延伸变形能力，防水可分为刚性防水、柔性防水。刚性防水使用的是较高强度、无延伸能力的防水材料，如防水砂浆、防水混凝土、无机类防水涂料等。柔性防水使用的是具有一定柔韧性和延伸率的防水材料，如防水卷材、有机类防水涂料等。

根据目前经验看，由于柔性防水具有一定的延伸性，防水效果相较于刚性防水更好一些。其应用范围总体如下：

(1)屋面工程可能会因季节性存在积水,并受温度变化影响较大,可能存在一定的温度变形(热胀冷缩),应主要采用柔性防水;

(2)地下工程、室内工程中可能长期存在浸水,甚至长期存在压力水头的情况,常采用柔性防水与抗渗混凝土(刚性防水)相结合的方法;

(3)地面以上的外墙部分防水,主要是防止雨季的浸淋,但一般不会有积水,这时主要采用防水砂浆(刚性防水)和涂膜防水(柔性防水)两种方法,分别按照建筑物所在地区的降雨量进行设计。

此外,玻璃幕墙、石材幕墙等围护结构的防水主要在接缝处,通常采用硅酮结构密封胶等进行处理,具体在第8章进行讲述。

2.保温工程

建筑结构的保温工程中,根据保温的位置不同,保温可分为屋面保温和外墙保温。屋面保温是指屋面的上表面保温;外墙保温是指外墙外表面(外墙外保温)或外墙内表面(外墙内保温),两个区域的保温。

在上述防水和保温工程中,屋面防水和保温是配合施工的,总称为屋面工程;地下室防水、室内防水、外墙防水的施工方法相近,主要是位置不同。因此,本章主要介绍屋面工程、地下室防水两部分,同时并对其他防水保温工程进行简要说明。

7.2 屋面工程

7.2.1 屋面构造

屋面是建筑的外围护结构,主要是起覆盖作用,借以抵抗雨雪,避免日晒等自然界大气变化的影响,同时亦起着保温、隔热和稳定墙身等作用。屋面的功能不仅为建筑的耐久性和安全性提供保证,而且成为防水、节能、环保、生态及智能建筑技术健康发展的平台,因此,保证功能在屋面工程设计中具有十分重要的意义和作用。其设计应遵照“保证功能、构造合理,防排结合、优选用材、美观耐用”的原则。

屋面工程的构造主要包括屋面基层、保温与隔热层、防水层和保护层,根据《屋面工程技术规范》(GB 50345—2012)第3.0.25条的规定,宜符合表7-1的要求。设计人员可根据建筑物的性质、使用功能、气候条件等因素进行组合。

其施工的主要工艺流程根据设计不同有所差异,一般情况下可以划分为:材料验收→屋面测量放线→雨落管、排气管安装→找平层施工→干燥后保温层施工→找坡层施工→防水层施工→保护层施工→专项验收。

表7-1 屋面的基本构造层次

屋面类型	基本构造层次(自上而下)
卷材、涂膜屋面	保护层、隔离层、防水层、找平层、保温层、找平层、找坡层、结构层
	保护层、保温层、防水层、找平层、找坡层、结构层
	种植隔热层、保护层、耐根穿刺防水层、防水层、找平层、保温层、找平层、找坡层、结构层
	架空隔热层、防水层、找平层、保温层、找平层、找坡层、结构层
	蓄水隔热层、隔离层、防水层、找平层、保温层、找平层、找坡层、结构层

续表7-1

屋面类型	基本构造层次(自上而下)
瓦层面	块瓦、挂瓦条、顺水条、持钉层、防水层或防水垫层、保温层、结构层
	沥青瓦、持钉层、防层或防水垫层、保温层、结构层
金属板屋面	压型金属板、防水垫层、保温层、承托网、支承结构
	上层压型金属板、防水垫层、保温层、底层压型金属板、支承结构
	金属面绝热夹芯板、支承结构
玻璃采光顶	玻璃面板、金属框架、支承结构
	玻璃面板、点支承装置、支承结构

注:表中结构层包括混凝土基层和木基层;防水层包括卷材和涂膜防水层;保护层包括块体材料、水泥砂浆、细石混凝土保护层;有隔汽要求的屋面,应在保温层与结构层之间设隔汽层。

屋面工程中根据其防水、保温的相对位置,可以分为正置式屋面、倒置式屋面两大类。

1. **正置式屋面**

正置式屋面是传统屋面构造做法,其构造为隔热保温层在防水层的下面,具有如下主要特点:

(1)保温层在防水层下侧,为排出找平层与保温层中的湿气,避免水汽使防水层起鼓,需在屋面上设置大量的排气孔(如图7-1所示)。排气孔的存在会影响屋面的使用和美观感,而且人为地破坏了防水层的整体性,排气孔上防雨盖又常常容易被踢碰脱落,反而使雨水灌入孔内,降低保温效果。

图7-1 屋面上的排气孔

(2)防水层在上方,如图7-2所示。该类型屋面容易受到气温热胀冷缩的影响和日光紫外线的影响而产生老化、开裂。

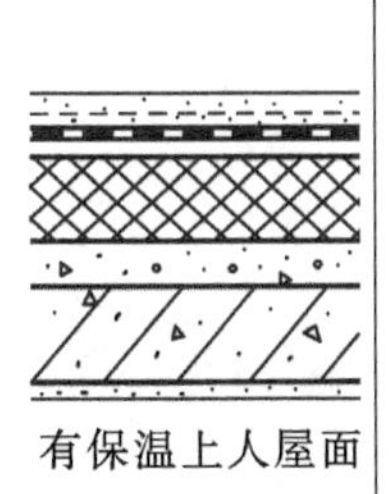 有保温上人屋面	1. 40厚C20细石混凝土保护层,配∅6或冷拔∅4的Ⅰ级钢,双向@150,钢筋网片绑扎或点焊(设分格缝) 2. 10厚低强度等级砂浆隔离层 3. 防水卷材或涂膜层 4. 20厚1∶水泥砂浆找平层 5. 保温层 6. 最薄30厚LC5.0轻集料混凝土2%找坡层 7. 钢筋混凝土屋面板	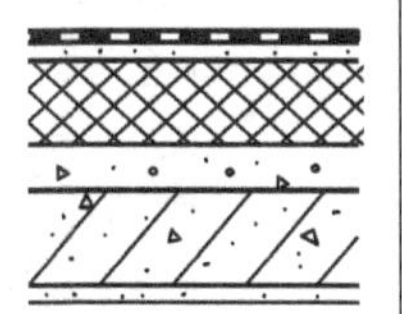 有保温不上人屋面	1. 浅色涂料保护层 2. 防水卷材或涂膜层 3. 20厚1∶3水泥砂浆找平层 4. 保温层 5. 最薄30厚LC5.0轻集料混凝土2%找坡层 6. 钢筋混凝土屋面板

图7-2 正置式有保温屋面(《平屋面建筑构造》12J201的A3、A18图)

2.倒置式屋面

倒置式屋面是指将憎水性保温材料设置在防水层上的屋面,具有如下特点:

(1)倒置式屋面可以节省隔汽层;因为延长了防水层的使用年限,节省了后期维护费用,所以综合经济效益较高。

(2)防水层受到保护,避免热应力、紫外线以及其他因素对防水层的破坏。

(3)保温层多采用挤塑发泡聚苯乙烯泡沫塑料板(XPS)、岩棉板、EPS聚苯板等,为高效憎水保温材料,符合建筑节能政策,但材料费用较高。

屋面防水工程应根据建筑物的类别、重要程度、使用功能要求确定防水等级,并应按相应等级进行防水设防;对防水有特殊要求的建筑屋面,应进行专项防水设计。屋面防水等级和设防、做法要求根据《屋面工程技术规范》(GB 50345—2012)第4.5.1条、4.8.1条,应符合表7-2的规定。

表7-2 屋面防水等级和设防、做法要求

防水等级	建筑类别	设防要求	做法要求	
			卷材、涂膜防水屋面	瓦屋面防水
Ⅰ级	重要建筑高层建筑	两道防水设防	卷材+卷材 卷材+涂膜 复合防水层	瓦+防水层
Ⅱ级	一般建筑	一道防水设防	卷材 涂膜 复合防水层	瓦+防水垫层

7.2.2 材料的选用与进场验收

屋面工程防水材料主要可分三类:防水卷材、防水涂料、接缝密封防水材料。

防水卷材常见的有高聚物改性沥青防水卷材(如SBS热塑丁苯橡胶防水卷材、APP无规聚丙烯防水卷材)、高分子防水卷材(如三元乙丙防水卷材)两类。

防水涂料主要有高聚物改性沥青防水涂料、水泥基渗透结晶型防水涂料、高分子防水涂料(如硅胶防水涂料、无焦油型聚氨酯防水涂料、丙烯酸酯防水涂料)。接缝密封防水材料主要有硅酮建筑密封胶、聚氨酯建筑密封胶等。

防水卷材与防水涂料如图7-3至图7-7所示。

图7-3 改性沥青防水卷材(APP)

图7-4 高分子防水卷材

图7-5 改性沥青防水涂料

图7-6 水泥基渗透结晶型防水涂料

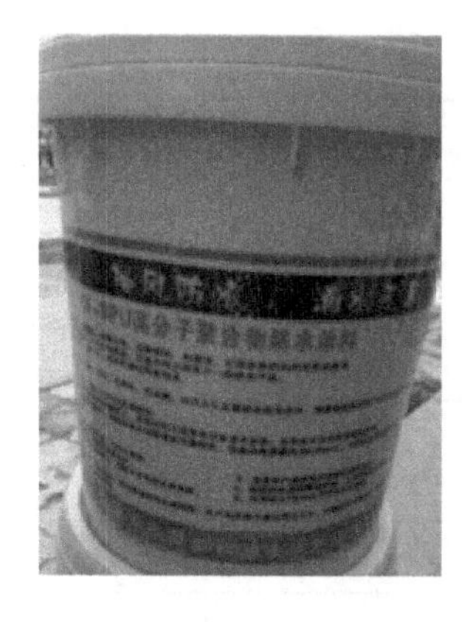

图7-7 高分子防水涂料

1.防水材料选用

根据《屋面工程技术规范》(GB 50345—2012)第4.5.2、4.5.3、4.6.1条，在选择防水卷材、防水涂料、密封防水材料时应分别符合下列规定。

(1)选择防水卷材。

①防水卷材可按合成高分子防水卷材和高聚物改性沥青防水卷材选用，其外观质量、品种和规格应符合国家现行有关材料标准的规定；

②应根据当地历年最高气温、最低气温、屋面坡度和使用条件等因素，选择耐热度、低温柔性相适应的卷材；

③应根据地基变形程度、结构形式、当地年温差、日温差和振动等因素，选择拉伸性能相适应的卷材；

④应根据屋面卷材的暴露程度，选择耐紫外线、耐老化、耐霉烂相适应的卷材；

⑤种植隔热屋面的防水层应选择耐根穿刺的防水卷材。

(2)选择防水涂料。防水涂料是由合成高分子聚合物、高分子聚合物与沥青、高分子聚合物与水泥为主要成膜物质，加入各种助剂、改性材料、填充材料等加工制成的溶剂型、水乳型或粉末型的涂料。在选取防水涂料时应注意以下事项：

①防水涂料的选用，其外观质量和品种、型号应符合国家现行有关材料标准的规定；

②应根据当地历年最高气温、最低气温、屋面坡度和使用条件等因素，选择耐热性、低温柔性相适应的涂料；

③应根据地基变形程度、结构形式、当地年温差、日温差和振动等因素，选择拉伸性能相适应的涂料；

④应根据屋面涂膜的暴露程度，选择耐紫外线、耐老化相适应的涂料；

⑤屋面坡度大于25%时，应选择成膜时间较短的涂料。

同时，无论是卷材防水、涂膜防水，还是复合(“卷材+涂抹”)防水，防水卷材在进行设计及施工时都需要满足其最小厚度的要求。在《屋面工程技术规范》(GB 50345—2012)中第4.5.5至4.5.7条的要求(强制性条文)具体如表7-3至表7-5所示。

表 7－3　每道卷材防水层最小厚度

防水等级	合成高分子防水卷材	高聚物改性沥青防水卷材		
		聚酯胎、玻纤胎、聚乙烯胎	自粘聚酯胎	自粘无胎
Ⅰ级	1.2	3.0	2.0	1.5
Ⅱ级	1.5	4.0	3.0	2.0

表 7－4　每道涂膜防水层最小厚度

防水等级	合成高分子防水涂膜	聚合物水泥防水涂膜	高聚物改性沥青防水涂膜
Ⅰ级	1.5	1.5	2.0
Ⅱ级	2.0	2.0	3.0

表 7－5　复合防水层最小厚度

防水等级	合成高分子防水卷材＋合成高分子防水涂膜	自粘聚合物改性沥青防水卷材(无胎)＋合成高分子防水涂膜	高聚物改性沥青防水卷材＋高聚物改性沥青防水涂膜	聚乙烯丙纶卷材＋聚合物水泥防水胶结材料
Ⅰ级	1.2＋1.5	1.5＋1.5	3.0＋2.0	(0.7＋1.3)×2
Ⅱ级	1.0＋1.0	1.2＋1.0	3.0＋1.2	0.7＋1.3

(3)密封防水材料。密封防水材料主要分为改性沥青密封材料、高分子密封材料两类,此外在玻璃幕墙施工中也采用硅酮密封胶作为接缝密封材料。屋面接缝应按密封材料的使用方式,分为位移接缝和非位移接缝,其密封防水材料按表 7－6 选用。

表 7－6　屋面接缝密封防水技术要求

接缝种类	密封部位	密封材料
位移接缝	混凝土面层分格接缝	改性石油沥青密封材料、合成高分子密封材料
	块体面层分格缝	改性石油沥青密封材料、合成高分子密封材料
	采光顶玻璃接缝	硅酮耐候密封胶
	采光顶周边接缝	合成高分子密封材料
	采光顶隐框玻璃与金属框接缝	硅酮结构密封胶
	采光顶明框单元板块间接缝	硅酮耐候密封胶
非信移接缝	高聚物改性沥青卷材收头	改性石油沥青密封材料
	合成高分子卷材收头及接缝封边	合成高分子密封材料
	混凝土基层固定件周边接缝	改性石油沥青密封材料、合成高分子密封材料
	混凝土构件间接缝	改性石油沥青密封材料、合成高分子密封材料

2.保温材料选用

保温层应根据屋面所需传热系数或热阻选择轻质、高效的保温材料，保温层及其保温材料应符合表7-7的规定。

表7-7 保温层及其保温材料

保温层	保温材料
板状材料保温层	聚苯乙烯泡沫塑料、硬质聚氨酯泡沫塑料、膨胀珍珠岩制品、泡沫玻璃制品、加气混凝土砌块、泡沫混凝土砌块
纤维材料保温层	玻璃棉制品、岩棉、矿渣棉制品
整体材料保温层	喷涂硬泡聚氨酯、现浇泡沫混凝土

3.防水、保温材料进场验收

屋面工程所用的防水、保温材料应有产品合格证书和性能检测报告，材料的品种、规格、性能等必须符合国家现行产品标准和设计要求。产品质量应经过省级以上建设行政主管部门对其资质认可和质量技术监督部门对其计量认证的质量检测单位进行检测。

根据《屋面工程质量验收规范》(GB 50207—2012)第3.0.7条及附录A、附录B，防水、保温材料进场验收应符合下列规定：

(1)应根据设计要求对材料的质量证明文件进行检查，并应监理工程师或建设单位代表确认，纳入工程技术档案；

(2)应对材料的品种、规格、包装、外观和尺寸等进行检查验收，并应经监理工程师或建设单位代表确认，形成相应验收记录；

(3)防水、保温材料进场检验项目及材料标准应符合表7-8和表7-9的规定。材料进场检验应执行见证取样送检制度，并应提出进场检验报告；

(4)进场检验报告的全部项目指标均达到技术标准规定为合格；不合格材料不得在工程中使用。

表7-8 防水卷材进厂检验项目与抽检数量要求

序号	防水材料名称	现场抽样数量	外观质量检验	物理性能检验
1	高聚物改性沥青防水卷材	大于1000卷抽5卷，每500卷～1000卷抽4卷，100卷～499卷抽3卷，100卷以下抽2卷，进行规格尺寸和外观质量检验；在外观质量检验合格的卷材中，任取一卷做物理性能检验	表面平整，边缘整齐，无孔洞、缺边、裂口、胎基未浸透，矿物粒料粒度，每卷卷材的接头	可溶物含量、接力、最大拉力时延伸率、耐热度、低温柔度、不透水性
2	合成高分子防水卷材		表面平整，边缘整齐，无气泡、裂纹、黏结疤痕，以及每卷卷材的接头	断裂拉伸强度、扯断伸长率、低温弯折性、不透水性

续表 7-8

序号	防水材料名称	现场抽样数量	外观质量检验	物理性能检验
3	高聚物改性	每 10t 为一批，不足 10t 按一批抽样	(1)水乳型：无色差、凝胶、结块、明显沥青丝； (2)溶剂型：黑色黏稠状，细腻、均匀胶状液体	固体含量、耐热性、低温柔性、不透水性、断裂伸长率或抗裂性
4	合成高分子防水涂料		(1)反应固化型：均匀黏稠状、无凝胶、结块； (2)挥发固化型：经搅拌后无结块，呈均匀状态	固体含量、拉伸强度、断裂伸长率、低温柔性、不透水性
5	聚合物水泥防水涂料		(1)液体组分：无杂质、无凝胶的均匀乳液； (2)固体组分：无杂质、无结块的粉末	固体含量、拉伸强度、断裂伸长率、低温柔性、不透水性
6	胎体增强材料	每 $3000m^2$ 为一批，不足 $3000m^2$ 的按一批抽样	表面平整，边缘整齐，无折痕、无孔洞、无污迹	拉力、延伸率
7	沥青基防水卷材用基层处理剂	每 5t 产品为一批，不足 5t 的按一批抽样	均匀液体，无结块、无凝胶	固体含量、耐热性、低温柔性、剥离强度
8	高分子胶黏剂		均匀液体，无杂质、无分散颗粒或凝胶	剥离强度、浸水 168h 后的剥离强度保持率
9	改性沥青胶黏剂		均匀液体、无结块、无凝胶	剥离强度
10	合成橡胶胶黏带	每 1000m 为一批，不足 1000m 的按一批抽样	表面平整，无固块、杂物、孔洞、外伤及色差	剥离强度、浸水 168h 后剥离强度保持率
11	改性石油沥青密封材料	每 1t 产品为一批，不足 1t 的按一批抽样	黑色均匀膏状，无结块和未浸透的填料	耐热性、低温柔性、拉伸黏结性、施工度
12	合成高分子密封材料		均匀膏状物或黏稠液体，无结皮、凝胶或不易分散的固体团状	拉伸模量、断裂伸长率、定伸黏结性
13	烧结瓦、混凝土瓦	同批至少抽一次	边缘整齐，表面光滑、不得有分层、裂纹、露砂	抗渗性、抗冻性、吸水率
14	玻纤胎沥青瓦		边缘整齐，切槽清晰，厚薄均匀，表面无孔洞、硌伤、裂纹、皱褶及起泡	可溶物含量、拉力、耐热度、柔度、不透水性、叠层剥离强度
15	彩色涂层钢板及钢带	同牌号、同规格、同镀层重量、同涂层厚度、同涂料种类和颜色为一批	钢板表面不应有气泡、缩孔、漏涂等缺陷	屈服强度、抗拉强度、断后伸长率、镀层重量、涂层厚度

表 7-9 保温材料入场检验项目及抽检数量

序号	材料名称	组批及抽样	外观质量检验	物理性能检验
1	模塑聚苯乙烯泡沫塑料	同规格按 100m³ 为一批，不足 100m³ 的按一批计。 在每批产品中随机抽取 20 块进行规格尺寸和外观质量检验。从规格尺寸和外观质量检验合格的产品中，随机取样进行物理性能检验	色泽均匀，阻燃型应掺有颜色的颗粒；表面平整，无明显收缩变形和膨胀变形；熔结良好；无明显油渍和杂质	表观密度、压缩强度、导热系数、燃烧性能
2	挤塑聚苯乙烯泡沫塑料	同类型、同规格按 50m³ 为一批，不足 50m³ 的按一批计。 在每批产品中随机抽取 10 块进行规格尺寸和外观质量检验。从规格尺寸和外观质量检验合格的产品中，随机取样进行物理性能检验	表面平整，无夹杂物，颜色均匀；无明显起泡、裂口、变形	压缩强度、导热系数、燃烧性能
3	硬质聚氨酯泡沫塑料	同原料、同配方、同工艺条件按 50m³ 为一批，不足 50m³ 的按一批计 在每批产品中随机抽取 10 块进行规格尺寸和外观质量检验，从规格尺寸和外观质量检验合格的产品中，随机取样进行物理性能检验	表面平整，无严重凹凸不平	表观密度、压缩强度、导热系数、燃烧性能
4	泡沫玻璃绝热制品	同品种、同规格按 250 件为一批，不足 250 件的按一批计。 在每批产品中随机抽取 6 个包装箱，每箱各抽 1 块进行规格尺寸和外观质量检验。从规格尺寸和外观质量检验合格的产品中，随机取样进行物理性能检验	垂直度、最大弯曲度、缺棱、缺角、孔洞、裂纹	表现密度、抗压强度、导热系数、燃烧性能
5	膨胀珍珠岩制品（憎水型）	同品种、同规格按 2000 块为一批，不足 2000 块的按一批计。 在每批产品中随机抽取 10 块进行规格尺寸和外观质量检验。从规格尺寸和外观质量检验合格的产品中，随机取样进行物理性能检验	弯曲度、缺棱、掉角、裂纹	表观密度、抗压强度、导热系数、燃烧性能

续表 7－9

序号	材料名称	组批及抽样	外观质量检验	物理性能检验
6	加气混凝土砌块	同品种、同规格、同等级按 $200m^3$ 为一批，不足 $200m^3$ 的按一批计。 在每批产品中随机抽取 50 块进行规格尺寸和外观质量检验。从规格尺寸和外观质量检验合格的产品中，随机取样进行物理性能检验	缺棱掉角；裂纹、爆裂、黏膜和损坏深度；表面疏松、层裂；表面油污	干密度、抗压强度、导热系数、燃烧性能
7	泡沫混凝土砌块		缺棱掉角；平面弯曲；裂纹、黏膜和损坏深度，表面酥松、层裂；表面油污	干密度、抗压强度、导热系数、燃烧性能
8	玻璃棉、岩棉、矿渣棉制品	同原料、同工艺、同品种、同规格按 $1000m^2$ 为一批，不足 $1000m^2$ 的按一批计。 在每批产品中随机抽取 6 个包装箱或卷进行规格尺寸和外观质量检验。从规格尺寸和外观质量检验合格的产品中，抽取 1 个包装箱或卷进行物理性能检验	表面平整、伤痕、污迹、破损，覆层与基材粘贴	表观密度、导热系数、燃烧性能
9	金属面绝热夹芯板	同原料、同生产工艺、同厚度按 150 块为一批，不足 150 块的按一批计。 在每批产品中随机抽取 5 块进行规格尺寸和外观质量检验，从规格尺寸和外观质量检验合格的产品中，随机抽取 3 块进行物理性能检验	表面平整，无明显凹凸、翘曲、变形；切口平直、切面整齐，无毛刺；芯板切面整齐，无剥落	剥离性能、抗弯承载力、防火性能

针对以上检验项目，需按照对应标准进行检验。各类材料的主要性能指标见《屋面工程技术规范》(GB 50345—2012)附录 B，其中高聚物改性沥青防水卷材、高分子防水卷材、保温板的主要性能指标见表 7－10 至表 7－12。

表 7－10　高聚物改性沥青防水卷材主要性能指标

项目	指标				
	聚酯毡胎体	玻纤毡胎体	聚乙烯胎体	自粘聚酯胎体	自粘无胎体
可溶物含量（g/m^2）	3mm 厚≥2100 4mm 厚≥2900		—	2mm 厚≥1300 3mm 厚≥2100	—
拉力（N/50mm）	≥500	纵向≥350	≥200	2mm 厚≥350 3mm 厚≥450	≥150
延伸率（%）	最大拉力时 SBS≥30 APP≥25	—	断裂时≥120	最大拉力时 ≥30	最大拉力时 ≥200

续表 7-10

项目		指标				
		聚酯毡胎体	玻纤毡胎体	聚乙烯胎体	自粘聚酯胎体	自粘无胎体
耐热度（℃，2h）		SBS卷材90，APP卷材110，无滑动、流淌、滴落		PEE卷材90，无流淌、起泡	70，无滑动、流淌、滴落	70，滑动不超过2mm
低温柔性（℃）		SBS卷材-20；APP卷材-7；PEE卷材-20				−20
不透水性	压力（MPa）	≥0.3	≥0.2	≥0.4	≥0.3	≥0.2
	保持时间（mm）	≥30				≥120

注：SBS卷材为弹性改性沥青防水卷材；APP卷材为塑性体改性沥青防水卷材；PEE卷材为改性沥青聚乙烯胎防水卷材。

表 7-11 合成高分子防水卷材主要性能指标

项目		指标			
		硫化橡胶类	非硫化橡胶类	树脂类	树脂类（复合片）
断裂拉伸强度（MPa）		≥6	≥3	≥10	≥60 N/10mm
扯断伸长率（%）		≥400	≥200	≥200	≥400
低温弯折（℃）		−30	−20	−25	−20
不透水性	压力（MPa）	≥0.3	≥0.2	≥0.3	≥0.3
	保持时间（min）	≥30			
加热收缩率（%）		<1.2	<2.0	≤2.0	≤2.0
热老化保持率（80℃×168h，%）	断裂拉伸强度	≥80		≥85	≥80
	扯断伸长率	≥70		≥80	≥70

表 7-12 轻型动力触探检验深度及间距（m）

项目	指标						
	聚苯乙烯泡沫塑料		硬质聚氨酯泡沫塑料	泡沫玻璃	憎水型膨胀珍珠岩	加气混凝土	泡沫混凝土
	挤塑	模塑					
表观密度或干密度（kg/m^3）	—	≥20	≥30	≤200	≤350	≤425	≤530
压缩强度（kPa）	≥150	≥100	≥120	—	—	—	—
抗压强度（MPa）	—	—	—	≥0.4	≥0.3	≥1.0	≥0.5
导热系数[W/(m·K)]	≤0.030	≤0.041	≤0.024	≤0.070	≤0.087	≤0.120	≤0.120
尺寸稳定性（70℃，48h，%）	≤2.0	≤3.0	≤2.0	—	—	—	—
水蒸气渗透系数[ng/(Pa·m·s)]	≤3.5	≤4.5	≤6.5	—	—	—	—
吸水率（v，%）	≤1.5	≤4.0	≤4.0	≤0.5	—	—	—
燃烧性能	不低于 B_2 级			A级			

4. 防水、保温材料贮运与保管

在防水卷材、防水涂料、密封材料、保温材料等入场后，根据《屋面工程技术规范》(GB 50345—2012)第 5.4.12 条、5.5.6 条、5.6.6 条、5.3.9 条。在贮运、保管时应分别符合下列规定：

(1)防水卷材。

①不同品种、规格的卷材应分别堆放；

②卷材应贮存在阴凉通风处，应避免雨淋、日晒和受潮，严禁接近火源；

③卷材应避免与化学介质及有机溶剂等有害物质接触。

(2)防水涂料和胎体增强材料。

①防水涂料包装容器应密封，容器表面应标明涂料名称、生产厂家、执行标准号、生产日期和产品有效期，并应分类存放；

②反应型和水乳型涂料贮运和保管环境温度不宜低于 5℃；

③溶剂型涂料贮运和保管环境温度不宜低于 0℃，并不得日晒、碰撞和渗漏；保管环境应干燥、通风，并应远离火源、热源；

④胎体增强材料(常见的有化纤无纺布、玻璃纤维网布)贮运、保管环境应干燥、通风，并应远离火源、热源。

(3)密封材料。

①运输时应防止日晒、雨淋、撞击、挤压；

②贮运、保管环境应通风、干燥，防止日光直接照射，并应远离火源、热源；乳胶型密封材料在冬季时应采取防冻措施；

③密封材料应按类别、规格分别存放。

(4)保温材料。

①保温材料应采取防雨、防潮、防火的措施，并应分类存放；

②板状保温材料搬运时应轻拿轻放；

③纤维保温材料应在干燥、通风的房屋内贮存，搬运时应轻拿轻放。

7.2.3 施工要点

1. 卷材防水施工要点

卷材防水屋面是用胶结材料粘贴卷材进行防水的屋面。这种屋面具有重量轻、防水性能好的优点，其防水层的柔韧性好，能适应一定程度的结构振动和胀缩变形。

卷材防水层基层应坚实、干净、平整，应无孔隙、起砂和裂缝。基层的干燥程度应根据所选防水卷材的特性确定。

(1)施工环境。施工环境温度应符合下列规定：热熔法和焊接法不宜低于－10℃；冷粘法和热粘法不宜低于 5℃；自粘法不宜低于 10℃。

(2)铺贴顺序与方向。先局部节点处理，后大面铺贴，最后收头处理。先平面后立面，从下而上，由屋面最低处向上施工。檐沟、天沟卷材施工时，宜顺檐沟、天沟方向铺贴，搭接缝应顺流水方向；卷材宜平行屋脊方向铺贴，上下层卷材不得相互垂直铺贴。陡坡屋面可垂直屋脊方向铺贴。

(3)粘贴形式。卷材的粘贴形式主要有满粘法、条粘法、点粘法、空铺法。其中，立面或大坡面铺贴卷材时，应采用满粘法，并宜减少卷材短边搭接；条粘、点粘(见图 7－8)、空

铺法适合于防水层有重物覆盖或基层变形较大的场合；通常情况下采用满粘法。

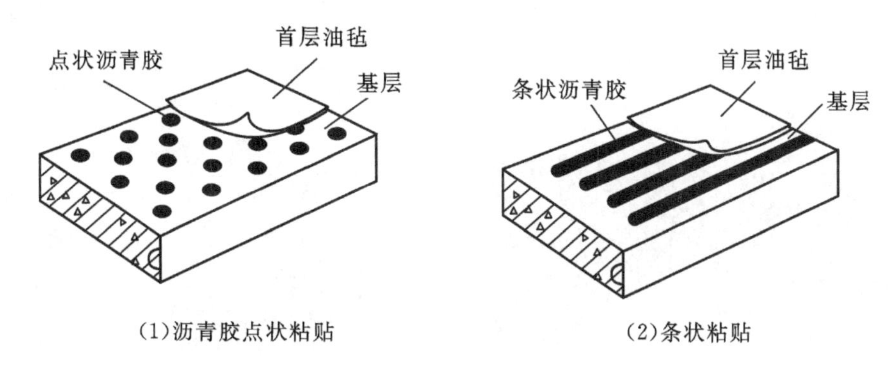

(1)沥青胶点状粘贴　　(2)条状粘贴

图7-8　卷材点粘、条粘示意图

(4)搭接要求。卷材搭接缝应符合下列规定：

①平行屋脊的搭接缝应顺流水方向，搭接缝宽度应符合表7-13的规定；

表7-13　卷材搭接宽度

卷材类别		搭接宽度
合成高分子防水卷材	胶黏剂	80
	胶黏带	50
	单缝审干	60，有效焊接宽度不小于25
	双缝焊	80，有效焊接宽度10×2+空腔宽
高聚物改性沥青防水卷材	胶黏剂	100
	自粘	80

②同一层相邻两幅卷材短边搭接缝错开不应小于500mm；

③上下层卷材长边搭接缝应错开，且不应小于幅宽的1/3；

④叠层铺贴的各层卷材，在天沟与屋面的交接处，应采用叉接法搭接，搭接缝应错开；搭接缝宜留在屋面与天沟侧面，不宜留在沟底。

(5)铺贴方法。卷材防水施工方法有冷粘法、自粘法、热粘法、热熔法、焊接法、机械固定法，如图7-9至图7-15所示。

①冷粘法是指常温下用与卷材相匹配的专用胶黏剂粘贴卷材的施工方法。

②自粘法是指常温下利用卷材底层附着的自粘胶层粘贴卷材的施工方法。

③热粘法是指采用专用导热油炉加热(加热温度不应高于200℃，使用温度不应低于180℃。)熔化热熔型改性沥青胶结料，用以粘贴卷材的施工方法。热粘法与冷粘法主要区别在于所用胶粘剂是需要进行热熔的，而非常温状态的。

④热熔法是指采用火焰喷射枪(器)烘烤熔化热熔型防水卷材底层的沥青胶粘贴卷材的施工方法。

⑤焊接法是指采用热风焊机，利用焊枪发出的高温热风将热塑性、热熔型卷材的搭接边溶化后进行卷材搭接的施工方法。

⑥机械固定法是指采用固定件机械固定卷材的施工方法。机械固定一般不单独使用，很多时候是配合焊接法进行应用。

图 7-9　冷粘法——涂刷胶结剂

图 7-10　自粘法——撕除卷材胶结层保护膜

图 7-11　热熔法——喷火烘烤胶结层

图 7-12　焊接法——热风机焊接卷材搭接处

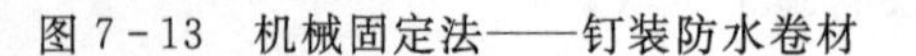

图 7-13　机械固定法——钉装防水卷材

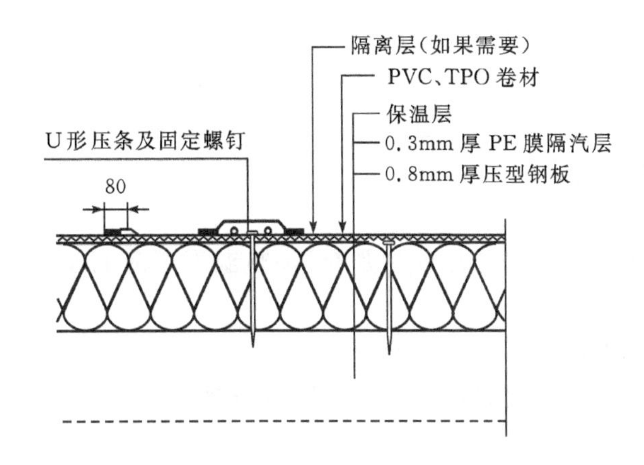

图7-14 机械固定法——构造示意

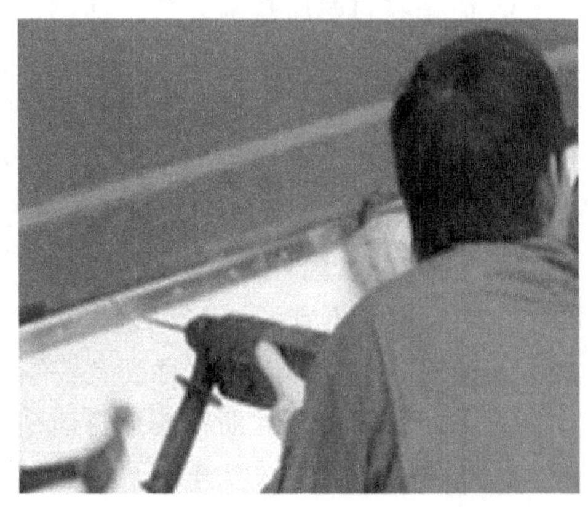

图7-15 机械固定法——压条封边

(6)工艺流程。卷材铺贴的工艺方法虽有不同,但流程总体相近,其流程可概括如下:基层清理→接缝处嵌填密封材料施工→涂刷基层处理剂→附加层施工→试铺、定位、弹基准线→铺贴(冷粘法涂刷胶黏剂、热熔法进行热熔、自粘法撕除隔离纸)→搭接缝密封材料封边→收头固定、密封→蓄水试验→保护层施工→清理、检查、验收。

上述不同铺贴方法的各工艺流程须符合下列规定:

①基层处理剂。高聚物改性沥青防水卷材及合成高分子防水卷材有专用的基层处理剂。采用基层处理剂时,其配制与施工应符合下列规定:基层处理剂应与卷材相容;基层处理剂应配比准确,并应搅拌均匀;喷、涂基层处理剂前,应先对屋面细部进行涂刷;基层处理剂可选用喷涂或涂刷施工工艺,喷、涂应均匀一致,干燥后应及时进行卷材施工。

②冷粘法铺贴卷材应符合下列规定:

A. 胶黏剂涂刷应均匀,不得露底、堆积;卷材空铺、点粘、条粘时,应按规定的位置及面积涂刷胶黏剂;

B. 应根据胶黏剂的性能与施工环境、气温条件等,控制胶黏剂涂刷与卷材铺贴的间隔时间;

C. 铺贴卷材时应排除卷材下面的空气,并应辊压粘贴牢固;

D. 铺贴的卷材应平整顺直,搭接尺寸应准确,不得扭曲、皱褶;搭接部位的接缝应满涂胶黏剂,应辊压粘贴牢固;

E. 合成高分子卷材铺好压粘后,应将搭接部位的黏合面清理干净,并应采用与卷材配套的接缝专用胶黏剂,在搭接缝黏合面上应涂刷均匀,不得露底、堆积,应排除缝间的空气,并应辊压粘贴牢固;

F. 合成高分子卷材搭接部位采用胶黏带黏结时,黏合面应清理干净,必要时可涂刷与卷材及胶黏带材性相容的基层胶黏剂,撕去胶黏带隔离纸后应及时黏合接缝部位的卷材,并应辊压粘贴牢固;低温施工时,宜采用热风机加热;

G. 搭接缝口应用材性相容的密封材料封严。

③自粘法铺贴卷材应符合下列规定:

A. 铺粘卷材前,基层表面应均匀涂刷基层处理剂,干燥后应及时铺贴卷材;

B. 铺贴卷材时应将自粘胶底面的隔离纸完全撕净;

C. 铺贴卷材时应排除卷材下面的空气，并应辊压粘贴牢固；

D. 铺贴的卷材应平整顺直，搭接尺寸应准确，不得扭曲、皱褶；低温施工时，立面、大坡面及搭接部位宜采用热风机加热，加热后应随即粘贴牢固；

E. 搭接缝口应采用材性相容的密封材料封严。

④热粘法铺贴卷材应符合下列规定：

A. 熔化热熔型改性沥青胶结料时，宜采用专用导热油炉加热，加热温度不应高于200℃，使用温度不宜低于180℃；

B. 粘贴卷材的热熔型改性沥青胶结料厚度宜为1.0～1.5mm；

C. 采用热熔型改性沥青胶结料铺贴卷材时，应随刮随滚铺，并应展平压实。

⑤热熔法铺贴卷材应符合下列规定：

A. 火焰加热器的喷嘴距卷材面的距离应适中，幅宽内加热应均匀，应以卷材表面熔融现出光亮黑色为合适，不得过分加热卷材；厚度小于3mm的高聚物改性沥青防水卷材，严禁采用热熔法施工；

B. 卷材表面沥青热熔后应立即滚铺卷材，滚铺时应排除卷材下面的空气；

C. 搭接缝部位宜以溢出热熔的改性沥青胶结料为度，溢出的改性沥青胶结料宽度宜为8mm，并宜均匀顺直；当接缝处的卷材上有矿物粒或片料时，应用火焰烘烤及清除干净后再进行热熔和接缝处理；

D. 铺贴卷材时应平整顺直，搭接尺寸应准确，不得扭曲。

⑥机械固定法铺贴卷材应符合下列规定：

A. 固定件应与结构层连接牢固；

B. 固定件间距应根据抗风揭试验和当地的使用环境与条件确定，并不宜大于600mm；

C. 卷材防水层周边800mm范围内应满粘，卷材收头应采用金属压条钉压固定和密封处理。

⑦焊接法铺贴卷材应符合下列规定：

A. 对热塑性卷材的搭接缝可采用单缝焊或双缝焊，焊接应严密；

B. 焊接前，卷材应铺放平整、顺直，搭接尺寸应准确，焊接缝的结合面应清理干净；

C. 应先焊长边搭接缝，后焊短边搭接缝；

D. 应控制加热温度和时间，焊接缝不得漏焊、跳焊或焊接不牢。

2. 涂膜防水施工要点

涂膜防水屋面是在屋面基层上涂刷防水涂料，经固化后形成一定厚度的弹性整体涂膜层的防水屋面。这种屋面具有施工操作简便，无污染，冷操作，无接缝，能适应复杂基层，防水性能好，温度适用性强，容易修补等特点。

(1)施工条件。涂膜防水层的基层应坚实、平整、干净，应无孔隙、起砂和裂缝。基层的干燥程度应根据所选用的防水涂料特性确定；当采用溶剂型、热熔型和反应固化型防水涂料时，基层应干燥。

涂膜防水层的施工环境温度应符合下列规定：水乳型及反应型涂料宜为5～35℃；溶剂型涂料宜为－5～35℃；热熔型涂料不宜低于－10℃；聚合物水泥涂料宜为5～35℃。

(2)工艺流程。涂膜防水的总体工艺流程为：基层表面清理、修整→接缝处嵌填密封材料施工→涂结合层涂料→特殊部位附加增强处理→涂第一道防水涂料→抹压平整→铺胎体增强材料→刮压平整→干燥→涂第二遍防水涂料→抹压平整保护层施工。

(3)施工方法与选择。涂膜防水施工方法有刮涂、滚涂、喷涂、刷涂(见图7-16至图7-19),施工方法的选定有如下规定:水乳型及溶剂型防水涂料宜选用滚涂或喷涂施工;反应固化型防水涂料宜选用刮涂或喷涂施工;热熔型防水涂料宜选用刮涂施工;聚合物水泥防水涂料宜选用刮涂法施工;所有防水涂料用于细部构造时,宜选用刷涂或喷涂施工。

图7-16 刮涂

图7-17 滚涂

图7-18 喷涂

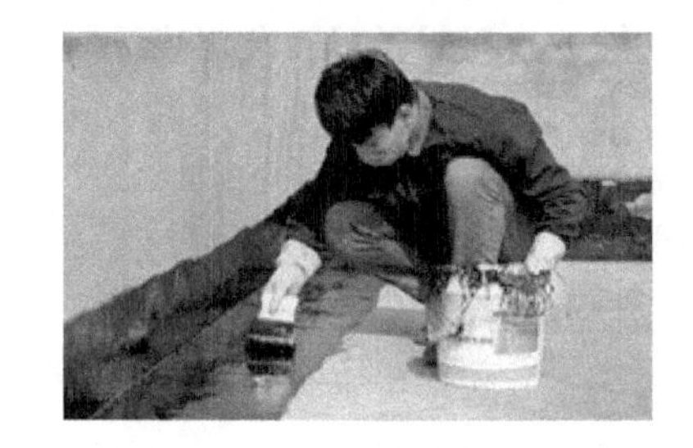

图7-19 刷涂

(4)施工要求。涂膜防水施工过程应遵守如下要求:

①防水涂料应多遍均匀涂布,涂膜总厚度应符合设计要求;

②涂膜间夹铺胎体增强材料时,宜边涂布边铺胎体;胎体应铺贴平整,应排除气泡,并应与涂料黏结牢固;在胎体上涂布涂料时,应使涂料浸透胎体,并应覆盖完全,不得有胎体外露现象;最上面的涂膜厚度不应小于1.0mm;

③涂膜施工应先做好细部处理,再进行大面积涂布;

④屋面转角及立面的涂膜应薄涂多遍,不得流淌和堆积。

3.接缝密封防水施工要点

接缝密封是防水的施工重点之一,很多渗漏问题是由于接缝密封处理不当导致的,在具体施工中需注意以下事项:

(1)接缝密封基层。

①基层应牢固,表面应平整、密实,不得有裂缝、蜂窝、麻面、起皮和起砂等现象;

②基层应清洁、干燥,应无油污、无灰尘;

③嵌入的背衬材料与接缝壁间不得留有空隙;

④密封防水部位的基层宜涂刷基层处理剂,涂刷应均匀,不得漏涂。

(2)改性沥青密封。

①采用冷嵌法施工时，宜分次将密封材料嵌填在缝内，并应防止裹入空气；

②采用热灌法施工时，应由下向上进行，并宜减少接头；密封材料熬制及浇灌温度，应按不同材料要求严格控制。

(3)合成高分子密封。

①单组分密封材料可直接使用；多组分密封材料应根据规定的比例准确计量，并应拌和均匀；每次拌和量、拌和时间和拌和温度，应按所用密封材料的要求严格控制；

②采用挤出枪嵌填时，应根据接缝的宽度选用口径合适的挤出嘴，应均匀挤出密封材料嵌填，并应由底部逐渐充满整个接缝；

③密封材料嵌填后，应在密封材料表干前用腻子刀嵌填修整；

④密封材料嵌填应密实、连续、饱满，应与基层黏结牢固；表面应平滑，缝边应顺直，不得有气泡、孔洞、开裂、剥离等现象；

⑤对嵌填完毕的密封材料，应避免碰损及污染；固化前不得踩踏。

4.保温层施工要点

保温层的施工工艺主要根据其构造、材料的差异有所不同，施工要点总体如下：

(1)施工环境温度。

①干铺的保温材料可在负温度下施工；

②用水泥砂浆粘贴的板状保温材料不宜低于5℃；

③喷涂硬泡聚氨酯宜为15～35℃，空气相对湿度宜小于85%，风速不宜大于三级；

④现浇泡沫混凝土宜为5～35℃。

(2)倒置式屋面保温层施工。

①施工完的防水层，应进行淋水或蓄水试验，并应在合格后再进行保温层的铺设；

②板状保温层的铺设应平稳，拼缝应严密；

③保护层施工时，应避免损坏保温层和防水层。

(3)板状材料保温层施工。

①基层应平整、干燥、干净；

②相邻板块应错缝拼接，分层铺设的板块上下层接缝应相互错开，板间缝隙应采用同类材料嵌填密实；

③采用干铺法施工时，板状保温材料应紧靠在基层表面上，并应铺平垫稳；

④采用黏结法施工时，胶黏剂应与保温材料相容，板状保温材料应贴严、粘牢，在胶黏剂固化前不得上人踩踏；

⑤采用机械固定法施工时，固定件应固定在结构层上，固定件的间距应符合设计要求。

(4)纤维材料保温层。

①基层应平整、干燥、干净；

②纤维保温材料在施工时，应避免重压，并应采取防潮措施；

③纤维保温材料铺设时，平面拼接缝应贴紧，上下层拼接缝应相互错开；

④屋面坡度较大时，纤维保温材料宜采用机械固定法施工；

⑤在铺设纤维保温材料时，应做好劳动保护工作。

(5)喷涂硬泡聚氨酯保温层。

①基层应平整、干燥、干净；

②施工前应对喷涂设备进行调试，并应喷涂试块进行材料性能检测；

③喷涂时喷嘴与施工基面的间距应由试验确定；

④喷涂硬泡聚氨酯的配比应准确计量，发泡厚度应均匀一致；

⑤一个作业面应分遍喷涂完成，每遍喷涂厚度不宜大于15mm，硬泡聚氨酯喷涂后20min内严禁上人；

⑥喷涂作业时，应采取防止污染的遮挡措施。

(6)现浇泡沫混凝土保温层。

①基层应清理干净，不得有油污、浮尘和积水；

②泡沫混凝土应按设计要求的干密度和抗压强度进行配合比设计，拌制时应计量准确，并应搅拌均匀；

③泡沫混凝土应按设计的厚度设定浇筑面标高线，找坡时宜采取挡板辅助措施；

④泡沫混凝土的浇筑出料口离基层的高度不宜超过1m，泵送时应采取低压泵送；

⑤泡沫混凝土应分层浇筑，一次浇筑厚度不宜超过200mm，终凝后应进行保湿养护，养护时间不得少于7d。

7.2.4 质量验收

屋面工程质量验收的主要依据是《屋面工程质量验收规范》(GB 50207—2012)，根据该标准质量验收应满足以下要点：

(1)屋面防水工程完工后，应进行观感质量检查和雨后观察或淋水、蓄水试验，不得有渗漏和积水现象。

(2)屋面工程各分项工程(具体划分见表7-14)宜按屋面面积每500～1000m^2划分为一个检验批，不足500m^2应按一个检验批；每个检验批的抽检数量应按《屋面工程质量验收规范》(GB 50207—2012)第4～8章的规定执行。其中保温与防水的检查数量为：

①保温与隔热工程各分项工程每个检验批的抽检数量，应按屋面面积每100m^2抽查1处，每处应为10m^2，且不得少于3处；

②防水与密封工程各分项工程每个检验批的抽检数量，防水层应按屋面面积每100m^2抽查一处，每处应为10m^2，且不得少于3处；接缝密封防水应按每50m抽查一处，每处应为5m，且不得少于3处。

表7-14 屋面工程分部分项工程

分部工程	子分部工程	分项工程
屋面工程	基层与保护	找坡层、找平层、隔汽层、隔离层、保护层
	保温与隔热	板状材料保温层、纤维材料保温层、喷涂硬泡聚氨酯保温层、现浇泡沫混凝土保温层、种植隔热层、架空隔热层、蓄水隔热层
	防水与密封	卷材防水层、涂膜防水层、复合防水层、接缝密封防水
	瓦面与板面	烧结瓦和混凝土瓦铺装、沥青瓦铺装、金属板铺装、玻璃采光顶铺装
	细部构造	檐口、檐沟和天沟、女儿墙和山墙、水落口、变形缝、伸出屋面管道、屋面出入口、反梁过水孔、设施基座、屋脊、屋顶窗

(3)屋面工程验收资料和记录应符合表 7-15 的规定。

表 7-15 屋面工程验收资料要求

资料项目	验收资料
防水设计	设计图纸及会审记录、设计变更通知单和材料代用核定单
施工方案	施工方法、技术措施、质量保证措施
技术交底记录	施工操作要求及注意事项
材料质量证明文件	出厂合格证、型式检验报告、出厂检验报告、进场验收记录和进场检验报告
施工日志	逐日施工情况
工程检验记录	工序交接检验记录、检验批质量验收记录、隐蔽工程验收记录、淋水或蓄水试验记录、观感质量检查记录、安全与功能抽样检验(检测)记录
其他技术资料	事故处理报告、技术总结

7.3 地下防水工程

当地下结构的标高低于地下正常水位时,必须考虑结构的防水、抗渗能力。通过选择合理的防水方案,采取有效措施以确保地下结构的正常使用。目前,常用的有以下几种防水方案。

(1)混凝土结构自防水。它是以地下结构本身的密实性(即防水混凝土)实现防水功能,使结构承重和防水合为一体。

(2)防水层防水。它是在地下结构外表面加设防水层防水,常用的有砂浆防水层、卷材防水层、涂膜防水层等。

(3)防排结合防水。采用防水加排水措施,排水方案可采用盲沟排水、渗排水、内排水等。防水加排水措施适用于地形复杂、受高温影响、地下水为上层滞水且防水要求较高的地下建筑。

根据《地下防水工程技术规范》(GB 50108—2008)第 3.2.1 条,地下防水根据使用要求的不同,分为四个等级,如表 7-16 所示。

表 7-16 地下防水等级和设防要求

防水等级	防水标准
一级	不允许渗水,结构表面无湿渍
二级	不允许漏水,结构表面可有少量湿渍; 工业与民用建筑:总湿渍面积不应大于总防水面积(包括顶板、墙面、地面)的 1/1000;任意 100m^2 防水面积上的湿渍不超过 2 处,单个湿渍的最大面积不大于 0.1m^2; 其他地下工程:总湿渍面积不应大于总防水面积的 2/1000;任意 100m^2 防水面积上的湿渍不超过 3 处,单个湿渍的最大面积不大于 0.2m^2;其中,隧道工程还要求平均渗水量不大于 0.05L/(m^2·d),任意 100m^2 防水面积上的渗水量不大于 0.15L/(m^2·d)
三级	有少量漏水点,不得有线流和漏泥沙; 任意 100m^2 防水面积上的漏水或湿渍点数不超过 7 处,单个漏水点的最大漏水量不大于 2.5L/d,单个湿渍的最大面积不大于 0.3m^2
四级	有漏水点,不得有线流和漏泥沙; 整个工程平均漏水量不大于 2L/(m^2·d);任意 100m^2 防水面积上的平均漏水量不大于 4L(m^2·d)

7.3.1 地下防水构造

根据《地下建筑防水构造》(10J301),防水的主要位置在底板、顶板、外墙等部分,其构造做法也各不相同,但多采用“防水混凝土+防水卷材”的方法,常见构造如图7-20至图7-22所示。

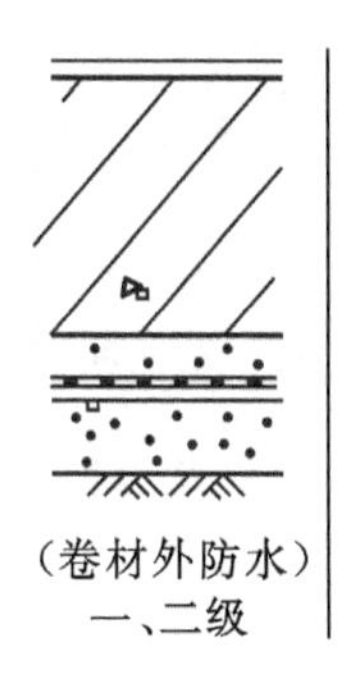

1. 面层见具体工程
2. 防水混凝土底板
3. 50厚C20细石混凝土
4. 隔离层
5. 卷材防水层
6. 20厚1∶2水泥砂浆找平层
7. 100~150厚C15混凝土垫层
8. 素土夯实

图7-20 底板防水构造

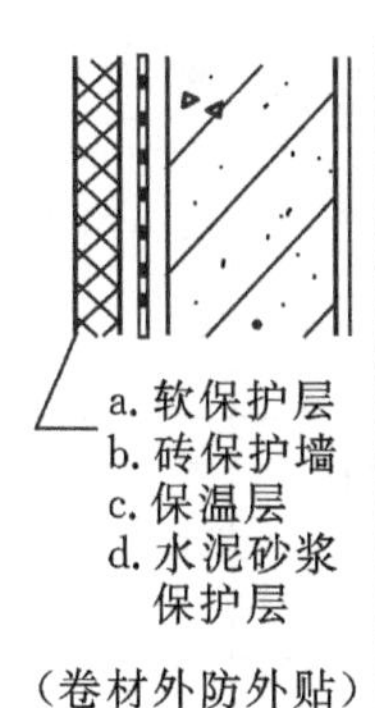

1. 2∶8灰土分层夯实
2. 保护层或保温层,材料及厚度见具体工程设计
3. 卷材防水层
4. 防水混凝土外墙
5. 面层见具体工程

图7-21 外墙防水构造

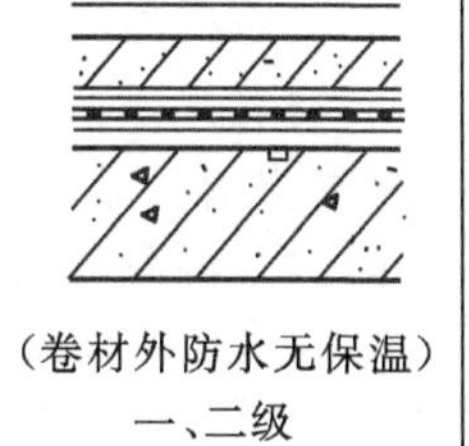

1. 覆土或面层(见具体工程设计)
2. 50~70厚C20细石混凝土保护层(配筋见具体工程设计)
3. 隔离层(材料选用见具体工程设计)
4. 卷材防水层
5. 20厚1∶2.5水泥砂浆找平层
6. 防水混凝土顶板

图7-22 顶板防水构造

注意:隔离层常采用低强度砂浆、PE膜、纸胎油毡等材料。

在地下室底板与外墙交界处的防水做法有外防外贴法、外防内贴法两种。所谓“外防”是指防水卷材铺贴在地下室外墙的外侧。“外防外贴法”是先在垫层上铺贴底层卷材,四周留出接头,待地板混凝土和立面混凝土浇筑完毕,将里面卷材防水层直接铺设在防水结构的外墙表面。“外防内贴法”是先浇筑混凝土垫层,在垫层上将永久性保护墙全部砌好,抹水泥砂浆找平层,将卷材防水层直接铺贴在垫层和永久性保护墙上的一种卷材施工方法。因为采用外防时防水层可以借助土压力压紧,并可和承重结构一起抵抗有压地下水的渗透。而内防水做法不能保护主体结构,且必须另设一套内衬结构压紧防水层,以抵抗有压地下水的渗透,有时甚至需设置锚栓将防水层及支承结构连成整体。因此,一般掘开施工的地下工程都不采用内防水做法,只有在暗挖施工的地下工程,必须采用卷材防水而又无法采用外防水做法时才采用内防水做法。

7.3.2 防水材料与措施

地下工程迎水面主体结构应采用防水混凝土,并应根据防水等级的要求采取其他防水措施。其防水材料与措施主要有防水卷材、防水涂料、防水砂浆、防水板、止水带等,需要根据防水等级选择不同措施,具体如表7-17所示。

表 7-17　不同工程部位防水措施要求

<table>
<tr><td colspan="2">工程部位</td><td colspan="7">主体结构</td><td colspan="7">施工缝</td><td colspan="5">后浇带</td><td colspan="6">变形缝（诱导缝）</td></tr>
<tr><td colspan="2">防水措施</td><td>防水混凝土</td><td>防水卷材</td><td>防水涂料</td><td>塑料防水板</td><td>膨润土防水材料</td><td>防水砂浆</td><td>金属防水板</td><td>遇水膨胀止水条（胶）</td><td>外贴式止水带</td><td>中埋式止水带</td><td>外抹防水砂浆</td><td>外涂防水涂料</td><td>水泥基渗透结晶型防水涂料</td><td>预埋注浆管</td><td>补偿收缩混凝土</td><td>外贴式止水带</td><td>预埋注浆管</td><td>遇水膨胀止水条（胶）</td><td>防水密封材料</td><td>中埋式止水带</td><td>外贴式止水带</td><td>可缺式止水带</td><td>防水密封材料</td><td>外贴防水卷材</td><td>外涂防水涂料</td></tr>
<tr><td rowspan="4">防水等级</td><td>一级</td><td>应选</td><td colspan="6">应选一至二种</td><td colspan="7">应选二种</td><td>应选</td><td colspan="4">应选二种</td><td>应选</td><td colspan="5">应选一至二种</td></tr>
<tr><td>二级</td><td>应选</td><td colspan="6">应选一种</td><td colspan="7">应选一至二种</td><td>应选</td><td colspan="4">应选一至二种</td><td>应选</td><td colspan="5">应选一至二种</td></tr>
<tr><td>三级</td><td>应选</td><td colspan="6">宜选一种</td><td colspan="7">宜选一至二种</td><td>应选</td><td colspan="4">宜选一至二种</td><td>应选</td><td colspan="5">宜选一至二种</td></tr>
<tr><td>四级</td><td>宜选</td><td colspan="6">—</td><td colspan="7">宜选一种</td><td>应选</td><td colspan="4">宜选一种</td><td>应选</td><td colspan="5">宜选一种</td></tr>
</table>

其中防水卷材、防水涂料等材料已在 7.2.2 节进行讲解，此处不再赘述。本节重点对防水混凝土、防水砂浆、水泥及渗透结晶性防水涂料、止水带等概念进行一下介绍。

1. 防水混凝土

防水混凝土是指以调整混凝土的配合比、掺外加剂或使用新品种水泥等方法，控制混凝土中孔隙的形成，切断混凝土毛细管渗水通路，从而提高混凝土的密实性和抗渗性以提高自身的密实性、憎水性和抗渗性，使其满足抗渗要求（抗渗等级不低于 P6）的混凝土。防水混凝土可分为普通抗渗混凝土、外加剂抗渗混凝土、膨胀水泥抗渗混凝土三类。

(1)普通抗渗混凝土是用调整配合比的方法，提高普通混凝土自身密实性，从而达到具有抗渗功能的混凝土。

(2)外加剂抗渗混凝土是用掺入少量有机或无机物外加剂来改善混凝土和易性、密实性和抗渗性的一种抗渗混凝土；用于抗渗混凝土的外加剂主要有引气剂、减水剂、防水剂等。

(3)膨胀水泥抗渗混凝土是以膨胀水泥为胶结料，经配制而成的具有补偿收缩性能的一种抗渗混凝土；在常用的硅酸盐类水泥中掺入适量混凝土膨胀剂，也可配制成具有补偿收缩性能的抗渗混凝土。

2. 防水砂浆

用作防水工程的防水层防水砂浆有以下三种：

(1)刚性多层抹面的水泥砂浆。刚性多层抹面的水泥砂浆是由水泥加水配制的水泥素浆和由水泥、砂、水配制的水泥砂浆，将其分层交替抹压密实，以使每层毛细孔通道大部分被切断，残留的少量毛细孔也无法形成贯通的渗水孔网。硬化后的防水层具有较高的防水和抗渗性能。

(2)防水剂的防水砂浆。在水泥砂浆中掺入各类防水剂以提高砂浆的防水性能，常用的掺防水剂的防水砂浆有氯化物金属类防水砂浆、氯化铁防水砂浆、金属皂类防水砂浆和超早强剂防水砂浆等。

(3)聚合物水泥防水砂浆。聚合物水泥防水砂浆是指用水泥、聚合物分散体作为胶凝材料与砂配制而成的砂浆。聚合物水泥砂浆硬化后，砂浆中的聚合物可有效地封闭连通的孔隙，增加砂浆的密实性及抗裂性，从而可以改善砂浆的抗渗性及抗冲击性。聚合物分散体是在水中掺入一定量的聚合物胶乳(如合成橡胶、合成树脂、天然橡胶等)及辅助外加剂(如乳化剂、稳定剂、消泡剂、固化剂等),经搅拌而使聚合物微粒均匀分散在水中的液态材料。常用的聚合物品种有:有机硅、阳离子氯丁胶乳、乙烯-聚醋酸乙烯共聚乳液、丁苯橡胶胶乳、氯乙烯-偏氯化烯共聚乳液等。目前,聚合物水泥防水砂浆效果较好,应用较多。

3. **止水带、止水条**

止水带、止水条主要用于施工缝、变形缝、后浇带等容易出现渗水的地方,这些材料按照设计要求即买即用。常见的有钢板止水带、橡胶止水带、钢边橡胶止水带、丁基橡胶钢板止水带、遇水膨胀止水条等,具体如图 7-23 至图 7-29 所示。

图 7-23　钢板止水带

图 7-24　橡胶止水带(中埋式与外贴式)

图 7-25　钢边橡胶止水带

图 7-26　遇水膨胀止水条

图 7-27　丁基橡胶钢板止水带

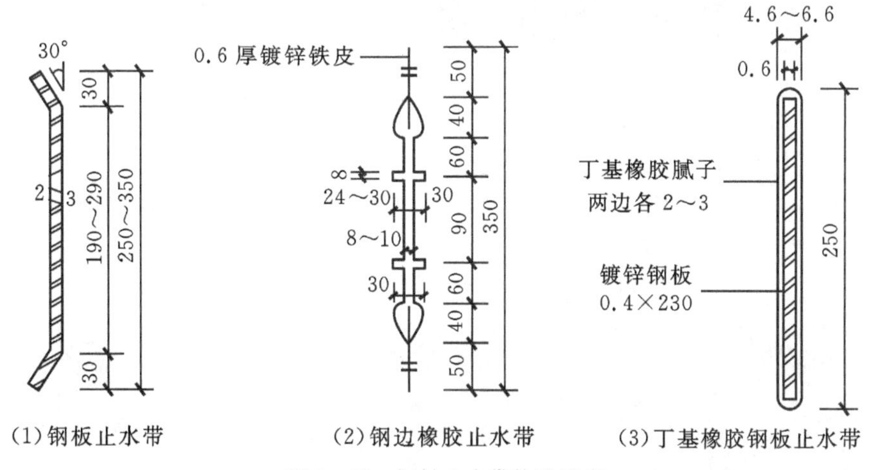

图 7-28　钢材止水带构造示意

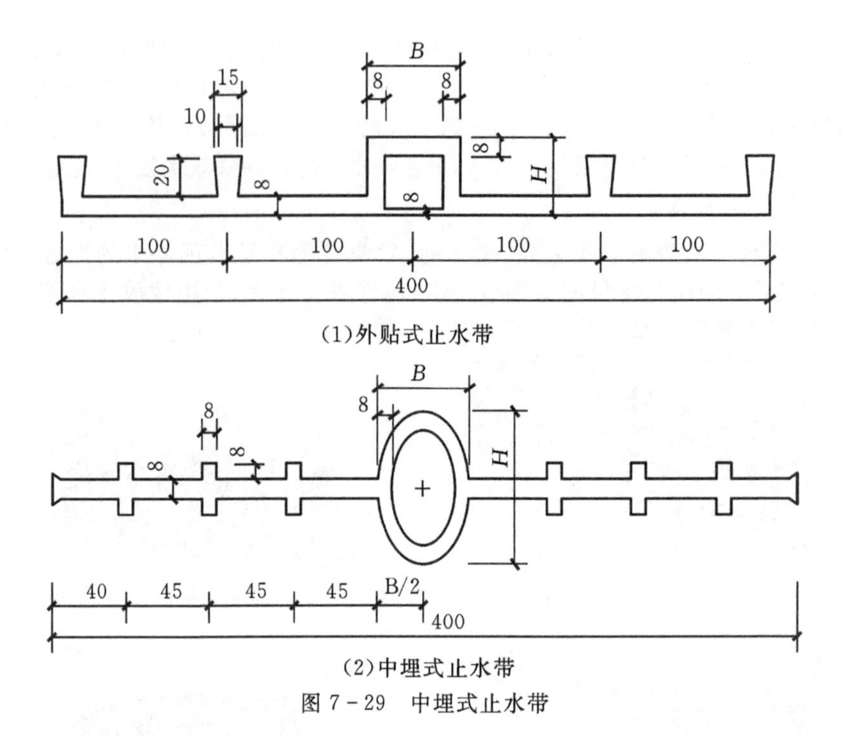

图 7-29　中埋式止水带

7.3.3　防水混凝土施工要点

1. 穿墙对拉螺栓

防水混凝土所用模板，除满足一般要求外，应特别注意模板拼缝严密，支撑牢固；具有足够的刚度、强度和稳定性；固定模板的铁件不能穿过防水混凝土，结构用钢筋不得触击模板，避免形成渗水路径。若两侧模板需用对拉螺栓固定时，应在螺栓或套管中间加焊止水环、螺栓堵头，如图 7-30、图 7-31 所示。

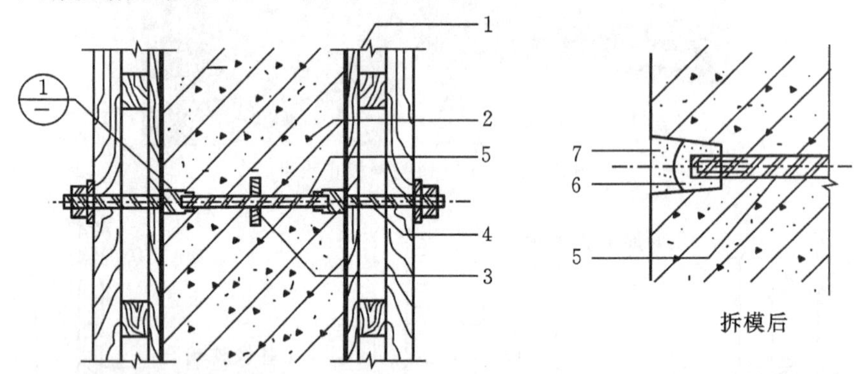

1—模板；2—结构混凝土；3—止水环；4—工具式螺栓；5— 固定模板用螺栓；6—密封材料；7—聚合物水泥砂浆。

图 7-30　固定模板用螺栓的防水构造

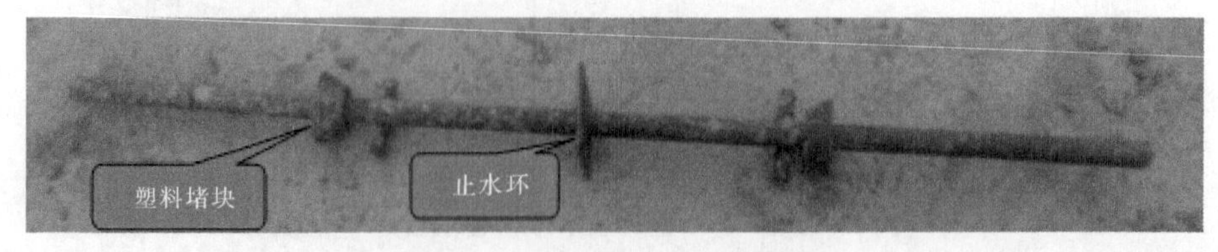

图 7-31　工具式止水对拉螺栓

模板拆除后其封头应按照以下方法处理：螺栓头部的坑内填塞密封材料，封堵1∶2聚合物水泥砂浆，硬化后迎水面刷防水涂料。

2.施工缝、变形缝、后浇带处防水构造

在地下工程施工中，对施工缝、变形缝、后浇带等处若处理不当，容易引起渗水。在《地下建筑防水构造》(10J301)图集中对施工缝、变形缝、后浇带等均给出了多种施工细部构造。

(1)施工缝。防水混凝土施工时，底板混凝土应连续浇筑，不得留施工缝。墙体一般只允许留水平施工缝。水平缝位于底板表面以上不小于300mm，顶板底以下150～300mm处。垂直缝应避开水多地段，宜与变形缝结合。其中，采用钢板止水带和橡胶止水带的水平施工缝的细部构造，如图7-32、图7-33所示。

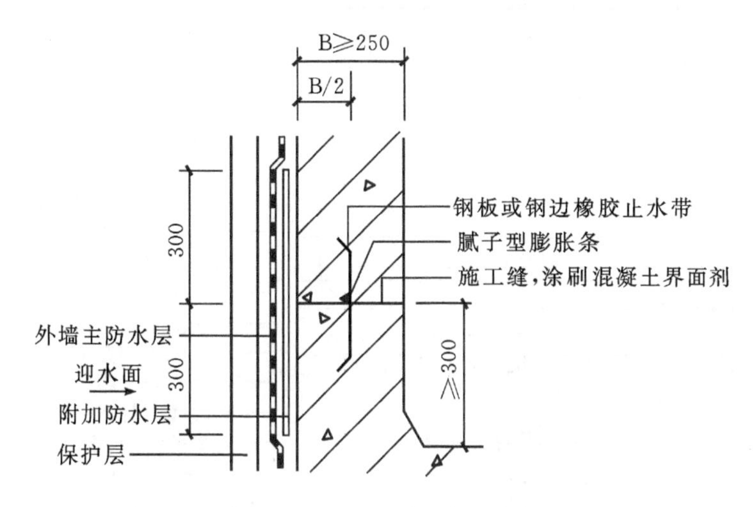

图7-32 外墙施工缝-中埋式钢板止水带构造示意图

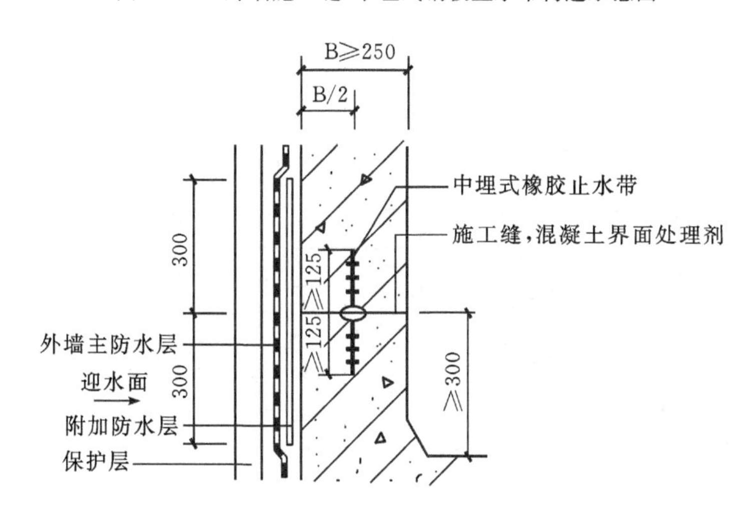

图7-33 外墙施工缝中埋式橡胶止水带止水构造示意图

(2)变形缝。变形缝(如温度缝、沉降缝等)在底板、顶板、外墙处均可进行设置，根据《地下建筑防水构造》(10J301)，采用橡胶式止水带进行防水设计的构造如图7-34所示。

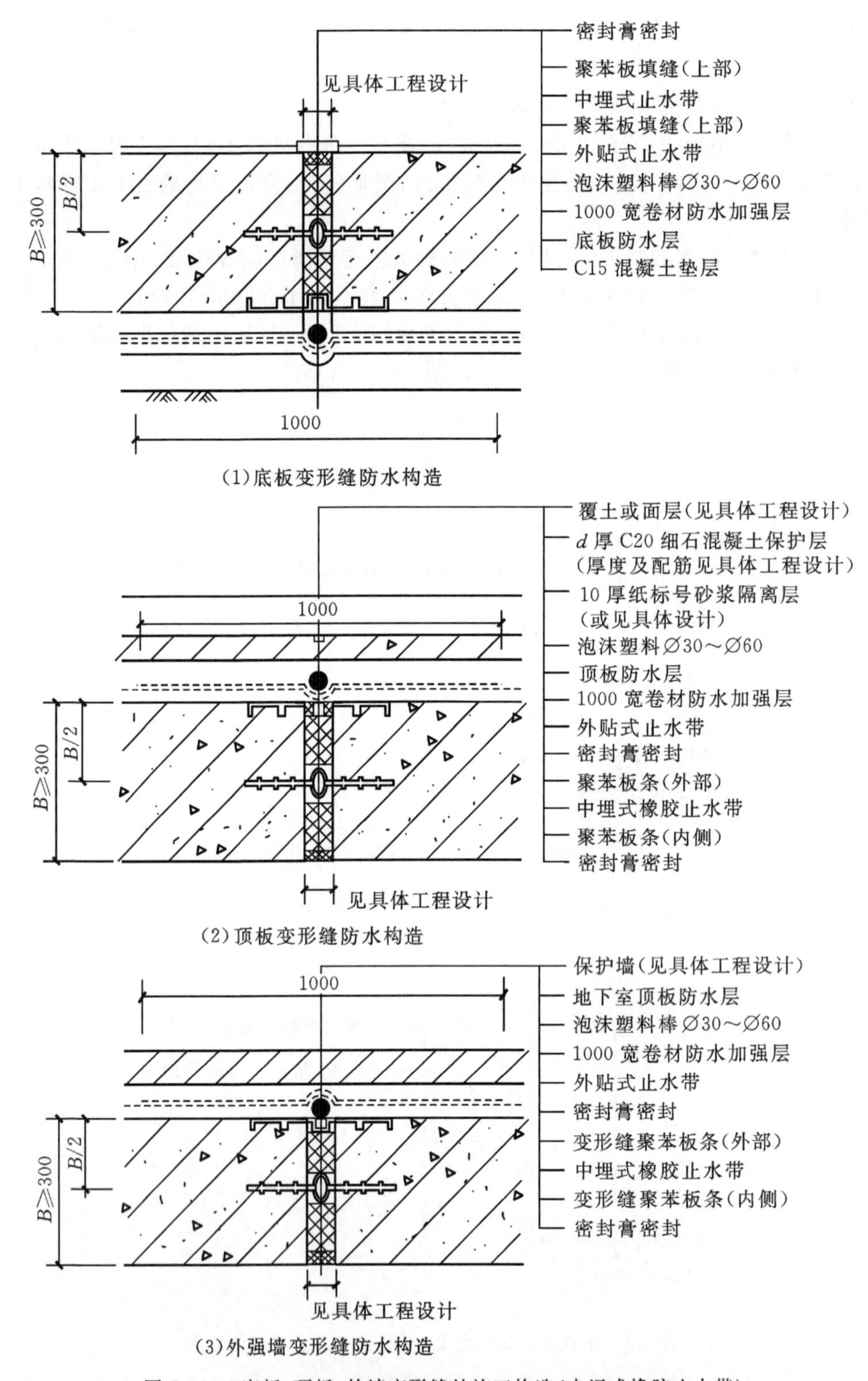

图 7-34　底板、顶板、外墙变形缝处施工构造(中埋式橡胶止水带)

(3)后浇带。后浇带在底板、顶板、外墙处均可进行设置,根据设计要求采用钢板式止水带进行防水设计的构造如图 7-35 所示。

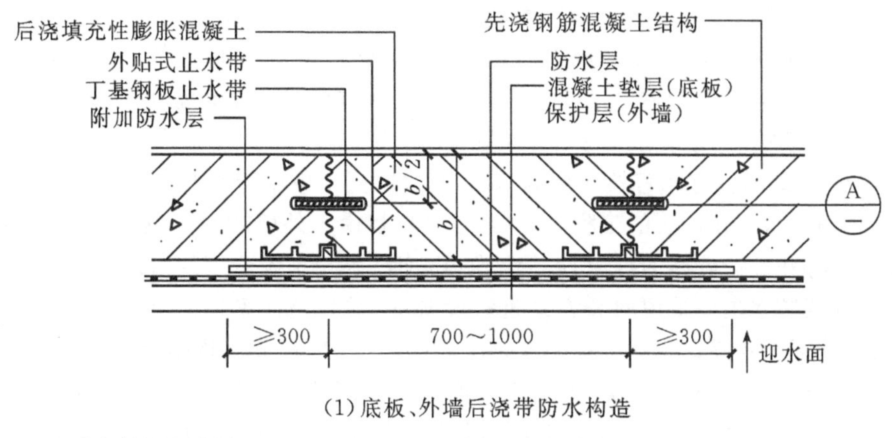

(1)底板、外墙后浇带防水构造

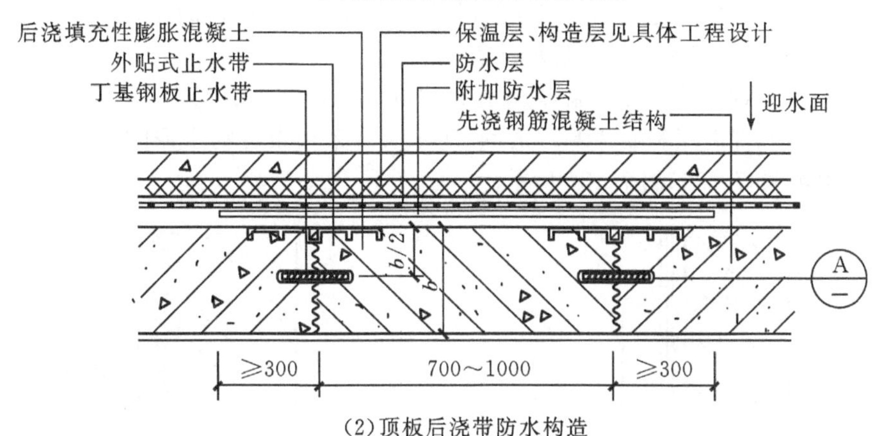

(2)顶板后浇带防水构造

图7-35　底板、外墙、顶板后浇带构造(丁基钢板止水带)

3.浇筑及施工要点

防水混凝土浇筑时应注意以下要点:

(1)防水混凝土施工前应做好降水、排水工作,不得在有积水的环境中浇筑混凝土。

(2)防水混凝土拌合物在运输后如出现离析,必须进行二次搅拌。当坍落度损失后不能满足施工要求时,应加入原水胶比的水泥浆或掺加同品种的减水剂进行搅拌,严禁直接加水。

(3)水平施工缝浇筑混凝土前,应将其表面浮浆和杂物清除,然后铺设净浆或涂刷混凝土界面处理剂、水泥基渗透结晶型防水涂料等材料,再铺30～50mm厚的1∶1水泥砂浆,并应及时浇筑混凝土。

(4)垂直施工缝浇筑混凝土前,应将其表面清理干净,再涂刷混凝土界面处理剂或水泥基渗透结晶型防水涂料,并应及时浇筑混凝土。

(5)防水混凝土终凝后应立即进行养护,养护时间不得少于14d。

7.4　室内防水、外墙防水与保温

1.基本知识

(1)室内防水。室内防水工程宜根据不同的设防部位,按柔性防水涂料、防水卷材、刚性防水材料的顺序，选用适宜的防水材料。总体而言，室内防水的材料、工艺流程、质量要求与地下防水的材料、工艺流程等并无太多区分，主要还是应用位置的不同。

在施工后须对其进行蓄水试验，根据《住宅室内防水工程技术规范》(JGJ 298—2013)第7.3.6条，室内防水层完成后须进行蓄水试验，楼、地面蓄水高度不应小于20mm，蓄水时间不应少于24h；独立水容器应满池蓄水，蓄水时间不应少于24h。

(2)外墙防水。在过去的工程设计中，很多项目由于外墙防水并没有得到足够重视，以至于广泛存在外墙渗漏的现象，影响其使用功能，甚至引发众多纠纷。

目前外墙防水主要采用两类方式进行设防：一类是墙面整体防水，主要应用于南方地区、沿海地区以及降雨量大、风压强的地区；另一类是对节点构造部位(门窗洞口、雨篷、阳台、变形缝、伸出外墙管道、女儿墙压顶、外墙预埋件等)采取防水措施，主要应用于降雨量较小、风压较弱的地区和多层建筑以及未采用外保温墙体的建筑。各地采用外墙外保温的建筑均采取了墙面整体防水设防。

墙面整体防水时，若无外保温，防水层应设在找平层和饰面层之间；若有外墙外保温时，防水层宜设在保温层和墙体基层之间，防水层宜采用聚合物水泥防水砂浆或普通防水砂浆；具体如图7-36、图7-37所示。

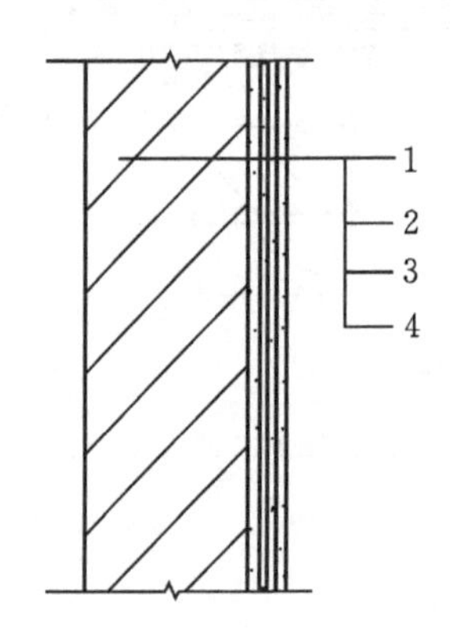

1—结构墙体；2—找平层；
3—防水层；4—饰面层。

图7-36　无外保温外墙整体防水

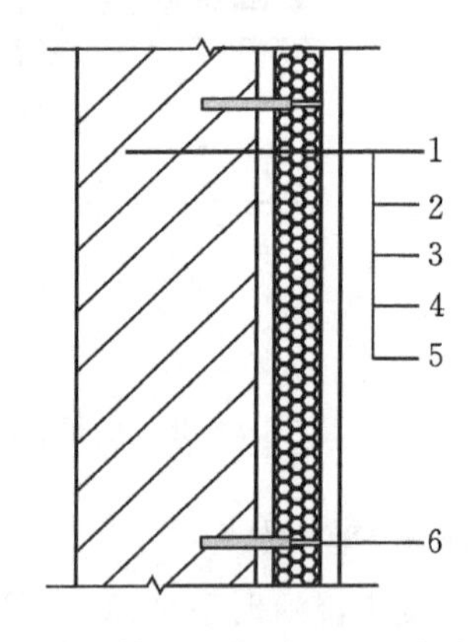

1—结构墙体；2—找平层；3—防水层；
4—面板；5—饰面层；6—锚栓。

图7-37　外保温外墙整体防水构造

而构造防水则需要针对构造部位，根据设计详图或图集要求进行防水施工，其常见的施工工艺主要是防水砂浆(聚合物水泥防水砂浆、普通防水砂浆为主)、涂膜防水(聚合物水泥防水涂料、聚合物乳液防水涂料或聚氨酯防水涂料)两类。

(3)外墙保温。外墙保温主要有外墙外保温和外墙内保温两类。目前，工程实践中以外墙外保温为主。

外墙外保温主要是采用胶黏剂与锚栓(见图7-38)将保温板材料固定在外墙结构面，然后在保温板外侧粘贴抗裂纤维网(见图7-39)，之后涂抹面层并进行饰面。通过该方法可以有效提高室内空间的保温性能，起到节能环保和保护外墙的作用。外墙外保温的施工及构造如图7-40、图7-41所示。

图7-38 外墙保温板施工

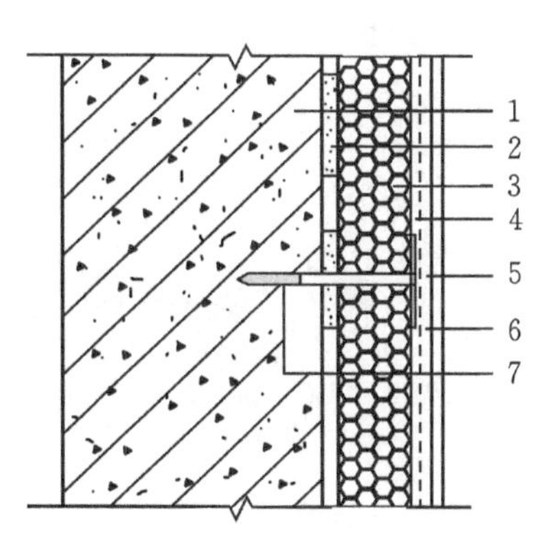

1—基层；2—胶黏剂；3—保温板；4—玻纤网；5—薄抹面层；6—饰面涂层；7—锚栓。

图7-39 外墙保温构造

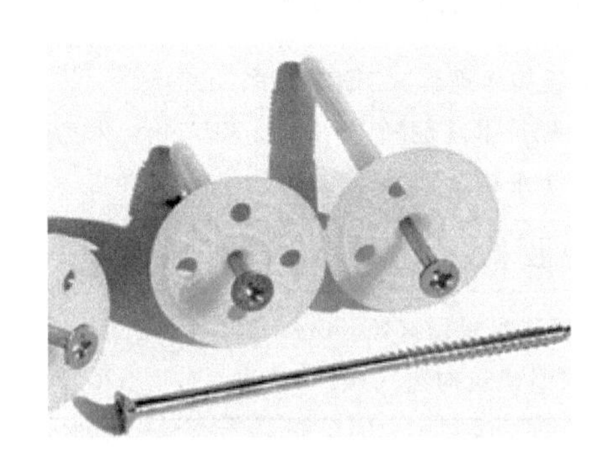

图7-40 保温板用锚钉(锚栓)

图7-41 玻璃纤维网

常见的保温板主要有EPS板(可发性聚苯乙烯板，简称聚苯板)、XPS板(挤塑式聚苯乙烯板，简称挤塑板)、PU板(硬泡聚氨酯板)、岩棉板(火成岩无机纤维矿物棉板)等，此外施工中还需要一些相关配件，如图7-42至图7-45所示。

图7-42 EPS板

图7-43 XPS板

图 7-44　PU 板

图 7-45　岩棉板

2. 标准及图集介绍

室内防水、外墙防水、外墙保温等内容虽然在理论、工艺、材料上与屋面工程、地下防水工程非常相近，但其对应标准是不同的，常见的标准与图集如表 7-18 所示。

表 7-18　室内防水、外墙防水、外墙保温的主要标准

室内防水	《建筑室内防水工程技术规程》(CECS 196:2006) 《住宅室内防水工程技术规范》(JGJ 298—2013) 《建筑室内防水构造》(15CJ64-1)
外墙防水	《建筑外墙防水工程技术规程》(JGJ/T 235—2011)
外墙保温	《外墙外保温工程技术规程》(JGJ 144—2004) 《外墙外保温建筑构造》(10J121)

Ⓣ

第8章 装饰装修工程

学习目标

掌握装饰装修工程的概念及分类
掌握抹灰工程分类与施工工艺流程
熟悉门窗、吊顶、隔墙工程施工流程与要点
熟悉饰面板工程材料与施工流程
掌握幕墙工程材料、工艺流程、连接方式、质量要点
熟悉涂饰与裱糊工程施工流程与要点
掌握楼地面工程工程施工流程与要点

相关标准

《建筑装饰装修工程质量验收标准》(GB 50210—2018)
《工程做法》(J909)
《住宅装饰装修工程施工规范》(GB 50327—2001)
《抹灰砂浆技术规程》(GJ/T 220—2010)
《特种门窗》(17 J610-1/2)
《建筑幕墙》(GB/T 21086—2007)
《金属与石材幕墙工程技术规范》(JGJ 133—2001)
《建筑硅酮密封胶》(GB/T 14683—2003)
《玻璃幕墙工程技术规范》(JGJ 102—2003)
《外墙饰面砖工程施工及验收规程》(JGJ 126—2015)
《建筑地面工程施工质量验收规范》(GB 50209—2010)
《楼地面建筑构造》(12J304)

8.1 概述

根据《建筑装饰装修工程质量验收标准》(GB 50210—2018)第2.0.1条，建筑装饰装修是为保护建筑物的主体结构、完善建筑物的使用功能和美化建筑物，采用装饰装修材料或饰物，对建筑物的内外表面及空间进行的各种处理过程。

建筑装饰装修工程不仅可以起到保护建筑主体结构，增强其耐久性、延长建筑的使用寿命，还可以美化环境增强建筑的艺术效果。建筑装饰装修工程本身属于分部工程范畴，还可以继续划分为子分部工程和分项工程，具体可按照《建筑装饰装修工程质量验收标准》(GB 50210—2018)附录A的划分，如表8-1所示。

表 8-1 建筑装饰装修工程的子分部工程、分项工程划分

项次	子分部工程	分项工程
1	抹灰工程	一般抹灰，保温层薄抹灰，装饰抹灰，清水砌体勾缝
2	外墙防水工程	外墙砂浆防水，涂膜防水，透气膜防水
3	门窗工程	木门窗安装，金属门窗安装，塑料门窗安装，特种门安装，门窗玻璃安装
4	吊顶工程	整体面层吊顶，板块面层吊顶，格栅吊顶
5	轻质隔墙工程	板材隔墙，骨架隔墙，活动隔墙，玻璃隔墙
6	饰面板工程	石板安装，陶瓷板安装，木板安装，金属板安装，塑料板安装
7	饰面砖工程	外墙饰面砖粘贴，内墙饰面砖粘贴
8	幕墙工程	玻璃幕墙安装，金属幕墙安装，石材幕墙安装，人造板材幕墙安装
9	涂饰工程	水性涂料涂饰，溶剂型涂料涂饰，美术涂饰
10	裱糊与软包工程	裱糊，软包
11	细部工程	橱柜制作与安装，窗帘盒和窗台板制作与安装，门窗套制作与安装，护栏和扶手制作与安装，花饰制作与安装
12	建筑地面工程	基层铺设，整体面层铺设，板块面层铺设，木、竹面层铺设

其中，考虑外墙防水、屋面防水等常与相应的保温工程配合施工，已在第 7 章进行了相应的讲述，其余内容均在本章进行讲述。

8.2 抹灰工程

1. 基本概念

抹灰工程就是将水泥、石膏等胶结料加入砂子与水拌成砂浆，然后抹到墙面、柱面、顶面的一种传统的饰面方法，又称抹灰饰面工程，简称抹灰。

抹灰工程主要包括一般抹灰、装饰抹灰两项内容。一般抹灰工程分为普通抹灰和高级抹灰，当设计无要求时，按普通抹灰验收。一般抹灰包括水泥砂浆、水泥混合砂浆、聚合物水泥砂浆和粉刷石膏等抹灰；装饰抹灰包括水刷石、斩假石（剁斧石）、干粘石等装饰抹灰。

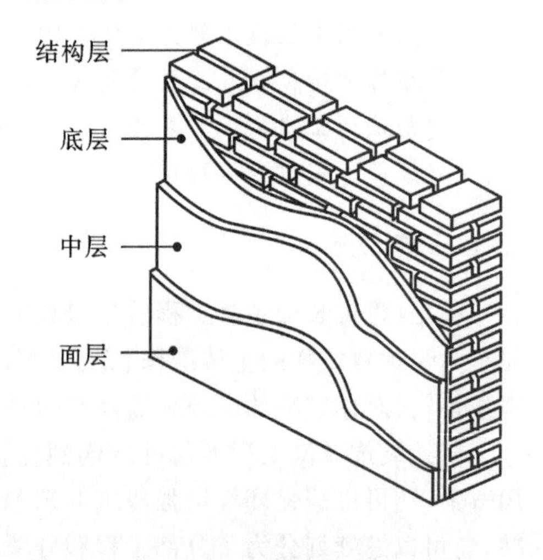

图 8-1 抹灰层的构造

普通抹灰和高级抹灰之间并无太多区分，所用材料、工艺、工具均一致，主要是要求标准不同。一般情况下普通抹灰由一底层和一面层构成，两遍完成；高级抹灰为提高施工效果抹灰层多由一底层、数层中层和一面层构成，如图 8-1 所示。

普通抹灰与高级抹灰的具体差异根据《建

筑装饰装修工程质量验收标准》(GB 50210—2018)第4.2.10条,如表8-2所示。

表8-2 普通抹灰与高级抹灰允许偏差及检验方法

项次	项目	允许偏差(mm)		检验方法
		普通抹灰	高级抹灰	
1	立面垂直度	4	3	用2m垂直检测尺检查
2	表面平整度	4	3	用2m靠尺和塞尺检查
3	阴阳角方正	4	3	用200mm直角检测尺检查
4	分格条(缝)直线度	4	3	拉5m线,不足5m拉通线,用钢直尺检查
5	墙裙、勒脚上口直线度	4	3	拉5m线,不足5m拉通线,用钢直尺检查

注:普通抹灰,本表第3项阴阳角方正可不检查;顶棚抹灰,本表第2项表面平整度可不检查,但应平顺。

2. **主要材料**

根据《抹灰砂浆技术规程》(JGJ/T 220—2010),抹灰施工常用的灰浆材料有水泥砂浆、水泥粉煤灰砂浆、水泥石灰砂浆、掺塑化剂水泥砂浆、聚合物水泥砂浆及石膏砂浆等,种类较多。

在抹灰砂浆材料选择和应用时应注意以下要求:

(1)一般抹灰工程用砂浆宜选用预拌抹灰砂浆,预拌砂浆相应标准为《建筑用砌筑和抹灰干混砂浆》(JG/T 291—2011),抹灰砂浆应采用机械搅拌。

(2)抹灰砂浆的品种及强度等级应满足设计要求。除特别说明外,抹灰砂浆性能的试验方法应按现行行业标准《建筑砂浆基本性能试验方法标准》(JGJ/T 70—2009)进行。

(3)对于无粘贴饰面砖的外墙,底层抹灰砂浆宜比基体材料高一个强度等级或等于基体材料强度。

(4)对于无粘贴饰面砖的内墙,底层抹灰砂浆宜比基体材料低一个强度等级。

(5)对于有粘贴饰面砖的内墙和外墙,中层抹灰砂浆宜比基体材料高一个强度等级且不宜低于M15,并宜选用水泥抹灰砂浆。

(6)强度高的水泥抹灰砂浆不应涂抹在强度低的水泥基层抹灰砂浆上。这主要是为了避免抹灰层在凝结过程中产生较强的收缩应力,破坏强度较低的基层或抹灰底层,产生空鼓、裂缝、脱落等质量问题,故要求强度高的抹灰层在底层,强度低的抹灰层在上层。

(7)孔洞填补和窗台、阳台抹面等宜采用M15或M20水泥抹灰砂浆。

(8)配制强度等级不大于M20的抹灰砂浆,宜用32.5级通用硅酸盐水泥或砌筑水泥;配制强度等级大于M20的抹灰砂浆,宜用强度等级不低于42.5级的通用硅酸盐水泥。

(9)用通用硅酸盐水泥拌制抹灰砂浆时,可掺入适量的石灰膏、粉煤灰、粒化高炉矿渣粉、沸石粉等,不应掺入消石灰粉。用砌筑水泥拌制抹灰砂浆时,不得再掺加粉煤灰等矿物掺合料。

3.普通抹灰工艺流程

普通抹灰的具体工艺流程为：基层清理，洒水湿润→找规矩(抹灰饼、做标筋、做护角)→抹底灰、中层灰→抹罩面层。

(1)基层处理，洒水润湿。这是抹灰工程的第一道工序，也是影响抹灰质量的关键，其目的是增强基体与底层砂浆的黏结，防止空鼓、裂缝和脱落等质量隐患。对于不同类型的墙体基层要求具体如下：

①对于烧结砖砌体的基层，应清除表面杂物、残留灰浆、舌头灰、尘土等，并应在抹灰前一天浇水润湿，水应渗入墙面内10～20mm。抹灰时，墙面不得有明水。

②对于蒸压灰砂砖、蒸压粉煤灰砖、轻骨料混凝土、轻骨料混凝土空心砌块的基层，应清除表面杂物、残留灰浆、舌头灰、尘土等，并可在抹灰前浇水润湿墙面。

③对于混凝土基层，应先将基层表面的尘土、污垢、油渍等清除干净，再采用下列方法之一进行处理：可将混凝土基层凿成麻面；抹灰前一天，应浇水润湿，抹灰时，基层表面不得有明水；可在混凝土基层表面涂抹界面砂浆，界面砂浆应先加水搅拌均匀，无生粉团后再进行满批刮，并应覆盖全部基层表面，厚度不宜大于2mm。在界面砂浆表面稍收浆后再进行抹灰。

④对于加气混凝土砌块基层，应先将基层清扫干净，再采用下列方法之一进行处理：可浇水润湿，水应渗入墙面内10～20mm，且墙面不得有明水；可涂抹界面砂浆，界面砂浆应先加水搅拌均匀，无生粉团后再进行满批刮，并应覆盖全部基层墙体，厚度不宜大于2mm。在界面砂浆表面稍收浆后再进行抹灰。

⑤对于混凝土小型空心砌块砌体和混凝土多孔砖砌体的基层，应将基层表面的尘土、污垢、油渍等清扫干净，并不得浇水润湿。

⑥采用聚合物水泥抹灰砂浆时，基层应清理干净，可不浇水润湿。

⑦采用石膏抹灰砂浆时，基层可不进行界面增强处理，应浇水润湿。

(2)找规矩。

①抹灰饼。先以一面墙为基准，用托线板和靠尺全面检查墙角的垂直度和平整程度，根据检查的实际情况并兼顾抹灰的总平均厚度，确定墙面抹灰厚度，接着在2m左右的高度，离墙两边阴角10～20cm处用底层抹灰砂浆各做一个标准的灰饼。灰饼宜用M15水泥砂浆抹成50mm方形，厚度为抹灰厚度，并以此控制抹灰厚度。如果一次抹灰过厚，则会使干缩率加大，易出现空鼓、裂缝、脱落。抹灰饼时，并应先抹上部灰饼，再抹下部灰饼，然后用靠尺板检查垂直与平整，如图8-2所示。

②做标筋。标筋也叫冲筋、出柱头，就是在上下两块灰饼之间先抹出一条标筋，截面成梯形灰埂，厚度与标志块相平，宽度为10cm左右，作为墙面抹底子灰填平的标准，如图8-3所示。

当灰饼砂浆硬化后，可用与抹灰层相同的砂浆冲筋。冲筋根数应根据房间的宽度和高度确定。当墙面高度小于3.5m时，宜做立筋，两筋间距不宜大于1.5m；墙面高度大于3.5m时，宜做横筋，两筋间距不宜大于2m。

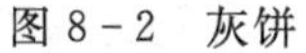

图8-2 灰饼

图8-3 标筋

③做护角。室内墙面、柱面的阳角和门洞口应在抹灰前用M20以上的水泥砂浆做护角，要求线条清晰、挺直，并起到防止碰坏的作用，因此不论设计有无规定，都需要做护角。护角应自地面开始，高度不宜小于1.8m，每侧宽度宜为50mm。做好的护角可以起到标筋的作用。传统做法如图8-4所示，现在施工也常购买塑料或金属“护角线”配合施工，如图8-5所示。此外，阴阳角处的抹灰工具如图8-6、图8-7所示。

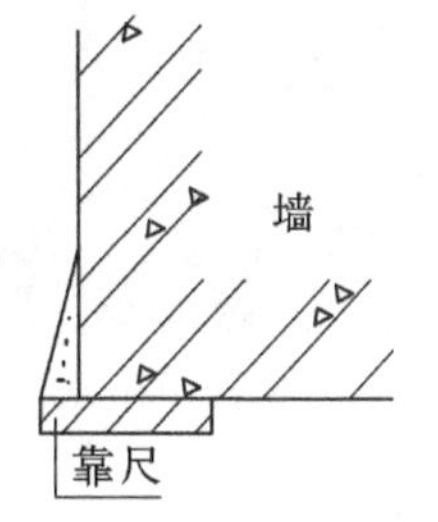

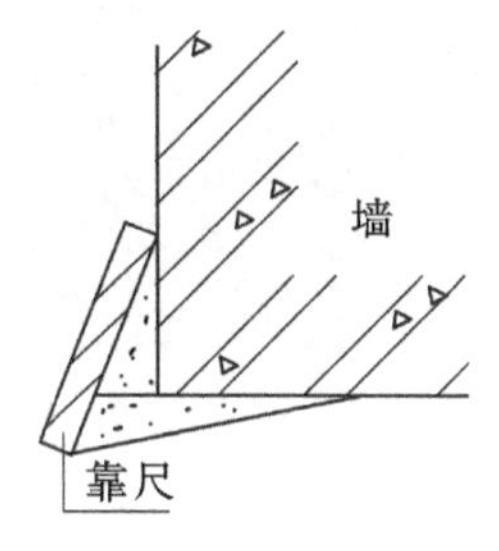

图8-4 水泥护角

图8-5 护角线

图8-6 阳角器(1)

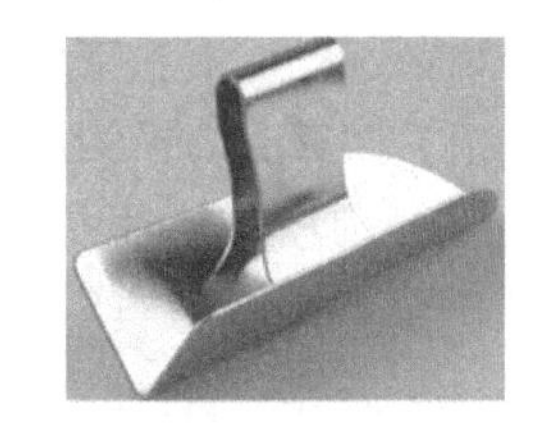

图8-7 阴角器(2)

(3)抹底层及中层灰。冲筋2h后，可抹底灰。应先抹一层薄灰，并应压实、覆盖整个基层，待前一层六七成干时，再分层抹灰、找平。其方法是将砂浆抹于墙面两标筋之间。要求将其与基体抹严，操作时需用力压实，使砂浆挤入细小缝隙内，然后用软刮尺刮抹顺平，再用木抹子搓平拉毛。待收水后再进行中层抹灰，其厚度以垫平标筋为准，并使其略高于标筋。

中层砂浆抹完后，即用中、短木杠按标筋刮平。紧接着用木抹子搓磨一遍，使表面平整密实并且拉毛。

(4)抹面层灰。一般室内墙面抹灰常用的有石灰砂浆、纸筋灰、麻刀灰及刮大白腻子等。面层抹灰应在底灰稍干后进行，底灰太湿会影响灰面平整，还可能“咬色”；底层灰太干则容易使面层脱水太快而影响黏结，造成面层空鼓起皮。如果面层是墙砖、石料，就可以不抹罩面灰。面层抹灰应在中层砂浆五至六成干时进行，如中层较干时，需洒水湿润后再进行。

底层至面层抹灰在具体操作时，可先用铁抹子抹底层灰，再用刮尺由下向上刮平，然后用木抹子搓平，最后面层灰用铁抹子压光成活，如图 8-8 所示。

(1)铁抹子抹灰(底层)

(2)刮尺由下向上刮平(底层、中层)

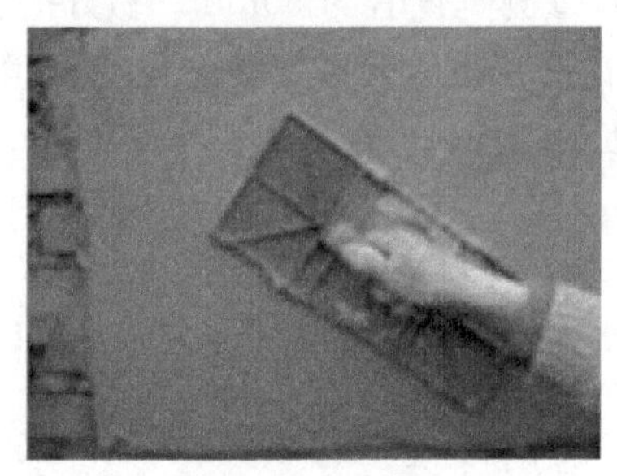

(3)木抹子搓平(底层、中层)

(4)铁抹子压光(面层)

图 8-8 抹灰施工

(5)其他施工要点。在以上施工工艺流程中，根据《抹灰砂浆技术规程》(GJ/T 220—2010)，还有以下施工要点。

①抹灰层的平均厚度宜符合下列规定：

A. 内墙。普通抹灰的平均厚度不宜大于 20mm，高级抹灰的平均厚度不宜大于 25mm。

B. 外墙。墙面抹灰的平均厚度不宜大于 20mm，勒脚抹灰的平均厚度不宜大于 25mm。

C. 顶棚。现浇混凝土抹灰的平均厚度不宜大于 5mm，条板、预制混凝土抹灰的平均厚度不宜大于 10mm。

D. 蒸压加气混凝土砌块。基层抹灰平均厚度宜控制在 15mm 以内，当采用聚合物水泥砂浆抹灰时，平均厚度宜控制在 5mm 以内，采用石膏砂浆抹灰时，平均厚度宜控制在 10mm 以内。

②抹灰应分层进行，水泥抹灰砂浆每层厚度宜为 5～7mm，水泥石灰抹灰砂浆每层宜为 7～9mm，并应待前一层达到六七成干后再涂抹后一层。

③窗台抹灰时，应先将窗台基层清理干净，并应将松动的砖或砌块重新补砌好，再将砖或砌块灰缝划深 10mm，并浇水润湿，然后用 C15 细石混凝土铺实，且厚度应大于 25mm。24h 后，应先采用界面砂浆抹一遍，厚度应为 2mm，然后再抹 M20 水泥砂浆

面层。

④水泥踢脚(墙裙)、梁、柱等应用M20以上的水泥砂浆分层抹灰。当抹灰层需具有防水、防潮功能时,应采用防水砂浆。

⑤不同材质的基体交接处,应采取防止开裂的加强措施;当采用加强网时,每侧铺设宽度不应小于100mm。

⑥水泥基抹灰砂浆凝结硬化后,应及时进行保湿养护,养护时间不应少于7d。

4.装饰抹灰施工

装饰抹灰主要用于外墙外侧作为装饰用,常见的有水刷石、斩假(剁斧)石、干粘石等。

水刷石,是用水泥、石屑、小石子、颜料等加水拌和,抹在建筑物的表面,半凝固后,用硬毛刷蘸水刷去表面的水泥浆而使石屑或小石子半露。这是一项传统的施工工艺,它能使墙面具有天然质感,而且色泽庄重美观,饰面坚固耐久,不褪色,也比较耐污染,如图8-9、图8-10所示。

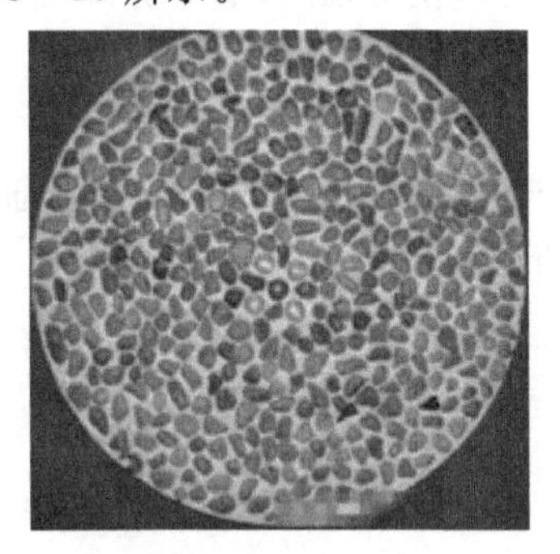

图8-9　水刷石小样

图8-10　水刷石地面

此外,水刷石的工艺除墙面外,也适合于地面做法。

在《工程做法》(J909)中对于水刷石墙面的做法要求如表8-3所示。

表8-3　水刷石构造做法

名称	厚度	构造做法
水刷石墙面 (砖石墙)	21	(1)8厚1:1.5水泥石子(小八厘);或8厚水泥石子(中八厘)面层; (2)刷素水泥浆一道(内掺水中5%的建筑胶); (3)12厚1:3水泥砂浆打底扫毛或划出纹道
水刷石墙面 (混凝土墙、混凝土空心砌块墙、轻骨料混凝土空心砌块墙)	21	(1)8厚1:1.5水泥石子(小八厘);或8厚水泥石子(中八厘)面层; (2)刷素水泥浆一道(内掺水中5%的建筑胶); (3)12厚1:3水泥砂浆打底扫毛或划出纹道; (4)刷聚合物水泥浆一道

斩假石,又称剁斧石,是一种人造石料,其工艺是将掺入石屑及石粉的水泥砂浆,涂抹在建筑物表面半凝固后,用斧子剁出像经过细凿的石头那样的纹理。

干粘石,是在墙面刮糙的基层上抹上纯水泥浆,撒上小石子并用工具将石子压入水泥浆里,做出的装饰面是墙面水刷石的替代产品,其效果与水砂石相近。相较水刷石而言，其操作简单、施工方便，造价低廉，表面美观，但若施工不当容易出现表面花感、颜色混浊、石渣掉粒等质量通病，影响使用寿命及美观。

总体而言，由于各种新材料的涌现，以上三种非常强调操作工人施工技法的传统装饰抹灰，现在已经应用较少了。在《工程做法》(J909)中也有关于斩假石、干粘石的构造做法可供参考及查询。

5. 冬季施工应注意的问题

(1)冬季施工，应采取保温措施。在涂抹时，砂浆的温度不宜低于5℃，环境温度一般为5℃，最低应保持0℃以上。

(2)砂浆抹灰层硬化初期不得受冻。做油漆墙面的一般抹灰砂浆，不得掺入食盐和氯化钙。

(3)冬季施工，抹灰层可采用热空气或装烟囱的火炉加速干燥。采用热空气时，应设通风设备排除湿气，同时应设专人负责定时开关门窗，以便加强通风，排除湿气。

8.3 门窗工程

门窗是室内装饰工程的重要内容。门窗既有交通疏散的功能，又有采光通风、分割与围护的功效，同时又直接影响整个室内的装饰效果。

根据门窗的材料不同，常见的主要有木门窗、铝合金门窗、塑料门窗。

根据《住宅装饰装修工程施工规范》(GB 50327—2001)第10.3.1至10.3.5条，各种门窗安装时主要有以下要点。

8.3.1 木门窗及玻璃的安装

(1)门窗框与砖石砌体、混凝土或抹灰层接触部位以及固定用木砖等均应进行防腐处理。

(2)门窗框安装前应校正方正，加钉必要拉条避免变形。安装门窗框时，每边固定点不得少于两处，其间距不得大于1.2m。

(3)门窗框需镶贴脸时，门窗框应凸出墙面，凸出的厚度应等于抹灰层或装饰面层的厚度。

(4)木门窗五金配件的安装应符合下列规定：

①合页距门窗扇上下端宜取立梃高度的1/10，并应避开上下冒头。

②五金配件安装应用木螺钉固定。硬木应钻2/3深度的孔，孔径应略小于木螺钉直径。

③门锁不宜安装在冒头与立梃的结合处。

④窗拉手距地面宜为1.5～1.6m，门拉手距地面宜为0.9～1.05m。

(5)木门窗玻璃的安装应符合下列规定：

①玻璃安装前应检查框内尺寸，将裁口内的污垢清除干净。

②安装长边大于1.5m或短边大于1m的玻璃，应用橡胶垫并用压条和螺钉固定。

③安装木框、扇玻璃，可用钉子固定，钉距不得大于300mm，且每边不少于两个；用木压条固定时，应先刷底油后安装，并不得将玻璃压得过紧。

④安装玻璃隔墙时，玻璃在上框面应留有适量缝隙，防止木框变形，损坏玻璃。

⑤使用密封膏时，接缝处的表面应清洁、干燥。

8.3.2 铝合金门窗的安装

(1)门窗装入洞口应横平竖直,严禁将门窗框直接埋入墙体。

(2)密封条安装时应留有比门窗的装配边长20～30mm的余量,转角处应斜面断开,并用胶黏剂粘贴牢固,避免收缩产生缝隙。

(3)门窗框与墙体间缝隙不得用水泥砂浆填塞,应采用弹性材料填嵌饱满,表面应用密封胶密封。

8.3.3 塑料门窗的安装

(1)门窗安装五金配件时,应钻孔后用自攻螺钉拧入,不得直接锤击钉入。

(2)门窗框、副框和扇的安装必须牢固。固定片或膨胀螺栓的数量与位置应正确,连接方式应符合设计要求,固定点应距窗角、中横框、中竖框150～100mm,固定点间距应小于或等于600mm。

(3)安装组合窗时应将两窗框与拼樘料卡接,卡接后应用紧固件双向拧紧,其间距应小于或等于600mm,紧固件端头及拼樘料与窗框间的缝隙应用嵌缝膏进行密封处理。拼樘料型钢两端必须与洞口固定牢固。

(4)门窗框与墙体间缝隙不得用水泥砂浆填塞,应采用弹性材料填嵌饱满,表面应用密封胶密封。

8.3.4 门窗玻璃安装

(1)安装玻璃前,应清出槽口内的杂物。

(2)使用密封膏前,接缝处的表面应清洁、干燥。

(3)玻璃不得与玻璃槽直接接触,并应在玻璃四边垫上不同厚度的垫块,边框上的垫块应用胶黏剂固定。

(4)镀膜玻璃应安装在玻璃的最外层,单面镀膜玻璃应朝向室内。

8.4 吊顶工程

吊顶是悬挂式装饰顶棚的简称;顶棚装饰工程从总体上要求美观、大方、明快、新颖,要有一种轻松愉快的感觉,属于室内空间的顶部装饰。

室内吊顶材料主要有:木材、装饰板材(纸面石膏板、木质人造板、PVC板和铝塑板等)、轻钢龙骨、铝合金龙骨等。其施工流程概括为测量弹线、吊点施工、吊筋安装、龙骨安装、饰面板安装共五个步骤。

1.测量弹线

弹线是技术性要求较高的工作,是吊顶施工中的要点。弹线包括标高线、顶棚造型位置线、吊挂点布局线、大中型灯位线。标高线弹到墙面或柱面上,其他线弹到楼板底面。

2.吊点安装

吊点起到承受所有吊顶结构材料重量及其荷载(如上人维修、大型灯具及饰物)的作用,根据吊顶结构和装饰材料的不同,吊点的选择有所不同,主要有预埋钢筋、膨胀螺栓两种做法(如图8-11至图8-13所示)。吊点一般间距1m左右均匀布置,大型灯具应该单独预设金属材料的吊点。

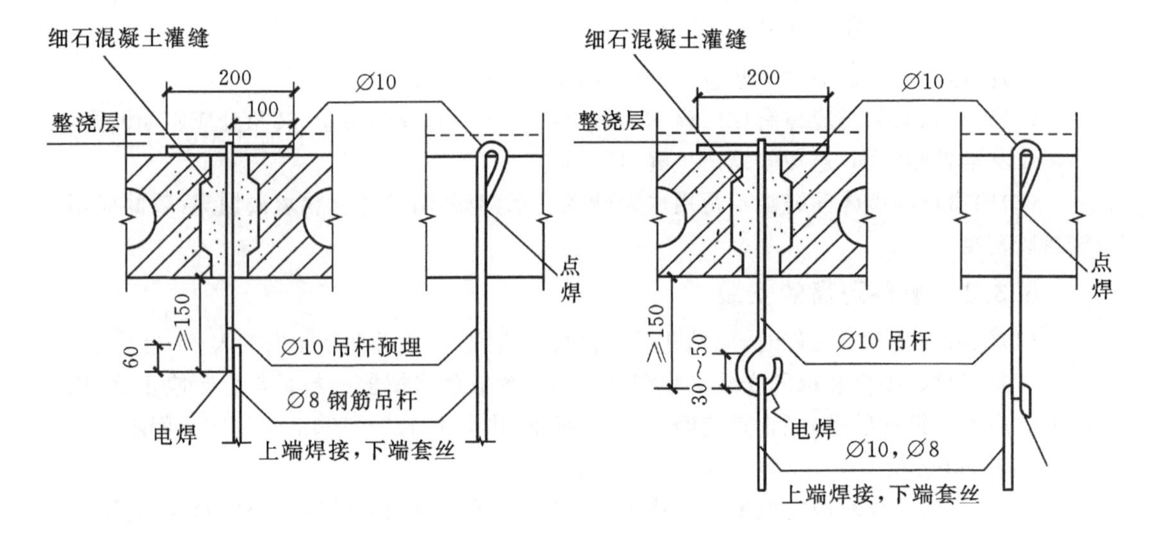

图 8-11　预设 T 形钢筋吊点示意图

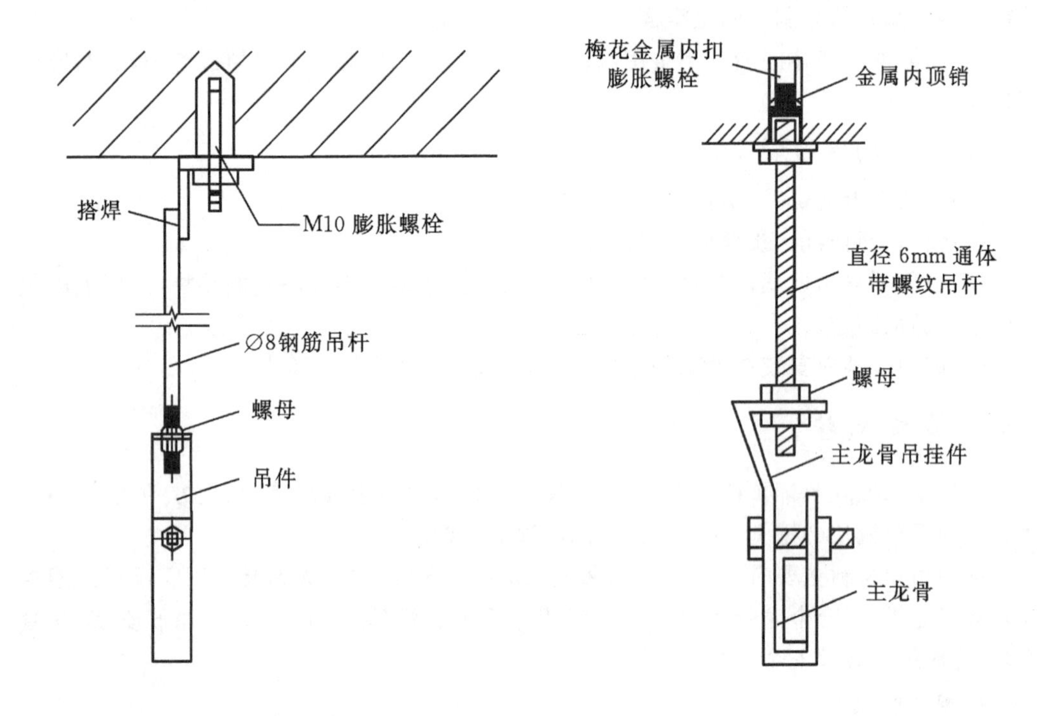

图 8-12　金属膨胀螺栓吊点

图 8-13　梅花金属内扣膨胀螺栓

3. **吊筋**

吊筋又称吊杆，是吊点与龙骨之间的连接体，承载着吊顶龙骨结构和饰面板的重量。根据使用功能、结构材料的不同，吊筋的选择也有所不同，一般常用钢筋、镀锌铁丝等作为吊筋。

4. **龙骨**

吊顶的龙骨架是由龙骨构成，饰面板固定在龙骨上，并承载着饰面板的重量。龙骨的种类较多，龙骨的间距尺寸一般由饰面板的规格来确定。

(1)金属龙骨:有轻钢龙骨(如图8-14、图8-15所示)、铝质烤漆龙骨、金属空腹格栅和金属网格等。

(2)木质龙骨:如30mm×40mm或40mm×60mm截面的松木或杉木长方条,如图8-16、图8-17所示。

图8-14　金属龙骨

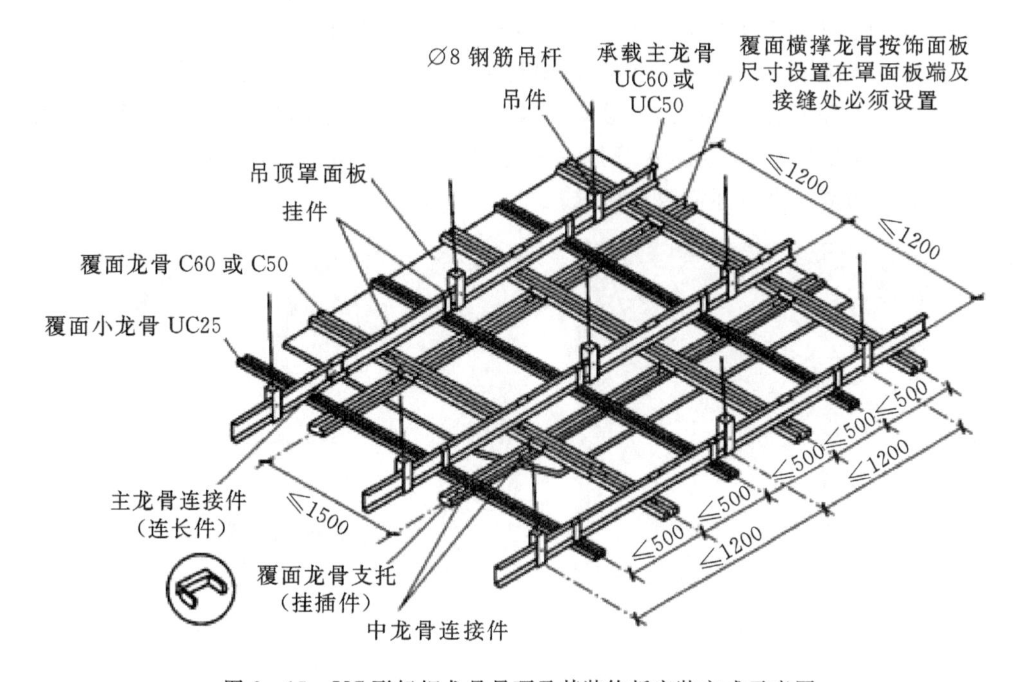

图8-15　UC形轻钢龙骨吊顶及其装饰板安装方式示意图

图8-16　木龙骨

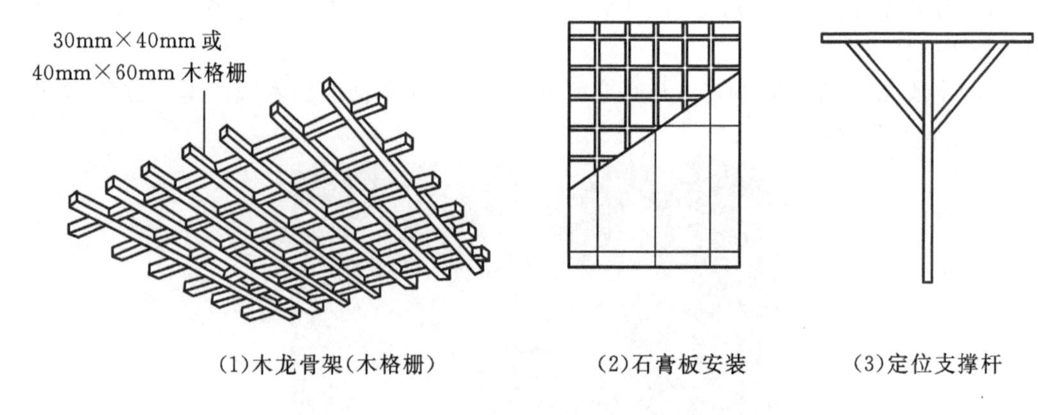

(1)木龙骨架(木格栅)　　(2)石膏板安装　　(3)定位支撑杆

图 8－17　木龙骨拼接及安装示意图

5. 饰面板

饰面板也叫罩面板，是连着龙骨下面的轻质材料。根据使用性质和设计要求以及龙骨的种类不同，饰面板可分为各种纸面石膏板(见图 8－18)、矿棉吸音板、木板(见图 8－19)及其贴面复合板、硬质聚氯乙烯塑料扣板、玻璃制品和各种金属方形或条形装饰扣板等。

自动喷淋头等消防设施必须安装在吊顶的平面上。自动喷淋头的尾部通过吊顶平面与自动喷淋系统的水管连接，水管接头不能伸出或短于吊顶面，喷淋头附近不应有遮挡物。安装后的消防设备还需再行调试。

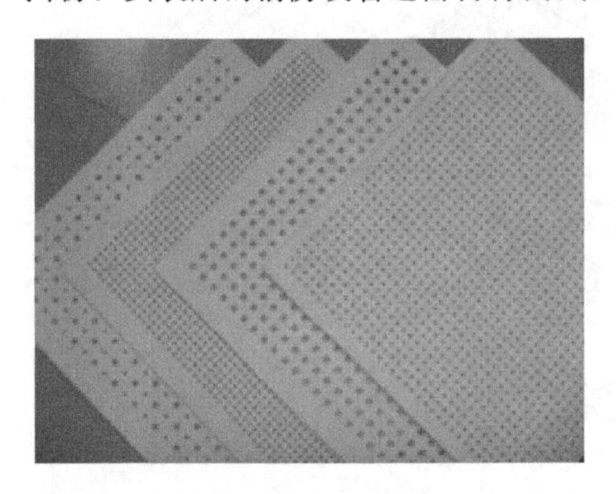

图 8－18　石膏板

图 8－19　木板吊顶

8.5　隔墙工程

隔墙是分隔建筑物内部空间的墙，不承重，一般要求轻、薄，有良好的隔声性能，常见的有骨架隔墙、板材隔墙及玻璃隔墙，相关概念如下：

(1)骨架隔墙也称龙骨隔墙(如图 8－20 所示)，主要用木料或轻钢构成骨架，然后在两侧做面层，如纸面石膏板、GRC 板、FC 板、埃特板等。

(2)板材隔墙又称条板隔墙，是指轻质的条板用黏结剂拼合在一起形成的隔墙，不需要设置隔墙龙骨，由隔墙板材自承重，将预制或现制的隔墙板材直接固定于建筑主体结构上的隔墙工程，常用加气混凝土条板(如图 8－21 所示)和增强石膏空心条板。

(3)玻璃隔墙主要有玻璃板、玻璃砖等形成的隔墙。玻璃隔墙的施工与其他玻璃装饰、玻璃幕墙的内容都在本章8.6.4节进行讲解。

图8-20 轻钢龙骨隔墙(单面覆板)

图8-21 轻(加气)混凝土板材隔墙

根据《住宅装饰装修工程施工规范》(GB 50327—2001)第9.3节,各类隔墙施工时的主要要点如下:

1.骨架隔墙

(1)轻钢龙骨的安装应符合下列规定:

①应按弹线位置固定沿地、沿顶龙骨及边框龙骨,龙骨的边线应与弹线重合。龙骨的端部应安装牢固,龙骨与基体的固定点间距应不大于1m。

②安装竖向龙骨应垂直,龙骨间距应符合设计要求。潮湿房间和钢板网抹灰墙,龙骨间距不宜大于400mm。

③安装支撑龙骨时,应先将支撑卡安装在竖向龙骨的开口方向,卡距宜为400～600mm,距龙骨两端的距离宜为20～25mm。

④安装贯通系列龙骨时,低于3m的隔墙安装一道,3～5m隔墙安装两道。

⑤饰面板横向接缝处不在沿地、沿顶龙骨上时,应加横撑龙骨固定。

⑥门窗或特殊接点处安装附加龙骨应符合设计要求。

(2)木龙骨的安装应符合下列规定:木龙骨的横截面积及纵横向间距应符合设计要求;骨架横、竖龙骨宜采用开半榫、加胶、加钉连接;安装饰面板前应对龙骨进行防火处理。

(3)骨架隔墙在安装饰面板前应检查骨架的牢固程度、墙内设备管线及填充材料的安装是否符合设计要求,如有不符合处应采取措施。

(4)纸面石膏板的安装应符合以下规定:

①石膏板宜竖向铺设,长边接缝应安装在竖龙骨上。

②龙骨两侧的石膏板及龙骨一侧的双层板的接缝应错开,不得在同一根龙骨上接缝。

③轻钢龙骨应用自攻螺钉固定,木龙骨应用木螺钉固定。沿石膏板周边钉间距不得大于200mm,板中钉间距不得大于300mm,螺钉与板边距离应为10～15mm。

④安装石膏板时应从板的中部向板的四边固定。钉头略埋入板内,但不得损坏纸面。钉眼应进行防锈处理。

⑤石膏板的接缝应按设计要求进行板缝处理。石膏板与周围墙或柱应留有3mm的槽口,以便进行防开裂处理。

(5)胶合板的安装应符合下列规定:

①胶合板安装前应对板背面进行防火处理。

②轻钢龙骨应采用自攻螺钉固定。木龙骨采用圆钉固定时，钉距宜为80～150mm，钉帽应砸扁；采用钉枪固定时，钉距宜为80～100mm。

③阳角处宜做护角。

④胶合板用木压条固定时，固定点间距不应大于200mm。

2.板材（条板）隔墙

条板隔墙种类较多，根据《建筑隔墙用轻质条板》(JG/T 169—2005)包括玻璃纤维增强水泥条板、钢丝(钢丝网)增强水泥条板、轻混凝土条板、复合夹芯轻质条板、玻璃纤维增强石膏空心条板(如图8-22、图8-23所示)等；具有可钻、可钉、可锯、可任意切割，施工简便的特点。

图8-22　复合(聚苯颗粒)夹芯板

图8-23　玻璃纤维增强石膏空心条板

条板之间、条板与楼板地面之间、与墙柱面之间的连接主要靠黏结材料(水泥浆、水泥砂浆等)和连接件(钢卡、膨胀螺丝、射钉等)进行连接。典型的连接根据《内隔墙-轻质板条》(10J113-1)，如图8-24至图8-27所示。

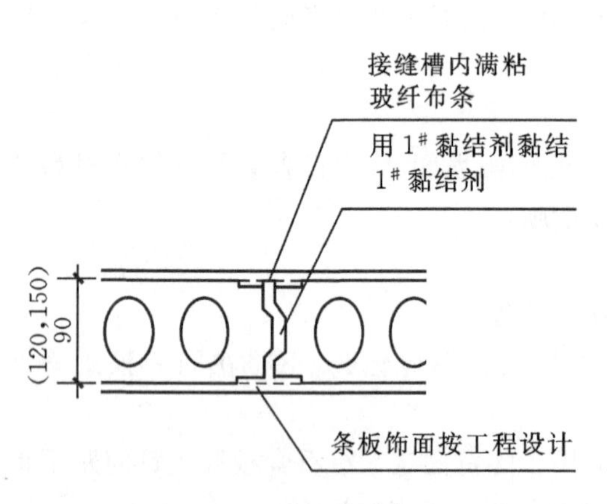

图8-24　板条之间连接构造

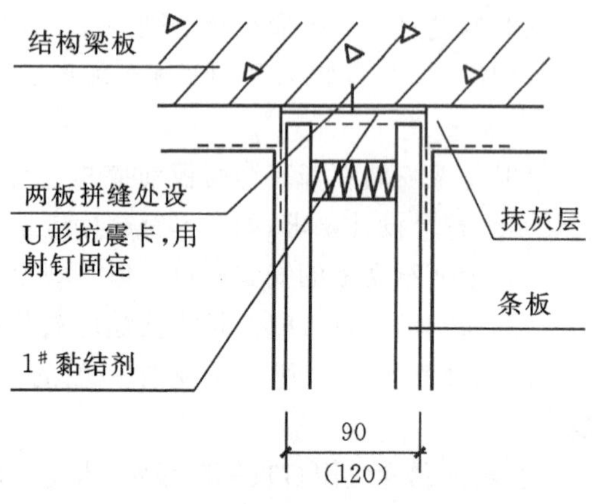

图8-25　板条与顶棚连接构造

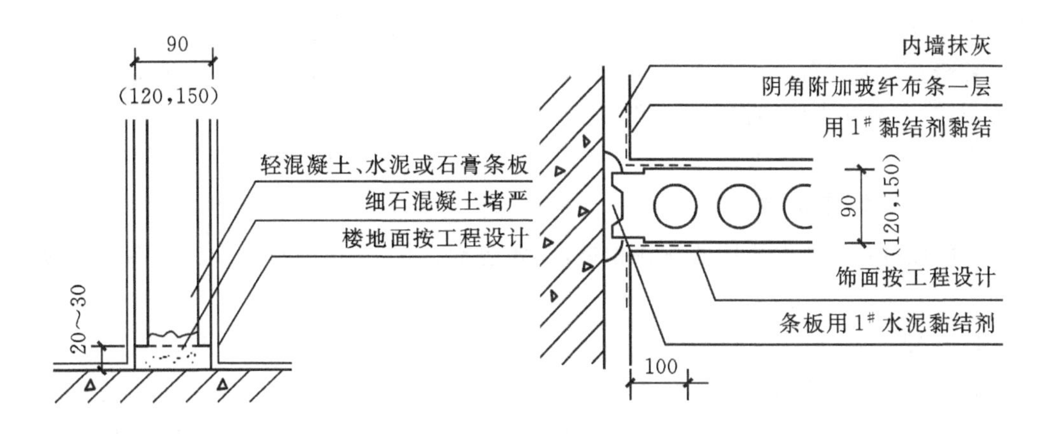

图 8-26 板条与地面连接构造　　图 8-27 板条与墙(柱)面连接构造

根据《建筑轻质条板隔墙技术规程》(JGJ/T 157—2014)5.3.1 条板隔墙安装应符合下列规定：

(1)应按排板图在地面及顶棚板面上放线，条板应从主体墙、柱的一端向另一端按顺序安装；当有门洞口时，宜从门洞口向两侧安装；

(2)应先安装定位板；可在条板的企口处、板的顶面均匀满刮黏结材料，空心条板的上端宜局部封孔，上下对准定位线立板；条板下端距地面的预留安装间隙宜保持在 30～60mm，并可根据需要调整；

(3)可在条板下部打入木楔，并应楔紧，且木楔的位置应选择在条板的实心肋处；

(4)应利用木楔调整位置，两个木楔为一组，使条板就位，可将板垂直向上挤压，顶紧梁、板底部，调整好板的垂直度后再固定；

(5)应按顺序安装条板，将板榫槽对准榫头拼接，条板与条板之间应紧密连接；应调整好垂直度和相邻板面的平整度，并应待条板的垂直度、平整度检验合格后，再安装下一块条板；

(6)应按排板图在条板与顶板、结构梁，主体墙、柱的连接处设置定位钢卡、抗震钢卡；

(7)板与板之间的对接缝隙内应填满、灌实黏结材料，板缝间隙应揉挤严密，被挤出的黏结材料应刮平勾实；

(8)条板隔墙与楼地面空隙处，可用干硬性细石混凝土填实；

(9)木楔可在立板养护 3d 后取出，并应填实楔孔。

此外，还有一些采用砌筑填充墙的方式来进行隔断处理，具体可参考本教材第 4 章相关内容。

8.6 饰面板(砖)与幕墙工程

饰面工程是指将块材作为面层镶贴或安装在墙、柱表面的装饰工程。饰面板(砖)的种类很多，常见的有玻璃、金属、石材、人造板材等。

幕墙工程是指结构外部的非承重的外墙围护，通常由面板(玻璃、金属板、石板、人造板材等)和后面的支承结构(横梁立柱、钢结构、玻璃肋等)组成，主要起围护、装饰的作用。根据《建筑幕墙》(GB/T 21086—2007)第 3.2、3.3 条的标准，幕墙可以总体划分为构件式和单元式两大类。构件式幕墙是指现场在主体结构上安装立柱、横梁和各种面板的建筑幕墙。单元式幕墙是指由各种墙面板与支承框架在工厂制成完整的幕墙结构基本单位，直接安装在主体结构上的建筑幕墙。

由于单元式幕墙主要是在工厂内完成，因此后文所讲的主要为构件式幕墙。

8.6.1 装饰材料

饰面板(砖)和幕墙所用的材料相近，主要包括石材、金属、玻璃、人造板四种材质的制品。

1. 石材

天然石材是采用天然岩石经过荒料开采、锯切、磨光(如图 8-28、图 8-29)等加工工艺制成的装饰面材。天然石材主要分为两大类：一类是花岗岩，其主要矿物成分是长石、石英，花岗岩表面坚硬，抗风化、抗腐蚀能力强，使用期长，因此在露天地面和室外幕墙中，主要使用花岗岩石材；另一类是大理石，其主要成分为碳酸钙，大理石表面图案流畅，但表面硬度不高，耐腐蚀性能较差，一般多用于室内外墙面、柱面的装修。

图 8-28 荒料

图 8-29 锯切、磨光后的板材

除天然石材外还有人造石材。人造石材除保留了天然纹理外，可以按设计花色进行加工，还可以加入喜爱的色彩或嵌入玻璃亚克力等材料。

目前市场上见到的人造石材按用途大体可以分为树脂型人造石与水泥型人造石两类。树脂型人造石是以不饱和聚酯树脂为黏结剂，配以天然大理石或方解石、白云石、硅砂、玻璃粉等无机物粉料，以及适量的阻燃剂、颜色等，经配料混合、瓷铸、振动压缩、挤压等方法成型固化制成的，如图 8-30 所示。水泥型人造石材是以各种水泥为胶结材料，砂、天然碎石粒为粗细骨料，经配制、搅拌、加压蒸养、磨光和抛光后制成的人造石材。配制过程中，混入色料，可制成彩色水泥石。预制水磨石板材即属于此类，如图 8-31 所示。

图 8-30 多种树脂型人造石材

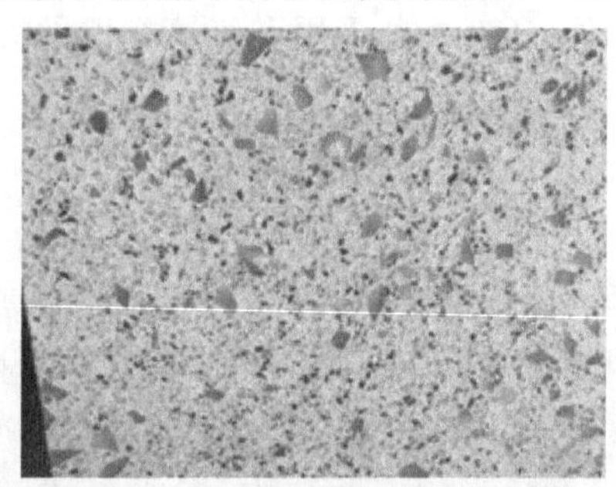

图 8-31 水泥型人造石材(水磨石板)

2. 金属板

金属板有铝合金板、镀锌板、彩色压型钢板、不锈钢板和铜板等。

金属板典雅庄重，质感丰富，表面光滑，易于加工成型，具有高强、轻质，经久耐用等特点，装饰效果别具一格，是一种高档的建筑装饰。

3. 玻璃

玻璃材质在室内主要是饰面用的玻璃马赛克，在室外主要有大块的玻璃板在玻璃幕墙上应用。玻璃材质颜色丰富、耐久性强、光泽度好，具有良好的光影效果，装饰美感丰富，是非常好的一种装饰材料。

4. 人造板材

人造板材本身种类就很多，在《人造板材幕墙》(13J103－7)中主要对瓷板、微晶玻璃板、陶板、石材蜂窝板、纤维水泥板、高压热固化木纤维板进行了说明。人造板材性能不一、安装施工方法也不尽相同，总体上是依据石材、金属、玻璃板的施工工艺进行调整的。

5. 饰面砖、饰面板、幕墙板的不同要求

以上所述的四类不同材质均可制成饰面砖、饰面板、幕墙所需的饰面板块。而这一部分板块的要求也不尽相同。

(1)饰面砖：单块面积一般在 0.5m^2 以下，不需要进行挂件安装，采用水泥砂浆等黏结剂进行粘贴即可。

(2)饰面板：单块面积一般在 0.5～1.2m^2 饰面板的安装有湿挂法、干挂法，但是不能仅仅只靠水泥砂浆等胶合剂进行粘贴。

(3)幕墙板：幕墙板材在尺寸上可以达到 1.5m^2，但是幕墙墙板与饰面板之间的主要区别并非是尺寸区别，而是力学要求、施工工艺等区别。如《金属与石材幕墙工程技术规范》(JGJ 133—2001)，中规定：幕墙用的花岗石板材弯曲强度不应小于 8.0MPa，厚度不应小于 25mm，单层铝板的厚度不小于 2.5mm，钢构件的薄壁型钢厚度不小于 3.5mm 等，这些要求在幕墙中是明确的，而在饰面板上却没有。这主要是因为幕墙结构除了起到围护之外还有较强的抗风荷载、耐久性等要求，而饰面板的相应要求则较低。

8.6.2 石材饰面与石材幕墙施工工艺

结构外围、墙体、柱面上装饰石材面板会显示出豪华、高雅的格调，给人以庄重肃穆之感。其中，室内多采用石材饰面，室外多采用石材幕墙，其施工方法既有相似之处又有诸多不同。

1. 石材饰面湿挂法施工

传统的石材铺贴方法是湿挂法施工工艺，就是在竖向基体上安装膨胀螺栓，焊接预挂钢筋网，其间距按照板材的规格设定，用钢丝或镀锌铁丝绑扎钢筋和板材并灌注水泥砂浆来固定石板材。这种方法主要适用于室内墙面、柱面、水池立面铺贴大理石、花岗岩、人造石板等。

(1)施工前的准备。

①材料准备：材料运到场地后，要认真做好检验工作，用卷尺量测石材的尺寸、对角线，用角尺检测边角的垂直度，并检查平整度和外观缺陷。材料颜色要大体一致，待组织挑选、试拼后进行编号，并分类放置。准备好黑水泥、白水泥和洁净的砂、铜丝或镀锌铁丝、膨胀螺栓、尾孔射钉、直径 6mm 的钢筋、云石胶、107 胶、高强度石膏粉等，其数量略多

于实际工程用量。

②机具准备:除增加角磨机、切割机、砂轮机、冲击钻、电焊设备外,其他工具与抹灰工程所用相同。

(2)工艺流程。石材饰面湿挂法的工艺流程为:绑扎钢筋网片和锚固→预拼排号→板材钻孔、切槽、挂丝→安装饰面石材板→灌注水泥砂浆→嵌缝清洗→伸缩缝的处理。

①绑扎钢筋网片和锚固。先将墙(柱)面上预埋钢筋剔凿出来,按照施工放大样图的要求距离来焊接或绑扎钢筋骨架,然后将直径 6～8mm 竖向钢筋焊接或绑扎在预埋钢筋上(间距可按饰面板宽度),再将直径 6mm 的横向钢筋焊接或绑扎在竖向钢筋上,间距低于板高 30～50mm。第一道横筋焊接或绑扎在第一层板材下口上面约 100mm 处,此后每道横筋均在该板块上口 10～20mm 处。钢筋必须连接牢固,不得有颤动和弯曲现象,如图 8－32 所示。

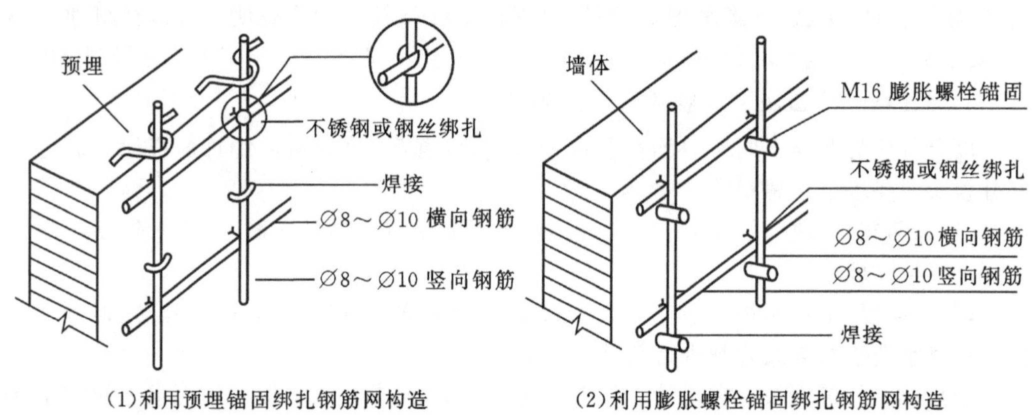

(1)利用预埋锚固绑扎钢筋网构造　　(2)利用膨胀螺栓锚固绑扎钢筋网构造

图 8－32　石材墙面绑扎钢筋网构造示意图

如果在墙面基体上没有预埋钢筋,可用电锤在墙基体上钻直径 8～16mm、深 100mm 的孔,打入膨胀螺栓,用以焊接横向钢筋,间距比板高低 30～50mm,竖向间距和板宽一样,也可以不用焊接横向钢筋和竖向钢筋把钢丝直接绑扎在膨胀螺栓上。

②预拼排号。为了使饰面板安装后能花色一致,纹理通顺,安装前应按大样预编排号。首先根据大样图要求的品种、规格、颜色纹理,在地面上试排,校正尺寸及四角套方,计算出实用的块数、需要切割块数和切割的规格尺寸以及使用部位,并考虑留缝的宽度。预排好的石材要按位置逐块编号,编号一般是由下向上编排,然后分类堆放好备用。

③板材切槽、挂丝。板材可在上下端截面中间处切割开槽,深度为 20～30mm,再在板材背面对着上下端的切槽处,切左右两个槽,深度达到上下端槽即可(如图 8－33 所

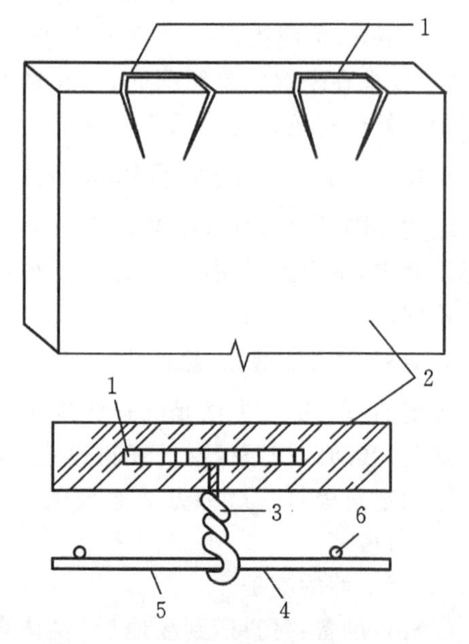

1—槽口;2—花岗石板;3—铜丝;4—钢筋网;5—横向钢筋;6—竖向钢筋。

图 8－33　切槽与固定方式

示)。再用 4mm 的钢丝折成 U 形套在槽内用云石胶粘牢备用。如不开槽,也可采用钻孔的形式,如图 8 - 34所示,之后挂丝宜用钢丝或铜丝,最好不用铁丝,因为铁丝容易腐蚀断脱。

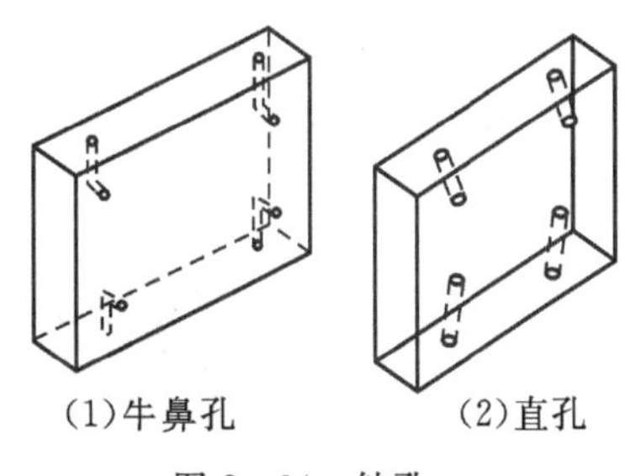

图 8 - 34　钻孔

④安装饰面石材板。安装的顺序一般是由下往上,每层板块由中间或一端开始。首先根据施工大样图弹出墙面第一层石板标高,再用线锤从上至下吊线,考虑留出板厚和灌浆厚度及钢筋焊绑所占的位置,来确定出饰面板的位置。依此位置在标高位置的两侧拉通直水平线,按预排编号将第一层石板就位。如地面未做出来,可用垫块把石板垫高至地面标高线位置。然后理好铜丝,将面板上口略后仰,伸手把下口的铜丝扭扎在横筋或者膨胀螺栓上并扎牢,然后将板扶正。将上口铜丝扎紧,并用大头定位木楔塞紧垫稳,随后用靠尺与水平尺检查表面平整度与上口的水平度,发现问题应及时用大头定位木楔调整垂直度,在石板下加垫薄铁片或铅条,调整水平度。第一块完成后,依次进行,柱面可按顺时针方向进行安装。第一层完毕,应用挂线靠尺、水平尺调整垂直度、平整度和阴阳角方正,保证板材间隙均匀,上口平直,如图 8 - 35 所示。

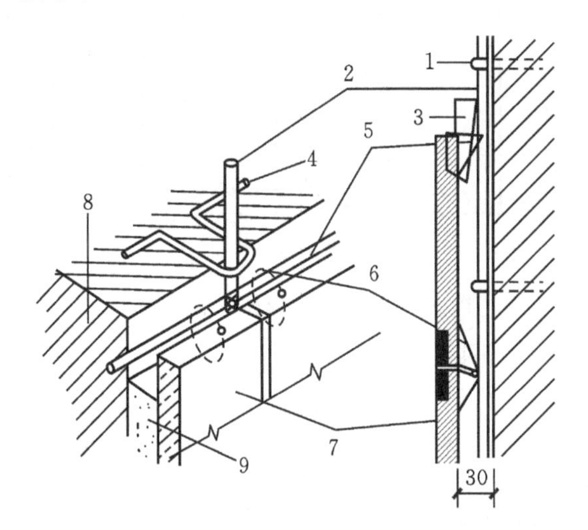

1—铁环;2—立筋;3—定位木楔;4—铁环卧于墙内;5—横筋;6—不锈钢丝绑牢;7—大理石板;8—基体;9—混凝土。

图 8 - 35　石材板安装

在柱、墙转角处,板材的交接处理形式如图 8 - 36 所示。

⑤灌注水泥砂浆。待面板安装完成,重新校正垂直度、平整度,可进行灌注水泥砂浆操作。为了防止板侧竖缝露浆,应在竖侧缝内填塞泡沫塑料条、麻条或用环氧树脂等胶黏剂做封闭,同时用水润湿板材的背面和墙体基层面。

一般采用 1∶3 的水泥砂浆,稠度要合适,分层灌注,注意不能碰动板材,也不能只从一处灌注。每层灌注的高度为 150～200mm,不得大于板高的 1/3,灌浆过程中应从多处均匀灌注。待第一层灌完 1～2h 水泥初凝后,检查板材是否移动错位,如正常就按前法进行第二层灌浆,直至距石板上口 50～100mm 处停止。未灌注的部分等上层板材安装后再灌注，以使灌浆缝与板缝错开，使上下两排板材凝成一体，加强其整体刚度。如图8－37所示。

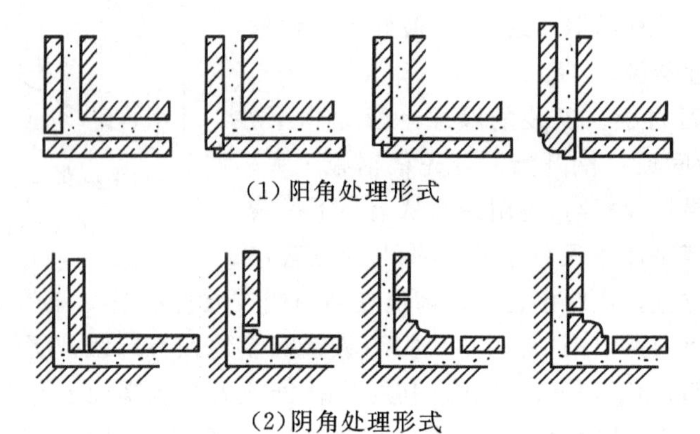

(1)阳角处理形式

(2)阴角处理形式

图8－36　饰面板阴阳角处理形式

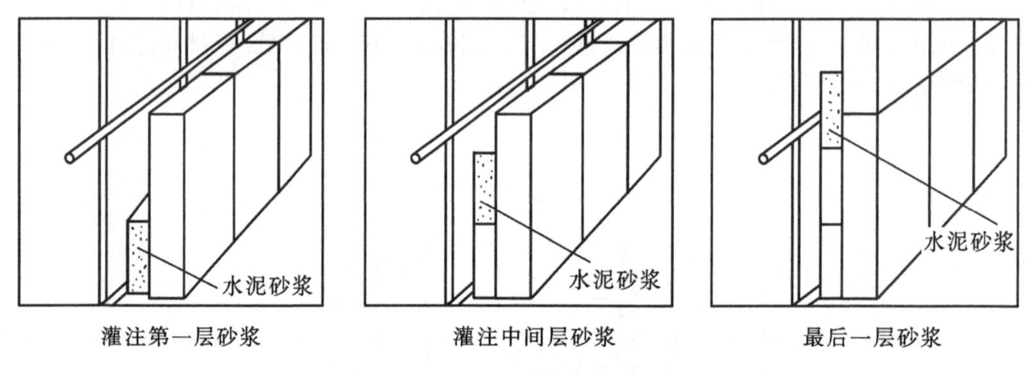

灌注第一层砂浆　　灌注中间层砂浆　　最后一层砂浆

图8－37　灌注水泥砂浆

⑥嵌缝清理。安装完毕后，清除所有石膏和余浆痕迹，以待进行嵌缝。对人造彩色板材，安装于室内的光面、镜面饰面板材的干接缝，应调制与饰面板的色彩相同的胶浆嵌缝。粗磨面、麻面、条纹面饰面板材的接缝，应采用1∶1水泥砂浆勾缝，并要采取相应的措施保护棱角不被碰撞。

⑦伸缩缝的处理。将一块低于整体表面的未黏结的板材设置在伸缩缝处，铺贴时用两侧饰面板材将其压住，在未黏结板材两侧各用50mm的海绵挡住两侧饰面板，所灌砂浆不与其黏结，为了适应伸缩缝变形的需要，可留有30mm以上的伸缩余地，如图8－38所示。

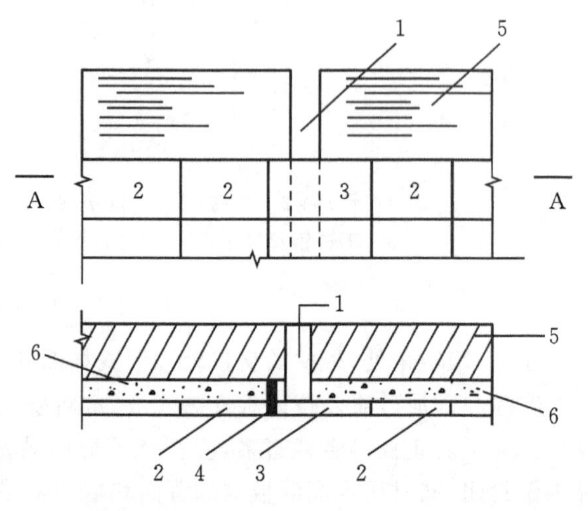

1—伸缩缝；2—实铺板材；3—空铺；4—海绵；5—墙体；6—黏结砂浆。

图8－38　伸缩缝处铺贴

施工的允许偏差见表8-4。

表8-4 石材墙面装饰施工允许偏差

项次	项目	允许偏差(mm)			检验方法
		大理石		磨光花岗岩	
1	立面垂直	室内	2	2	用2m托线板和尺量检查
		室外	3	3	
2	表面平整	1		1	用2m托线板和塞尺检查
3	阳角正方	2		2	用200mm方尺和塞尺检查
4	接缝平直	2		2	用5m小线和尺量检查
5	墙裙上口平直	2		2	用5m小线和尺量检查
6	接缝高低	0.3		0.5	用钢板短尺和塞尺检查
7	接缝宽度	0.5		0.5	用尺量检查

2. 石材饰面干挂法与石材幕墙

由于湿挂作业法,在使用过程中常常会出现析碱现象,严重影响美观。而干挂法,工艺简单,工效高,不用灌浆,牢固可靠,虽然成本偏高但目前应用也较广泛。

干挂法即在石材上直接打孔或开槽,在孔槽清理后用专用结构胶(硅酮结构密封胶)配合各种形式的连接件连接在板材上,之后将板材通过连接件与墙体上的膨胀螺栓或钢架相连接,不用灌注水泥砂浆,以减轻自重,使饰面石材与墙体之间形成80~150mm宽的空气流通层,最后用密封条和硅酮耐候密封胶将板材的缝隙进行嵌填并清理其表面的施工过程。

目前石材幕墙均采用干挂法施工,同时进行适当“减配”以后多用于石材饰面的施工。本部分重点讲解石材幕墙的施工,同时对石材饰面如何“减配”进行说明,两者之间的典型区分如图8-39、图8-40所示。

图8-39 石材幕墙

图8-40 墙体饰面

说明:有横梁、立柱,立柱连接固定在混凝土构件的钢板上,具有完整的受力系统。仅有横梁,没有立柱,横梁与墙体之间连接采用膨胀螺栓,且墙体本身可以是砌体结构。

幕墙干挂法施工工艺有很多种,主要是石材板面与受力支撑结构之间的连接方式不同,常见的有背栓式、槽式连接两类,其中槽式连接根据开槽长短又分为通槽、短槽,根据连接件的形式有 T 形钩、蝶式钩(上下翻)、L 形钩、SE 形钩。背栓式连接具体如图 8-41 至图 8-45 所示。

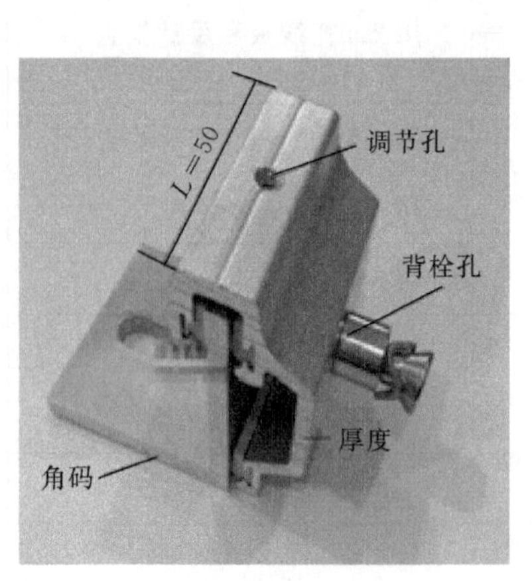

图 8-41　背栓形连接件

调节螺栓
耳型铝合金挂件
304 不锈钢背栓
塑胶垫片
铝合金角码
外六角螺栓

图 8-42　背栓节点连接示意图

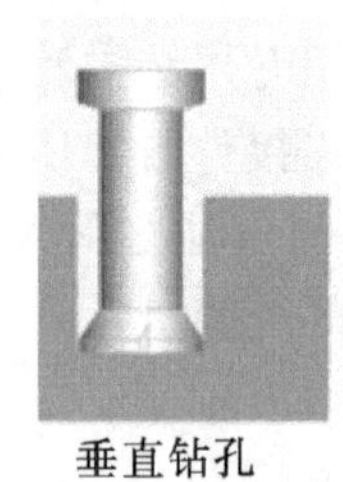

垂直钻孔

底部石孔

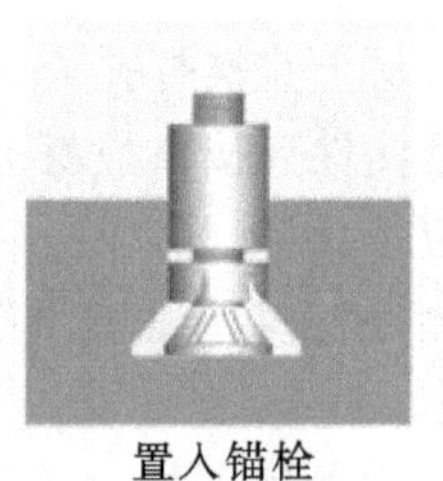

置入锚栓

安装完成

图 8-43　背栓开孔钻头及开孔安装示意图

图 8-44　背栓式连接效果

图 8-45　背栓嵌入石材细部

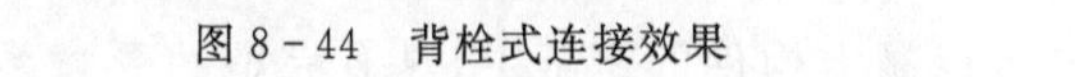

槽式连接中的相关示意如图 8-46 至图 8-51 所示。

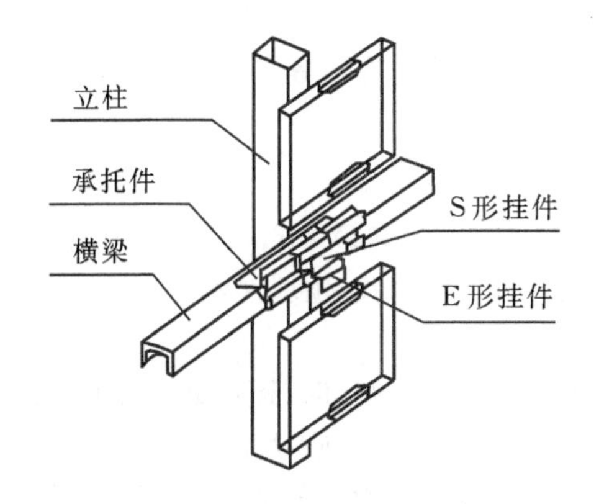

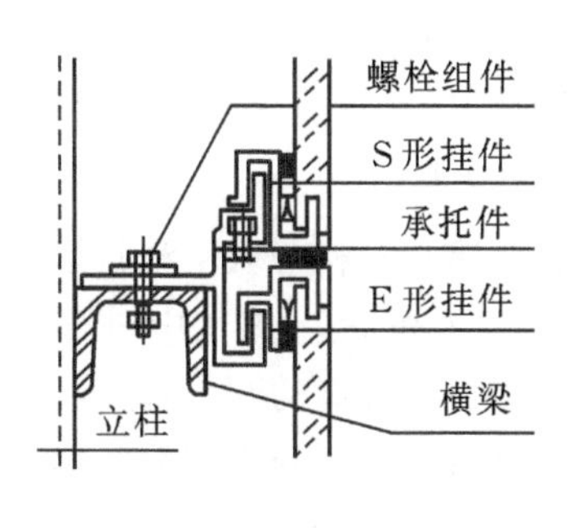

图 8-46 短槽连接示意图(SE形挂件)

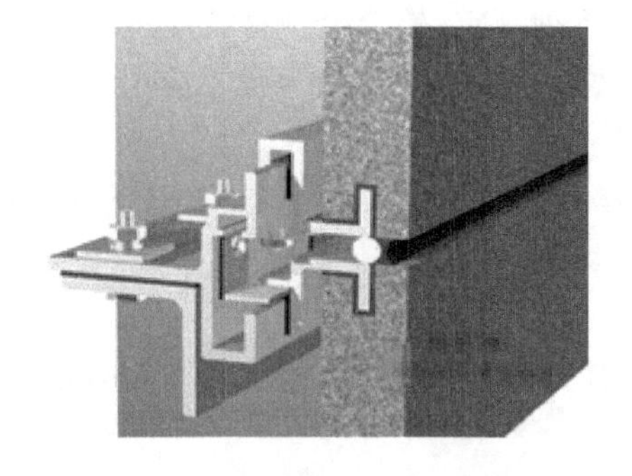

图 8-47 短槽连接(SE形挂件)

图 8-48 SE连接件

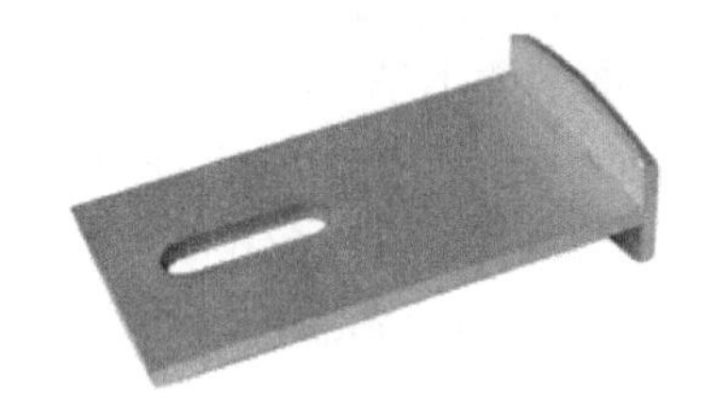

图 8-49 T形连接件(适合短槽连接)

图 8-50 蝶形连接件(适合短槽连接)

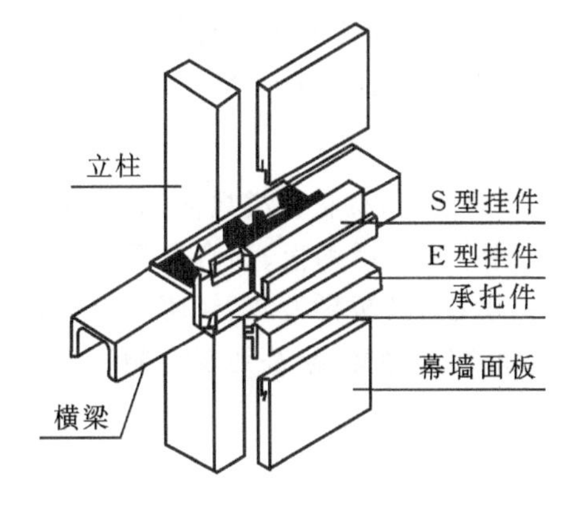

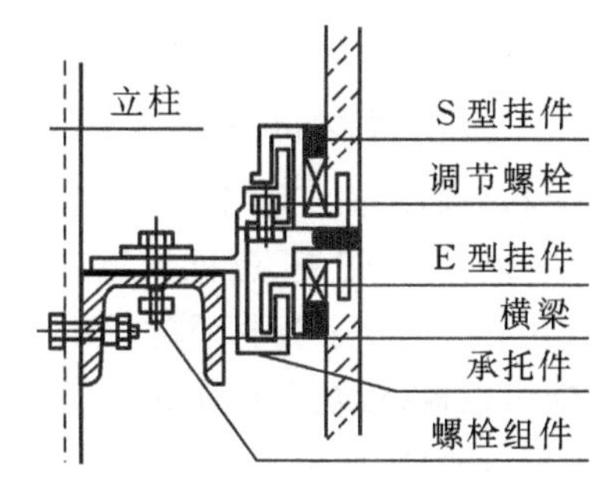

图 8-51 通槽(长槽)连接(SE形挂件)

说明：通槽连接与短槽连接区别就在于开槽是否是沿石材端部开通长槽口，其连接件长度也对应增加，有加长的SE形连接件、T形连接件都可适用。但由于开槽工作量增加、连接件也增加，目前相较短槽连接而言，应用偏少。

3. 其他要点

根据《金属与石材幕墙工程技术规范》(JGJ 133—2001)第5.5.1、5.6.1、5.7.1、6.1.3、6.3.3、7.2.4等条文，施工中对石材、横梁、立柱、结构胶、预埋件等还需注意以下要点：

(1)用于石材幕墙的石板，厚度不应小于25mm。

(2)横梁截面主要受力部分的厚度当跨度不大于1.2m时，铝合金型材横梁截面主要受力部分的厚度不应小于2.5mm；当横梁跨度大于1.2m时，其截面主要受力部分的厚度不应小于3mm，有螺钉连接的部分截面厚度不应小于螺钉公称直径。钢型材截面主要受力部分的厚度不应小于3.5mm。

(3)立柱截面的主要受力部分的厚度，应符合下列规定：铝合金型材截面主要受力部分的厚度不应小于3mm，采用螺纹受力连接时螺纹连接部位截面的厚度不应小于螺钉的公称直径；钢型材截面主要受力部分的厚度不应小于3.5mm。

(4)用硅酮结构密封胶黏结固定构件时，注胶应在温度15℃以上30℃以下、相对湿度50%以上且洁净、通风的室内进行，胶的宽度、厚度应符合设计要求。

(5)通槽式安装的石板加工应符合下列规定：

①石板的通槽宽度宜为6mm或7mm，不锈钢支撑板厚度不宜小于3.0mm，铝合金支撑板厚度不宜小于4.0mm；

②石板开槽后不得有损坏或崩裂现象，槽口应打磨成45°倒角；槽内应光滑、洁净。

(6)短槽式安装的石板加工应符合下列规定：

①每块石板上下边应各开两个短平槽，短平槽长度不应小于100mm，在有效长度内槽深度不宜小于15mm；开槽宽度宜为6mm或7mm；不锈钢支撑板厚度不宜小于3.0mm，铝合金支撑板厚度不宜小于4.0mm。弧形槽的有效长度不应小于80mm。

②两短槽边距离石板两端部的距离不应小于石板厚度的3倍且不应小于85mm，也不应大于180mm。

③石板开槽后不得有损坏或崩裂现象，槽口应打磨成45°倒角，槽内应光滑、洁净。

(7)金属、石材幕墙与主体结构连接的预埋件，应在主体结构施工时按设计要求埋设。预埋件应牢固，位置准确，预埋件的位置误差应按设计要求进行复查。当设计无明确要求时，预埋件的标高偏差不应大于10mm，预埋件位置差不应大于20mm。

8.6.3 金属板材饰面与金属幕墙

在饰面和幕墙装饰工程中，金属板有着广泛的应用，材料种类繁多，具体包括单层铝板、铝塑复合板、蜂窝铝板、彩色钢板、搪瓷涂层钢板、不锈钢板、锌合金板、钛合金板、铜合金板等，其中以铝合金为材质的单层铝板、铝塑板(以塑料为芯层，两面为铝材的三层复合板)、蜂窝铝板(铝合金板作为面、底板与铝蜂窝芯经高温、高压复合制造而成的复合板材)三者较为常见，如图8-52至图8-54所示。

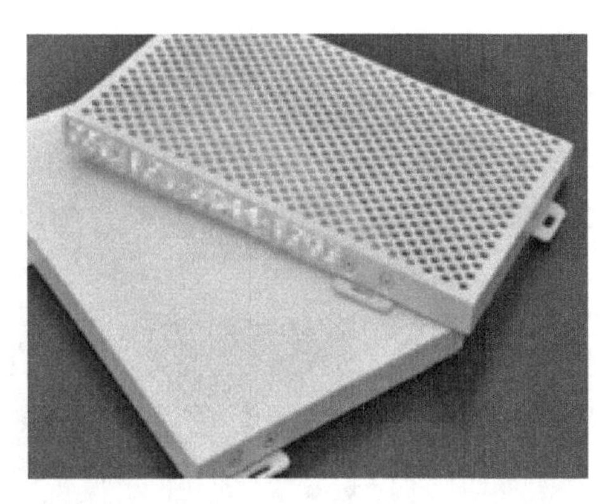

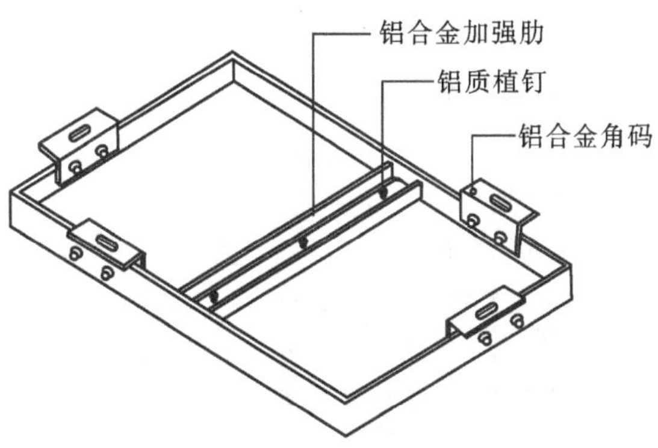

图 8-52 单层铝板

图 8-53 铝塑板

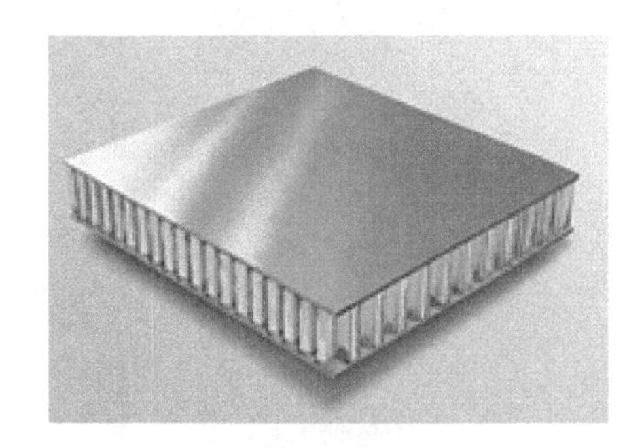

图 8-54 蜂窝铝板

金属板材施工相较石材幕墙在工序上更为简单，主要因为金属板材多为定制，在现场安装时主要通过螺丝、铆钉、射钉等将面板固定在连接件或横梁上即可。在室内施工时还可以通过粘贴的方式将板材粘贴在木质基层上。典型的连接示意如图 8-55、图 8-56所示。

图 8-55 铝单板、铝塑板两种不同的连接构造

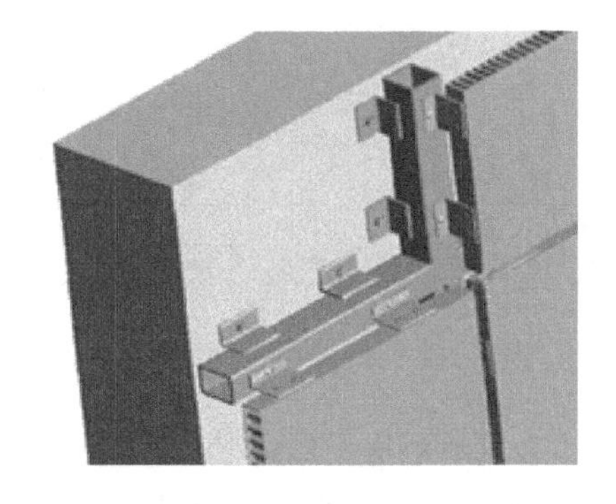

图 8-56 铝蜂窝板连接构造

根据《金属与石材幕墙工程技术规范》(JGJ 133—2001)第 3.3.10、5.4.5 条，金属幕墙施工时还需注意以下事项：单层铝板应符合下列现行国家标准的规定，幕墙用单层铝板厚度不应小于 2.5mm；金属板材应沿周边用螺栓固定于横梁或立柱上，螺栓直径不应小于 4mm，螺栓的数量应根据板材所承受的风荷载和地震作用经计算后确定。

8.6.4 玻璃装饰及玻璃幕墙

1.玻璃装饰

室内装饰装修中玻璃是最为常见的，其形式主要有玻璃门窗、玻璃护栏、玻璃隔断、玻璃饰面，其材质主要有玻璃砖、玻璃马赛克、玻璃板等；室外装饰中，除以上形式应用外，还有玻璃幕墙，如图 8-57 至图 8-65 所示。

图 8-57 玻璃门窗与隔断(明框)

图 8-58 玻璃门窗与隔断(隐框)

图 8-59 玻璃护栏

图 8-60 玻璃马赛克饰面
(武汉地体二号线)

图 8-61 玻璃板饰面

图 8-62 玻璃砖墙

图 8-63 玻璃马赛克

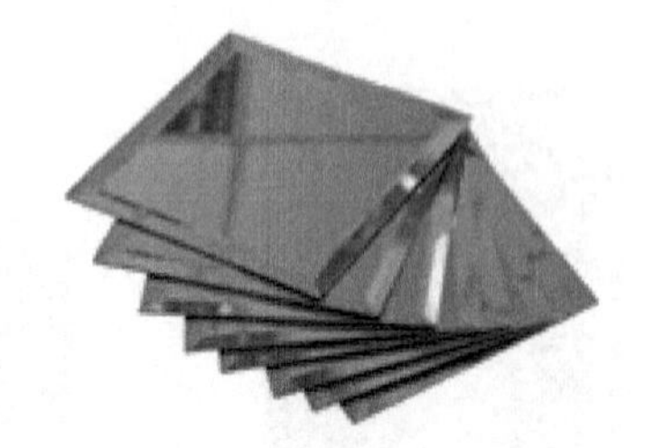

图 8-64 玻璃板

图 8-65 玻璃砖

玻璃材质应用形式、款式、颜色都较丰富，其室内装饰中的做法主要有以下几种。

(1)镶嵌。在有边框的门窗、隔断处主要采用金属、木材等预制边框，将玻璃面板镶嵌其内，再用玻璃胶或橡胶条嵌缝，如图 8-66 所示。其中隐框做法是利用上下位置处的边框，隐去了左右两侧的边框，在视觉效果上仿佛没有边框一样；或者利用连接件进行连接，取消了四边的边框。

(2)粘贴。在墙体饰面中，无论是大面积的玻璃面板还是小块的玻璃马赛克，主要都采用专用的胶黏剂(见图 8-67 至图 8-69)通过粘贴的方式，固定于木质基材或者普通砌筑墙面上。

(3)连接件连接。连接件连接是指在无边框玻璃门窗、玻璃护栏等处通过专用的连接件(见图8-70)将已经钻孔、开槽后玻璃板材固定在结构上的方法。

此外对于玻璃砖还需使用砌筑施工,砌筑工艺与普通砖相近。但玻璃砖不可以断砖,因此玻璃砖的砌筑只能也必须是"通缝"砌筑的。

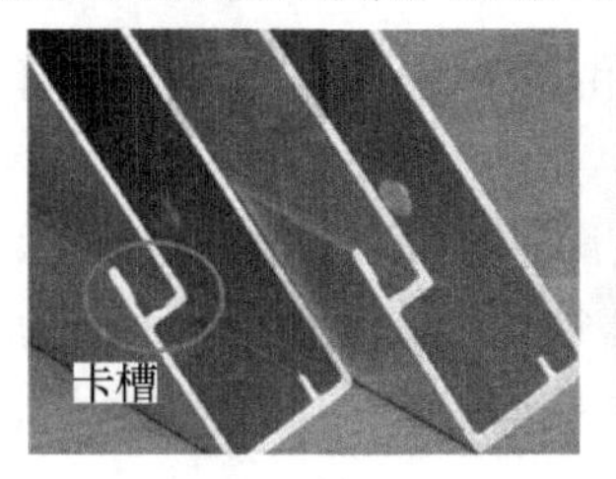

图8-66 铝合金型材(含卡槽)与玻璃镶嵌

图8-67 硅酮耐候密封胶

图8-68 粘贴玻璃、陶瓷马赛克用胶黏剂

图8-69 硅酮结构密封胶

根据《建筑硅酮密封胶》(GB/T 14683—2003),除玻璃幕墙外,镶嵌玻璃采用的是G类硅酮密封胶。

根据《建筑用硅酮结构密封胶》(GB 16776—2005),玻璃幕墙可采用G类的硅酮结构密封胶。

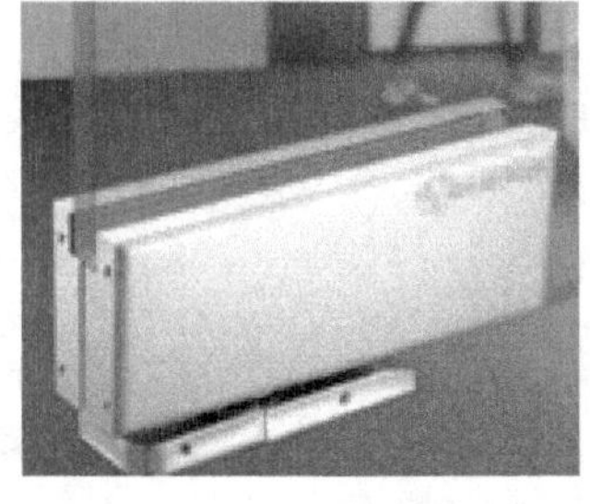

图8-70 玻璃门、窗 连接件(门夹、驳接爪)

总体而言,玻璃的室内装饰工艺相对简单,下面重点对玻璃幕墙的施工进行说明。

2. 玻璃幕墙

玻璃幕墙是目前应用最广泛的一种幕墙形式，根据《玻璃幕墙工程技术规范》(JGJ 102—2003)第2.1.5至2.1.7条，玻璃幕墙可分为框支承玻璃幕墙、全玻璃幕墙、点支撑玻璃幕墙，如图8-71至图8-73所示。

(1)框支撑玻璃幕墙是指玻璃面板周边由金属框架支承的玻璃幕墙，按幕墙形式分为以下几种：

①明框玻璃幕墙是指金属框架的构件显露于面板外表面的框支承玻璃幕墙。

②隐框玻璃幕墙是指金属框架的构件完全不显露于面板外表面的框支承玻璃幕墙。

③半隐框玻璃幕墙是指金属框架的竖向或横向构件显露于面板外表面的框支承玻璃幕墙。

图8-71 明框玻璃幕墙

图8-72 半隐框玻璃幕墙(横明竖隐)

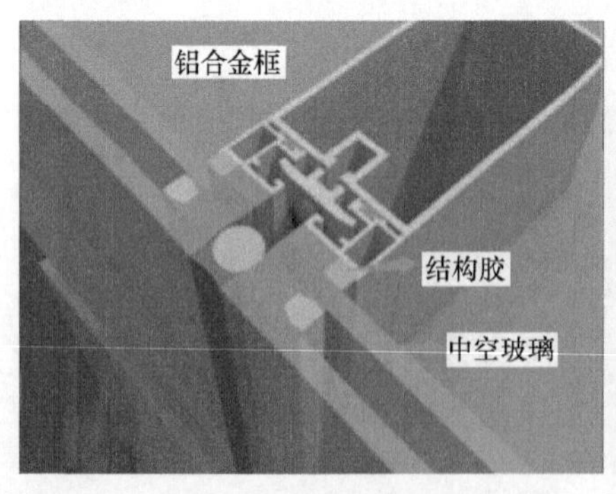

图8-73 隐框玻璃幕墙

此外，框支撑玻璃幕墙也可按幕墙安装施工方法分为以下两种：单元式玻璃幕墙是指将面板和金属框架（横梁、立柱）在工厂组装为幕墙单元，以幕墙单元形式在现场完成安装施工的框支承玻璃幕墙；构件式玻璃幕墙是指在现场依次安装立柱、横梁和玻璃面板的框支承玻璃幕墙。

（2）全玻幕墙是指由玻璃肋和玻璃面板构成的玻璃幕墙，依据支撑结构形式又可以分为吊挂玻璃幕墙、坐地玻璃幕墙两类。吊挂玻璃幕墙是指采用专用的金属家具将大块的玻璃和玻璃肋吊在上部结构上，玻璃重量由上部结构承担的幕墙，如图8－74所示。坐地玻璃幕墙是指玻璃重量由底部玻璃槽承担，一般不宜超过4.5m高。从外观上看，除了吊挂式顶部有金属吊件外，两者基本一致。

由于坐地式玻璃幕墙玻璃处于受压状态，板材过高容易出现“压屈失稳”，而吊挂式玻璃幕墙中玻璃材质处于受拉状态，不易产生失稳，所以吊挂式的玻璃幕墙适应高度更大一些。

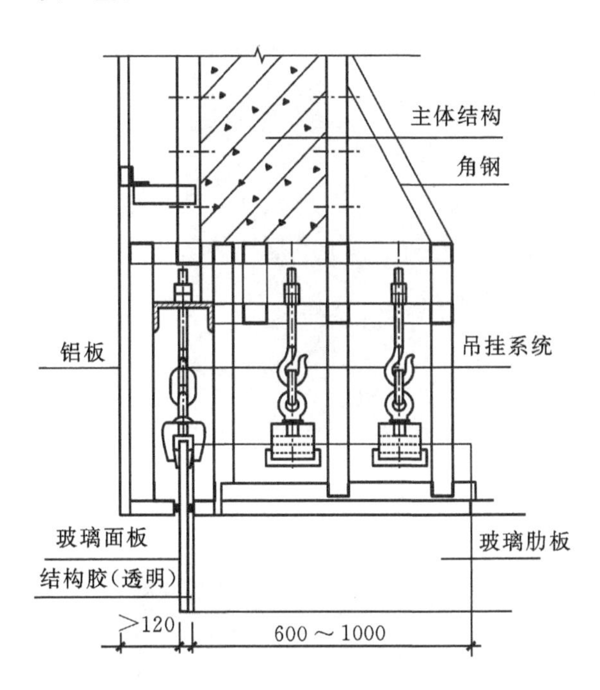

图8－74 吊挂式玻璃幕墙

（3）点支承玻璃幕墙是指由玻璃面板、点支承装置和支承结构构成的玻璃幕墙，依据支撑结构形式分为拉索点支撑玻璃幕墙、拉杆点支撑玻璃幕墙、自平衡索桁架点支撑玻璃幕墙、桁架点支撑玻璃幕墙、立柱式点支撑玻璃幕墙，如图8－75至图8－79所示。

玻璃幕墙种类较多，其施工要点与上文所述的玻璃门窗等有很多相似之处，总结后主要有镶嵌、粘贴、连接件这三种具体做法。

①镶嵌是指在明框玻璃幕墙处主要采用金属（一般为铝合金）等预制边框，将玻璃面板镶嵌其内，然后再用结构胶、发泡棉条等加以固定的做法。

②粘贴是指在隐框玻璃幕墙中，将整块玻璃面板通过硅酮结构胶粘贴在预制的金属边框上，面板的所有荷载均通过胶黏剂传递到幕墙框架上；同时，在视觉效果上从幕墙外

侧看不到边框，起到了隐框的效果。

③连接件连接是指在点支式玻璃幕墙、吊挂玻璃幕墙等处通过专用的连接件将已经钻孔、开槽后的玻璃板材进行固定。

图 8-75　拉索点支撑玻璃幕墙

图 8-76　拉杆点支撑玻璃幕墙

图 8-77　自平衡索桁架式玻璃幕墙

图 8-78　桁架点支撑玻璃幕墙

图 8-79　立柱点支撑玻璃幕墙

8.6.5　陶瓷及其他人工板材装饰

除上述石材、金属、玻璃材质的各类饰面板、饰面砖、幕墙板外，还有众多的人工板材，诸如瓷板、微晶玻璃板、陶板、石材蜂窝板、纤维水泥板、高压热固化木纤维板、PVC复合塑料板、木塑板等。由于目前新材料日新月异，各种人工板材种类繁多，无法逐一说明,但其施工要点与上文介绍总体一致。

其中陶瓷类板材种类较多,应用广泛,如图8-80至图8-82所示。

图8-80 马赛克

图8-81 墙面砖

图8-82 地板砖

在室内卫生间、厨房普遍使用陶瓷墙、地砖材料,其性能优越,经久耐用,美观大方,价格适中,很受人们的喜爱。

陶瓷面砖根据其表面特征又分为毛面面砖、釉面面砖两类。施工工艺流程包括基层处理、排砖分隔弹线、粘贴饰面砖、填缝、清理表面等工作,根据《外墙饰面砖工程施工及验收规程》(JGJ 126—2015)应注意以下要点:

(1)基层找平应分层施工,每层厚度不大于7mm,且在前一层终拧后抹下一层,不得空鼓,找平层总厚度不超过20mm,并应刮平搓毛。

(2)饰面砖宜自上而下进行粘贴,宜用齿形抹刀在找平层上挂涂黏结材料,并在饰面砖背部挂涂黏结材料,黏结层总厚度宜为3~8mm。

(3)日气温应在5℃以上,低于5℃应有可靠的防冻措施。

陶瓷面砖的粘贴主要通过水泥砂浆(常用1∶3水泥砂浆)、混合砂浆(常按照水泥∶石灰膏∶砂的比例为1∶0.3∶3配制)或聚合物砂浆进行黏结,然后用木槌轻轻敲击,使之粘贴牢固。

外墙陶板的施工与石材幕墙相近,主要区别在于以下两方面:外墙陶板在烧制时已经预留了连接卡槽,不需要人工开槽、开洞;连接件根据预先烧制的卡槽相匹配,不能随意选取。具体施工连接示意如图8-83、图8-84所示。

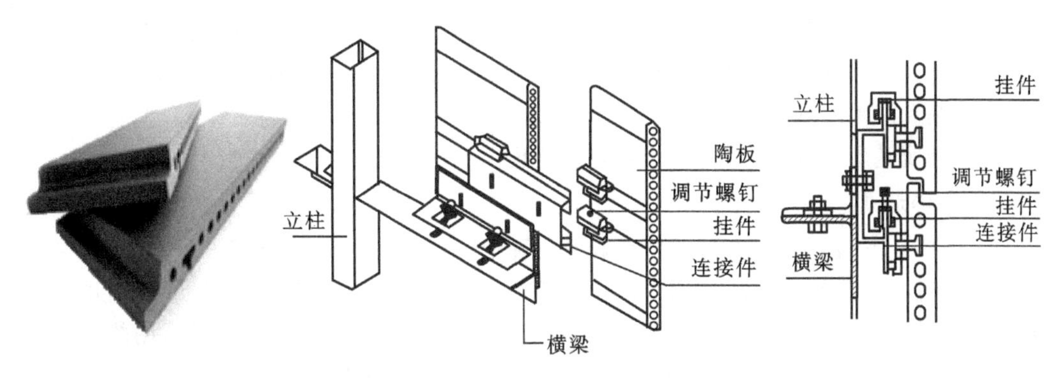

图8-83 外墙陶板(挂装式)及其连接示意

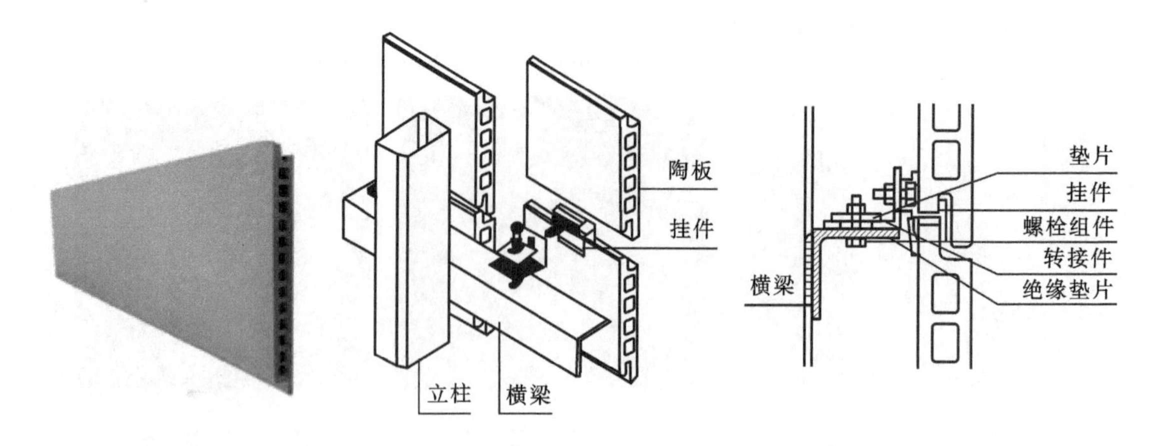

图 8-84　外墙陶板(上插下挂式)及其连接示意

其他材质的人工板材施工也比较相近,质量较轻的如 PVC 板、木塑等主要采用粘贴、钉装,质量较重的主要采用连接件连接,此处不再赘述。

8.7　涂饰及裱糊工程

涂饰与裱糊工程主要是在墙面、柱面进行装饰。涂饰是将各类型涂料涂刷在墙柱表面,裱糊则是在墙体外表面粘贴各类型的壁纸、墙布等覆盖在墙柱表面。

涂饰工程所用到的涂料包括水性涂料涂饰、溶剂型涂料涂饰两类。水性涂料包括乳液型涂料、无机涂料、水溶性涂料等;溶剂型涂料包括丙烯酸酯涂料、聚氨酯丙烯酸涂料、有机硅丙烯酸涂料、交联型氟树脂涂料等。

8.7.1　涂饰工程

涂饰工程的施工工艺主要包括基层处理和涂刷两步。根据《住宅装饰装修工程施工规范》(GB 50327—2001)第 13.3.1 至 13.3.7 和 13.1.4 至 13.1.6 条的规定,具体要求如下。

1. 基层处理

(1)混凝土及水泥砂浆抹灰基层:应满刮腻子、砂纸打光,表面应平整光滑、线角顺直。

(2)纸面石膏板基层:应按设计要求对板缝、钉眼进行处理后,满刮腻子、砂纸打光。

(3)清漆木质基层:表面应平整光滑,颜色谐调一致,表面无污染、裂缝、残缺等缺陷。

(4)调和漆木质基层:表面应平整、无严重污染。

(5)金属基层:表面应进行除锈和防锈处理。

2. 涂饰施工

涂饰施工方法主要有滚涂、喷涂、刷涂三种形式,如图 8-85 至图 8-87 所示。

(1)滚涂法:是将蘸取漆液的毛辊先按“W”方式将涂料大致涂在基层上,然后用不蘸取漆液的毛辊紧贴基层上下、左右来回滚动,使漆液在基层上均匀展开,最后用蘸取漆液的毛辊按一定方向满滚一遍;阴角及上下口宜采用排笔刷涂找齐。

(2)喷涂法:喷枪压力宜控制在 0.4～0.8MPa 范围内;喷涂时喷枪与墙面应保持垂直,距离宜在 500mm 左右,匀速平行移动;两行重叠宽度宜控制在喷涂宽度的 1/3。

(3)刷涂法:宜按先左后右、先上后下、先难后易、先边后面的顺序进行刷涂。

图8-85 滚涂

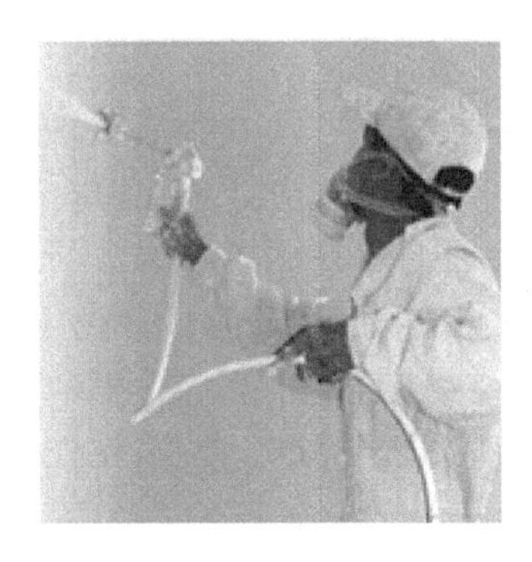

图8-86 喷涂

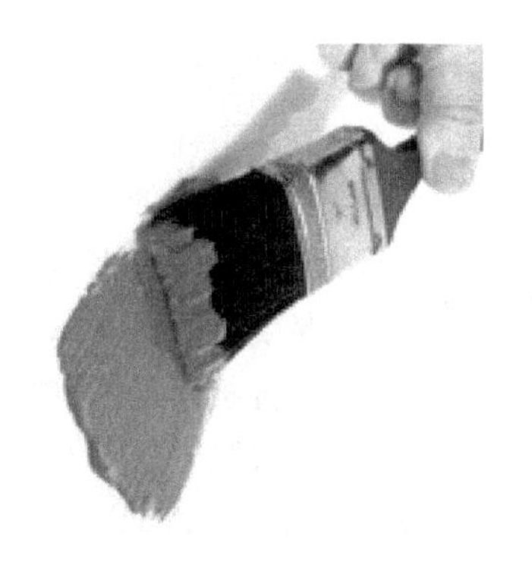

图8-87 刷涂

3.注意事项

(1)木质基层涂刷清漆:木质基层上的节疤、松脂部位应用虫胶漆封闭,钉眼处应用油性腻子嵌补。在刮腻子、上色前,应涂刷一遍封闭底漆,然后反复对局部进行拼色和修色,每修完一次,刷一遍中层漆,干后打磨,直至色调谐调统一,再做饰面漆。

(2)木质基层涂刷调和漆:先满刷清油一遍,待其干后用油腻子将钉孔、裂缝、残缺处嵌刮平整,并打磨光滑,再刷中层和面层油漆。

(3) 对泛碱、析盐的基层应先用3%的草酸溶液清洗,然后用清水冲刷干净或在基层上满刷一遍耐碱底漆,待其干后刮腻子,再涂刷面层涂料。

(4)浮雕涂饰的中层涂料应颗粒均匀,用专用塑料辊蘸煤油或水均匀滚压,厚薄一致,待完全干燥固化后,才可进行面层涂饰。面层为水性涂料应采用喷涂,溶剂型涂料应采用刷涂。间隔时间宜在4h以上。

(5) 涂料、油漆打磨应待涂膜完全干透后进行,打磨应用力均匀,不得磨透露底。

(6)混凝土或抹灰基层涂刷溶剂型涂料时,含水率不得大于8%;涂刷水性涂料时,含水率不得大于10%;木质基层含水率不得大于12%。

(7) 涂料在使用前应搅拌均匀,并应在规定的时间内用完。

(8)施工现场环境温度宜在5~35℃之间,并应注意通风换气和防尘。

8.7.2 裱糊工程

裱糊工程主要是铺贴壁纸、墙布(如图8-88、图8-89所示),其施工时也是两步工作:基层处理和壁纸(墙布)铺贴。根据《建筑装饰装修工程质量验收标准》(GB 50210—2018)第13.1.4、13.2.3、13.2.4条,施工时应主要有以下要点。

图8-88 壁纸

图8-89 墙布

1. 基层处理

(1)裱糊工程应对基层封闭底漆、腻子、封闭底胶及软包内衬材料进行隐蔽工程验收;

(2)新建筑物的混凝土抹灰基层墙面在刮腻子前应涂刷抗碱封闭底漆;

(3)粉化的旧墙面应先除去粉化层,并在刮涂腻子前涂刷一层界面处理剂;

(4)混凝土或抹灰基层含水率不得大于8%;木材基层的含水率不得大于12%;

(5)石膏板基层,接缝及裂缝处应贴加强网布后再刮腻子;

(6)基层腻子应平整、坚实、牢固,无粉化、起皮、空鼓、酥松、裂缝和泛碱;腻子的黏结强度不得小于0.3MPa;

(7)基层表面平整度、立面垂直度及阴阳角方正应达到高级抹灰的要求;

(8)基层表面颜色应一致;

(9)裱糊前应用封闭底胶涂刷基层。

2. 铺贴壁纸或墙布

(1)裱糊后各幅拼接应横平竖直,拼接处花纹、图案应吻合,应不离缝、不搭接、不显拼缝。

(2)壁纸、墙布应粘贴牢固,不得有漏贴、补贴、脱层、空鼓和翘边。

8.8 楼地面工程

楼地面施工工艺主要包括基层和面层两部分。根据对这两部分的不同划分,在《建筑地面工程施工质量验收规范》(GB 50209—2010)表3.0.1中,楼地面可分为整体地面、板块地面、木(竹)地面三类(子分部工程),每一类又可具体分为许多种(分项工程),具体如表8-5所示。

表8-5 楼地面分项工程划分

分部工程	子分部工程		分项工程
建筑装饰装修工程	地面	整体面层	基层:基土、灰土垫层、砂垫层和砂石垫层、碎石垫层和碎砖垫层、三合土及四合土垫层、炉渣垫层、水泥混凝土垫层和陶粒混凝土垫层、找平层、隔离层、填充层、绝热层
			面层:水泥混凝土面层、水泥砂浆面层、水磨石面层、硬化耐磨面层、防油渗面层、不发火(防爆)面层、自流平面层、涂料面层、塑胶面层、地面辐射供暖的整体面层
		板块面层	基层:基土、灰土垫层、砂垫层和砂石垫层、碎石垫层和碎砖垫层、三合土及四合土垫层、炉渣垫层、水泥混凝土垫层和陶粒混凝土垫层、找平层、隔离层、填充层、绝热层
			面层:砖面层(陶瓷锦砖、缸砖、陶瓷地砖和水泥花砖面层)、大理石面层和花岗石面层、预制板块面层(水泥混凝土板块、水磨石板块、人造石板块面层)、料石面层(条石、块石面层)、塑料板面层活动地板面层、金属板面层、地毯面层、地面辐射供暖的板块面层
		木、竹面层	基层:基土、灰土垫层、砂垫层和砂石垫层、碎石垫层和碎砖垫层、三合土及四合土垫层、炉渣垫层、水泥混凝土垫层和陶粒混凝土垫层、找平层、隔离层、填充层、绝热层
			面层:实木地板、实木集成地板、竹地板面层(条材、块材面层)、实木复合地板面层(条材、块材面层)、浸渍纸层、压木质地板面层(条材、块材面层)、软木类地板面层(条材、块材面层)、地面辐射供暖的木板面层

除上述内容外，在《楼地面建筑构造》(12J304)中还包括不发火、防静电、耐热、防油等地面，主要在有相应需要的工业工程中应用。本节重点对基层中较为常见的灰土垫层、碎石(砖)垫层、混凝土垫层，以及面层中的水泥混凝土面层、水泥砂浆面层、自流平面层、陶瓷地砖面层、实木地板、实木复合地板的概念、工艺及要求进行讲解。

1. **基层**

根据《建筑地面工程施工质量验收规范》(GB 50209—2010)第2.0.4条，基层是指面层下的构造层，包括填充层、隔离层(防潮层)、绝热层、找平层、垫层和基土等。

对于地面和楼面而言，主要区别就是基层的要求不同，如表8-6所示，参见《楼地面建筑构造》(12J304)。

表8-6　水泥砂浆楼地面构造做法之一

编号	重量 (kN/m²)	厚度	简　图	构造	
				地面	楼面
DA1 LA1	0.40	a100 b20	a d b 地面 楼面	1.20厚1:2.5水泥砂浆，表面撒适量水泥粉抹压平整 2.刷水泥浆一道(内掺建筑胶)	
				3.80厚C15混凝土垫层 4.夯实土	3.现浇钢筋混凝土楼板或预制楼板上现浇叠合层
DA2 LA2	1.00	a250 b80	a d b 地面 楼面	1.20厚1:2.5水泥砂浆，表面撒适量水泥粉抹压平整 2.刷水泥浆一道(内掺建筑胶)	
				3.80厚C15混凝土垫层 4.150厚碎石夯入土中	3.60厚LC7.5轻骨料混凝土 4.现浇钢筋混凝土楼板或预制楼板上现浇叠合层

图中左侧为地面做法，右侧为楼面做法，其顶部的面层是一样的。而两者的底部基层中，地面是采用的“80mm的C15混凝土垫层＋150厚碎石夯入土中”；楼面采用的是“60厚的LC7.5轻骨料混凝土＋现浇混凝土(预制)楼板结构层”。

而楼面的基层做法总体较为简单，常设计为“楼板结构层＋保温隔热层(轻骨料混凝土)”。

地面基层的常见做法是：在对回填土进行压实、平整后，采用灰土、砂石、三(四)合土、水泥(陶粒)混凝土等做垫层，之上采用水泥砂浆或细石混凝土做找平层，然后采用卷材等施工防水层，另外根据需要采用绝(隔)热材料等完成绝(隔)热层，之上为面层。

其中，根据《建筑地面工程施工质量验收规范》(GB 50209—2010)第4.3至4.8节，灰土、砂石、三(四)合土、水泥(陶粒)混凝土的垫层施工时的注意事项如下。

(1)灰土垫层：应采用熟化石灰与黏土(或粉质黏土、粉土)的拌和料铺设，其厚度不应小于100mm；应铺设在不受地下水浸泡的基土上，施工后应有防止水浸泡的措施；应分层夯实，经湿润养护、晾干后方可进行下一道工序施工；不宜在冬期施工。当必须在冬期施工时，应采取可靠措施。

(2)砂(石)垫层：砂子厚度不应小于60mm；砂石垫层厚度不应小于100mm；砂石应

选用天然级配材料。铺设时不应有粗细颗粒分离现象，压(夯)至不松动为止；砂和砂石不应含有草根等有机杂质；砂应采用中砂；石子最大粒径不应大于垫层厚度的 2/3；砂垫层和砂石垫层的干密度(或贯入度)应符合设计要求。

(3)三(四)合土垫层：三合土应采用石灰、砂(可掺入少量黏土)与碎砖的拌和料铺设，其厚度不应小于 100mm；四合土垫层应采用水泥、石灰、砂(可掺少量黏土)与碎砖的拌和料铺设，其厚度不应小于 80mm；垫层均应分层夯实；水泥宜采用硅酸盐水泥、普通硅酸盐水泥；熟化石灰颗粒粒径不应大于 5mm；砂应用中砂，并不得含有草根等有机物质；碎砖不应采用风化、酥松和有机杂质的砖料，颗粒粒径不应大于 60mm。

(4)水泥(陶粒)混凝土垫层：当气温长期处于 0℃以下，设计无要求时，垫层应设置缩缝，缝的位置、嵌缝做法等应与面层伸、缩缝相一致；水泥混凝土垫层的厚度不应小于 60mm；陶粒混凝土垫层的厚度不应小于 80mm；垫层铺设前，当为水泥类基层时，其下一层表面应湿润。室内地面的水泥混凝土垫层和陶粒混凝土垫层，应设置纵向缩缝和横向缩缝，间距均不得大于 6m；工业厂房、礼堂、门厅等大面积水泥混凝土、陶粒混凝土垫层应分区段浇筑；分区段应结合变形缝位置、不同类型的建筑地面连接处和设备基础的位置进行划分，并应与设置的纵向、横向缩缝的间距相一致。水泥混凝土垫层和陶粒混凝土垫层采用的粗骨料，其最大粒径不应大于垫层厚度的 2/3，含泥量不应大于 3%；砂为中粗砂，其含泥量不应大于 3%。陶粒中粒径小于 5mm 的颗粒含量应小于 10%；粉煤灰陶粒中大于 15mm 的颗粒含量不应大于 5%；陶粒中不得混夹杂物或黏土块；陶粒混凝土的密度应在 800～1400kg/m^3 之间。

对于找平层、隔离层(防潮层)、填充层、绝(隔)热层，根据《建筑地面工程施工质量验收规范》(GB 50209—2010)第 4.9 至 4.12 节，相关要求如下：

(1)找平层：宜采用水泥砂浆或水泥混凝土铺设。当找平层厚度小于 30mm 时，宜用水泥砂浆做找平层；当找平层厚度不小于 30mm 时，宜用细石混凝土做找平层。

(2)隔离层：在水泥类找平层上铺设卷材类、涂料类防水、防油渗隔离层时，其表面应坚固、洁净、干燥。铺设前，应涂刷基层处理剂。基层处理剂应采用与卷材性能相容的配套材料或采用与涂料性能相容的同类涂料的底子油。

厕浴间和有防水要求的建筑地面必须设置防水隔离层。楼层结构必须采用现浇混凝土或整块预制混凝土板，混凝土强度等级不应小于 C20；房间的楼板四周除门洞外应做混凝土翻边，高度不应小于 200mm，宽同墙厚，混凝土强度等级不应小于 C20。施工时结构层标高和预留孔洞位置应准确，严禁乱凿洞。

(3)填充层：采用松散材料铺设填充层时，应分层铺平拍实；采用板、块状材料铺设填充层时，应分层错缝铺贴。有隔声要求的楼面，隔声垫在柱、墙面的上翻高度应超出楼面 20mm，且应收口于踢脚线内。地面上有竖向管道时，隔声垫应包裹管道四周，高度同卷向柱、墙面的高度。隔声垫保护膜之间应错缝搭接，搭接长度应大于 100mm，并用胶带等封闭。

(4)绝(隔)热层：绝热层主要是为了避免室内地暖的热量散失。建筑物室内接触基土的首层地面应增设水泥混凝土垫层后方可铺设绝热层；有防水、防潮要求的地面，宜在防水、防潮隔离层施工完毕并验收合格后再铺设绝热层；绝热层与地面面层之间应设有水泥混凝土结合层。

2. 面层

面层常见的有水泥混凝土面层、水泥砂浆面层、自流平面层、陶瓷(石材)地砖面层、实木(竹)地板、复合木地板等面层。根据《建筑地面工程施工质量验收规范》(GB 50209—2010)第5.2、5.3、5.8、6.2、7.2、7.3节,相关的主要要求如下。

(1)水泥混凝土面层。水泥混凝土面层铺设时不得留施工缝;当施工间隙超过允许时间规定时,应对接槎处进行处理。水泥混凝土采用的粗骨料,最大粒径不应大于面层厚度的2/3,细石混凝土面层采用的石子粒径不应大于16mm。表8-7为《楼地面建筑构造》(12J304)水泥(细石)混凝土面层的一种构造做法。

表8-7 水泥混凝土楼地面构造做法之一

编号	重量(kN/m²)	厚度	简图	构造	
				地面	楼面
DA9	≥1.80	a165	a d b 地面 楼面	1. 40厚C25细石混凝土,表面撒1∶1水泥砂子随打随抹光,表面涂密封固化剂 2. 1.5厚聚氨酯防水层(两道) 3. 最薄处20厚1∶3水泥砂浆或C20细石混凝土找坡层,抹平	
LA9		b85		4. 水泥浆一道(内掺建筑胶) 5. 80厚C15混凝土垫层 6. 夯实土	4. 现浇钢筋混凝土楼板或预制楼板上现浇叠合层
DA10	≥2.40	a315	a d b 楼面 地面	1. 40厚C25细石混凝土,表面撒1∶1水泥砂子随打随抹光,表面涂密封固化剂 2. 1.5厚聚氨酯防水层(两道) 3. 最薄处20厚1∶3水泥砂浆或C20细石混凝土找坡层,抹平	
LA10		b145		4. 水泥浆一道(内掺建筑胶) 5. 80厚C15混凝土执层 6. 150厚碎石夯入土中	4. 60厚LC7.5轻骨料混凝土 5. 现浇钢筋混凝土楼板或预制楼板上现浇叠合层

水泥混凝土表面涂密封固化剂并磨光后的施工效果如图8-90所示。

(2)水泥砂浆面层。水泥砂浆楼地面中宜采用硅酸盐水泥、普通硅酸盐水泥,不同品种、不同强度等级的水泥不应混用;砂应为中粗砂,当采用石屑时,其粒径应为1～5mm,且含泥量不应大于3%;防水水泥砂浆采用的砂或石屑,其含泥量不应大于1%。效果如图8-91所示。

图8-90 水泥混凝土地面(表面涂密封固化剂)

图8-91 普通水泥砂浆地面

(3)自流平面层。自流平面层是采用水泥基、石膏基、合成树脂基等拌合物同水混合而成的液态物质,倒入地面后,这种物质可根据地面的高低不平顺势流动,对地面进行自动找平。自流平面层的基层应平整、洁净,基层的含水率应与面层材料的技术要求相一致。自流平地面也常用作陶瓷地砖、木地板地面的找平层。材料与效果如图 8-92、图 8-93所示。

图 8-92　水泥基自流平材料及地面

图 8-93　合成树脂基自流平材料及地面

(4)陶瓷(石材)地砖面层。

①地面砖铺贴前应浸水湿润。天然石材铺贴前应进行对色、拼花并试拼、编号。

②铺贴前应根据设计要求确定结合层砂浆厚度,拉十字线控制其厚度和石材、地面砖表面平整度。

③结合层砂浆宜采用体积比为 1∶3 的干硬性水泥砂浆,厚度宜高出实铺厚度 2～3mm。铺贴前应在水泥砂浆上刷一道水灰比为 1∶2 的素水泥浆或干铺水泥 1～2mm 后洒水。

④石材、地面砖铺贴时应保持水平就位,用橡皮锤轻击使其与砂浆黏结紧密,同时调整其表面平整度及缝宽。

⑤铺贴后应及时清理表面,24h 后应用 1∶1 水泥浆灌缝,选择与地面颜色一致的颜料与白水泥拌和均匀后嵌缝。其效果如图 8-94 所示。

图 8－94　陶瓷地砖

表 8－8 为《楼地面建筑构造》(12J304)地砖面层的构造做法之一。

表 8－8　铺砌地砖楼地面做法之一

编号	重量(kN/m²)	厚度	简　图	构造	
				地面	楼面
DB71 LB71	1.10	a140 b60	a　d　b 地面　楼面	1.10 厚地砖,用聚合物水泥砂浆铺砌 2.5 厚聚合物水泥砂浆结合层 3.1.5 厚聚氨酯防水涂膜凝固前表面撒黏细砂 4.最薄 20 厚 1∶3 水泥砂浆或细石混凝土找坡层,抹平 5.聚合物水泥浆一道	
				6.80 厚 C20 混凝土找坡层 7.夯实土	6.现浇钢筋混凝土楼板或预制楼板上现浇叠合层

(5)实木(竹)地板。实木(竹)地板又名原木地板,是天然木材(竹)经烘干、加工后形成的地面装饰材料,用实木直接加工成的地板。它具有木材自然生长的纹理,能起到冬暖夏凉的作用,脚感舒适,使用安全的特点。实木地板的多采用龙骨进行安装,如表 8－9 所示。

表 8－9　地板楼地面做法一(铺龙骨)

编号	重量(kN/m²)	厚度	简　图	构造	
				地面	楼面
DC7 LC7	0.18	a170 b90	a　d　b 地面　楼面	1.地板漆 2 道(地板成品已带油漆者无此道工序) 2.100×18 长条硬木企口地板(背面满刷氟化钠防腐剂) 3.50×50 木龙骨@400 架空 20、表面刷防座腐剂	
				4.80 厚 C15 混凝土垫层 5.夯实土	4.现浇钢筋混凝土楼板或预制楼板上现浇叠合层

施工的相关要点如下：

①基层平整度误差不得大于 5mm。

②铺装前应对基层进行防潮处理，防潮层宜涂刷防水涂料或铺设塑料薄膜。

③铺装前应对地板进行选配，宜将纹理、颜色接近的地板集中使用于一个房间或一个部位。

④木龙骨应与基层连接牢固，固定点间距不得大于 600mm。

⑤毛地板应与龙骨成 30°或 45°铺钉，板缝应为 2～3mm，相邻板的接缝应错开。

⑥在龙骨上直接铺装地板时，主次龙骨的间距应根据地板的长宽模数计算确定，地板接缝应在龙骨的中线上。

⑦地板钉长度宜为板厚的 2.5 倍，钉帽应砸扁。固定时应从凹榫边 30°角倾斜钉入。硬木地板应先钻孔，孔径应略小于地板钉直径。

⑧毛地板及地板与墙之间应留有 8～10mm 的缝隙。

⑨地板磨光应先刨后磨，磨削应顺木纹方向，磨削总量应控制在 0.3～0.8mm 内。

相关效果如图 8－95 至图 8－97 所示。

图 8－95　实木地板

图 8－96　木龙骨

图 8－97　木地板铺设后效果

除了采用龙骨进行铺设外，也可以采用直接铺设的方法，如表 8－10。

表 8－10　地板楼地面做法二(无龙骨)

编号	重量(kN/m^2)	厚度	简　图	构造	
				地面	楼面
DC10 LC10	0.55	a115 b35	a、d、b 地面　楼面	1.打腻子，涂清漆两道(地板成品已带油漆者无此道工序) 2.10～14 厚硬木企口席纹拼花地板(用 XY401 胶粘贴) 3.20 厚 1∶2.5 水泥砂浆 4.水泥浆一道(内掺建筑胶)	
				5.80 厚 C15 混凝土垫层 6.0.2 厚塑料膜一层浮铺 7.夯实土	5.现浇钢筋混凝土楼板或预制楼板上现浇叠合层

直接铺设时的施工要点如下：地板的基层必须平整、无油污；铺贴前应在基层刷一层薄而匀的底胶以提高黏结力；铺贴时基层和地板背面均应刷胶，待不粘手后再进行铺贴；

拼板时应用榔头垫木块敲打紧密，板缝不得大于 0.3mm；溢出的胶液应及时清理干净。

(6)复合木地板。复合木地板是被人为地改变地板材料的天然结构，达到某项物理性能符合预期要求的地板。复合木地板在市场上经常泛指强化复合木地板、实木复合地板，如图 8-98、图 8-99 所示。

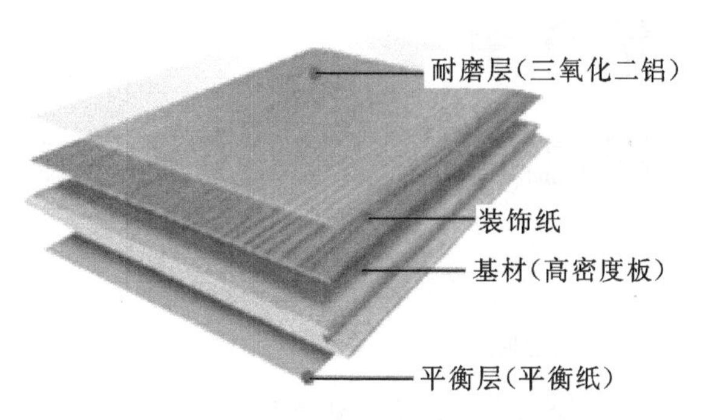

图 8-98　国产某品牌强化复合地板

复合地板铺装应符合下列规定：①防潮垫层应满铺平整，接缝处不得叠压。②安装第一排时应凹槽面靠墙。地板与墙之间应留有 8～10mm 的缝隙。③房间长度或宽度超过 8m 时，应在适当位置设置伸缩缝。

常见的铺装如图 8-100 所示，做法见表 8-11。

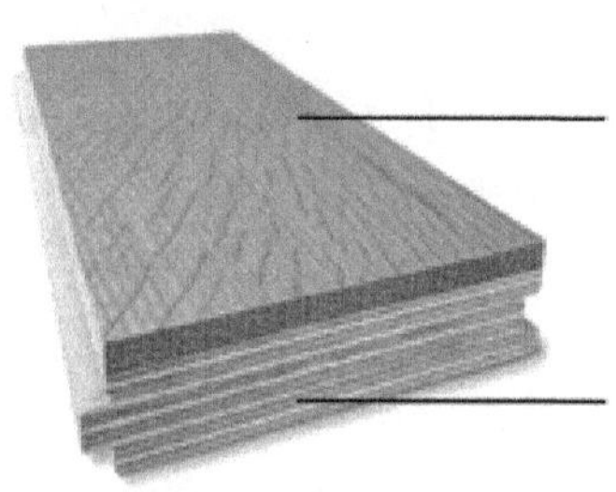

图 8-99　国产某品牌多层复合地板

图 8-100　铺设施工

表 8-11　复合木地板直接铺设做法之一

编号	重量(kN/m^2)	厚度	简　图	构造	
				地面	楼面
DC22 LC22	0.50	a115 b35	a　d　b 地面　楼面	1.8 厚强化企口复合木地板，板缝用胶黏剂粘铺 2.3～5 厚泡沫塑料衬垫 3.20 厚 1:2.5 水泥砂浆 4.水泥浆一道(内掺建筑胶)	
				5.80 厚 C15 混凝土垫层 6.夯实土	5.现浇钢筋混凝土楼板或预制楼板上现浇叠合层

第9章 绿色施工、BIM技术与相关软件简介

学习目标

熟悉绿色施工、绿色建筑的概念

熟悉BIM技术的发展现状、主要软件和应用范围

熟悉施工方案设计软件的主要功能应用范围

相关标准

《建筑工程绿色施工规范》(GB/T 50905—2014)

《绿色建筑工程验收规范》(DB11/T 1315—2015)(北京市地方标准)

《绿色施工管理规程》(DB 11/5—2015)(北京市地方标准)

《绿色施工导则》(2007年)

《建筑信息模型施工应用标准》(GB/T 51235—2017)

《建筑信息模型应用统一标准》(GB/T 51212—2016)

《危险性较大的分部分项工程安全管理规定》(住建部令〔2018〕第37号)

现代建筑技术的发展趋势主要有工业化、绿色化和信息化。其中工业化趋势目前主要是通过提高施工的机械化程度、增加装配式建筑的方法实现。而绿色化和信息化不是一种孤立的技术,而是渗透在设计、施工、管理、运维每一个环节中的一种理念和技术的改进。因此,本章主要针对绿色化施工、信息化(BIM)技术以及施工方案设计相关的软件等进行简要介绍。

9.1 绿色施工

9.1.1 基本概念

绿色施工是指工程建设中,在保证质量、安全等基本要求的前提下,通过科学管理和技术进步,最大限度地节约资源与减少对环境负面影响的施工活动,实现“四节一环保”(节能、节地、节水、节材和环境保护)。

绿色施工作为建筑全寿命周期中的一个重要阶段,是实现建筑领域资源节约和节能减排的关键环节。实施绿色施工,应依据因地制宜的原则,贯彻执行国家、行业和地方相关的技术经济政策。绿色施工应是可持续发展理念在工程施工中全面应用的体现,它并不仅仅是指在工程施工中实施封闭施工,没有尘土飞扬,没有噪声扰民,在工地四周栽花、种草,实施定时洒水等这些内容,而是涉及可持续发展的各个方面,如生态与环境保护、资源与能源利用、社会与经济的发展等内容。

9.1.2 施工原则

不同地区、不同项目、不同季节绿色施工的要求是有所不同的,但总体而言绿色施工应秉持以下原则。

1.减少场地干扰,尊重基地环境

绿色施工要减少场地干扰。工程施工过程会严重扰乱场地环境,这一点对于未开发区域的新建项目尤其严重。场地平整、土方开挖、施工降水、永久及临时设施建造、场地废物处理等均会对场地上现存的动植物资源、地形地貌、地下水位等造成影响;还会对场地内现存的文物、地方特色资源等带来破坏,影响当地文脉的继承和发扬。因此,施工中减少场地干扰、尊重基地环境对于保护生态环境,维持地方文脉具有重要的意义。

业主、设计单位和承包商应当识别场地内现有的自然、文化和构筑物特征,并通过合理的设计、施工和管理工作将这些特征保存下来。可持续的场地设计对于减少这种干扰具有重要的作用。就工程施工而言,承包商应结合业主、设计单位对承包商使用场地的要求,制订满足这些要求的、能尽量减少场地干扰的场地使用计划。计划中应明确:

(1)场地内哪些区域将被保护、哪些植物将被保护,并明确保护的方法;

(2)怎样在满足施工、设计和经济方面要求的前提下,尽量减少清理和扰动的区域面积,尽量减少临时设施、减少施工用管线;

(3)场地内哪些区域将被用作仓储和临时设施建设,如何合理安排承包商、分包商及各工种对施工场地的使用,减少材料和设备的搬动;

(4)各工种为了运送、安装和其他目的对场地通道的要求;

(5)废物将如何处理和消除,如有废物回填或填埋,应分析其对场地生态、环境的影响;

(6)怎样将场地与公众隔离。

2.施工结合气候

承包商在选择施工方法、施工机械,安排施工顺序,布置施工场地时应结合气候特征。这可以减少因为气候原因而带来施工措施的增加、资源和能源用量的增加,有效地降低施工成本;可以减少因为额外措施对施工现场及环境的干扰;可以有利于施工现场环境的改善和工程质量的提高。

承包商要能做到施工结合气候,首先要了解现场所在地区的气象资料及特征,主要包括降雨、降雪资料,如全年降雨量、降雪量、雨季起止日期、一日最大降雨量等;气温资料,如年平均气温、最高、最低气温及持续时间等;风的资料,如风速、风向和风的频率等。

施工结合气候的主要体现有以下几方面:

(1)承包商应尽可能合理地安排施工顺序,使会受到不利气候影响的施工工序能够在不利气候来临时完成。如在雨季来临之前,完成土方工程、基础工程的施工,以减少地下水位上升对施工的影响,减少其他需要增加的额外雨季施工保证措施。

(2)安排好全场性排水、防洪,减少对现场及周边环境的影响。

(3)施工场地布置应结合气候,符合劳动保护、安全、防火的要求。产生有害气体和污染环境的加工场(如沥青熬制、石灰熟化)及易燃的设施(如木工棚、易燃物品仓库)应布置在下风向,且不危害当地居民;起重设施的布置应考虑风、雷电的影响。

(4)在冬季、雨季、风季、炎热夏季施工中,应针对工程特点,尤其是对混凝土工程、土方工程、深基础工程、水下工程和高空作业等，选择适合的季节性施工方法或有效措施。

3.绿色施工要求的节水、节电环保

节约资源(能源) 建设项目通常要使用大量的材料、能源和水资源。减少资源的消耗，节约能源，提高效益，保护水资源是可持续发展的基本观点。施工中资源(能源)的节约主要有以下几方面内容：

(1)水资源的节约利用。通过监测水资源的使用，安装小流量的设备和器具，在可能的场所重新利用雨水或施工废水等措施来减少施工期间的用水量，降低用水费用。

(2)节约电能。通过监测用电器的利用率，安装节能灯具和设备，利用声光传感器控制照明灯具，采用节电型施工机械，合理安排施工时间等降低用电量，节约电能。

(3)减少材料的损耗。通过更仔细的采购，合理的现场保管，减少材料的搬运次数，减少包装，完善操作工艺，增加摊销材料的周转次数等降低材料在使用中的消耗，提高材料的使用效率。

(4)可回收资源的利用。可回收资源的利用是节约资源的主要手段，也是当前应加强的方向。主要体现在两个方面，一是使用可再生的或含有可再生成分的产品和材料，这有助于将可回收部分从废弃物中分离出来，同时减少了原始材料的使用，即减少了自然资源的消耗；二是加大资源和材料的回收利用、循环利用，如在施工现场建立废物回收系统，再回收或重复利用在拆除时得到的材料，这可减少施工中材料的消耗量或通过销售来增加企业的收入，也可降低企业运输或填埋垃圾的费用。

4.减少环境污染，提高环境品质

绿色施工要求减少环境污染。工程施工中产生的大量灰尘、噪音、有毒有害气体、废物等会对环境品质造成严重的影响，也将有损于现场工作人员、使用者以及公众的健康。因此，减少环境污染，提高环境品质也是绿色施工的基本原则。提高与施工有关的室内外空气品质是该原则的最主要内容。施工过程中，扰动建筑材料和系统所产生的灰尘，从材料、产品、施工设备或施工过程中散发出来的挥发性有机化合物或微粒均会引起室内外空气品质问题。许多这些挥发性有机化合物或微粒会对健康构成潜在的威胁和损害，需要特殊的安全防护。这些威胁和损伤有些是长期的，甚至是致命的。而且在建造过程中，这些空气污染物也可能渗入邻近的建筑物，并在施工结束后继续留在建筑物内。这种影响尤其对那些需要在房屋使用者在场的情况下进行施工的改建项目更需引起重视。常用的提高施工场地空气品质的绿色施工技术措施可能有：

(1)制订有关室内外空气品质的施工管理计划。

(2)使用低挥发性的材料或产品。

(3)安装局部临时排风或局部净化和过滤设备。

(4)进行必要的绿化，经常洒水清扫，防止建筑垃圾堆积在建筑物内，贮存好可能造成污染的材料。

(5)采用更安全、健康的建筑机械或生产方式，如用商品混凝土代替现场混凝土搅拌，可大幅度地消除粉尘污染。

(6)合理安排施工顺序，尽量减少一些建筑材料，如地毯、顶棚饰面等对污染物的吸收。

(7)对于施工时仍在使用的建筑物而言，应将有毒的工作安排在非工作时间进行，并与通风措施相结合，在进行有毒工作时以及工作完成以后，用室外新鲜空气对现场通风。

(8)对于施工时仍在使用的建筑物而言，将施工区域保持负压或升高使用区域的气压会有助于防止空气污染物污染使用区域。

(9)对于噪音的控制也是防止环境污染，提高环境品质的一个方面。当前中国已经出台了一些相应的规定对施工噪音进行限制。绿色施工也强调对施工噪音的控制，以防止施工扰民。合理安排施工时间，实施封闭式施工，采用现代化的隔离防护设备，采用低噪音、低振动的建筑机械如无声振捣设备等是控制施工噪音的有效手段。

5. 实施科学管理，保证施工质量

实施绿色施工，必须要实施科学管理，提高企业管理水平，使企业从被动的适应转变为主动的响应，使企业实施绿色施工制度化、规范化。这将充分发挥绿色施工对促进可持续发展的作用，增加绿色施工的经济性效果，增加承包商采用绿色施工的积极性。企业通过 ISO14001 认证是提高企业管理水平，实施科学管理的有效途径。

实施绿色施工，尽可能减少场地干扰，提高资源和材料利用效率，增加材料的回收利用等，但采用这些手段的前提是要确保工程质量。好的工程质量，可延长项目寿命，降低项目日常运行费用，有利于使用者的健康和安全，促进社会经济发展，这本身就是可持续发展的体现。

9.1.3 施工要求

根据以上原则，绿色施工的要求主要体现在以下五个方面：

(1)在临时设施建设方面，现场搭建活动房屋之前应按规划部门的要求取得相关手续。建设单位和施工单位应选用高效保温隔热、可拆卸循环使用的材料搭建施工现场临时设施，并取得产品合格证后方可投入使用。工程竣工后一个月内，选择有合法资质的拆除公司将临时设施拆除。

(2)在限制施工降水方面，建设单位或者施工单位应当采取相应方法，隔断地下水进入施工区域。因地下结构、地层及地下水、施工条件和技术等原因，使得采用帷幕隔水方法很难实施或者虽能实施，但增加的工程投资明显不合理，施工降水方案经过专家评审并通过后，可以采用管井、井点等方法进行施工降水。

(3)在控制施工扬尘方面，工程土方开挖前施工单位应按绿色施工规程的要求，做好洗车池和冲洗设施、建筑垃圾和生活垃圾分类密闭存放装置、沙土覆盖、工地路面硬化和生活区绿化美化等工作。

(4)在渣土绿色运输方面，施工单位应按照要求，选用已办理散装货物运输车辆准运证的车辆，持渣土消纳许可证从事渣土运输作业。

(5)在降低声、光排放方面，建设单位、施工单位在签订合同时，注意施工工期安排及已签合同施工延长工期的调整，应尽量避免夜间施工。因特殊原因确需夜间施工的，必须到工程所在地区县建委办理夜间施工许可证，施工时要采取封闭措施降低施工噪声并尽可能减少强光对居民生活的干扰。

9.1.4 常用措施

绿色施工涉及范围非常广泛，可以涉及每一分项工程、每一劳动队组、每一施工技术，其中常见的措施如下：

(1)施工时选用高性能、低噪音、少污染的设备，采用机械化程度高的施工方式，减少使用污染排放高的各类车辆。

(2)施工区域与非施工区域间设置标准的分隔设施，做到连续、稳固、整洁、美观。硬质围栏、围挡的高度不得低于2.5m。

(3) 易产生泥浆的施工，须实行硬地坪施工；所有土堆、料堆须采取加盖防止粉尘污染的遮盖物或喷洒覆盖剂等措施。

(4)施工现场使用的热水锅炉等必须使用清洁燃料，不得在施工现场熔融沥青或焚烧油毡、油漆以及其他产生有毒、有害烟尘和恶臭气体的物质。

(5)建设工程工地应严格按照防汛要求，设置连续、通畅的排水设施和其他应急设施。

(6)市区(距居民区1000m范围内)禁用柴油冲击桩机、振动桩机、旋转桩机和柴油发电机，严禁敲打导管和钻杆，控制高噪声污染。

(7)施工单位须落实门前环境卫生责任制，并指定专人负责日常管理。施工现场应设密闭式垃圾站，施工垃圾、生活垃圾分类存放。

(8)生活区应设置封闭式垃圾容器，施工场地生活垃圾应实行袋装化，并委托环卫部门统一清运。

(9)鼓励建筑废料、渣土的综合利用。

(10)对危险废弃物必须设置统一的标识分类存放，收集到一定量后，交有资质的单位统一处置。

(11)合理、节约使用水、电；大型照明灯须采用俯视角，避免光污染。

(12)加强绿化工作，搬迁树木须手续齐全；在绿化施工中应科学、合理地使用和处理农药，尽量减少对环境的污染。

9.2 BIM技术的现状与应用

BIM(building information modeling)技术是Autodesk公司在2002年率先提出，目前已经在全球范围内得到了业界的广泛认可，它可以帮助工程实践实现建筑信息的集成，从建筑的设计、施工、运行直至建筑全寿命周期的终结，各种信息始终整合于一个三维模型信息数据库中，设计团队、施工单位、设施运营部门和业主等各方人员可以基于BIM进行协同工作，有效提高工作效率、节省资源、降低成本，以实现可持续发展。

BIM的核心是通过建立虚拟的建筑工程三维模型，利用数字化技术，为这个模型提供完整的、与实际情况一致的建筑工程信息库。该信息库不仅包含描述建筑物构件的几何信息、专业属性及状态信息，还包含了非构件对象(如空间、运动行为)的状态信息。借助这个包含建筑工程信息的三维模型，大大提高了建筑工程的信息集成化程度，从而为建筑工程项目的相关利益方提供了一个工程信息交换和共享的平台。

BIM技术具有以下特征：它不仅可以在设计中应用，还可应用于建设工程项目的全寿命周期中；用BIM进行设计属于数字化设计；BIM的数据库是动态变化的，在应用过程中不断进行更新、丰富和充实；为项目参与各方提供了协同工作的平台。

9.2.1 BIM标准制定

随着BIM技术在国内的应用与推广，中国BIM规范与指南的制定逐渐提上日程。在国内，清华大学较早展开BIM标准相关研究，清华大学BIM课题组于2011年分析国际现有 BIM 标准，结合中国实际提出了中国建筑信息模型标准(Chinese building information modeling standard，简称 CBIMS)框架。该标准框架中包括 BIM 技术标准和 BIM 实施指南两大部分，从框架的结构可以看出中国 CBDIMS 与美国 NBIMS 类似，是一部集规范性和指导性为一体的 BIM 标准。经过多年积累，目前我国已经颁布的 BIM 标准为《建筑信息模型施工应用标准》(GB/T 51235—2017)、《建筑信息模型应用统一标准》(GB/T 51212—2016)。

9.2.2　BIM 技术在建筑施工阶段的作用与价值

伴随着 BIM 理念在我国建筑行业内不断地被认知和认可，BIM 技术在施工实践中不断展现其优越性，并对建筑企业的施工生产活动带来了极为重要和深刻的影响，而且应用的效果也是非常显著的。

BIM 技术在施工阶段可以有以下几个方面的应用：3D 协调/管线综合、支持深化设计、场地使用规划、施工系统设计、施工进度模拟、施工组织模拟、数字化建造、施工质量与进度监控、物料跟踪等。BIM 在施工阶段的这些应用，主要有赖于应用 BIM 技术建立起的 3D 模型。3D 模型提供了可视化的手段，为参加工程项目的各方展现了 2D 图纸所不能给予的视觉效果和认知角度，这就为碰撞检测和 3D 协调提供了良好的条件。同时，可以建立基于 BIM 的包含进度控制的 4D 施工模型，实现虚拟施工；更进一步，还可以建立基于 BIM 的包含成本控制的 5D 模型。这样就能有效控制施工安排，减少返工，控制成本，为创造绿色环保低碳施工等方面提供了有力的支持。

应用 BIM 技术可以为建筑施工带来以下新的面貌：

(1)可以应用 BIM 技术解决一直困扰施工企业的大问题——各种碰撞问题。在施工开始前利用 BIM 模型的 3D 可视化特性对各个专业(建筑、结构、给排水、机电、消防、电梯等)的设计进行空间协调，检查各个专业管道之间的碰撞以及管道与房屋结构中的梁、柱的碰撞，如发现碰撞则及时调整，这也就较好地避免了施工中管道发生碰撞和拆除重新安装的问题。

(2)施工企业可以在 BIM 模型上对施工计划和施工方案进行分析模拟，充分利用空间和资源，清除冲突，得到最优施工计划和方案。特别是在复杂区域应用 3D 的 BIM 模型，直接向施工人员进行施工交底和作业指导，使效果更加直观、方便。

(3)还可以通过应用 BIM 模型对新形式、新结构、新工艺和复杂节点等施工难点进行分析模拟，可以改进设计方案，实现设计方案的可施工性，使原本在施工现场才能发现的问题尽早在设计阶段就得到解决，以达到降低成本、缩短工期、减少错误和浪费的目的。

(4)BIM 技术还为数字化建造提供了坚实的基础。数字化建造的大前提是要有详尽的数字化信息，而 BIM 模型正是由数字化的构件组成，所有构件的详细信息都以数字化的形式存放在 BIM 模型的数据库中。而像数控机床这些用作数字化建造的设备需要的就是这些描述构件的数字化信息，这些数字化信息为数控机床提供了构件精确的定位信息，为数字化建造提供了必要条件。通常需要应用数控机床进行加工的构件大多数是一些具有自由曲面的构件，它们的几何尺寸信息和顶点位置的 3D 坐标都需要借助一些算法才能计算出来，这些在 2D 的 CAD 软件中是难以完成的，而在基于 BIM 技术的设计软件中则没有这些问题。

(5)施工中应用 BIM 技术最令人称道的一点就是对施工实行了科学管理。通过

BIM技术与3D微光扫描、视频、照相、全球定位系统(global positioning system,简称GPS)、移动通信、射频识别(radio frequency idenfication)、RFTD、互联网等技术的集成,可以实现对现场的构件、设备以及施工进度和质量的实时跟踪。通过BIM技术和管理信息系统集成,可以有效支持造价、采购、库存、财务等的动态和精确管理,减少库存开支,在竣工时可以生成项目竣工模型和相关文档,有利于后续的运营管理。

(6)BIM技术的应用大大改善了施工方与其他方面的沟通,业主、设计方、预制厂商、材料及设备供应商、用户等可利用BIM模型的可视化特性与施工方进行沟通,提高效率,减少错误。

9.2.3 BIM技术应用的整体实施方案

BIM技术的特点是给工程施工建设各参与方,在进度管理、成本控制、资源协调、质量跟踪、安全风险管控等多个方面带来不同的价值。主要包括:基于BIM模型的可视化施工决策;基于BIM模型与参建各方的可视化交互;通过BIM模型的模拟性和优化性持续改进施工方案和组织设计;与现有施工管理信息化技术手段进行深度整合,借助远程BIM云数据库与现场智能设备的数据交互,通过移动互联网实施施工监控和动态管理,大大提高信息化管理水平。

具体项目实施阶段的BIM应用情况如表9-1所示。

表9-1 施工阶段的BIM应用表

BIM应用	应用内容描述
工程施工BIM应用	工程施工BIM应用价值分析
施工招标的BIM应用	3D施工工况展示;4D虚拟建造
支撑施工管理和工艺改进的单项BIM功能应用	设计图纸审查和深化设计;4D虚拟建造,工程可建性模拟(样板对象);基于BIM的可视化技术讨论和简单协调;施工方案论证、优化展示以及技术交底;工程量自动计算;消除现场施工过程干扰或施工工艺冲突;施工场地科学布置;有助于构件预制生产
支撑项目、企业和行业管理集成与提升的综合BIM应用	4D计划管理和进度监控;施工方案论证、优化展示以及技术交底;施工资源管理和成本核算;质量安全管理;协同工作平台
支撑基于模型的工程档案数字化和项目运维的BIM应用	施工资料数字化管理;工程数字化交付、验收和运维服务

9.3 施工方案设计与相应软件

9.3.1 施工方案设计概述

施工技术部分的主要目标除了需要对各施工工艺、施工要点、质量要求等进行掌握之外,还需要能够对复杂项目,尤其是涉及施工安全的环节进行施工方案设计。方案设计中非常重要的环节就是计算书的编写。

根据《危险性较大的分部分项工程安全管理规定》(住建部令〔2018〕第37号)危险性较大工程专项施工方案的主要内容应当包括以下几个方面。

(1)工程概况:危险性较大工程概况和特点、施工平面布置、施工要求和技术保证条件；

(2)编制依据：相关法律、法规、规范性文件、标准、规范及施工图设计文件、施工组织设计等；

(3)施工计划：包括施工进度计划、材料与设备计划；

(4)施工工艺技术：技术参数、工艺流程、施工方法、操作要求、检查要求等；

(5)施工安全保证措施：组织保障措施、技术措施、监测监控措施等；

(6)施工管理及作业人员配备和分工：施工管理人员、专职安全生产管理人员、特种作业人员、其他作业人员等；

(7)验收要求：验收标准、验收程序、验收内容、验收人员等；

(8)应急处置措施；

(9)计算书及相关施工图纸。

计算书是方案设计的核心，是验算该方案设计是否合理、安全、可靠的理论依据。计算书的设计可以通过手算或电算完成。其设计过程根据方案类别不同，差异较大，涉及力学、材料、水文地质等很多知识。此处，仅对电算方法和软件进行简单介绍。

9.3.2　施工方案设计软件与案例

目前，国内可以进行施工安全方案设计的软件主要有品茗安全计算软件、恒智天成建筑施工安全设施计算软件等。不同软件的操作、界面、功能、涵盖范围均有所不同，但其目标主要都是针对危大工程范围而设计的。

常见的方案计算包含脚手架工程、模板工程、塔吊计算、降排水工程、混凝土工程、临时工程、起重吊装工程，此外还有冬期施工、土石方工程、基坑工程、地基处理、顶管施工、临时围堰、桥梁支模架等模块；根据不同施工工况，其又可分为不同计算模型，常见的计算模型见表 9－2。

表 9－2　常见施工方案设计

脚手架工程	①落地式钢管脚手架计算；②悬挑脚手架计算；③门式落地外架计算；④落地式卸料平台计算；⑤悬挑式卸料平台计算
模板工程	①梁木模板计算；②柱模板计算；③墙木模板计算；⑤满堂楼板模板支架计算；⑥落地式楼板模板支架计算；⑦梁模板支架计算；⑧门式梁模板架计算；⑨门式板模板架计算
塔吊计算	①天然基础计算；②塔吊稳定性验算
降排水工程	①基坑涌水量计算；②降水井数量计算；③过滤器长度计算；④水位降深计算
混凝土工程	①普通混凝土配合比计算；②混凝土泵送计算；③投料量计算
临时用水用电	①工地临时供电计算；②工地临时供水计算；③供水管径计算；④工地材料储备计算；⑤工地临时供热计算
吊装工程	①吊绳计算；②吊装工具计算；③滑车和滑车组计算；④卷扬机牵引力及锚固压重计算

此处以模板支撑为例，采用品茗安全计算软件对某项目中的一根预应力梁模板支撑的方案设计进行简要说明。具体案例内容请扫描本章二维码进行学习。

参考文献

[1]应惠清.土木工程施工(上册)[M].3版.上海:同济大学出版社,2018.
[2]郑少瑛.土木工程施工技术[M].北京:中国电力出版社,2015.
[3]郑少瑛.土木工程施工[M].大连:大连理工大学出版社,2015.
[4]郭正兴.土木工程施工[M].南京:东南大学出版社,2012.
[5]尹立新,闫晶.土木工程施工[M].北京:机械工业出版社,2019.
[6]皮丽丽.土木工程施工[M].成都:电子科技大学出版社,2018.
[7]李忠富.土木工程施工[M].北京:中国建筑工业出版社,2018.
[8]穆静波.土木工程施工[M].北京:机械工业出版社,2019.
[9]王正君.土木工程施工技术[M].北京:机械工业出版社,2018.
[10]唐百晓.建筑施工技术[M].北京:科学技术文献出版社,2018.
[11]姚大飞.建筑施工技术[M].上海:上海交通大学出版社,2018.
[12]郭晓霞.建筑施工技术[M].武汉:武汉理工大学出版社,2018.
[13]姚谨英.建筑施工技术[M].6版.北京:中国建筑工业出版社,2017.
[14]危道军.建筑施工技术[M].2版.北京:人民交通出版社出版,2011.
[15]龚晓南,陶燕丽.地基处理[M].2版.北京:中国建筑工业出版社,2017.
[16]董伟.基础工程施工[M].北京:北京大学出版社,2012.
[17]孙培祥.砌体工程施工技术[M].北京:中国铁道出版社,2012.
[18]宋功业.混凝土结构工程施工[M].武汉:武汉大学出版社,2019.
[19]郭学明.装配式混凝土结构建筑的设计、制作与施工[M].北京:机械工业出版社,2017.
[20]杜绍堂.钢结构工程施工[M].4版.北京:高等教育出版社,2018.
[21]张强.装饰装修施工工艺[M].北京:中国建筑工业出版社,2017.
[22]肖绪文.建筑工程绿色施工[M].北京:中国建筑工业出版社,2013.